计算机培训系列教材

中文 CorelDRAW X4 图形制作教程

刘 新 编

「职场」直通车

- 一流专家及资深培训教师精心策划编写
- 全力打造国内精品教材畅销品牌
- 内容全面 范例精美 结构合理 图文并茂
- 讲练结合 可操作性强
- 面向实际操作 切合职业应用需求
- 帮助读者快速掌握实践技巧

 西北工業大學出版社

【内容简介】本书为“职场直通车”计算机培训系列教材之一，主要内容包括 CorelDRAW X4 入门知识、CorelDRAW X4 的基本操作、绘制图形对象、编辑图形对象、组织与管理对象、填充图形对象、对象的交互式特效、透镜与其他特殊效果、文本的使用、位图的使用、文件的输入与输出以及综合实例应用。各章后附有本章小结及过关练习，使读者在学习时更加得心应手，做到学以致用。

本书结构合理，内容系统全面，讲解由浅入深，实例丰富实用，既可作为电脑培训班及大中专院校 CorelDRAW 课程教材，也可供电脑爱好者自学参考。

图书在版编目（CIP）数据

中文 CorelDRAW X4 图形制作教程/刘新编．—西安：西北工业大学出版社，2010.12
“职场直通车”计算机培训系列教材
ISBN 978-7-5612-2977-4

Ⅰ．①中…　Ⅱ．①刘…　Ⅲ．①图形软件，CorelDRAW X4—技术培训—教材　Ⅳ．①TP391.41

中国版本图书馆 CIP 数据核字（2010）第 244239 号

出版发行：西北工业大学出版社
通信地址：西安市友谊西路 127 号　　邮编：710072
电　　话：（029）88493844　88491757
网　　址：www.nwpup.com
电子邮箱：computer@nwpup.com
印 刷 者：陕西宝石兰印务有限责任公司
开　　本：787 mm×1 092 mm　1/16
印　　张：17
字　　数：451 千字
版　　次：2010 年 12 月第 1 版　　2010 年 12 月第 1 次印刷
定　　价：29.00 元

前　言

首先，感谢您在茫茫书海中翻阅此书！

对于任何知识的学习，最终都要达到学以致用的目的，尤其是对计算机相关知识的学习效果，更能在日常工作中得以体现。相信大多数读者常常会有这样的感觉，那就是某个软件的基础命令都会用，但就是难以解决工作中遇到的实际问题。有时，尽管有了很好的想法和创意，却不能用学过的软件知识得以顺利的实现，归根结底，就是理论与实践不能很好地结合。

现在，我们就立足于软件基础知识和实际应用推出了本书。全书内容安排系统全面，结构布局合理、紧凑，真正做到难易结合，循序渐进，以便于读者理解和掌握。在图书的编排上以基础理论为指导，以职业应用为目标，将知识点融入每个实例中，力争使读者用较短的时间和较少的花费学到最多的知识，实现放下书本就能上岗。

本书内容

CorelDRAW X4 是 Corel 公司推出的矢量图形制作软件，该软件为设计人员提供了矢量动画、页面设计、网站制作、位图编辑等多种功能，无论是对创作印刷作品、网页还是跨媒体的作品，CorelDRAW X4 将以卓越的功能使设计人员或普通用户做到事半功倍。

全书共分 12 章。其中前 11 章主要介绍 CorelDRAW X4 的基础知识和基本操作，使读者初步掌握图形图像制作的相关知识。第 12 章列举了几个具有代表性的综合实例，通过理论联系实际，希望读者能够举一反三，学以致用，进一步巩固所学的知识。

本书特点

精选常用软件，重在易教易学

本书选取市场上最普遍、最易掌握的应用软件的中文版本，突出“易教学、易操作”的特点。

突出职业应用，快速培养人才

本书以培养计算机技能型人才为目的，采用“基础知识+典型实例+综合实例”的编写模式，内容系统全面，由浅入深，循序渐进，将知识点与实例紧密结合，便于读者学习掌握。

★ 精锐技巧点拨，实例经典实用

书中涵盖大量“注意”“提示”和“技巧”点拨模块，并配有经典的综合实例，使读者对书中的知识点有更加深入的了解和掌握，全面提升操作能力，并最终将所学的知识应用到工作实践中。

★ 全新编写模式，以利教学培训

本书通过全新的模式进行讲解，注重实际操作能力的提高，将教学、训练、应用三者有机结合，增强读者的就业竞争力。

读者定位

本书针对各大中专院校师生和平面设计的初、中级用户编写，旨在让初学者快速入门，让中级水平的读者快速提高。针对明确的读者定位，书中的插图做了详细、直观、清晰的标注，便于阅读，读者学习起来更加轻松。通过对本书的学习，读者能够切实掌握实用、常用的技能，并在此基础上增强就业竞争力。

本书力求严谨细致，但由于水平有限，书中难免出现疏漏与不妥之处，敬请广大读者批评指正。

编　者

目 录

第1章 CorelDRAW X4 入门知识

章前导航

CorelDRAW X4 是 Corel 公司推出的用于绘制矢量图形的应用软件，它不仅仅是矢量图形绘制软件，还是一个大型的工具软件包，因此它是专业美术设计者的首选绘图软件之一。本章主要介绍 CorelDRAW X4 的相关概念、功能以及工作界面等一些入门知识。

本章要点

- 图形制作的相关概念
- CorelDRAW X4 功能简介
- CorelDRAW X4 的工作界面

1.1 图形制作的相关概念

CorelDRAW 是绘制矢量图形的软件，在进行图形图像绘制时，要了解一些图形图像方面的基本知识，这将有助于以后更好地学习 CorelDRAW X4 软件。

1.1.1 位图与矢量图

图像文件一般有多种格式，如 CDR，AI，TIFF，PSD，JPEG，BMP 等，根据图像的特性可将其分为两种类型，即位图与矢量图。

1．位图

位图又叫点阵图，它由多个不同颜色的点组成，每一个点为一个像素点，位图图像可以通过扫描仪扫描、数码相机拍摄或图像处理软件（如 Photoshop）制作来获得。由于位图图像中每个像素点都记录着一个色彩信息，因此位图图像色彩绚丽，能完美地体现现实生活中的绝大部分色彩。

由于每个像素点的色彩信息都需要单独记录，因此，位图图像占用的空间一般都比较大。将位图图像放大到一定的倍数时，就可以看到它由多个颜色块组成，即出现失真现象。如图 1.1.1 所示为位图放大前后的效果对比。

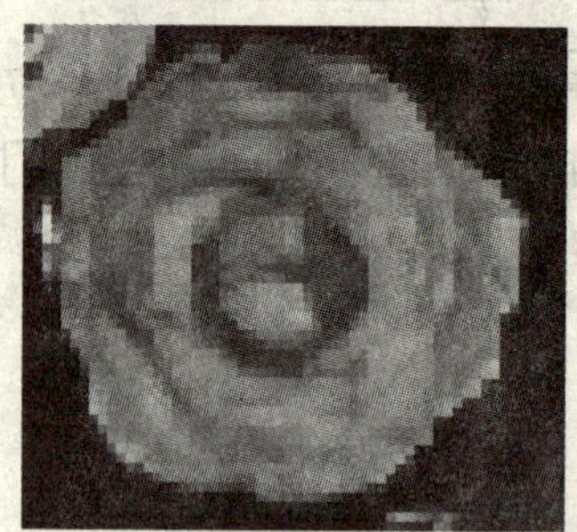

图 1.1.1 位图放大前后的效果对比

2．矢量图

矢量图又叫向量图。与位图不同的是，矢量图使用直线和曲线来描述图形，这些图形的元素可以是点、线、弧线、矩形、圆形或多边形，它们是由数学公式计算获得的，这些公式中包含矢量图形的坐标位置、大小、轮廓色和填充色等信息。矢量图可以随意放大或缩小，图像的清晰度与视觉细节不会受其影响。如图 1.1.2 所示为矢量图放大前后的效果对比。矢量图所生成的文件比位图文件要小。

图 1.1.2 矢量图放大前后的效果对比

位图与矢量图各有优缺点，在实际应用中，应根据不同的需要进行选择。公司或企业的标志与插画等，要求进行任意缩放时，保持非常高的清晰度，且画质不减，应选用矢量图；对于宣传画册和海报等，要求画面的色彩艳丽，颜色过渡自然，则应选用位图。

1.1.2　像素

图像由许多的像素组成，每个像素都具有特定的位置和颜色值，因此可以很精确地记录下图像的色调，逼真地表现出自然的图像。一幅图像中包含的像素越多，所包含的信息也就越多，因此文件越大，图像的品质也会越好。

1.1.3　分辨率

分辨率既可以指图像文件包括的细节和信息量，也可以指输入、输出或者显示设备能够产生的清晰度等级。常用的分辨率有以下几种类型：

（1）图像分辨率。图像分辨率指图像中每单位长度所包含的像素或点的数目，常用像素/英寸（ppi）为单位来表示。

（2）显示器分辨率。显示器分辨率是指显示器上每单位长度显示的像素或点的数目，常以点/英寸（dpi）为单位来表示。

（3）打印分辨率。打印分辨率又称输出分辨率，是指绘图仪、照相机或激光打印机等输出设备，在输出图像时每英寸所产生的油墨点数，常以点/英寸（dpi）为单位来表示。

1.1.4　文件格式

在 CorelDRAW X4 中，作品创作完成后，需要将其保存起来，在存储时需要选择相应的存储格式。文件格式多是以扩展名进行区别的，图像文件的格式也不例外，下面详细介绍常用的一些图像文件格式。

1．CDR 格式

CDR 格式是图形处理软件 CorelDRAW 所生成的文件的默认格式，也就是说，用 CDR 格式存储的文件只能在 CorelDRAW 中打开。CDR 格式也是矢量图中常见的文件格式之一，其最大的优点是文件较小，支持压缩功能。

2．AI 格式

AI 格式是 Illustrator 软件的标准文件格式，与 CDR 格式一样，是最常见的矢量图文件格式之一，可以方便地导入到 CorelDRAW 中进行编辑。

3．DXF 格式

DXF 格式是三维模型设计软件 AutoCAD 提供的一种矢量图文件格式，其优点是文件小，绘制图形的尺寸、角度等数据都非常精确，是建筑设计、工业设计与建模的首选。

4．BMP 格式

BMP 格式是 Windows 操作系统标准的位图格式，可以被大多数图形图像软件所支持。该文件格式结构简单，不支持压缩功能，因此画质较好，但文件占用磁盘空间比较大，而且不支持 Alpha 通道。

5．JPEG 格式

JPEG 格式文件的扩展名有.jpg 和.jpeg 两种，是最流行的 24 位位图格式。它实际上是以 BMP 格式为基准，在图像失真较小的情况下，对图像进行适当的压缩。

JPEG 格式的文件在效果上与 BMP 格式的文件相差不大，但占用磁盘空间较小。同样，大多数图形图像处理软件和其他软件都支持该格式，与 BMP 格式一样，JPEG 格式不支持 Alpha 通道。

6．TIFF 格式

TIFF 格式是在 Macintosh 机上开发的一种图像文件格式，其扩展名有.tif 和.tiff 两种。它与 JPEG 格式一样支持压缩功能，同时支持 Alpha 通道。

TIFF 格式主要用于在应用程序和计算机之间交换文件，同时支持 PC 机和苹果机，是一种非常灵活的文件格式，目前被广泛应用于图形图像、排版及印刷等多种领域。

7．GIF 格式

GIF 格式是位图格式的一种，与 BMP 和 JPEG 格式的文件相比，GIF 格式最大的特点是支持动画效果，即图片可以是动态变化的，而且该格式的文件非常小，适用于在网络上展现简单的动画效果。

8．PSD 格式

PSD 格式是图像处理软件 Photoshop 的默认文件格式，其最大的优点是支持图层和多通道的操作，并且支持透明背景，即 Alpha 通道。其文件较小，目前 CorelDRAW X4 可以很好地支持该格式。

1.1.5 图像的颜色模式

在计算机中，图像的颜色可以通过不同的组合方式来表达，下面介绍几种常见的色彩模式。

1．RGB 模式

RGB 模式是利用光谱三原色（即红、绿、蓝）按不同的比例和强度混合生成颜色的原理来表示颜色的，其中 R 代表红色、G 代表绿色、B 代表蓝色。一般情况下，RGB 模式只用于屏幕显示，而不用于印刷。

2．CMYK 模式

CMYK 模式是一种用于打印的颜色模式，因此也被称为印刷模式。它由 4 种颜色组成，分别为 Cyan（青色）、Magenta（洋红色）、Yellow（黄色）和 Black（黑色），而其中的青色、洋红、黄色为印刷的三原色，将这 3 种颜色进行不同比例的混合可得到各种印刷色彩，但是把这 3 种颜色混合到一起并不能得到纯黑色，所以另外引进了黑色。

3．Lab 模式

Lab 模式也是一种 24 位颜色模式，用它创建的位图与系统设置无关，并包含 RGB 与 CMYK 两种颜色模式的全部色谱。

4．灰度模式

灰度模式的图像中只存在灰度，最多可以有 256 级灰度颜色信息。颜色信息在 0 时灰度最少，图像为黑色；颜色信息在 255 时灰度最大，图像为白色。

5. 调色板模式

调色板模式是 8 位颜色模式，它最多可以使用 256 种颜色来保存和显示图像，当用户创建的作品要用于 Web 发布时，可以将复杂的图像转换成调色板模式，从而减小文件大小。

1.2　CorelDRAW X4 功能简介

在众多的电脑绘图软件中，CorelDRAW 软件功能非常强大，掌握起来也比较容易，因此已成为专业美术设计者首选的矢量图形设计软件之一。

1.2.1　CorelDRAW 的基本功能

CorelDRAW 是一个用于图形图像绘制的软件，它具有以下 7 个基本功能。

1. 绘制与处理矢量图

在 CorelDRAW 中，可以很方便地利用图形工具直接绘制出各种图形，还可以对绘制的对象进行排列组合、对齐、镜像等操作。

2. 文字处理

在 CorelDRAW 中有两种输入文本的方法：一种是输入美术字文本；另一种是输入段落文本。CorelDRAW 不但可以对单个文字进行处理，而且可以对整段文字进行编辑、变形等操作，还可以对文字进行沿路径排列、使用透视效果等。

3. 位图处理

CorelDRAW 处理位图的功能也十分强大。它不但可以直接处理位图，而且可以使矢量图与位图进行相互转换。利用 CorelDRAW 中的位图滤镜功能，可以为位图处理添加各种效果，从而方便了设计者的制作。

4. 变形对象

在 CorelDRAW 中提供了多个可以改变图形造型的工具，.如交互式调合工具、交互式变形工具、交互式阴影工具、交互式透明工具以及粗糙笔刷工具等，使用这些工具可以将简单的几何图形变得丰富多彩。

5. 填充对象

使用 CorelDRAW 提供的填充工具组、交互式填充工具组和吸管工具组中的工具，以及各种调色板和“颜色”泊坞窗，可以为图形对象设置轮廓和填充颜色。

6. 输入与输出

CorelDRAW 具有完善的文件输入与输出功能，可以通过扫描仪和数码相机等输入设备获取图像，也可以通过打印机输出文件，还可以发布 HTML 文件或与 Internet 进行链接等。

7. 网络功能

CorelDRAW 还具有网络功能，可创建超链接或将段落文本转换为网络文本等。

1.2.2 CorelDRAW X4 的新增功能

CorelDRAW X4 的操作比以前的版本更加简便，图形图像处理功能更加强大，除了具有更加人性化的窗口视图外，还增加了许多新的功能，下面分别进行介绍。

1．安装文件剧增

在安装软件的过程中我们可以发现，CorelDRAW X4 的安装过程比较顺利，速度也很快。改变最大的是文件的体积越来越大了，CorelDRAW X4 软件中除去其他的组件，其安装完还不到 200 MB，而新的 CorelDRAW X4 安装完后的文件体积达到了 615 MB（这 615 MB 包含 X4 目录下的安装备份文件，这是 Corel 公司为防止文件损坏而做的安装备份）。

2．界面更加美观

CorelDRAW X4 的界面及图标有了较大的变化，属性栏和工具栏都有所变化，工具预览方式也由原来的横排变为了竖排。

3．新增表格绘制工具

大家不要把这个工具同图纸工具混淆，这是完全不同的两个工具。通过表格工具的属性栏，可以很方便地修改行数和列数，改变边框线的颜色。

4．文本格式实时预览、字体识别功能

当选择不同的字体时，CorelDRAW X4 会自动把段落文本中的字体预览成将要选择的字体。也就是说当在字体下拉列表中选择不同的字体时，段落文本中的字体也会随之呈预览方式供用户查看其显示效果。这一新加的特性可以大大方便用户选择不同的字体，从而提高工作效率。

5．Unicode 支持

和遍布世界的设计者更加容易地共享文件，无缝地整合多国语言在同一个设计软件中，CorelDRAW X4 软件包在使用时没有语言限制，统一编码允许用户存储超过 65 000 个特殊字符，给用户一个较大的语言使用范围。这意味着在任何系统中输入的文本都将被保留，语言版本包括英语、法语、德语、意大利语、荷兰语、西班牙语和其他语种。

6．新的导入 Office 特性

在 CorelDRAW X4 图像软件包中创作的图形可以容易地导入 Office 文档中。CorelDRAW X4 图像软件包是办公组件的完美伙伴，它可以轻松地预览和导入文本文件、幻灯片以及电子表格文件，而不必担心兼容性问题，它可以智能地选择更适合的格式（.png，.emf 或.wpg）。CorelDRAW X4 图像软件包同微软的 Office 或 Wordperfect Office 一同工作，将帮助用户创建令人印象深刻的文档。

7．动态向导

动态向导可允许设计者创建完美形状，将一个物体放在想放的位置的操作通过一步就能完成。在打开动态向导后，临时向导出现在图形的目标捕捉点上。新的向导提供自定义的分组标号，可移动光标到需要的地方，释放鼠标。当在文档中移动目标时，这个向导自动改变，并立刻分发重要的信息，以便做出相应的调整。因此，可以更加容易精确地创建物体的尺寸与位置，减少操作步骤，节省了设计时间。

8．增强了捕捉对象功能

捕捉对象功能可为设计者节省时间，当安排项目时，设计者可以快速精确地修改对象。通过鼠标捕捉的对象区域可得到实时的反馈，捕捉对象包括节点、交叉点、中心、象限、切线、正交、边缘与文本基线。

1.3　CorelDRAW X4 的工作界面

启动中文版 CorelDRAW X4 后，单击 CorelDRAW X4 欢迎界面中的“新建空文件”图标，系统将根据预设值打开 CorelDRAW X4 的工作界面，如图 1.3.1 所示。CorelDRAW X4 的工作界面与其他应用程序一样，都由标题栏、菜单栏、属性栏、工具栏、工具箱、绘图页面、调色板、滚动条以及状态栏等部分组成。

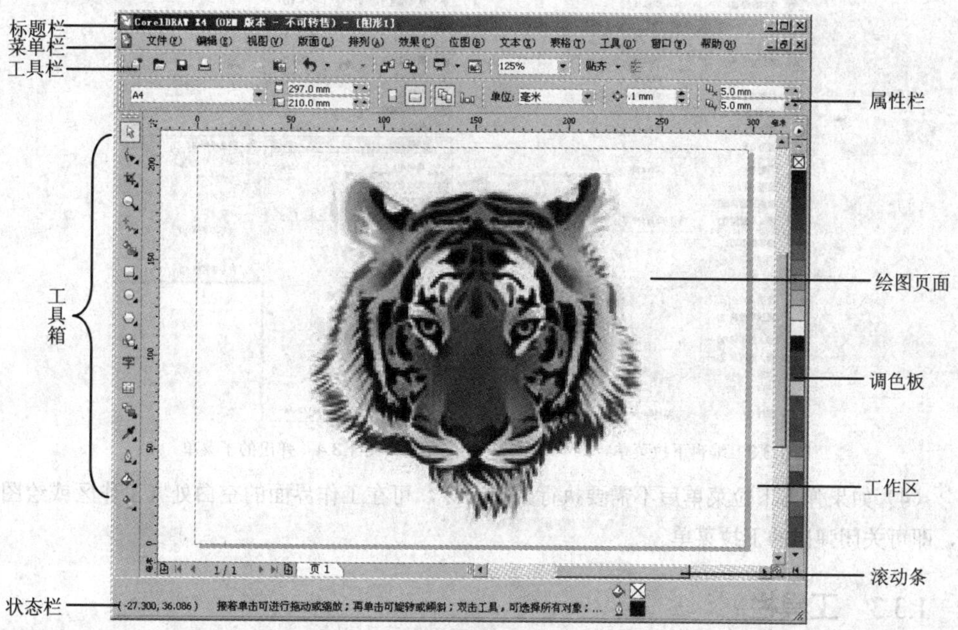

图 1.3.1　CorelDRAW X4 的工作界面

1.3.1　标题栏

标题栏位于 CorelDRAW X4 应用程序与文件窗口的顶部，其左侧显示了当前文件名，右侧是最小化、最大化、关闭窗口的 3 个按钮。如果单击标题栏最左侧的图标，可弹出一个下拉菜单，如图 1.3.2 所示，在此菜单中选择相应的命令，可对应用程序进行移动、最小化、最大化、关闭等操作。

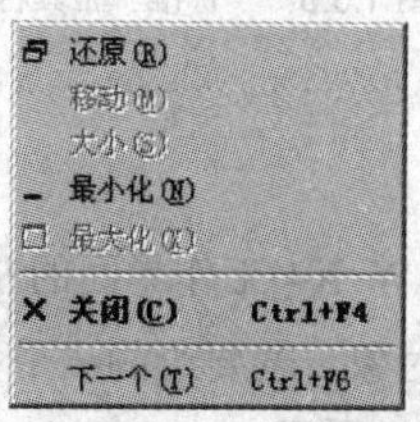

图 1.3.2　下拉菜单

1.3.2 菜单栏

菜单栏由一系列的菜单命令组成，用于完成文件保存、对象编辑以及对象查看等操作。在每个菜单下又有若干个子菜单，每一个菜单项都包含了一系列的命令，可直接执行这些命令或打开相应的对话框。使用菜单栏的具体操作方法如下：

（1）将鼠标移至菜单栏上单击，此时即可弹出下拉菜单，如在编辑(E)菜单上单击可弹出编辑下拉菜单，如图 1.3.3 所示。

（2）将鼠标移至下拉菜单中需要执行的命令上，单击鼠标可执行该命令。

（3）如果菜单命令后有…符号，表示选择该菜单命令后将弹出一个对话框，在该对话框中可以进行参数设置；如果菜单命令后有▸符号，则表示移动鼠标至该菜单命令后将弹出其子菜单，如图 1.3.4 所示。

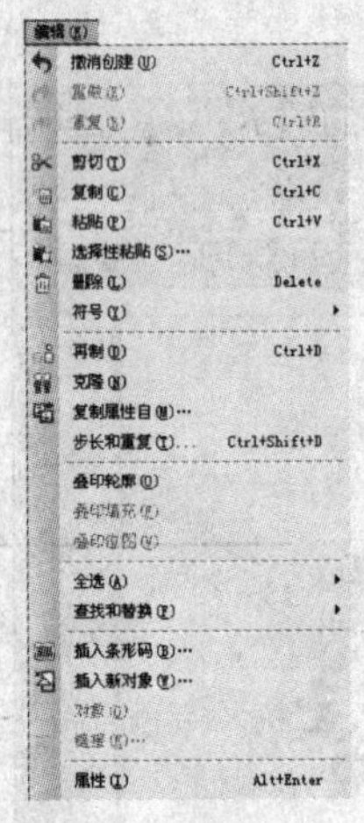

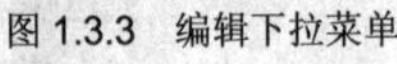
图 1.3.3 编辑下拉菜单

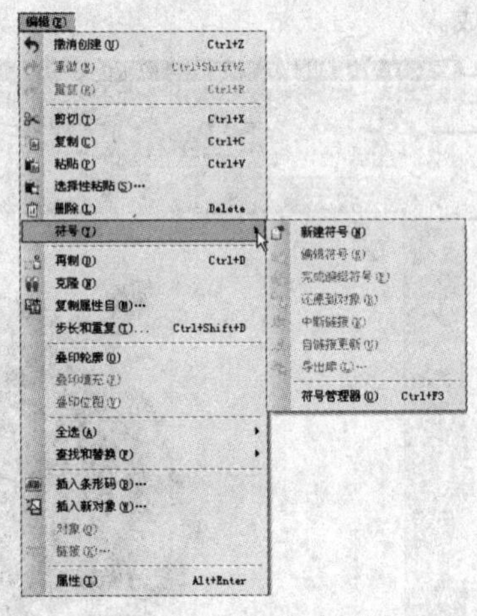

图 1.3.4 弹出的子菜单

（4）如果弹出下拉菜单后不需要执行菜单命令，可在工作界面的空白处（工作区或绘图区）单击，即可关闭弹出的下拉菜单。

1.3.3 工具栏

工具栏由一组图标按钮组成，它将一些常用的菜单命令以按钮的形式表示，单击这些按钮可快速地执行相应的命令。通常情况下，在 CorelDRAW X4 窗口中显示的是“标准”工具栏，如图 1.3.5 所示。

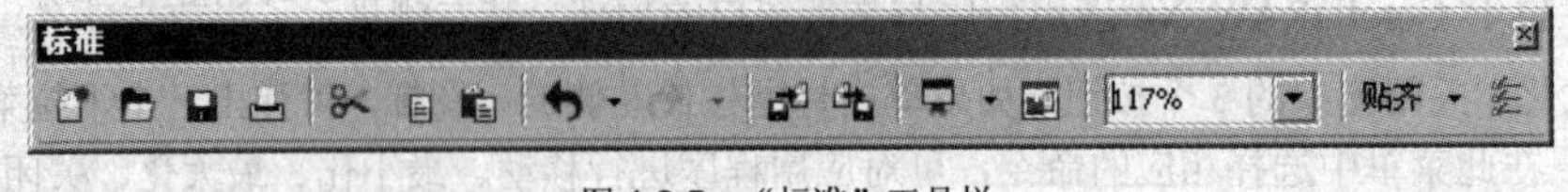

图 1.3.5 “标准”工具栏

1.3.4 工具箱和属性栏

默认设置下，工具箱位于 CorelDRAW X4 工作界面的左侧，也可以将其设置为浮动的形式。工具箱中的工具主要用来绘制与编辑图形对象。若要绘制一个多边形对象，可单击工具箱中的按钮，然后在绘图区中拖动鼠标即可，如图 1.3.6 所示。

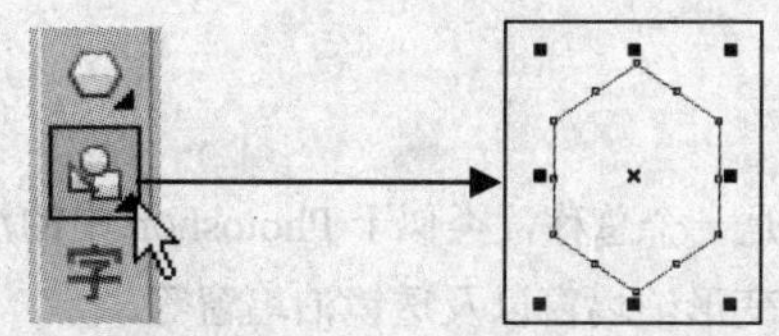

图 1.3.6　使用工具箱中的多边形工具绘制多边形

绘制好多边形对象后，在属性栏中将会显示出多边形对象的属性，如多边形的坐标位置、对象大小以及缩小等属性，如图 1.3.7 所示。

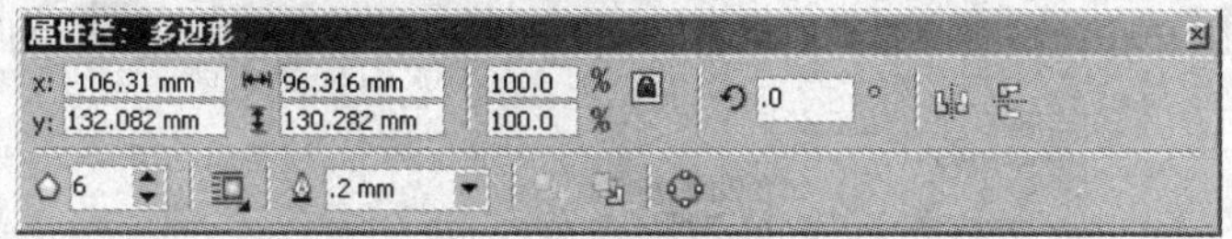

图 1.3.7　“多边形工具”属性栏

注意：选择的对象或所使用的工具不同，属性栏的状态也将不同。

在工具箱中，有些按钮右下角有三角符号，表示这是一个工具组，在如图 1.3.8 所示的按钮上按住鼠标左键不放，可打开与该工具相关的工具组。移动鼠标指针至所需的工具按钮上，单击鼠标即可切换至相应的工具状态下，如图 1.3.9 所示。

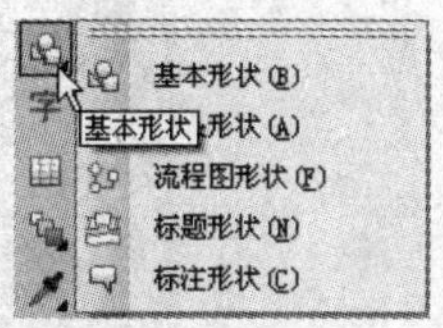

图 1.3.8　直接打开工具组

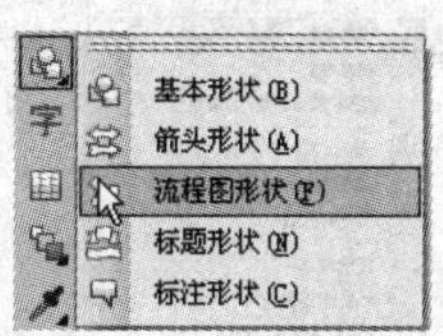

图 1.3.9　切换工具

1.3.5　调色板

调色板的默认位置是界面窗口的右侧。调色板可以直接对选定的图形或图形边缘的轮廓进行颜色填充。使用调色板选择颜色进行填充时，首先应在绘图窗口中选择要填充的图形，然后在调色板中选择一种颜色，单击鼠标左键，填充图形；单击鼠标右键，填充轮廓色。删除图形的填充色或轮廓色时，首先要选择要删除颜色的图形，然后在调色板中单击顶部的无填充图标☒；如果在调色板顶部的无轮廓图标☒上单击鼠标右键，则可以删除图形的轮廓颜色。单击调色板底部的▶按钮，可以将调色板展开；如果要将其关闭，只要在界面窗口中的任意位置单击鼠标左键即可。如图 1.3.10 所示为使用调色板填充图形对象的效果。

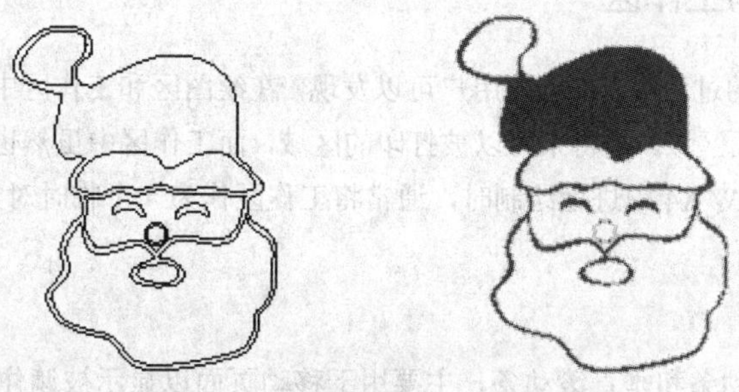

图 1.3.10　使用调色板填充图形对象效果

1.3.6 泊坞窗

CorelDRAW X4 中的泊坞窗是一个总称，类似于 Photoshop 中的浮动面板，常用的泊坞窗有对象属性泊坞窗、视图管理泊坞窗、变形泊坞窗以及透镜泊坞窗等。

默认设置下，泊坞窗都是关闭的，通常在需要使用时才打开。例如，要打开“变换”泊坞窗，可选择菜单栏中的 窗口(W) → 泊坞窗(D) → 变换(F) 命令，如图 1.3.11 所示。

在泊坞窗右上角单击“向上滚动泊坞窗”按钮▲，可最小化泊坞窗，此时按钮▲变为“向下滚动泊坞窗”按钮▼，单击此按钮可展开泊坞窗。单击泊坞窗右上角的按钮×，可关闭泊坞窗。

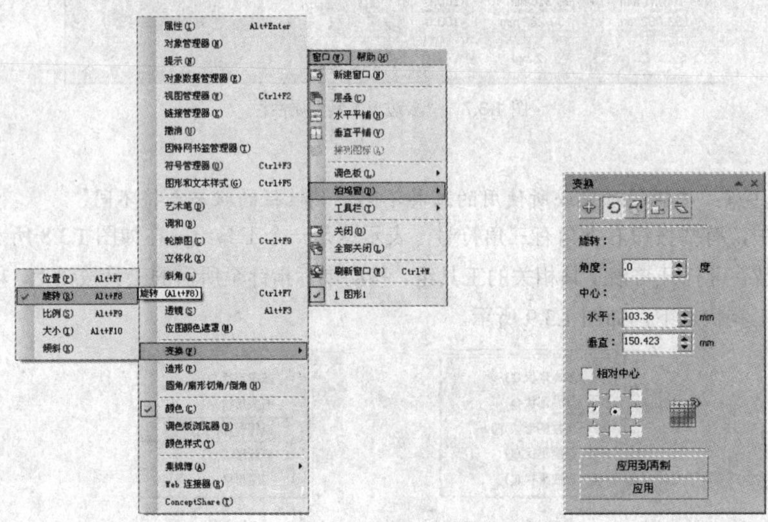

图 1.3.11　打开“变换”泊坞窗的过程

1.3.7 页面指示区

页面指示区用于显示 CorelDRAW X4 文件所包含的页面数，通过页面指示区，用户可以切换到不同的页面以查看各页面的内容，可以在各页面之间进行添加或删除页面等操作，还可以显示当前页码和总页数，如图 1.3.12 所示。

3/3　页 1　页 2　页 3

图 1.3.12　页面指示区

1.3.8 绘图区与工作区

在绘制或编辑图像的过程中，细心的用户可以发现，在绘图区和工作区中都可以绘制图形。实际上，绘图区即设置的页面区域，是将来可以被打印的区域，而工作区中虽然也能绘制对象，但对象不能被打印。在 CorelDRAW X4 中进行绘制时，通常将工作区作为一个临时对象的存放区域。

1.3.9 滚动条

滚动条分为水平滚动条和垂直滚动条，主要用于移动页面以显示被遮住的内容。默认状态下，CorelDRAW X4 会在绘图页面中显示全部的图形。当用户利用缩放工具放大显示图形的某一部分时，

绘图窗口就不能完全显示所有的图形，此时可以通过拖曳滚动条来显示图形被遮住的部分。

1.3.10　状态栏

在启动 CorelDRAW X4 软件后，状态栏默认被放置在窗口的最下方，如图 1.3.13 所示。状态栏显示当前工作状态的相关信息，如对象大小、所在图层、鼠标指针位置、填充色、轮廓色和当前工具的快捷操作等。选择 窗口(W) → 工具栏(T) → 状态栏 命令，可以显示或隐藏状态栏。

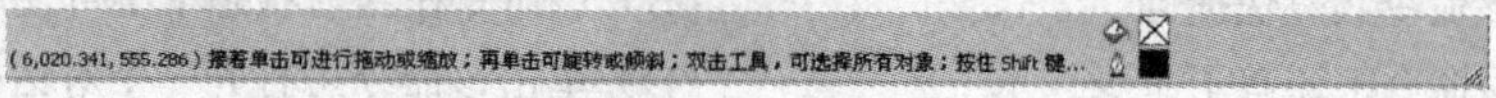

(6,020.341, 555.286) 接着单击可进行拖动或缩放；再单击可旋转或倾斜；双击工具，可选择所有对象；按住 Shift 键...

图 1.3.13　状态栏

本 章 小 结

本章介绍了 CorelDRAW X4 的入门知识，通过对 CorelDRAW X4 的功能、工作界面的组成以及图形制作相关概念等内容的讲解，使读者初步认识与了解了 CorelDRAW X4，为以后进一步的学习打下坚实的基础。

过 关 练 习

一、填空题

1．位图又叫__________，它由多个不同颜色的点组成，每一个点为一个像素点。

2．矢量图也称为__________，是由数字方式描述的一系列线条和色块组成的。

3．位图的__________与位图图像的清晰度和画质有着密切的关系。

4．当用户创建的作品要用于 Web 发布时，可以将复杂的图像转换成__________模式，从而减小文件大小。

5．新增的__________功能可为设计者节省时间，当安排项目时，设计者可以快速精确地修改对象。

6．新增的__________工具非常实用，可以很方便地修改行数和列数，改变边框线的颜色。

二、选择题

1．在 CorelDRAW 中所使用的（　）颜色模式是打印与印刷系统常用的模式。

（A）RGB　　（B）CMYK

（C）HSB　　（D）Lab

2．（　）格式是 CorelDRAW 的专用格式。

（A）PSD　　（B）JPEG

（C）AI　　（D）CDR

3．CMYK 模式中的 K 代表（　）。

（A）青色　　（B）洋红

（C）黄色　　（D）黑色

4．选择的对象或所使用的工具不同，（　）的状态也将不同。

（A）状态栏　　　　（B）属性栏

（C）工具栏　　　　（D）菜单栏

5．CorelDRAW X4 中使用到的各种工具存放在（　）中。

（A）属性栏　　　　（B）工具箱

（C）菜单栏　　　　（D）面板

6．在 CorelDRAW 的菜单中，如果菜单命令后跟有右三角符号▸，表示（　）。

（A）该命令具有快捷键　　　　（B）该命令在当前状态下不可使用

（C）该命令下还有子命令　　　　（D）单击该命令可打开一个对话框

三、简答题

1．简述图像的颜色模式。

2．简述位图与矢量图的优缺点。

3．CorelDRAW 软件有哪些基本功能？

4．简述 CorelDRAW X4 的新增功能。

四、上机操作题

1．上机实践 CorelDRAW X4 软件的新增功能。

2．打开一幅位图和矢量图，比较位图与矢量图的特点，并更改位图的分辨率。

第2章 CorelDRAW X4 的基本操作

章前导航

在学习 CorelDRAW X4 之前，首先需要对该软件的一些基础知识有一定的了解，例如，CorelDRAW 一些常用的基本操作、页面基本设置、页面显示设置以及 CorelDRAW 的一些辅助设置，掌握这些内容可以提高用户的学习效率。

本章要点

- 文件的基本操作
- 页面的基本设置
- 页面显示操作
- 辅助工具的使用

2.1 文件的基本操作

进入 CorelDRAW X4 后，就要进行新建文件、打开已有的文件、保存或关闭文件等操作，这也是 CorelDRAW X4 最基本的操作。

2.1.1 新建文件

启动 CorelDRAW X4 程序后，首先需要新建一个绘图页面。新建绘图页面的方法主要有以下 3 种：

1．从欢迎界面新建

打开 CorelDRAW X4 软件系统时，在弹出的 欢迎/快速启动 界面中单击"新建空文件"按钮，此方法只能用于刚进入 CorelDRAW X4 软件系统且弹出 欢迎/快速启动 界面的时候。

2．在操作界面中新建

（1）在编辑过程中，如果需新建一个文件，可选择 文件(F) → 新建(N) 命令（其快捷键为"Ctrl+N"）。

（2）在 CorelDRAW X4 窗口的"标准"工具栏中单击"新建"按钮。

3．利用模板新建

CorelDRAW X4 预设了许多模板，使用这些模板可以极大地方便用户的操作。下面讲解新建模板文件的方法。

（1）在欢迎界面中单击"从模板新建"图标，或选择菜单栏中的 文件(F) → 从模板新建(F)... 命令，可弹出"从模板新建"对话框，如图 2.1.1 所示。

（2）在该对话框中的 查看方式(V): 下拉列表中选择 行业 选项。

（3）在弹出的选项中选择 服务 选项，从右侧的列表框选择一种模板。

（4）单击 打开(O) 按钮，即可从模板新建文件，如图 2.1.2 所示。新建模板文件后，就可以在该文件的基础上进行绘制。

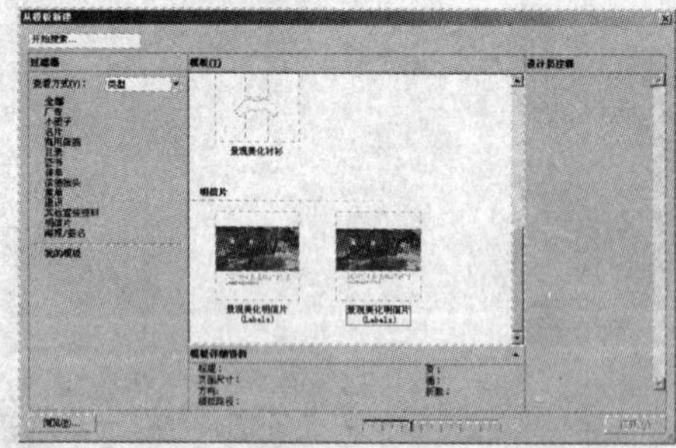

图 2.1.1 "从模板新建"对话框

图 2.1.2 从模板新建文件

注意：如果预设的模板不能满足需要，则可按需要绘制模板样式，保存为.cdr 格式的文件，再单击"从模板新建"对话框中的 浏览(B)... 按钮，从弹出的"选择模板"对话框中选择该文件即可。

2.1.2　打开文件

打开一个已经存在的图形文件主要有 3 种方法，即在 CorelDRAW X4 中打开、双击打开和通过鼠标拖动的方式打开。

1. 在 CorelDRAW X4 中打开

在 CorelDRAW X4 中要打开一个已经存在的图形文件，主要有以下 3 种方法：

（1）选择菜单栏中的 文件(F) → 打开(O)… 命令。

（2）单击工具栏中的“打开”按钮。

（3）在欢迎界面中单击 打开其他文档... 按钮。

使用以上任意一种方式，都将弹出“打开绘图”对话框，如图 2.1.3 所示，在该对话框中选择需要的文件，单击 打开(O) 按钮即可。

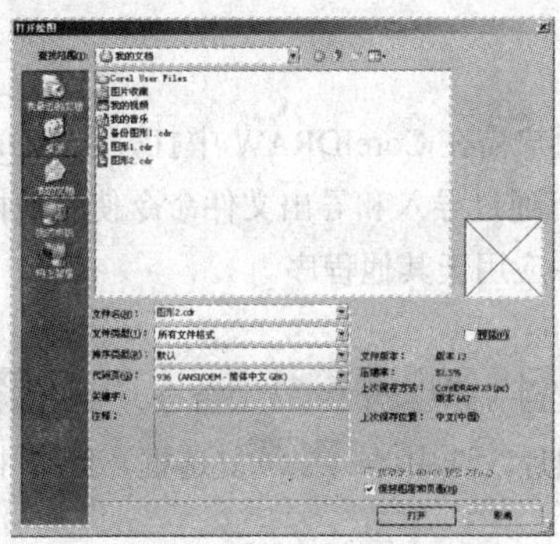

图 2.1.3　“打开绘图”对话框

2. 双击打开

在安装了 CorelDRAW X4 后，CorelDRAW X4 默认格式的文件就可以自动被识别，可以通过文件的缩略图来预览其效果，如图 2.1.4 所示。此时不管是否启动 CorelDRAW X4，只要在 CDR 格式的文件上双击鼠标即可用 CorelDRAW X4 打开它。

标志设计. cdr

图形2. cdr

鱼儿. cdr

绘制羽毛. cdr

图 2.1.4　被自动识别的 CDR 格式文件

3. 拖动鼠标打开

在启动 CorelDRAW X4 后，也可以通过拖动鼠标的方式来打开文件。具体的操作方法如下：

（1）关闭所有在 CorelDRAW X4 中打开的文件，然后打开 我的电脑 窗口，在该窗口中找到要打开的文件。

（2）在文件上按住鼠标并拖动至任务栏的 CorelDRAW X4 窗口按钮处，系统会切换至 CorelDRAW X4 界面，仍按住鼠标左键不放，将其移至 CorelDRAW X4 界面的灰色区域，当鼠标指针显示为形状时，释放鼠标即可打开该文件。

注意：如果要在“打开绘图”对话框中同时选择多个文件，可在选择文件时按住“Shift”键选择连续的多个文件，或按“Ctrl”键选择不连续的多个文件，单击 打开 按钮，所选择的多个文件将按先后顺序依次在 CorelDRAW X4 中打开。

2.1.3 导入和导出文件

在 CorelDRAW X4 中进行绘图工作时，不可能仅使用绘制的矢量图形，有时还需要大量的位图图像，因此就需要将位图图像文件导入到 CorelDRAW X4 中，并对其进行适当的编辑操作，还可将编辑好的图像导出，保存为需要的其他格式。

1．导入文件

图形文件的格式有多种，若用户需在 CorelDRAW 中打开非 CDR 和非 CMX 文件，或者需把 CDR 和 CMX 文件转化成其他格式，可通过导入和导出文件命令使其他格式的文件能在 CorelDRAW 中使用，或将 CorelDRAW 格式的文件应用于其他程序。

导入文件的具体操作步骤如下：

（1）选择菜单栏中的 文件(F) → 导入(I)… 命令，弹出导入对话框。从 查找范围(I): 下拉列表中选择 CorelDRAW X4 自带的图片，选中 预览(P) 复选框，则选中的图片将在预览框中显示，如图 2.1.5 所示。

（2）单击 导入 按钮，将鼠标移动到绘图窗口中，当光标显示为形状时，直接单击鼠标左键或按住鼠标左键拖出一个矩形框，可将选择的图像文件导入到绘图窗口中，如图 2.1.6 所示。

图 2.1.5 “导入”对话框

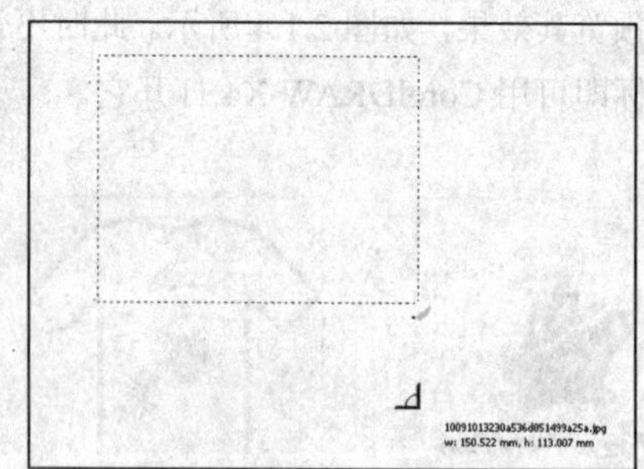

图 2.1.6 导入图片时的状态

2．导出文件

使用导出功能，可以将在 CorelDRAW X4 中绘制好的图形输出为位图或其他格式的文件。选择菜单栏中的 文件(F) → 导出(E)… 命令，或在工具栏中单击“导出”按钮，即可弹出导出对话框，如图 2.1.7 所示。

单击 导出 按钮，弹出“转换为位图”对话框，如图 2.1.8 所示。

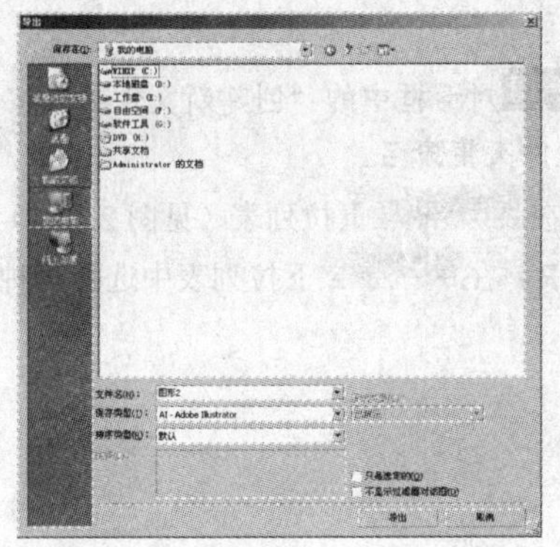

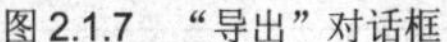

图 2.1.7　“导出”对话框

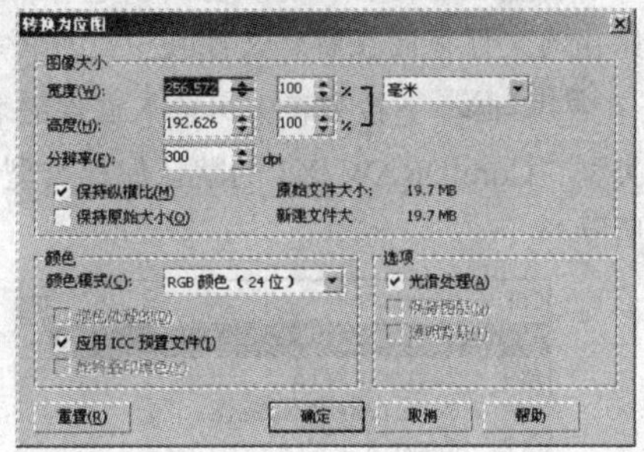

图 2.1.8　“转换为位图”对话框

在宽度(W):和高度(H):微调框中设置需要的图片的大小，设置完成后，单击确定按钮，弹出“JPEG 导出”对话框，如图 2.1.9 所示。

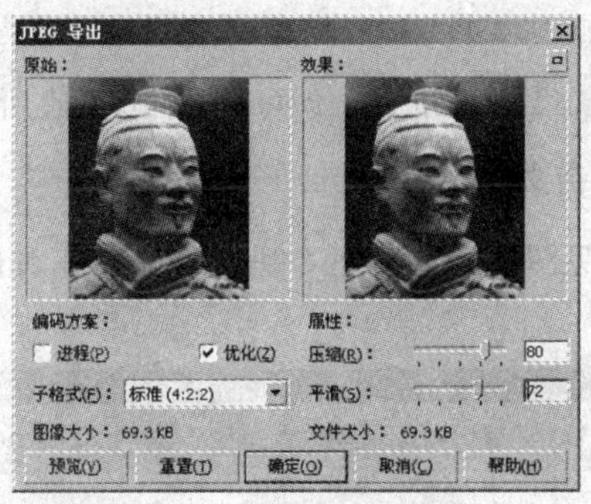

图 2.1.9　“JPEG 导出”对话框

在该对话框中设置好相关的参数，单击确定(O)按钮，即可完成图像的导出。

2.1.4　保存文件

绘制好图形后，需要将文件保存起来。在制作过程中也需要对图形不断地进行保存，以免在操作过程中因断电或其他原因造成失误。下面介绍几种文件保存方式。

1．利用菜单栏保存文件

（1）选择文件(F)→保存(S)…命令，弹出保存绘图对话框，在保存在(I):下拉列表中选择保存文件的位置，如图 2.1.10 所示。

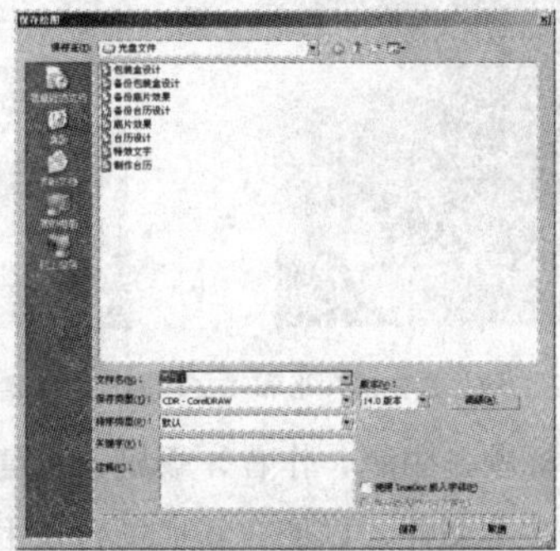

图 2.1.10　“保存绘图”对话框

注意：在选择保存位置时，也可单击保存绘图对话框中的“创建新文件夹”按钮，这时可将需保存的文件存储在新建文件夹中，可将新建文件夹重命名。

（2）在文件名(N)：下拉列表中可输入文件的名称，在保存类型(T)下拉列表（见图 2.1.11）中选择保存文件的类型。CorelDRAW X4 的默认保存类型为 CDR。在排序类型(R)下拉列表中选择一种类型，如图 2.1.12 所示。

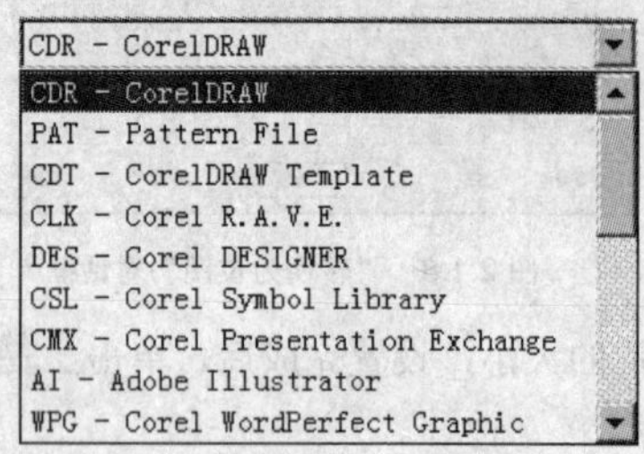

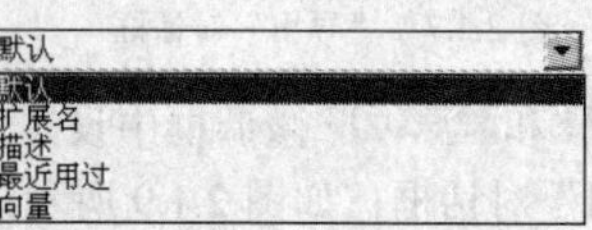

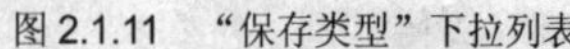

图 2.1.11 “保存类型”下拉列表　　图 2.1.12 排序类型下拉列表

（3）设置完成后，单击保存按钮，即可将文件保存在所选的文件夹下。

2. 利用“标准”工具栏保存文件

直接单击“标准”工具栏（见图 2.1.13）中的“保存”按钮，弹出保存绘图对话框（见图 2.1.10），其设置如上所述。

图 2.1.13 “标准”工具栏

2.1.5 查看文档信息

如果要查看所绘制的图形的文件信息，可在选中图形的基础上，选择菜单栏中的文件(F)→文档属性(P)...命令，将弹出文档属性对话框，如图 2.1.14 所示。

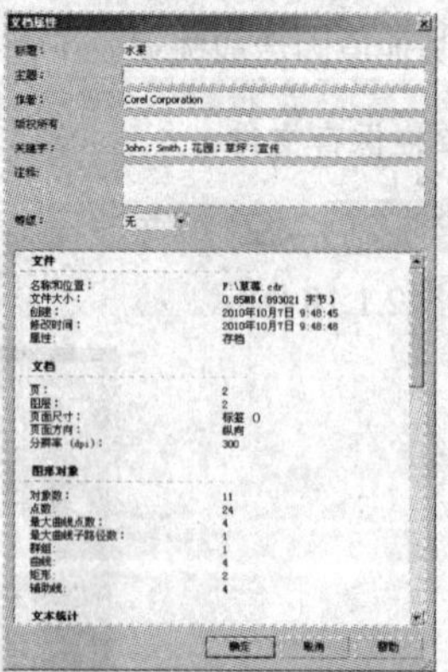

图 2.1.14 选中的图形和“文档属性”对话框

在此对话框中可以查看文件的标题、主题、作者、版权、关键字及注释等信息。

如果要将所选文件信息保存为文本文件，以便在其他场合使用，可单击对话框中的另存为(A)...按钮；要打印文件信息，可单击打印(P)...按钮。

2.1.6　切换文件

若在绘制图形过程中创建了多个文件，常需要在多个文件之间进行切换，切换文件的具体操作步骤如下：

（1）单击正在编辑的图形文件右上角的“还原”按钮，使文件处于还原状态，如图 2.1.15 所示。

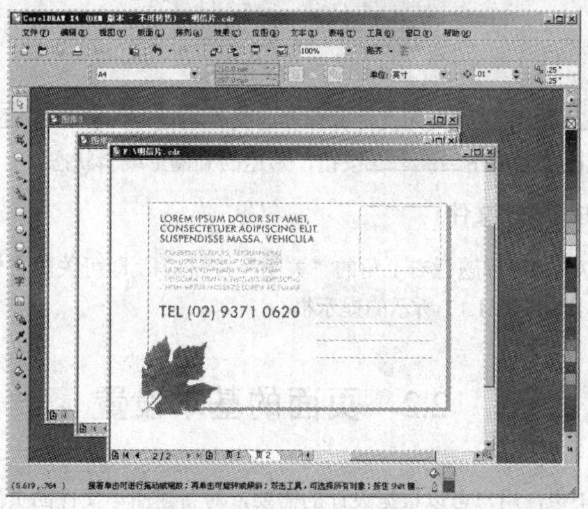

图 2.1.15　使文件处于还原状态

此时，明信片文件为当前工作状态。下面将图形 2 文件切换为当前工作状态。

（2）选择 窗口(W) → 2 图形2 命令，或者直接单击图形 2 文件的页面，即可将图形 2 切换为当前的工作状态，如图 2.1.16 所示，这样就完成了文件的切换。

图 2.1.16　将图形 2 文件切换为当前工作状态

2.1.7　关闭文件

在绘制或编辑图形后，往往需要关闭文件。关闭文件的方法有以下两种：

1．利用菜单栏关闭文件

（1）选择 文件(F) → 关闭(C) 命令，即可关闭文件。若文件未保存，将弹出如图 2.1.17 所示的提示框。

图 2.1.17　保存文件提示框

（2）若单击 是(Y) 按钮，则关闭文件并保存对文件的更改；若单击 否(N) 按钮，则关闭文件而不保存对文件的更改；若单击 取消 按钮，则返回到图形编辑状态。

2．利用“关闭”按钮关闭文件

直接单击 CorelDRAW X4 标题栏右上角的“关闭”按钮 ×，即可关闭文件，在执行此操作时若文件未保存，同样将弹出如图 2.1.17 所示的提示框。

2.2　页面的基本设置

在 CorelDRAW X4 中，用户可以根据设计的需要，对新建图形文件的页面进行各种设置，如设置页面大小、页面背景、添加页面、重命名页面、再制页面、转换页面与切换页面方向等。

2.2.1　设置页面大小

在 CorelDRAW X4 中，页面大小可以通过两种方法进行设置：一种是通过属性栏设置；另一种是在“选项”对话框中设置。

1．在属性栏中设置

当在绘图区中没有选择任何对象时，其属性栏显示页面的信息，默认的页面为纵向的 A4，即长为 210 mm，高为 297 mm，如图 2.2.1 所示。

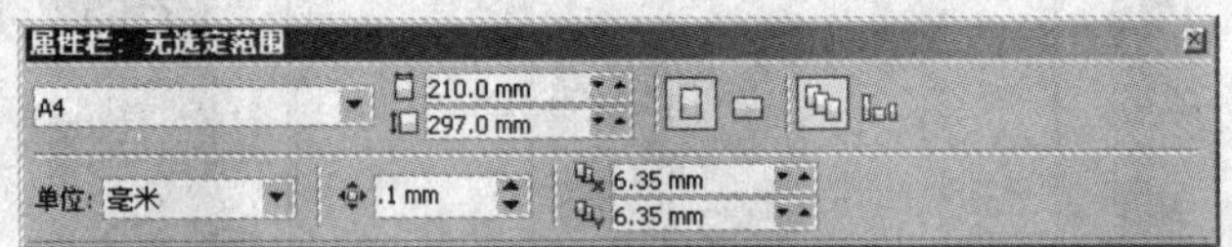

图 2.2.1　属性栏中的页面信息

在属性栏中设置页面大小的具体操作方法如下：

（1）在“标准”工具栏中单击“新建”按钮新建一个页面，或在挑选工具状态下取消对象的选择。

（2）在属性栏中单击纸张类型/大小下拉列表框 A4，可从弹出的下拉列表中选择纸张的类型，如选择 名片 选项，页面将自动改为名片纸张的大小，如图 2.2.2 所示，此时纸张宽度与高度输入框 210.0 mm 297.0 mm 中的数值也随着纸张的变化而变化。

（3）通过直接在属性栏中的纸张宽度与高度输入框 210.0 mm 297.0 mm 中输入数值，也可以自定义页面大小。

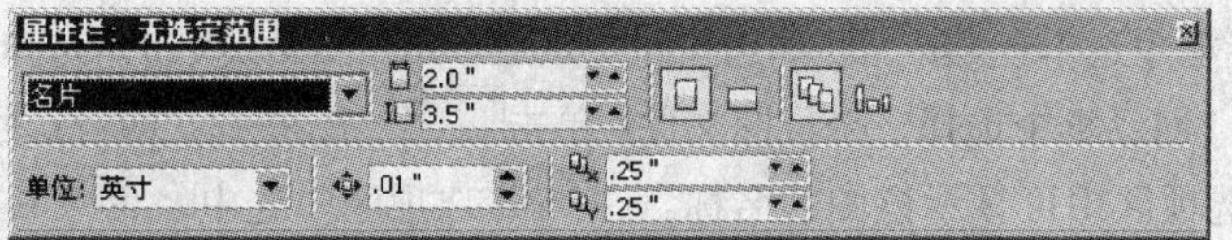

图 2.2.2　选择名片纸张

2．在“选项”对话框中设置

选择菜单栏中的版面(L)→页面设置(P)…命令，弹出选项对话框，如图 2.2.3 所示。在纸张(R):下拉列表中选择自定义选项，然后在宽度(W):与高度(E):输入框中输入数值，可定义页面的大小。此外用户还可以设置其他参数，如页面的方向、纸张类型等。

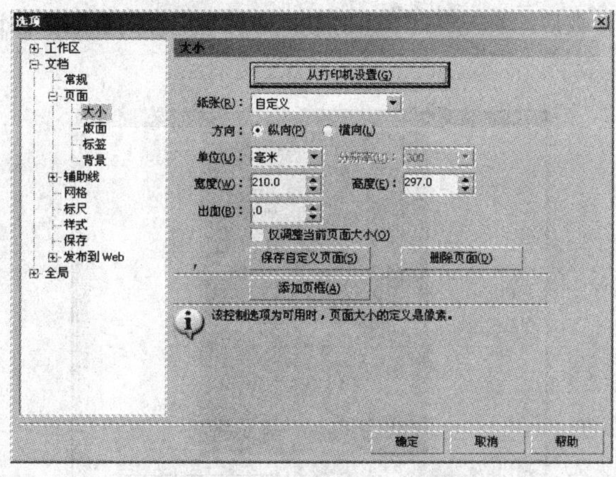

图 2.2.3　“选项”对话框

2.2.2　设置页面背景

要设置页面背景，可选择菜单栏中的版面(L)→页面背景(B)…命令，弹出如图 2.2.4 所示的“选项”对话框。

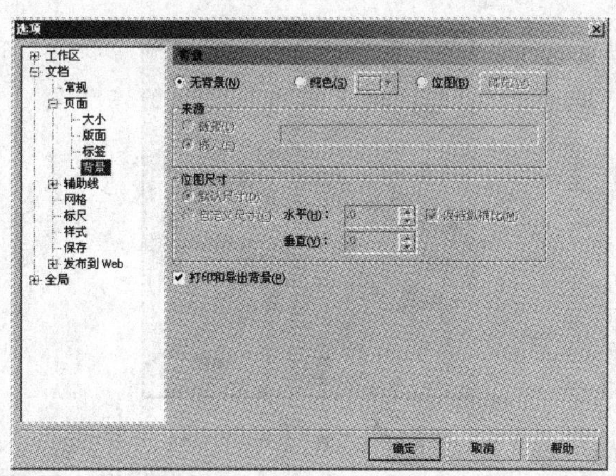

图 2.2.4　“选项”对话框

在该对话框中有 3 种背景可供选择，即无背景、纯色与位图。如果使用位图图像作为页面背景，具体操作步骤如下：

（1）在该对话框中选中 位图(B) 单选按钮，然后单击 浏览(W)... 按钮，可弹出“导入”对话框。

（2）在“导入”对话框中选择一个位图文件，单击 导入 按钮，即可返回到“选项”对话框。

（3）在 来源 选项区中可显示位图的名称。在 来源 选项区中选中 链接(L) 单选按钮，可以将选择的位图对象链接到页面中；如果选中 嵌入(E) 单选按钮，就可以将选中的位图对象嵌入到页面中。

（4）在 位图尺寸 选项区中可以调整图像的尺寸。如果选中 默认尺寸(D) 单选按钮，就可以将位图对象以原始尺寸放置在页面中；选中 自定义尺寸(C) 单选按钮，就可以自定义所选位图对象的尺寸；选中 保持纵横比(M) 复选框，可以保持位图对象纵横向比例不变；选中 打印和导出背景(P) 复选框，可在输出或打印文档时将背景显示出来。

（5）设置好各选项参数后，单击 确定 按钮，即可将选择的位图图像设置为当前页面的背景，如图 2.2.5 所示。

图 2.2.5　为页面设置背景图像

2.2.3　插入页面

如果要在当前打开的文档中插入页面，可选择菜单栏中的 版面(L) → 插入页(I)... 命令，弹出“插入页面”对话框，如图 2.2.6 所示。

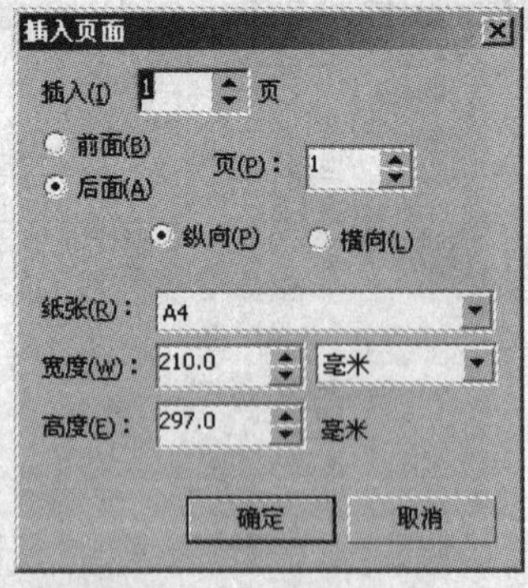

图 2.2.6　“插入页面”对话框

在 插入(I) 微调框中可输入插入页面的数量，并通过选中 前面(B) 或 后面(A) 单选按钮来确定插入页面的位置（放置在设定页面的前面或后面）。

选中 纵向(P) 或 横向(L) 单选按钮，可设置插入页面的放置方式。

单击纸张(R):右侧的A4下拉列表框，可从弹出的下拉列表中选择插入页面的纸张类型。如果需要自定义插入页面的大小，可在宽度(W):与高度(E):微调框中输入数值来自定义页面大小。

设置好参数后，单击确定按钮，即可插入一个页面，如图 2.2.7 所示。

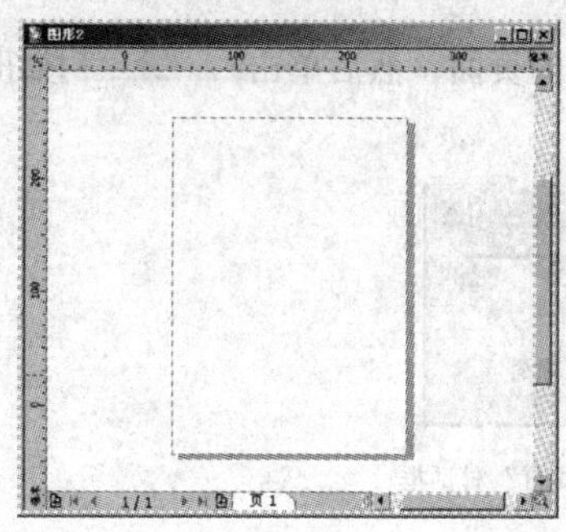

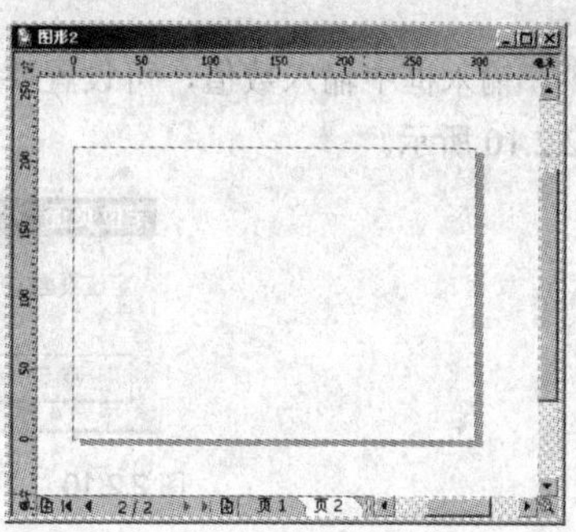

图 2.2.7　插入页面

2.2.4　重命名页面

当一个文档中包含多个页面时，可对个别页面分别设定具有识别功能的名称，以便地对其进行管理。

要更改页面名称，可先选定要重命名的页面，然后选择菜单栏中的版面(L)→重命名页面(A)…命令，可弹出“重命名页面”对话框，如图 2.2.8 所示。

在其对话框中的页名:输入框中可输入页面的新名称，单击确定按钮，则设置的页面名称将会显示在页面指示区中。

2.2.5　再制页面

当需要在某一页或者制定页后面或前面插入页面时，可选择菜单栏中的版面(L)→再制页面(U)…命令，弹出再制页面对话框，如图 2.2.9 所示。

在插入新页面:选项区中选中选定页之前或选定页之后单选按钮确定插入页面的位置（放置在设定页面的前面或后面）。选中只复制图层或复制图层和内容单选按钮，可设置再制页面的内容。

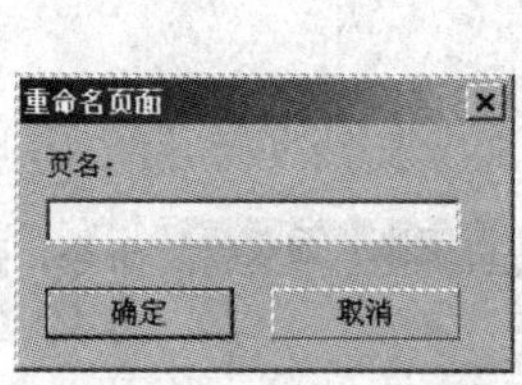

图 2.2.8　“重命名页面”对话框

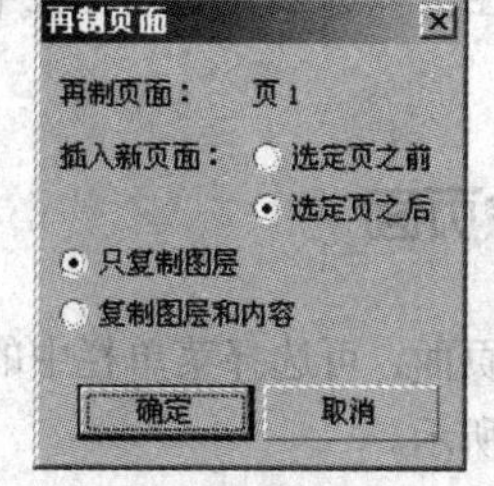

图 2.2.9　“再制页面”对话框

2.2.6　转换页面与切换页面方向

在 CorelDRAW X4 中，当一个文档中包含多个页面时，其页面指示区中有的页面无法显示，此时可以通过转换页面功能在不同页面之间进行切换，同时，也可对同一文档中的不同页面设置不同的方向。

1．转换页面

要从某一页面转换到所需的页面，可选择菜单栏中的 版面(L) → 转到某页(G)… 命令，弹出 定位页面 对话框。

在 定位页面(G): 输入框中输入数值，可设置要定位的页面，然后单击 确定 按钮，即可转换到该页面，如图 2.2.10 所示。

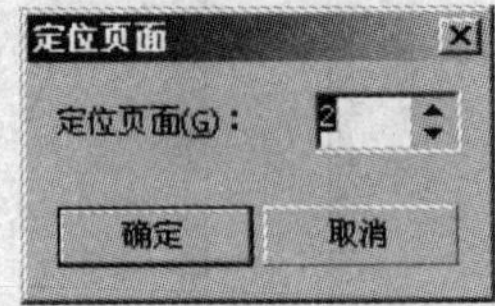

图 2.2.10 “定位页面”对话框

2．切换页面方向

切换页面方向就是将页面以纵向或横向放置，可选择菜单栏中的 版面(L) → 切换页面方向(R) 命令，在纵向与横向之间切换。但切换页面方向后，页面上的内容并不会随着页面方向的改变而发生变化，如图 2.2.11 所示。

图 2.2.11 切换页面方向

提示：在“挑选工具”属性栏中单击“纵向”按钮或“横向”按钮，也可切换页面方向。

2.2.7 删除页面

要删除无用的页面，可选择菜单栏中的 版面(L) → 删除页面(D)… 命令，弹出“删除页面”对话框，如图 2.2.12 所示。

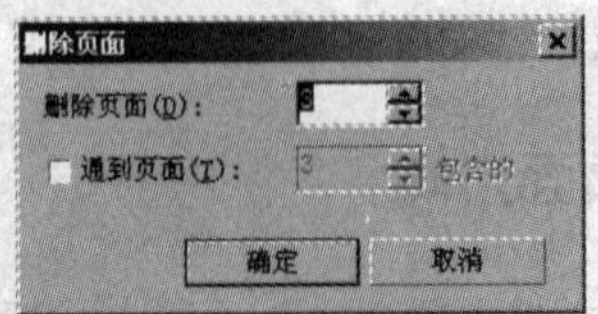

图 2.2.12 “删除页面”对话框

在“删除页面”对话框中可设置要删除的某一页，也可以选中 ☑通到页面(T): 复选框，来删除所设置页面范围内（包括所设页面）的所有页面。

2.3　页面显示操作

在 CorelDRAW X4 中，可以根据需要选择文件的显示模式，也可以以多种不同的显示方式对文件进行预览，还可以对绘图区进行整体缩放与平移。如果同时打开了多个文件，可对多个文件窗口进行排列。

2.3.1　显示比例的设置

在 CorelDRAW X4 中绘图时，为了便于观察整体的效果或某区域，可以根据需要设置图形对象的显示比例。

1．使用工具栏

在 CorelDRAW X4 中新建一个绘图页面，在“标准”工具栏中的缩放级别下拉列表 100% 中显示的数值为 100%，即绘图区以原大小显示。如果要放大或缩小显示页面，可以从此下拉列表中选择缩放级别，如图 2.3.1 所示，也可直接在缩放级别下拉列表框中输入缩放的数值。

2．使用缩放工具

在绘图工作中经常需要将绘图页面放大或缩小，以便于查看个别对象或整个图形的结构。

单击工具箱中的“缩放工具”按钮，将光标移至绘图区中，此时光标显示为形状，直接在绘图区中单击，将会以单击处为中心放大图形。

如果想放大某个区域，可在绘图区中单击并拖动鼠标框选该区域，释放鼠标后，该区域将被放大至充满绘图区。

如果要缩小画面显示，可单击工具箱中的“缩放工具”按钮，按住“Shift”键的同时在绘图区中单击鼠标左键，即可以鼠标单击处为中心缩小画面显示。

也可以通过“缩放工具”属性栏调节页面显示比例或单击相应的按钮来对页面进行各种不同的缩放操作，“缩放工具”属性栏如图 2.3.2 所示。

图 2.3.1　缩放级别下拉列表

图 2.3.2　“缩放工具”属性栏

在属性栏中单击 100% 下拉列表框，可从弹出的下拉列表中选择需要的绘图页面显示比例。

单击“缩放选定范围”按钮，可将文件中选定的对象显示在一个视图窗口中。

单击“缩放全部对象”按钮，可将文件中的所有对象全部显示在一个视图窗口中。

单击“显示页面”按钮，可在工作窗口中显示全部页面。

单击“按页宽显示”按钮，可将工作窗口调整为与页面同宽。

单击“按页高显示”按钮，可将工作窗口调整为与页面同高。

3. 使用手形工具

当页面显示超出当前工作区时，为了观察页面的其他部分，可单击工具箱中的“手形工具”按钮，将鼠标指针移至页面中，此时，鼠标指针显示为形状，按住鼠标左键并拖动，即可移动视图。

4. 使用视图管理器

选择菜单栏中的 窗口(W) → 泊坞窗(D) → 视图管理器(W) 命令，或按“Ctrl+F2”键，弹出“视图管理器”泊坞窗，如图 2.3.3 所示。

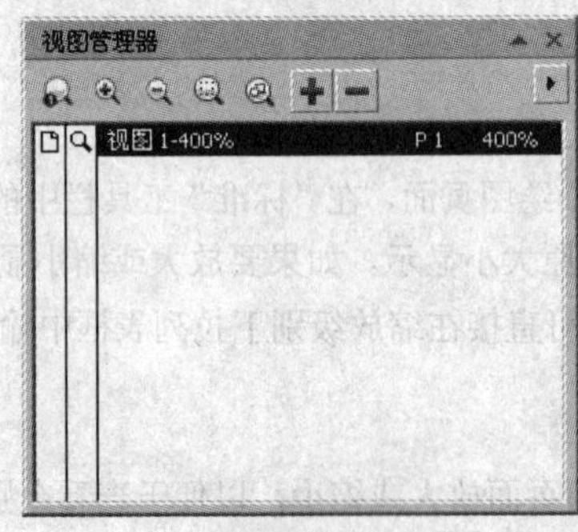

图 2.3.3 “视图管理器”泊坞窗

在该泊坞窗上方有一排控制按钮，从左至右依次为“缩放一次”按钮、“放大”按钮、“缩小”按钮、“缩放到选定对象”按钮、“缩放到全部对象”按钮、“添加当前视图”按钮和“删除当前视图”按钮。

2.3.2 窗口的操作

在 CorelDRAW X4 中，文档窗口是用来管理和控制图形显示的，因此，对文档窗口的操作非常频繁。默认设置下，最大化显示其中一个文件的窗口，此时如果要切换至其他文件窗口观察对象，可通过选择 窗口(W) 菜单中相关的命令来切换或调整窗口显示。

1. 新建窗口

在绘图工作中，有时需要建立一个与原有窗口相同的窗口来对比修改前后的图形对象，此时，可选择菜单栏中的 窗口(W) → 新建窗口(N) 命令，即可创建一个与原有窗口相同的窗口，如图 2.3.4 所示。

2. 层叠窗口

层叠窗口可将多个绘图窗口按顺序层叠在一起，这样有利于从中选择需要使用的绘图窗口。要按顺序层叠多个窗口，选择菜单栏中的 窗口(W) → 层叠(C) 命令即可，如图 2.3.5 所示。通过单击要切换的窗口的标题栏，即可将选中的窗口设置为当前窗口。

图 2.3.4 新建窗口

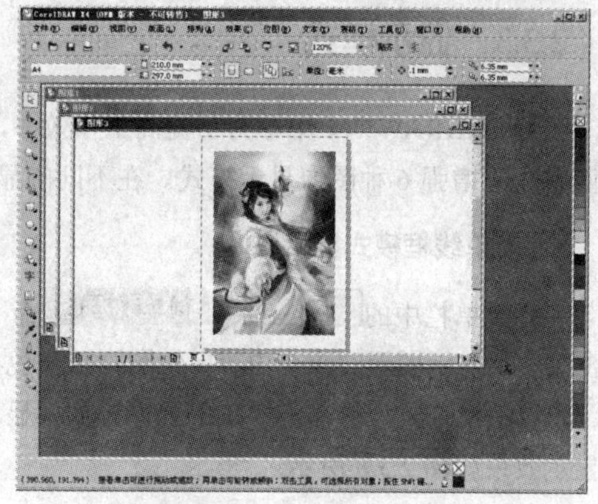

图 2.3.5 层叠窗口

3．平铺窗口

如果要同时在屏幕上显示两个或多个窗口，可使用平铺窗口方式。选择菜单栏中的 窗口(W) → 水平平铺(H) 命令，可按水平方式平铺窗口，如图 2.3.6 所示；如果需要按垂直方式平铺窗口，选择菜单栏中的 窗口(W) → 垂直平铺(V) 命令即可，如图 2.3.7 所示。

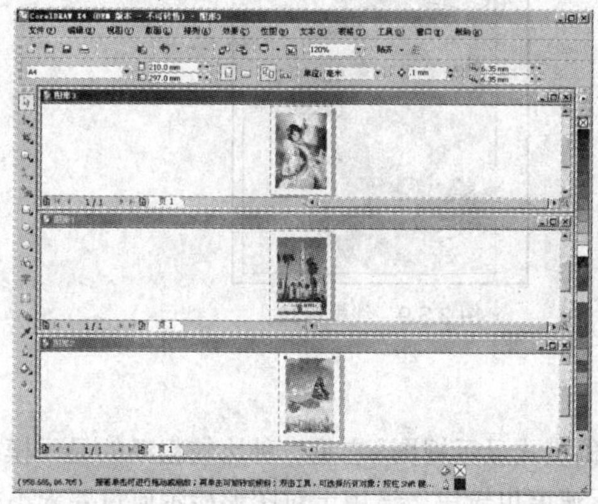

图 2.3.6 水平平铺窗口

图 2.3.7 垂直平铺窗口

4．排列图标

要将窗口按照一定的顺序进行排列，选择菜单栏中的 窗口(W) → 排列图标(A) 命令即可。但使用此命令时，必须将窗口最小化。

5．关闭窗口

如果需要将当前窗口关闭，选择菜单栏中的 窗口(W) → 关闭(C) 命令即可。如果在没有保存当前文件窗口的情况下使用此命令，系统则会弹出一个提示框，提示用户是否保存对该文件所做的修改。如果要将打开的所有文件窗口一次性全部关闭，可选择菜单栏中的 窗口(W) → 全部关闭(L) 命令。

6．刷新窗口

选择菜单栏中的 窗口(W) → 刷新窗口(W) 命令，可以刷新正在使用的文件窗口中没有完全显示的图像，使之完整地显示出来。

2.3.3 显示模式

在 CorelDRAW X4 中，为了提高工作效率，系统提供了简单线框、线框、草稿、正常、增强模和使用叠印增强 6 种图像显示模式。在不同的显示模式下，显示的画面内容、品质会有所区别。

1．简单线框模式显示

选择菜单栏中的 视图(V) → 简单线框(S) 命令，以简单的框架模式显示视图，只显示图形最基本的框架，不显示图形的填充内容；位图则以灰色点阵图显示；立体化对象、调和对象则只显示控制对象。此显示模式是一种非常简单的显示模式，显示速度非常快，便于快速查看某些对象，简单线框模式显示效果如图 2.3.8 所示。

2．线框模式显示

选择菜单栏中的 视图(V) → 线框(W) 命令，以线框模式显示视图，只显示图形的基本框架，包括立体透视图、调和形状等，而不显示填充效果；位图则以灰色点阵图显示。线框模式显示效果如图 2.3.9 所示。

图 2.3.8 简单线框模式

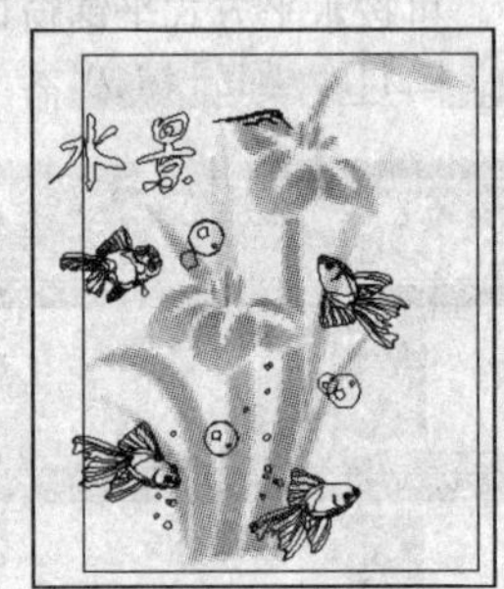

图 2.3.9 线框模式

3．草稿模式显示

选择菜单栏中的 视图(V) → 草稿(D) 命令，以草稿模式显示视图，它是一种比较粗糙的显示模式，页面中所有的图形均以低分辨率显示。此模式的显示速度也较快，适用于对图形显示质量要求不高，文件尺寸较大或硬件配置较低的电脑。草稿模式显示效果如图 2.3.10 所示。

4．正常模式显示

选择菜单栏中的 视图(V) → 正常(N) 命令，以正常模式显示视图，可显示出图形的实际情况，它是最常用的显示模式，既能保证图形的显示质量，也不影响计算机显示图形的速度，正常模式显示效果如图 2.3.11 所示。

图 2.3.10 草稿模式

图 2.3.11 正常模式

5. 增强模式显示

选择菜单栏中的 视图(V) → 增强(E) 命令，以增强模式显示视图，此模式呈现视图的最佳显示效果。如果对视图中的图形质量要求很高，就应采用此显示模式。在增强模式下，系统将以优化图形的方式显示视图，使对象的轮廓更加平滑，过渡更加自然，以得到高质量的显示效果。增强模式显示效果如图 2.3.12 所示。

6. 使用叠印增强模式显示

选择菜单栏中的 视图(V) → 使用叠印增强(C) 命令，以使用叠印增强模式显示，视图在此显示模式下，系统将以高分辨率显示所有图形对象，并使图形圆滑，这种模式也是系统默认的模式。使用叠印增强模式效果如图 2.3.13 所示。

图 2.3.12　增强模式

图 2.3.13　使用叠印增强模式

2.3.4　预览显示

在 CorelDRAW X4 中，可以将图形文件以 3 种方式进行预览，包括全屏预览、只预览选定的对象以及页面排序器视图。

1. 全屏预览

选择菜单栏中的 视图(V) → 全屏预览(F) 命令，或按“F9”键，即可隐藏屏幕上的工具栏、菜单栏及所有面板，以全屏显示图像。按任意键或单击鼠标左键，将取消全屏预览，效果如图 2.3.14 所示。

2. 只预览选定对象

若用户只想预览选定的对象，其操作方法为：打开一幅如图 2.3.14 所示的图形文件，分别选中图形中的小鱼和文字部分，然后选择菜单栏中的 视图(V) → 只预览选定的对象(O) 命令，即可对所选对象进行全屏预览，如图 2.3.15 所示。

图 2.3.14　全屏预览

图 2.3.15　只预览选定的对象

3. 页面排序器视图

打开一个包含多个页面的图形文件，然后选择菜单栏中的 视图(V) → 页面排序器视图(A) 命令，可以对文件中包含的所有页面进行预览，如图 2.3.16 所示。在预览显示模式下，如果要返回到正常显示状态，可使用挑选工具选择某一页面，再选择菜单栏中的 视图(V) → 页面排序器视图(A) 命令，取消其前面的“√”符号，即可返回到所选页面的正常显示状态。

图 2.3.16　页面排序器视图

2.4　辅助工具的使用

为了方便绘制图形，在 CorelDRAW X4 中提供了辅助线、标尺与网格功能，可以帮助用户在绘图的过程中迅速准确地定位坐标点，而且可将辅助线设置为垂直、水平、斜向以及默认值，还可在屏幕上任意移动或改变辅助线的方向。

2.4.1　添加标尺

标尺能帮助用户精确绘图，确定图形位置及测量大小。选择菜单栏中的 视图(V) → 标尺(R) 命令，可在绘图窗口中打开或关闭标尺。如果需要移动标尺，在按住“Shift”键的同时单击并拖动标尺，将其移至合适的位置，然后松开鼠标即可，如图 2.4.1 所示。

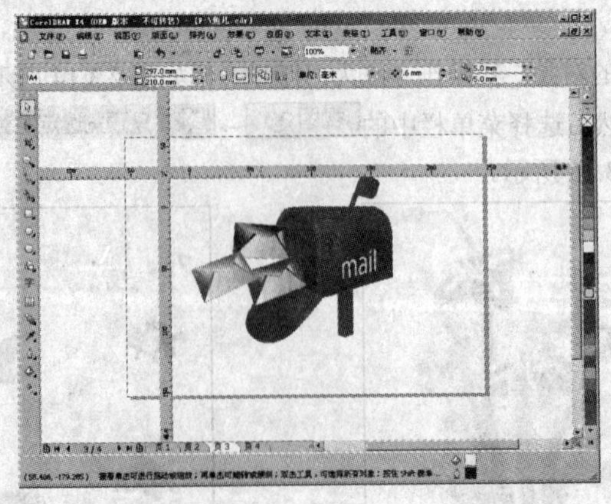

图 2.4.1　移动标尺

如果要改变原点的位置，只需将鼠标指针移至水平与垂直标尺左上角相交的坐标原点单击并拖动，至合适位置后松开鼠标，该处即成为新的坐标原点。用鼠标双击坐标原点，可以将改变的坐标原点恢复至系统默认的位置。

2.4.2　添加网格

网格由水平线与垂直线构成的一连串方框组成，一般可用于协助绘图与排列对象。但在默认情况下，网格是不会显示在窗口中的，只有通过选择菜单栏中的视图(V)→网格(G)命令，才可显示网格。在已显示网格的情况下再次选择该命令可以隐藏网格。

如果要在绘图时对齐网格，可选择菜单栏中的视图(V)→贴齐网格(P)命令，此时如果用鼠标移动对象，当鼠标指针移至网格点附近时，系统会自动使对象对齐网格点，如图 2.4.2 所示。

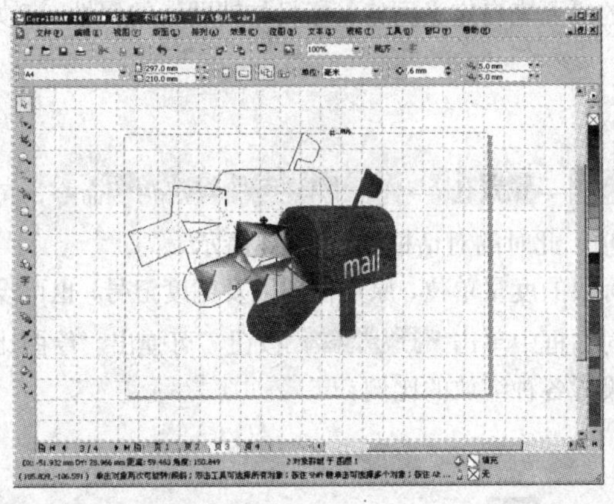

图 2.4.2　贴齐网格

2.4.3　添加辅助线

辅助线是绘图时所使用的有效辅助工具。在绘图窗口中，可以任意调节辅助线，例如，调节成水平、垂直或倾斜方向来协助对齐所绘制的对象。将光标移至标尺上单击并向窗口中拖动，即可产生辅助线。如果此时没有产生辅助线，可选择菜单栏中的视图(V)→辅助线(I)命令，使其显示出来，如图 2.4.3 所示。

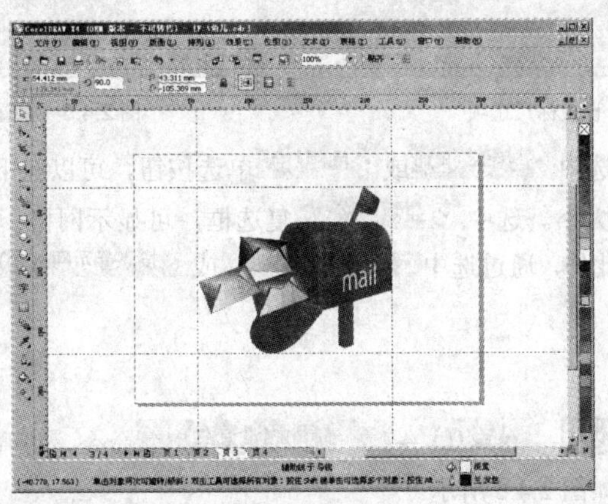

图 2.4.3　显示辅助线

如果要移动辅助线，可先将光标移到要移动的辅助线上，此时光标变为↔或↕形状，然后按住鼠标左键并拖动即可。

如果要旋转辅助线，只须要单击两次要旋转的辅助线，此时在辅助线两端将显示↔符号，将光标移至该符号上，此时光标变为↻形状，按住鼠标左键并拖动即可旋转辅助线。

如果要删除辅助线，只须要单击辅助线，此时该辅助线的颜色变为“红色”，表示该辅助线被选中，然后按“Delete”键即可。

提示：在制作图形的过程中，需要产生辅助线时，必须先显示标尺。

2.4.4 设置标尺、网格和辅助线

用户还可以根据自己的需要来自定义网格、标尺与辅助线的属性，例如，设置标尺的单位、标尺原点、网格间距等。

1．设置标尺

选择菜单栏中的 视图(V) → 设置(T) → 网格和标尺设置(L)… 命令，可弹出“选项”对话框，在该对话框左侧选择 标尺 选项，此时的对话框如图 2.4.4 所示。

在此对话框中可设置标尺的度量单位、原点位置以及刻度记号，也可设置移动对象时每次移动的距离。此外，在“选项”对话框中单击 编辑刻度(S)... 按钮，可弹出“绘图比例”对话框，用户可以根据实际需要在该对话框中设置各种缩放的比例。

2．设置网格

在“选项”对话框左侧选择 网格 选项，可显示出网格选项的参数，如图 2.4.5 所示。

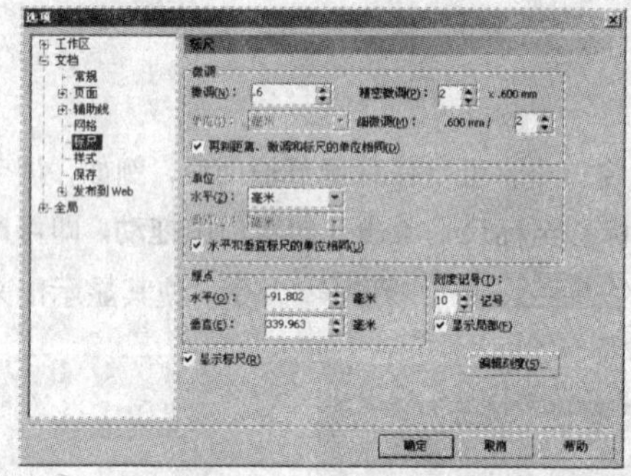

图 2.4.4　设置标尺选项

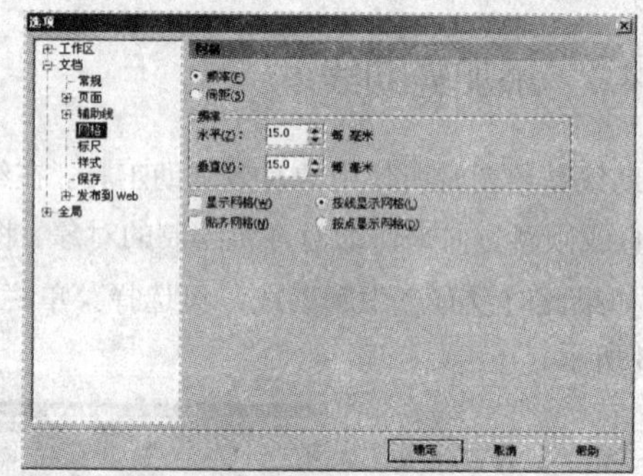

图 2.4.5　设置网格选项

在此对话框中，通过选中 ⊙ 频率(F) 或 ⊙ 间距(S) 单选按钮，可以在下方显示的相应选项区中设置网格线的频率或间距的大小。选中 ☑ 显示网格(W) 复选框，可显示网格；选中 ☑ 贴齐网格(N) 复选框，可以在绘图时对齐网格。此外，通过选中 ⊙ 按线显示网格(L) 或 ⊙ 按点显示网格(D) 单选按钮，可设置网格的显示方式。

3．设置辅助线

选择菜单栏中的 视图(V) → 设置(T) → 辅助线设置(T)… 命令，可弹出“选项”对话框，并显示出辅助线选项的参数，如图 2.4.6 所示。

选中 ☑ 显示辅助线(S) 复选框，可显示辅助线，反之，则会隐藏辅助线。选中 ☑ 对齐辅助线(N) 复选框，可使图形对象贴齐辅助线。单击 默认辅助线颜色(C): 与 默认预设辅助线颜色(P): 右侧的下拉按钮 ▾，

可从弹出的预设颜色列表中选择颜色，以重新设置辅助线的颜色。

如果在“选项”对话框的左侧选择水平、垂直、导线或预设选项，可在对话框的右侧显示出相关选项的参数，可分别对各种方向的辅助线进行设置。在此选择垂直选项，则可进行垂直辅助线的设置，如图 2.4.7 所示。

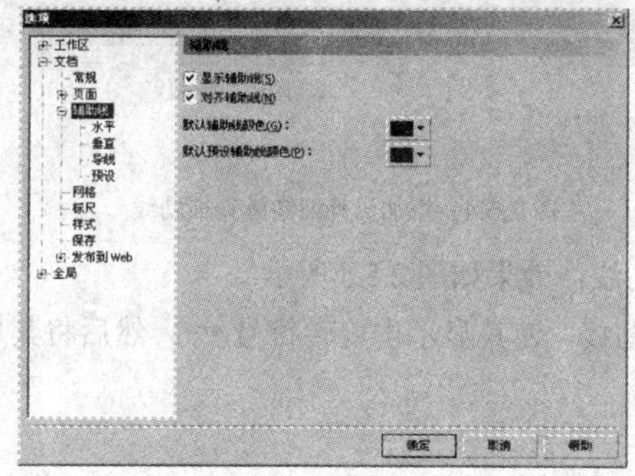

图 2.4.6　设置辅助线选项

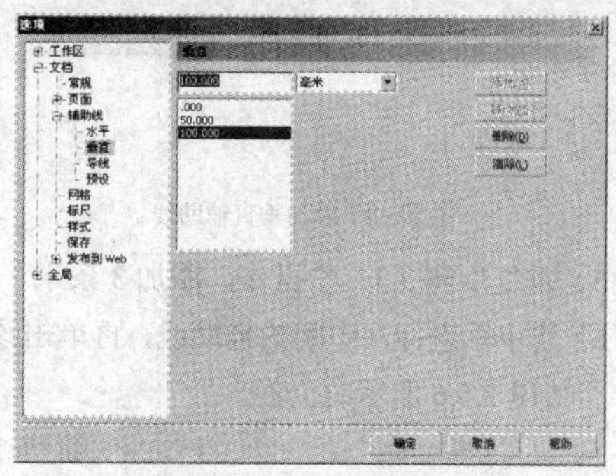

图 2.4.7　设置垂直辅助线

2.5　典型实例——绘制等腰三角形

本节综合运用前面所学的知识绘制两个等腰三角形，最终效果如图 2.5.1 所示。

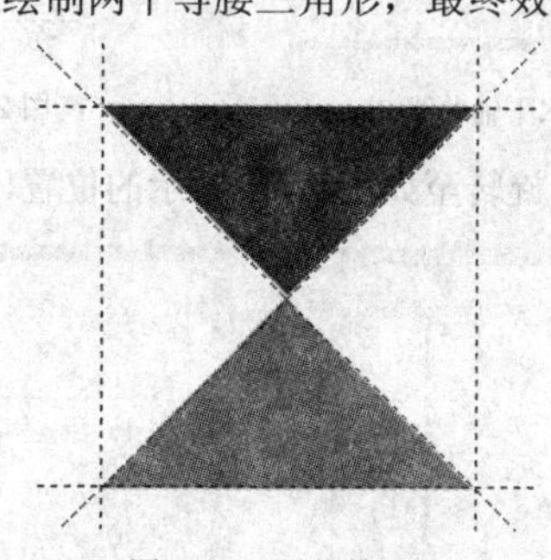

图 2.5.1　最终效果图

操作步骤

（1）选择菜单栏中的文件(F)→新建(N)命令，新建一个图形文件，然后选择菜单栏中的视图(V)→标尺(R)命令，在绘图窗口中打开标尺。

（2）在水平与垂直标尺交界的标记处按住鼠标左键向页面中拖动，设置标尺的坐标原点，如图 2.5.2 所示。

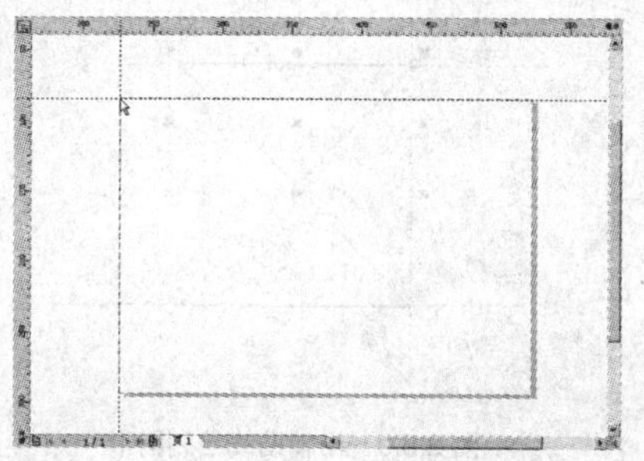

图 2.5.2　设置标尺的坐标原点

（3）从垂直标尺上按住鼠标左键拖动创建一条辅助线，将其移至水平标尺的 150 mm 处，效果如图 2.5.3 所示。

（4）重复步骤（3）的操作，将鼠标光标移至垂直标尺上，拖出另外两条辅助线，效果如图 2.5.4 所示。

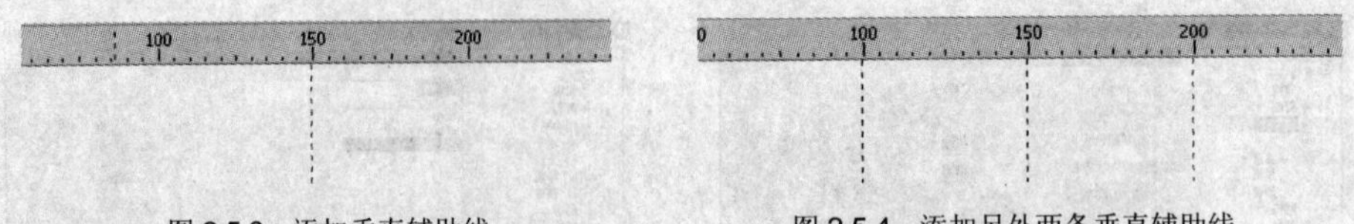

图 2.5.3　添加垂直辅助线　　　图 2.5.4　添加另外两条垂直辅助线

（5）重复步骤（3）的操作，添加 3 条水平辅助线，效果如图 2.5.5 所示。

（6）选中垂直标尺中间的辅助线，再单击该辅助线，使其显示出旋转符号，然后将其旋转中心点移至如图 2.5.6 所示的位置。

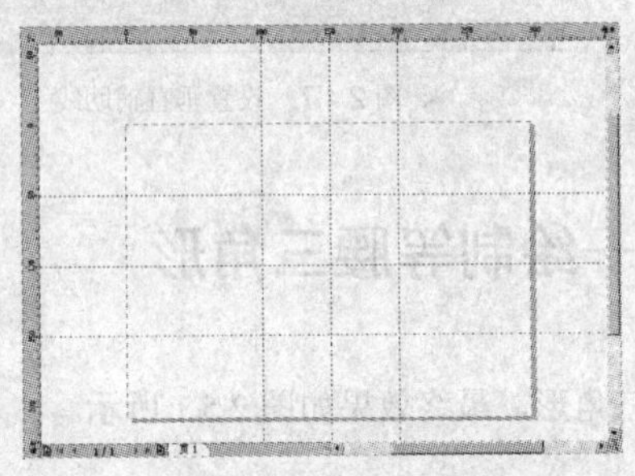

图 2.5.5　添加水平辅助线

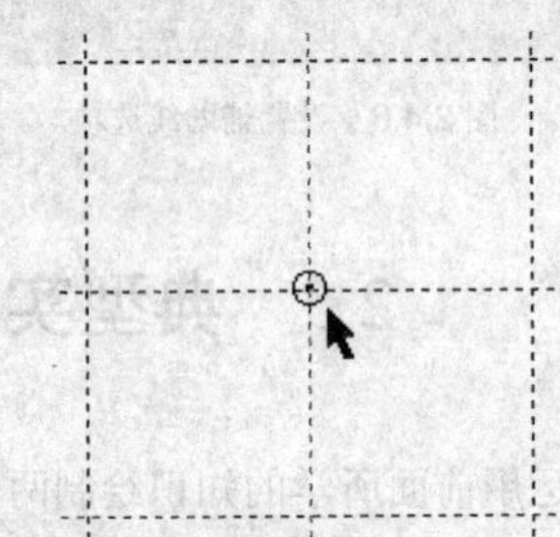

图 2.5.6　移动中心点位置

（7）用鼠标拖动旋转符号将其旋转至如图 2.5.7 所示的位置，释放鼠标可旋转该辅助线。

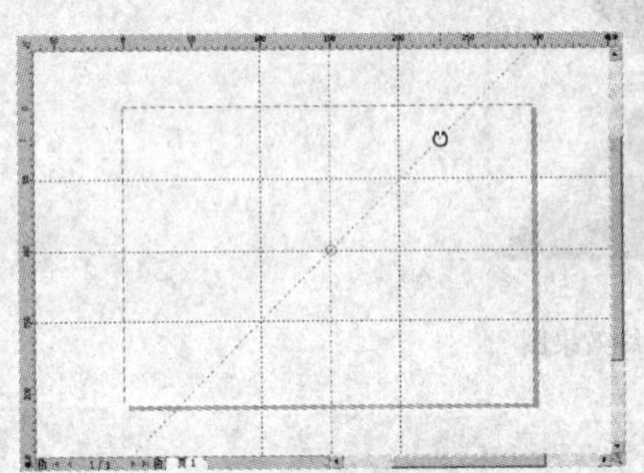

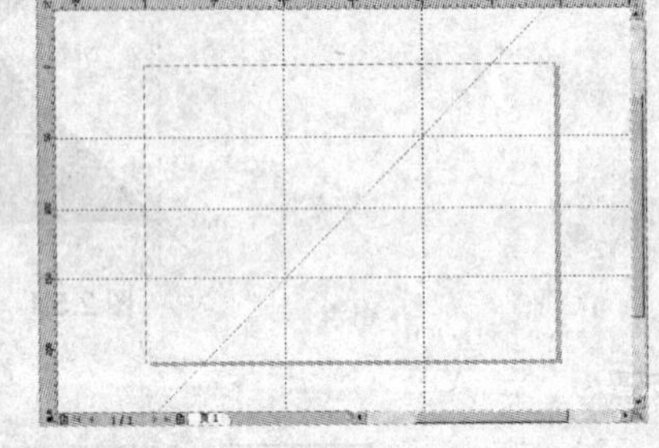

图 2.5.7　旋转辅助线

（8）重复步骤（6）和（7）的操作，对中间的水平辅助线进行旋转，效果如图 2.5.8 所示。

（9）使用贝塞尔工具沿辅助线拖动鼠标绘制两个等腰三角形，效果如图 2.5.9 所示。

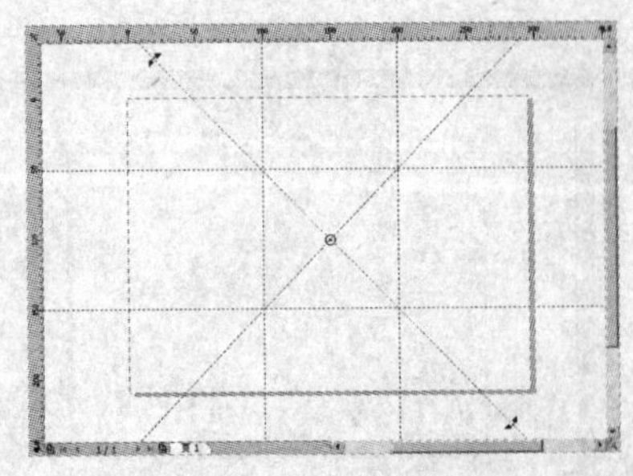

图 2.5.8　旋转另一条辅助线

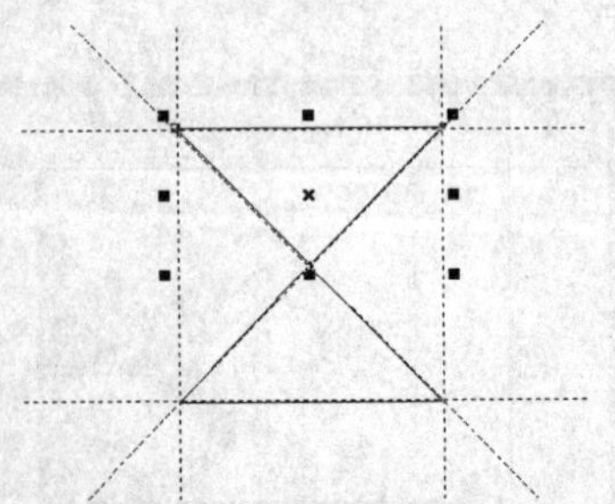

图 2.5.9　沿辅助线绘制图形

（10）在调色板中分别单击颜色色块，对绘制的等腰三角形进行填充，最终效果如图 2.5.1 所示。

本 章 小 结

本章主要介绍了在 CorelDRAW X4 中文件的基本操作、页面的基本设置、页面显示操作以及辅助工具的使用方法。通过本章的学习，可以使读者了解并掌握 CorelDRAW X4 的基本操作方法和技巧，并为以后的学习打下良好的基础。

过 关 练 习

一、填空题

1．在 CorelDRAW 中，新建文件的方法有 3 种，分别是________、________以及________。

2．在 CorelDRAW X4 中，打开文件的快捷键是________。

3．在 CorelDRAW X4 中，保存文件的快捷键是________。

4．若要将位图图像在 CorelDRAW 中打开，则必须使用________命令。

5．窗口的操作有________、层叠窗口、平铺窗口、________、关闭窗口和刷新窗口。

6．在 CorelDRAW 中，预览方式有全屏预览、________和页面排序器视图。

7．单击“缩放工具”按钮，按住________键单击图像，可以缩小图像的显示比例。

8．在________显示模式下，所有矢量图形只显示对象的轮廓，其渐变、立体、均匀填充和渐变填充等效果都被隐藏，位图全部显示为灰度图。

二、选择题

1．如果要在“打开绘图”对话框中同时选择多个连续的文件，可在选择文件时按住（　）键依次单击多个连续的文件。

（A）Shift　　（B）Ctrl

（C）Alt　　（D）Shift+Ctrl

2．（　）是绘图时所使用的有效辅助工具，可用于多个对象高度与宽度的对比或对齐，以及水平或垂直移动对象时的快速定位。

（A）辅助线　　（B）网格

（C）标尺　　（D）以上都是

3．按（　）键，可以隐藏图像中的辅助线。

（A）Ctrl+R　　（B）Alt+R

（C）Ctrl+H　　（D）Alt+H

4．要删除辅助线，可先选中辅助线，然后按（　）键。

（A）Ctrl　　（B）Alt

（C）Delete　　（D）Ctrl+Delete

5．在（　）显示模式下，页面中的所有对象均以常规模式显示，但位图将以高分辨率显示。

（A）草稿　　（B）增强

（C）线框　　（D）正常

6. 在 CorelDRAW 中，用（　）工具可以缩放文件。

（A）手形　　（B）挑选工具

（C）缩放　　（D）标尺工具

三、简答题

1. 简述打开与导入文件的方法。

2. 如何使用缩放工具缩小画面显示？

3. 简述网格的作用。

4. 如何对页面进行重命名和再制操作？

四、上机操作题

1. 新建一个图形文件，练习使用导入功能在页面中导入一幅位图。

2. 在绘图区中绘制多个重叠的图形对象，练习使用“对象编辑器”泊坞窗调整图形对象的重叠次序。

3. 启动 CorelDRAW X4，在页面中绘制图形，练习使用页面的 6 种显示模式分别显示页面。

4. 打开一幅制作好的作品，练习为打开的作品添加标尺、网格与辅助线。

第3章 绘制图形对象

章前导航

CorelDRAW X4 绘制的图形是由各种线条、矩形、圆等基本图形元素组合而成的。本章将着重介绍线条与基本图形元素的绘制方法与技巧，为以后绘制更复杂的图形打下良好的基础。

本章要点

- 绘制普通线条
- 绘制艺术线条
- 绘制规则基本图形
- 绘制不规则基本图形
- 绘制创意图形
- 标注图形

3.1 绘制普通线条

CorelDRAW X4 中提供了许多绘制普通线条的工具，如钢笔工具、手绘工具、贝塞尔工具以及折线工具等，使用这些工具可以绘制各种各样的线条。

3.1.1 钢笔工具

使用钢笔工具可以绘制出多种不规则的曲线和图形，还可以对已绘制的曲线和图形进行编辑修改。在 CorelDRAW X4 中，可以使用钢笔工具来完成各种复杂图形的绘制。

1．绘制曲线

单击工具箱中的“钢笔工具”按钮，在绘图区中单击鼠标左键确定一个起点，松开鼠标左键，将鼠标移到另一位置处单击并拖动，此时在两个节点间可出现与贝塞尔工具相同的两个控制点，松开鼠标，这时鼠标指针将变成形状，移动鼠标再次单击鼠标左键，即可绘制连续的曲线，如图 3.1.1 所示。

图 3.1.1　用钢笔工具绘制曲线

2．绘制直线和折线

单击工具箱中的“钢笔工具”按钮，在绘图区中单击确定直线的起点，移动鼠标到其他位置，再单击以确定直线的终点，即可绘制出一段直线，如图 3.1.2 所示。

只要再继续移动鼠标并单击确定下一个节点，就可以绘制出折线，要结束绘制，按“Esc”键即可，如图 3.1.3 所示。

图 3.1.2　用钢笔工具绘制直线

图 3.1.3　用钢笔工具绘制的折线

在“钢笔工具”属性栏中单击“自动添加/删除”按钮，可增加或删除节点；单击“自动添加/

删除”按钮，在绘制好的曲线上，将鼠标指针移到节点上时可以删除节点，将鼠标指针移到节点外路径上时可以添加节点。若要将曲线转换为封闭路径，则将鼠标指针移到起点处，单击鼠标即可闭合路径。

3.1.2　手绘工具

使用手绘工具可随意地绘制线条，它类似于现实生活中的铅笔，其自由调节度比较高，但是绘制效果不是很精确。使用手绘工具不但可以绘制出直线、连续的折线与曲线，还可以绘制出封闭图形。

1．绘制曲线

在绘图区中，使用手绘工具绘制曲线的具体操作方法如下：

（1）在工具箱中单击“手绘工具”按钮。

（2）移动鼠标指针至绘图区中，按住鼠标左键并随意拖动，沿拖动的路线将显示曲线的形状，松开鼠标即可完成曲线的绘制，如图 3.1.4 所示。

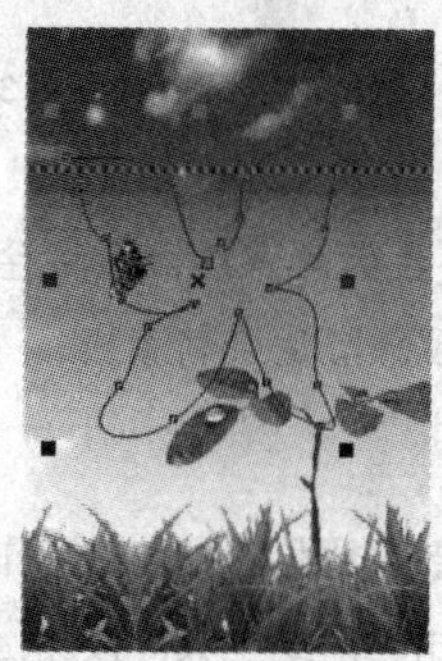

图 3.1.4　使用手绘工具绘制曲线

提示：使用手绘工具绘制曲线后，按住鼠标左键不放，同时按住“Shift”键，再沿之前所绘曲线路径返回，则可将绘制曲线时经过的路径清除。

使用手绘工具绘制好曲线后，将鼠标移至其他位置，按住鼠标左键拖动即可绘制出第二条曲线。若要在已经绘制好的曲线上接着拖动鼠标绘制曲线，具体的操作方法如下：

（1）使用挑选工具选择绘制好的曲线，然后单击“手绘工具”按钮，移动鼠标指针至曲线末端的节点上，此时，鼠标指针显示为形状，如图 3.1.5 所示。

（2）按住鼠标左键并拖动，可在所选曲线的基础上继续绘制曲线，拖动鼠标至曲线起点处，松开鼠标，即可绘制一个封闭的图形，如图 3.1.6 所示。

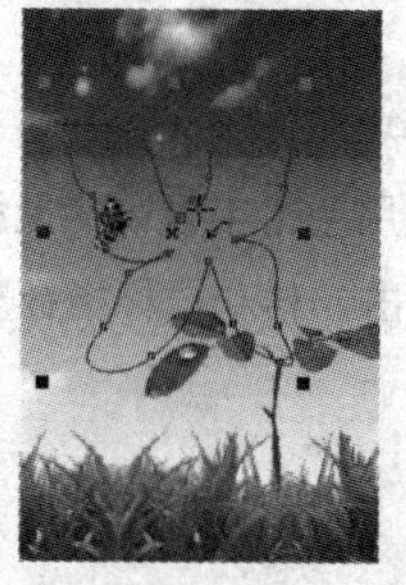

图 3.1.5　移动鼠标指针至右端节点

图 3.1.6　绘制封闭曲线图形

2．绘制直线

使用手绘工具绘制直线的方法很简单，只需要在工具箱中单击“手绘工具”按钮，将鼠标指针移至绘图区中，此时，指针显示为形状，单击鼠标左键确定直线的起点，然后移动鼠标至其他位置。移动鼠标时，可产生一条直线，再次单击鼠标确定直线的另一端点，即可绘制出一条直线，如图 3.1.7 所示。

图 3.1.7　绘制直线

提示：确定直线的起点后，在按住“Ctrl”键的同时拖动鼠标，可以绘制水平或垂直的直线，也可以以 15° 角为倾斜增量绘制直线。

3．绘制折线

使用手绘工具也可绘制折线，具体的操作方法如下：

（1）在工具箱中单击“手绘工具”按钮，将鼠标指针移至绘图区中，单击鼠标左键确定起点，移动鼠标至其他位置，双击鼠标左键，确定第二个节点。

（2）拖动鼠标至其他位置并单击，即可绘制折线，如图 3.1.8 所示。

图 3.1.8　绘制折线

（3）如果要在折线的基础上绘制封闭的图形，可使用手绘工具，将鼠标指针移至折线末端的节点上，此时，鼠标指针显示为形状，在末端节点上单击，移动鼠标指针至起点处并单击，即可形成一个封闭的图形。

3.1.3　贝塞尔工具

使用贝塞尔工具可以绘制平滑的曲线，也可绘制直线。用户可以通过确定节点和改变控制点的位置来控制曲线的弯曲程度。

1. 绘制曲线

使用贝塞尔工具绘制曲线的具体操作方法如下：

（1）单击工具箱中的“贝塞尔工具”按钮，移动鼠标指针至绘图区中，单击并按住鼠标左键拖动，此时将显示出一条带有两个节点和一个控制点的蓝色虚线调节杆。

（2）松开鼠标后，移动鼠标至其他位置，单击并按住鼠标左键拖动，在拖动鼠标时可发现曲线在弯曲。

（3）松开鼠标，即可产生第一段曲线。移动鼠标指针至绘图区中的其他位置，再次单击并按住鼠标左键拖动，至适当位置松开鼠标，即可绘制第二段曲线，如图 3.1.9 所示。

图 3.1.9　使用贝塞尔工具绘制曲线

2. 绘制直线

贝塞尔工具是专门用于绘制曲线的工具，也可以绘制直线，其绘制直线的方法与手绘工具相似，具体的操作方法如下：

（1）在工具箱中的手绘工具组中单击“贝塞尔工具”按钮。

（2）将鼠标指针移至绘图区中，单击鼠标左键确定直线的一点，单击处将显示为黑色矩形，表示直线起点，移动鼠标至其他位置单击确定直线终点，即可绘制一条直线，如图 3.1.10 所示。

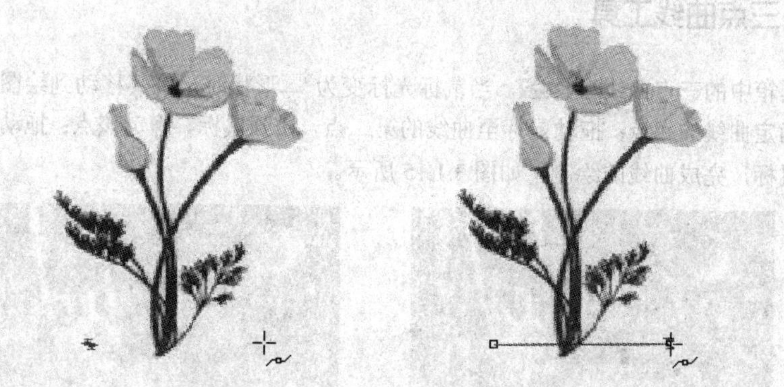

图 3.1.10　使用贝塞尔工具绘制直线

（3）继续移动鼠标至其他位置处单击，所形成的对象是一条折线，如图 3.1.11 所示，最后将鼠标指针移至起点处单击，即可形成一个封闭的图形，如图 3.1.12 所示。

图 3.1.11　绘制折线

图 3.1.12　绘制封闭图形

3.1.4　折线工具

使用多点线工具可以随心所欲地绘制各种复杂的图形，如直线、曲线、折线、多边形、三角形、四边形以及任意形状的图形等。它结合了手绘工具的所有功能，并在其功能上有所改进，它可以在绘制曲线后接着绘制直线，因此，使用多点线工具可以使直线与曲线的绘制一步完成。

单击工具箱中的“折线工具”按钮，将光标移至绘图区中，单击鼠标左键并拖动可以自动生成路径，需要绘制直线时，只需松开鼠标单击并拖动，便可绘制直线，如图 3.1.13 所示。

若要绘制封闭的不规则图形，只需将最后一个点与起始点相连接，效果如图 3.1.14 所示。

图 3.1.13　绘制曲线与直线

图 3.1.14　绘制封闭的不规则图形

3.1.5　三点曲线工具

选择工具箱中的三点曲线工具，当鼠标光标变为形状时，将其移动到绘图区中，按住鼠标左键不放以确定曲线的起点；拖动鼠标至曲线的第二点，松开鼠标，确定该点；拖动鼠标至曲线的第三点，单击鼠标，完成曲线的绘制，如图 3.1.15 所示。

图 3.1.15　绘制曲线

3.1.6 交互式连线工具

交互式连线工具可使用两种不同的方式来连接图形，并且可以根据连接图形的位置自动调整连接线的折点情况。

使用交互式连线工具连接图形的具体操作方法如下：

（1）首先在绘图区中绘制两个图形，然后单击工具箱中的“交互式连线工具”按钮，在此工具属性栏中单击“成角连接器”按钮。

（2）将鼠标光标移至绘制的任意一个图形对象的适当位置处单击，并按住鼠标拖动至另一个对象上，松开鼠标，即可将两个对象连接起来，如图 3.1.16 所示。

（3）如果要在对象之间使用直线连接，可在“交互式连接工具”属性栏中单击“直线连接器”按钮，移动鼠标至其中一个图形对象上按住鼠标左键拖动至另一个对象上，即可将其连接起来，效果如图 3.1.17 所示。

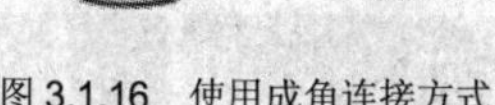

图 3.1.16 使用成角连接方式

图 3.1.17 使用直线连接方式

使用交互式连线工具连接对象后，当移动其中一个对象时，连接线也会随之变化。 如果要删除连接线，可使用挑选工具选择连接线，然后按“Delete”键即可。

3.2 绘制艺术线条

使用艺术笔工具可以创建多种多样的艺术线条，其绘制方法与手绘工具绘制曲线相似，不同的是，艺术笔工具绘制的是封闭路径，可对其进行颜色填充。

单击工具箱中的“艺术笔工具”按钮，其属性栏如图 3.2.1 所示，通过属性栏中提供的 5 种艺术笔工具及其相应的属性设置，可绘制出别具特色的艺术图形。

图 3.2.1 “艺术笔工具”属性栏

3.2.1 预设模式

使用预设艺术笔工具绘制图形的具体操作方法如下：

（1）单击工具箱中的“艺术笔工具”按钮，并在其属性栏中单击“预设工具”按钮。

（2）移动鼠标指针至绘图区中，按住鼠标左键并拖动，松开鼠标，即可得到所需要的艺术笔图形，如图 3.2.2 所示。

图 3.2.2　绘制预设艺术笔图形

在属性栏中的预设笔触下拉列表中，可以选择所需的笔触类型，并可通过设置手绘平滑输入框100与艺术媒体工具输入框3.262 mm中的数值，来设置所绘艺术笔图形的平滑度与宽度。

3.2.2　笔刷模式

在“艺术笔工具”属性栏中单击“笔刷工具”按钮，此时的属性栏如图 3.2.3 所示。

图 3.2.3　“笔刷工具”属性栏

在笔触下拉列表中选择一种笔触图形，在绘图区中按住鼠标左键并拖动，即可绘制所选的笔触图形，如图 3.2.4 所示。

图 3.2.4　使用笔刷工具绘制笔触图形

也可使用基本绘图工具，先在绘图区中绘制出一条路径，然后单击“艺术笔工具”属性栏中的“笔刷工具”按钮，并在笔触下拉列表中选择一种笔触图形，此时所选笔触图形将自动适配所绘制的路径，如图 3.2.5 所示。

图 3.2.5　使所选笔触图形适配路径

如果对使用艺术笔工具绘制出的图形比较满意，可以将其保存起来。操作方法是：选中绘制的图形，然后单击“艺术笔工具”属性栏中的“保存艺术笔触”按钮，即可将所选图形保存到笔触下拉列表中，以便于以后重复使用。

如果要将保存过的图形删除，可在笔触下拉列表中选择要删除的图形，然后单击属性栏中的“删除”按钮即可。

3.2.3 喷涂模式

单击“艺术笔工具”属性栏中的“喷涂工具”按钮，将鼠标指针移至绘图区中的适当位置，按住鼠标左键并拖动，可绘制出一条曲线，松开鼠标，即可看到使用喷涂工具绘制的图形，如图 3.2.6 所示。

图 3.2.6 使用喷涂工具绘制图形

如果对绘制的图形对象不满意，可单击其属性栏中的喷涂文件下拉列表框，从弹出的下拉列表中重新选择需要的图形对象，再进行绘制。

如果在喷涂文件下拉列表中没有找到需要的喷涂图形，可自定义喷涂。其操作方法很简单，只要先绘制出所需的喷涂图案或导入喷涂图案，并将其选中，在喷涂文件下拉列表中选择新喷涂列表选项，并用鼠标单击所绘的喷涂图案，然后单击“喷涂工具”属性栏中的“添加到喷涂列表”按钮，即可将绘制的喷涂图案添加到喷涂列表中。

如果要对喷涂文件下拉列表中已有的喷涂进行修改，可先在此下拉列表中选择要修改的喷涂，然后单击“喷涂列表对话框”按钮，可弹出“创建播放列表”对话框，如图 3.2.7 所示。在该对话框中的喷涂列表中显示了所选喷涂类型的组成元素，在播放列表中显示了选择使用的喷涂组成元素，用户可根据需要对所选喷涂进行筛选。

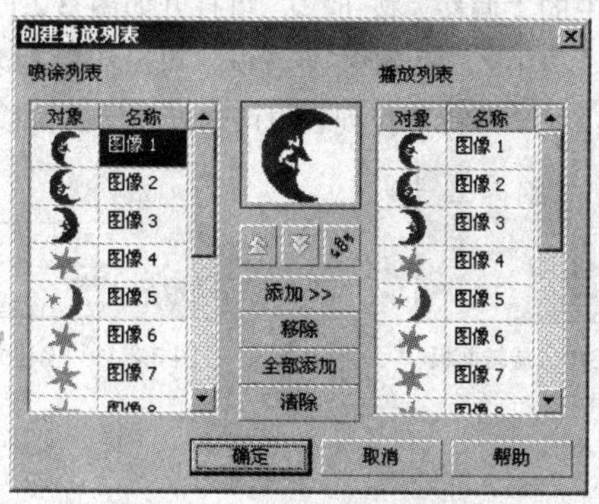

图 3.2.7 “创建播放列表”对话框

筛选喷涂元素的具体操作方法如下：

（1）如果只需所选喷涂类型的部分元素，应先单击移除按钮，将列表中的喷涂元素全部清除，然后按住“Ctrl”键的同时在喷涂列表中选择要使用的喷涂元素，如图 3.2.8 所示，最后单击添加>>按钮，即可将所选的喷涂元素添加到播放列表中，如图 3.2.9 所示。

（2）如果在对话框中单击全部添加按钮，可将所有喷涂列表中的喷涂元素添加到播放列表中；单击移除按钮，可将播放列表中所选择的喷涂元素删除；单击“向上”按钮与“向下”按钮，可改变播放列表中所选喷涂元素的位置；单击“旋转”按钮，可将播放列表中所选喷涂元素的顺序颠倒。

（3）在对话框中设置好喷涂元素后，单击确定按钮，将鼠标指针移至绘图区中，按住鼠标左键并拖动，即可绘制经过筛选的喷涂。

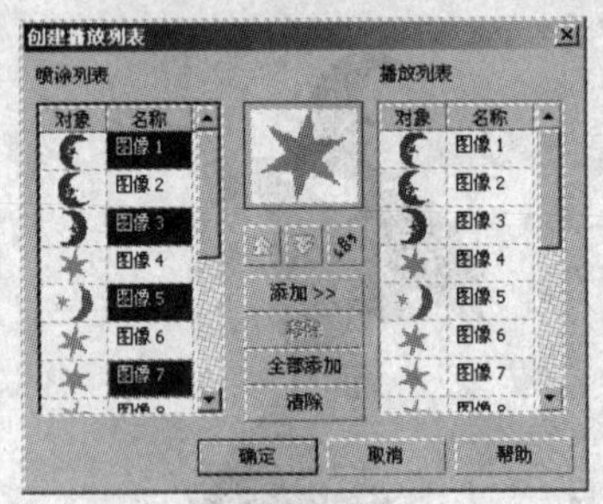
图 3.2.8　选择喷涂元素

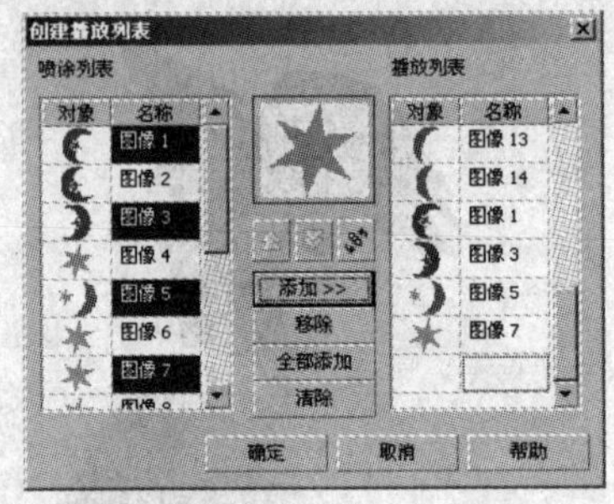
图 3.2.9　添加喷涂元素

在“喷涂工具”属性栏中选择喷涂顺序下拉列表随机中的相应选项，可为绘制的图形对象选择适当的排列顺序。

在属性栏中的输入框中输入数值，可以对绘制出的喷涂进行稀疏程度调整。其中，上方的输入框用于调整所选喷涂在垂直方向上的稀疏程度；下方的输入框用于调整所选喷涂在水平方向上的稀疏程度。

如果要对绘制出的喷涂图形进行旋转，可单击属性栏中的“旋转”按钮，打开旋转面板，如图 3.2.10 所示，在旋转角度：输入框中输入数值，可设置喷涂的倾斜角度；选中增加：复选框，在其右侧的.0°输入框中可输入喷涂所要增加的旋转角度；选中相对于路径单选按钮，可使所选的喷涂根据绘制的路径进行旋转；选中相对于页面单选按钮，所选喷涂将相对于页面以设置的角度进行旋转。

单击“喷涂工具”属性栏中的“偏移”按钮，可打开如图 3.2.11 所示的偏移面板，在此面板中可调整喷涂和路径的偏移量。选中使用偏移：复选框，可激活偏移：输入框，在此输入框中可以设置喷涂和绘制的路径的偏移量；在方向(D)：下拉列表中可选择喷涂的偏移方向。

图 3.2.10　旋转面板

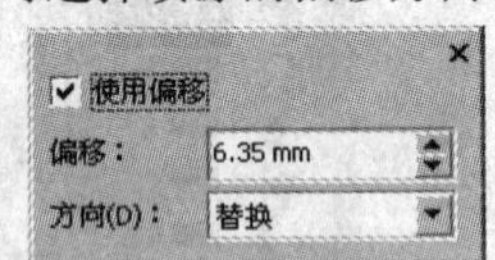
图 3.2.11　偏移面板

3.2.4　书法模式

使用书法工具可以绘制出类似于书法笔划过的图形效果。在“艺术笔工具”属性栏中单击“书法工具”按钮，将鼠标指针移至绘图区中，按住鼠标左键并拖动，即可绘制出如图 3.2.12 所示的图形。

在“书法工具”属性栏中的艺术笔工具宽度输入框10.0 mm中输入数值，可改变所选图形的宽度。

在书法角度输入框 0.0 ° 中输入数值，可设置图形笔触的倾斜角度。

3.2.5　压力模式

在“艺术笔工具”属性栏中单击“压力工具”按钮，将鼠标指针移至绘图区中，按住鼠标左键拖动，可绘制出如图 3.2.13 所示的图形。

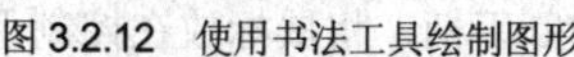

图 3.2.12　使用书法工具绘制图形　　图 3.2.13　使用压力工具绘制图形

如果对所绘图形的笔触宽度不满意，可在其属性栏中的艺术媒体笔触宽度输入框 10.0 mm 中输入数值，来调整所选图形的笔触宽度。

3.3　绘制规则基本图形

在 CorelDRAW X4 可以使用矩形工具、椭圆形工具、多边形工具以及智能绘图工具，绘制出多种规则的基本图形对象。

3.3.1　绘制矩形

单击工具箱中的矩形工具右下角的黑色小三角，弹出如图 3.3.1 所示的矩形工具组。

图 3.3.1　矩形工具组

1. 使用矩形工具绘制矩形

使用矩形工具绘制矩形的具体操作步骤如下：

（1）选择工具箱中的矩形工具。

（2）当光标变为形状时，将其移至绘图区，单击鼠标左键确定矩形的起始位置。

（3）拖动鼠标至对角线的另一端，松开鼠标，完成矩形的绘制，效果如图 3.3.2 所示。

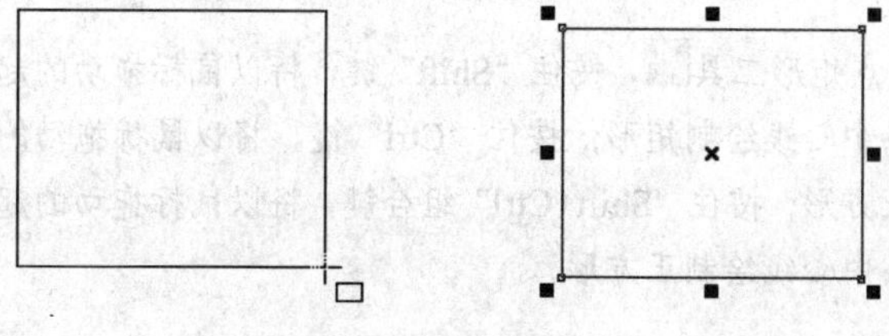

图 3.3.2　绘制矩形

选择矩形工具后，弹出如图 3.3.3 所示的属性栏。

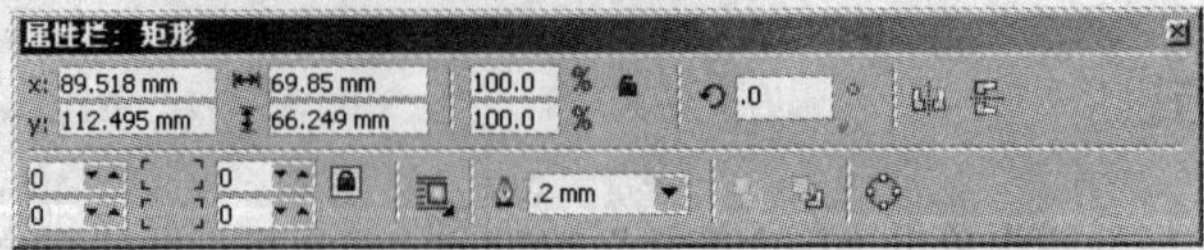

图 3.3.3　“矩形工具”属性栏

在“矩形工具”属性栏中可以对图形进行大小、位置、旋转和圆角等属性的设置。例如，对如图 3.3.2 所示的矩形进行参数设置（见图 3.3.4），效果如图 3.3.5 所示。

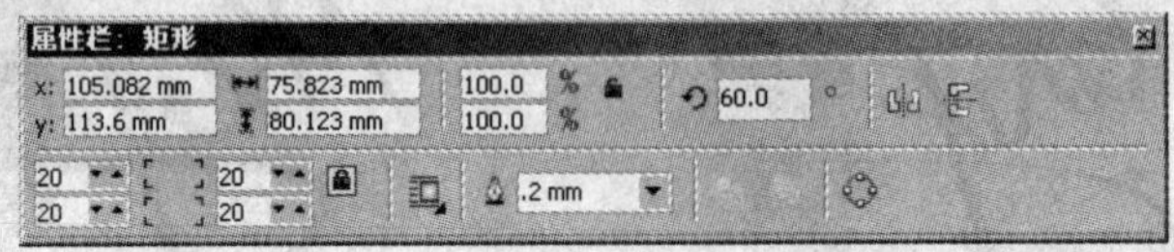

图 3.3.4　设置后的“矩形工具”属性栏

双击绘制的矩形，其周围将出现如图 3.3.6 所示的控制手柄，将鼠标放在控制手柄上，拖动鼠标可对矩形进行顺时针或逆时针旋转。

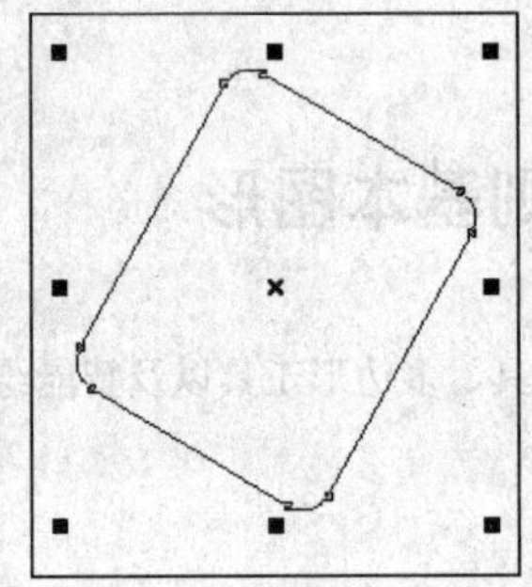

图 3.3.5　改变参数后的效果

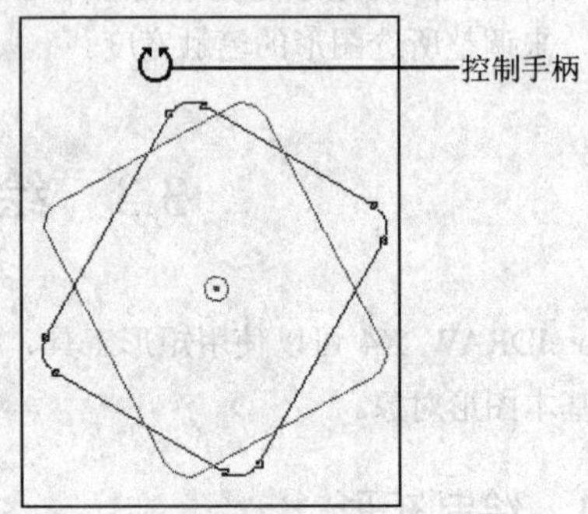

图 3.3.6　拖动鼠标旋转对象

提示：选择矩形工具后，按住“Shift”键，将以鼠标拖动的起点为中心绘制矩形；按住“Ctrl”键，可绘制正方形；按住“Shift+Ctrl”组合键，将以鼠标拖动的起点为中心绘制正方形。

2．使用 3 点矩形工具绘制矩形

使用 3 点矩形工具绘制矩形的具体操作步骤如下：

（1）选择工具箱中的 3 点矩形工具。

（2）当光标变为形状时，将其移至绘图区中，单击鼠标左键确定矩形的起点。

（3）拖动鼠标至矩形的第二个顶点，完成矩形一条边的绘制，如图 3.3.7 所示。

（4）松开鼠标，并平行拖动鼠标到矩形的第三个顶点，单击鼠标左键完成矩形的绘制，效果如图 3.3.8 所示。

提示：选择 3 点矩形工具，按住“Shift”键，将以鼠标拖动的起点和第二个顶点所确定的一条线段为矩形的一条中心线绘制矩形；按住“Ctrl”键，将以鼠标拖动的起点和第二个顶点所确定的一条线段为边绘制正方形；按住“Shift+Ctrl”组合键，将以鼠标拖动的起点和第二个顶点所确定的一条线段为矩形的一条中心线绘制正方形。

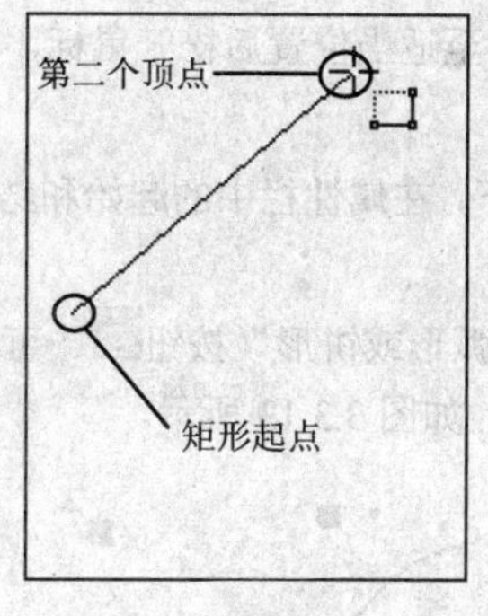

图 3.3.7　确定矩形的一条边

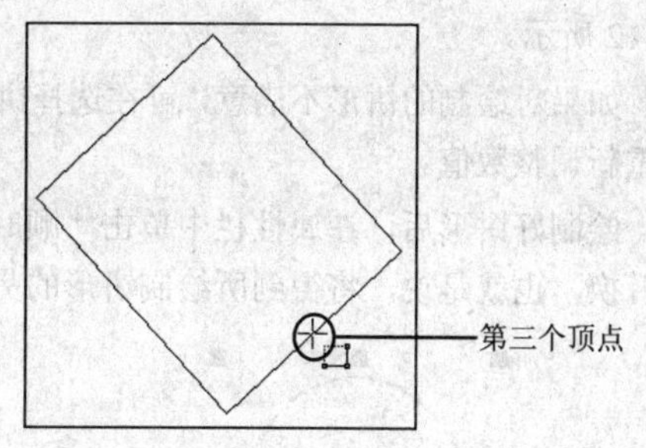

图 3.3.8　确定第三个顶点

3.3.2　绘制椭圆

单击工具箱中的椭圆形工具右下角的黑色小三角，弹出如图 3.3.9 所示的椭圆形工具组。

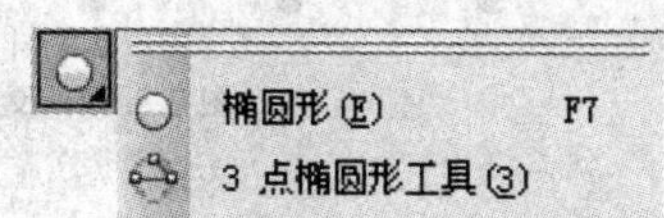

图 3.3.9　椭圆形工具组

1．绘制椭圆和圆

绘制椭圆的具体操作方法如下：

（1）单击工具箱中的“椭圆形工具”按钮。

（2）在绘图页面中拖动鼠标即可，绘制的椭圆如图 3.3.10 所示。

绘制圆的具体操作方法如下：

（1）单击工具箱中的“椭圆形工具”按钮。

（2）在按住“Ctrl”键的同时拖动鼠标即可，绘制的圆如图 3.3.11 所示。

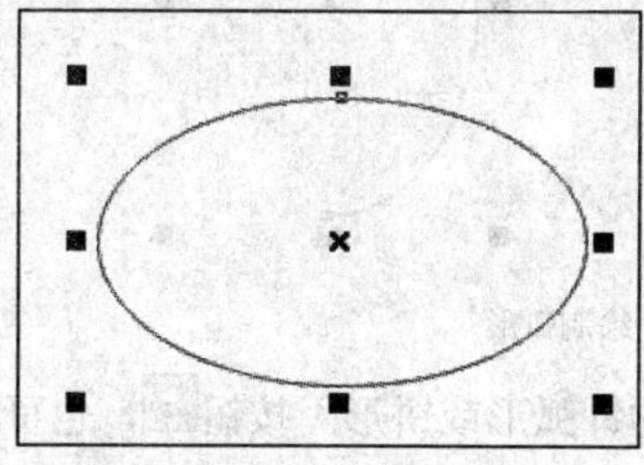

图 3.3.10　绘制的椭圆

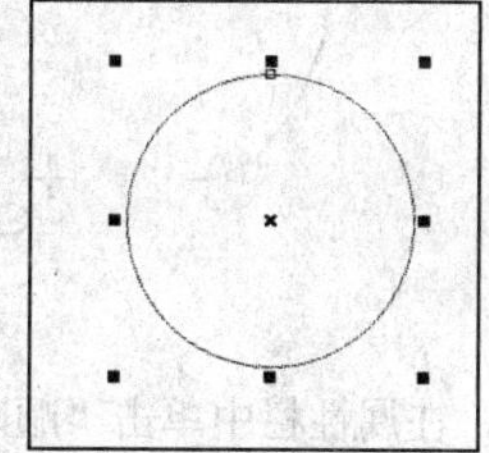

图 3.3.11　绘制的圆

提示：选择椭圆形工具，按住“Shift”键，将以鼠标拖动的起点为中心绘制椭圆；按住“Ctrl”键，可绘制圆；按住“Shift+Ctrl”组合键，将以鼠标拖动的起点为中心绘制圆。

2．绘制饼形

饼形实际是不完整的椭圆。绘制饼形的具体操作方法如下：

（1）单击工具箱中的“椭圆形工具”按钮，在其属性栏中单击“饼形”按钮。

（2）在起始和结束角度微调框中输入数值，可以设置饼形的弧度。

（3）将光标移至绘图区中，按住鼠标左键拖动，至适当位置后松开鼠标，即可绘制饼形，如图 3.3.12 所示。

如果对绘制的饼形不满意，可在选择饼形的状态下，在属性栏中的起始和结束角度微调框中重新调整数值。

绘制好饼形后，在属性栏中单击“顺时针/逆时针弧形或饼形”按钮，可将所绘制的图形反方向替换，也就是说，将得到所绘制饼形的另外一部分，如图 3.3.13 所示。

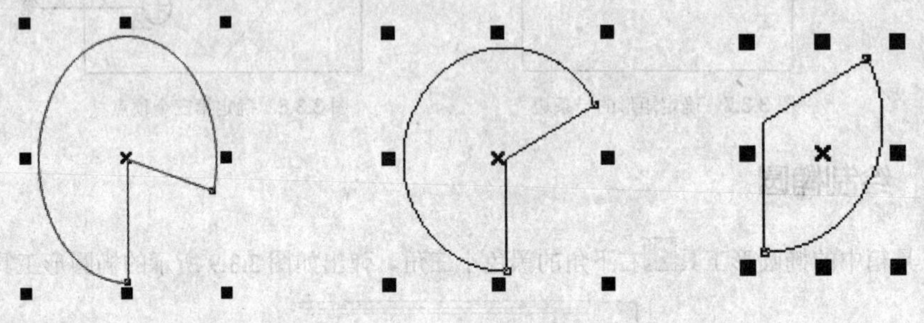

图 3.3.12　绘制饼形　　图 3.3.13　反方向替换饼形

3．绘制弧形

弧形与饼形不同，它是没有轴线的。在选择椭圆形工具后，在其属性栏中单击“弧形”按钮，即可绘制弧形，具体的操作方法如下：

（1）单击工具箱中的“椭圆形工具”按钮，并在属性栏中单击“弧形”按钮。

（2）在属性栏中的起始和结束角度微调框中输入数值，以设置弧形的弧度，然后将鼠标移至绘图区中，按住鼠标左键拖动，至适当位置后松开鼠标，即可绘制弧形，如图 3.3.14 所示。

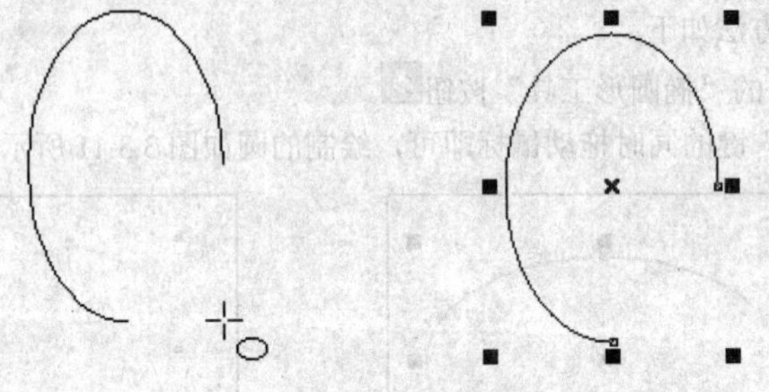

图 3.3.14　绘制弧形

绘制好弧形后，在属性栏中单击“顺时针/逆时针弧形或饼形”按钮，也可将所绘制的图形反方向替换，如图 3.3.15 所示。

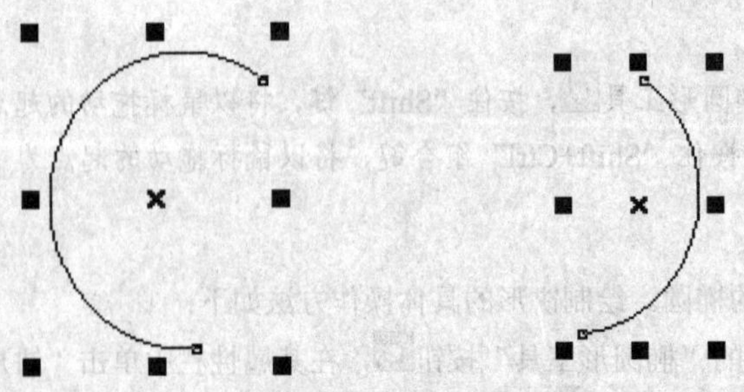

图 3.3.15　反方向替换弧形

4．3 点椭圆形工具

使用 3 点椭圆形工具绘制椭圆的具体操作方法如下：

（1）单击工具箱中的“3 点椭圆形工具”按钮。

（2）在绘图页面中绘制一条直线，作为椭圆的一个轴，拖曳鼠标确定椭圆的另一个轴即可。

使用 3 点椭圆形工具绘制圆、饼形与圆弧的方法和椭圆形工具相同，在此就不再赘述。

3.3.3　绘制多边形

单击工具箱中的“多边形工具”按钮，在绘图区中单击鼠标左键并拖动，即可绘制默认设置下的五边形，如图 3.3.16 所示。

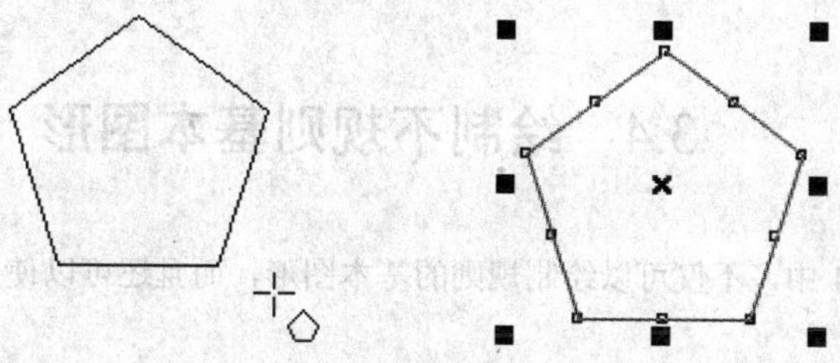

图 3.3.16　绘制多边形

如果要改变已绘制的多边形的边数，可先选择绘制的多边形，然后在“多边形工具”属性栏中的多边形端点数输入框中输入所需的边数，按回车键，即可得到所需边数的多边形。

提示： 选择多边形工具，按住“Shift”键，将以鼠标拖动的起点为中心绘制多边形；按住“Ctrl”键，可绘制正多边形；按住“Shift+Ctrl”组合键，将以鼠标拖动的起点为中心绘制正多边形。

3.3.4　绘制星形

选择工具箱中的星形工具，当鼠标光标变为形状时，将其移动到绘图区中，单击鼠标左键不放，确定多边形的起点，拖动鼠标至另一点，释放鼠标，即可绘制多边形，在其属性栏中的微调框中可以设置星形的边数，如图 3.3.17 所示。

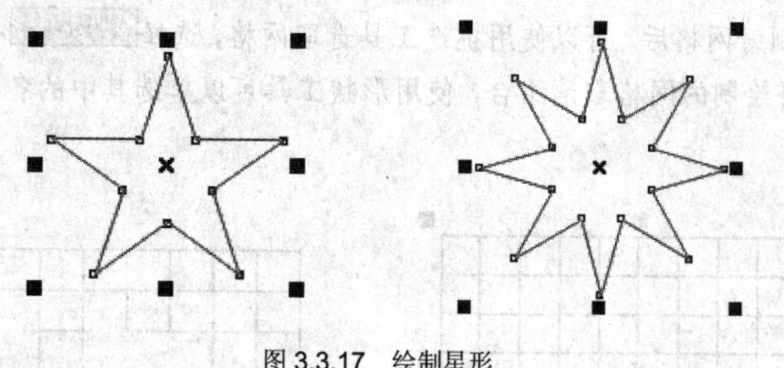

图 3.3.17　绘制星形

3.3.5　绘制复杂星形

在多边形工具组中新增了复杂星形工具，使用该工具可以快速地绘制出交叉星形。选中工具箱中的复杂星形工具，在绘图区中单击鼠标左键并拖动，即可绘制复杂星形，在其属性栏中的微调框中可以设置复杂星形的边数，如图 3.3.18 所示。

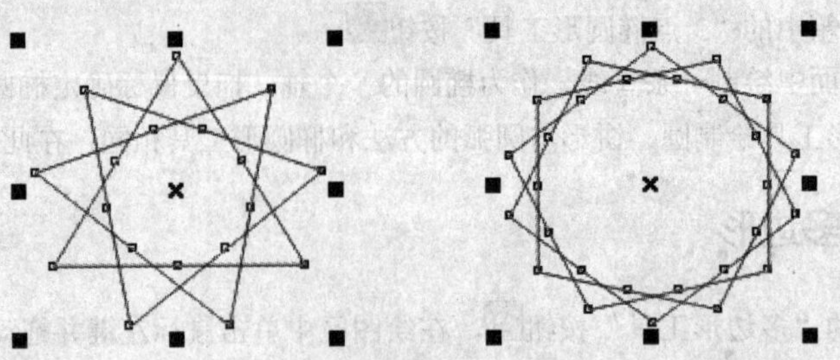

图 3.3.18　绘制复杂星形

3.4　绘制不规则基本图形

在 CorelDRAW X4 中，不仅可以绘制规则的基本图形，而且还可以使用图纸工具和螺旋工具绘制不规则的基本图形。

3.4.1　绘制网格

在 CorelDRAW X4 中，可通过图纸工具来绘制网格。具体的操作方法如下：

（1）选择工具箱中的图纸工具。

（2）在如图 3.4.1 所示的“图形纸张和螺旋工具”属性栏中可以输入网格的行数和列数。

图 3.4.1　“图形纸张和螺旋工具”属性栏

（3）当光标变为形状时，将其移至绘图区中，单击鼠标左键确定网格的起始位置。

（4）拖动鼠标至对角线的另一端处，松开鼠标，完成网格的绘制，效果如图 3.4.2 所示。

提示： 绘制好网格后，可以使用挑选工具选取网格，选择 排列(A) → 取消群组(U) 命令，或按“Ctrl+U”键，将绘制的网格取消组合，使用形状工具可以单选其中的各个图形，对其进行拆分，如图 3.4.3 所示。

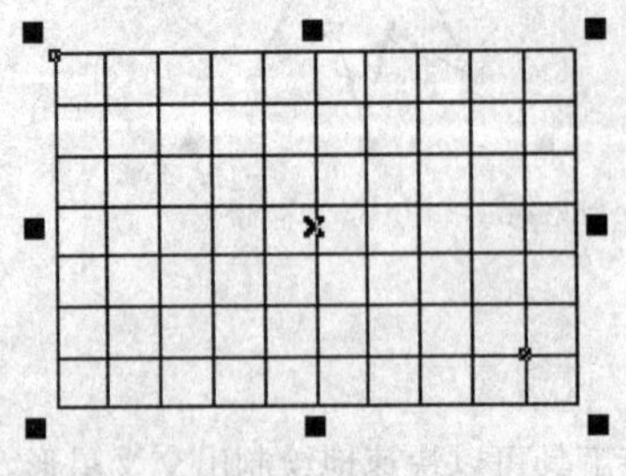

图 3.4.2　绘制网格

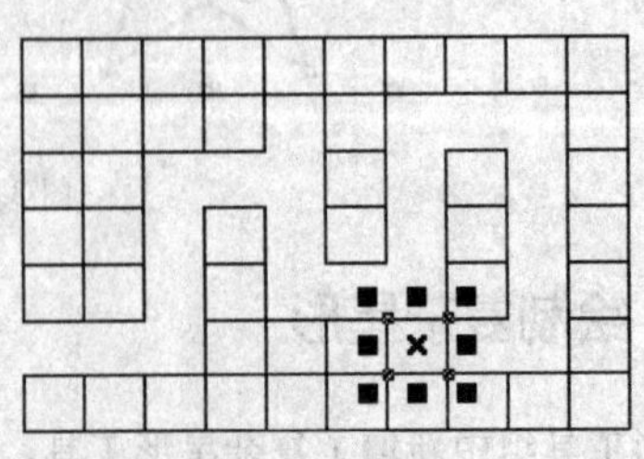

图 3.4.3　拆分网格

3.4.2　绘制螺纹

螺纹的创建方法与多边形的创建方法相似，使用螺旋工具可以绘制两种不同的螺纹形，即对称式螺纹与对数式螺纹。

（1）选择工具箱中的螺旋工具。

（2）在如图 3.4.4 所示的“图形纸张和螺旋工具”属性栏中输入螺纹的圈数。

图 3.4.4　“图形纸张和螺旋工具”属性栏

（3）当光标变为形状时，将其移至绘图区中，单击鼠标左键确定螺纹的起始位置。

（4）拖动鼠标至另一端，松开鼠标，完成螺纹的绘制，效果如图 3.4.5 所示。

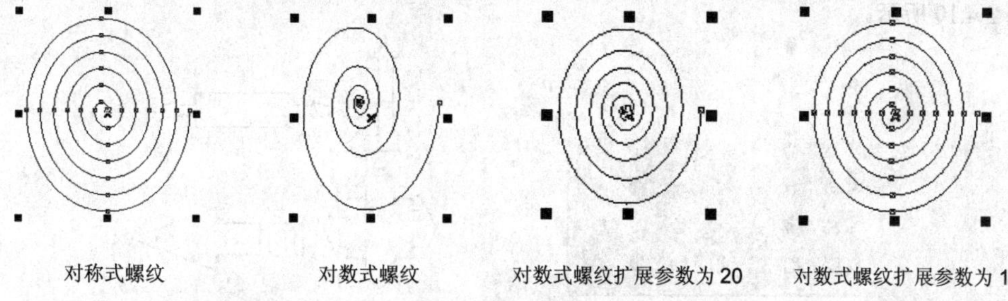

对称式螺纹　　对数式螺纹　　对数式螺纹扩展参数为 20　　对数式螺纹扩展参数为 1

图 3.4.5　绘制螺纹

技巧：按住“Ctrl”键，拖动鼠标可绘制出同一圆心的螺纹曲线。

3.4.3　基本形状工具组

在 CorelDRAW X4 中提供了一组特殊的绘图工具，单击工具箱中的“基本形状工具”按钮右下角的小三角，可弹出隐藏的工具组，如图 3.4.6 所示。使用这些工具，可以绘制一些特殊的图形，从而帮助用户在制作复杂对象时节省大量的时间。

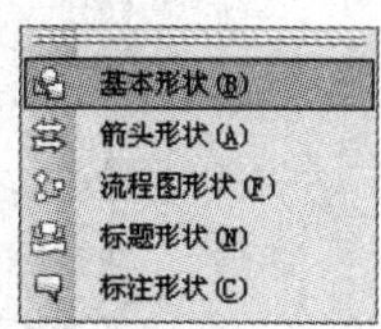

图 3.4.6　基本形状工具组

1. 基本形状工具

使用基本形状工具可以绘制出多种基本图形。单击工具箱中的“基本形状工具”按钮，在其属性栏中单击“完美形状”按钮，可打开预设的基本形状面板，如图 3.4.7 所示。

从中选择所需的基本形状，将光标移至绘图区中，按住鼠标左键拖动，即可绘制所选的图形，如图 3.4.8 所示。

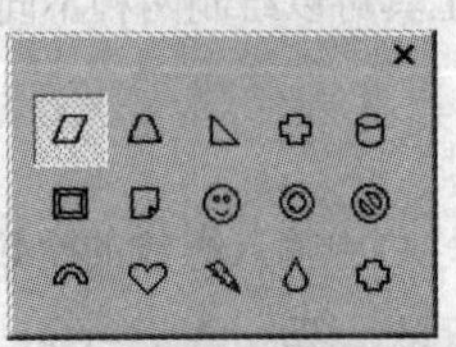

图 3.4.7　基本形状面板

图 3.4.8　绘制基本形状

2．箭头形状工具

单击工具箱中的“箭头形状工具”按钮，在其属性栏中单击“完美形状”按钮，可打开预设的箭头形状面板，如图 3.4.9 所示。

从中选择需要的箭头形状，将光标移至绘图区中，按住鼠标左键拖动，即可绘制所选的箭头形状，如图 3.4.10 所示。

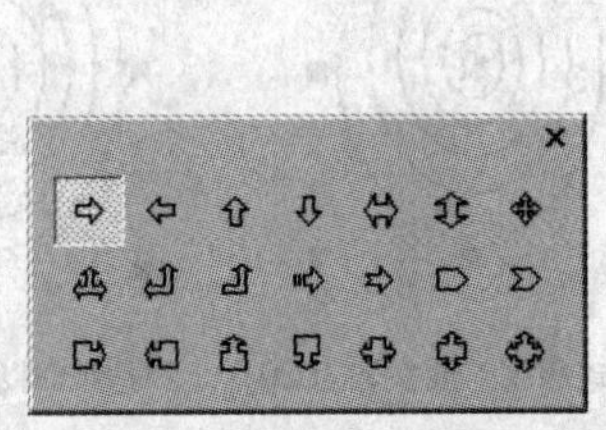

图 3.4.9　箭头形状面板

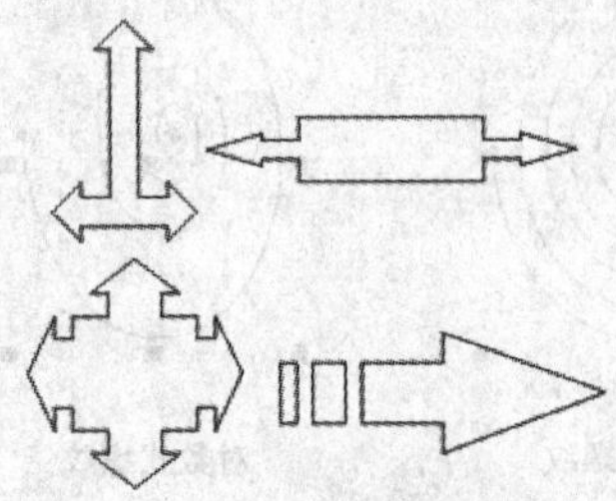

图 3.4.10　绘制箭头形状

3．流程图形状工具

单击工具箱中的“流程图形状工具”按钮，在其属性栏中单击“完美形状”按钮，可打开预设的流程图形状面板，如图 3.4.11 所示。

从中选择需要的流程图形状，将光标移至绘图区中，按住鼠标左键拖动，即可绘制所需的流程图形状，如图 3.4.12 所示。

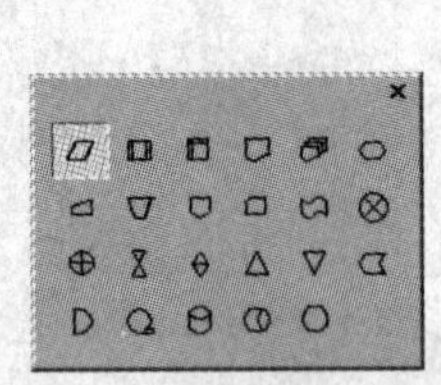

图 3.4.11　流程图形状面板

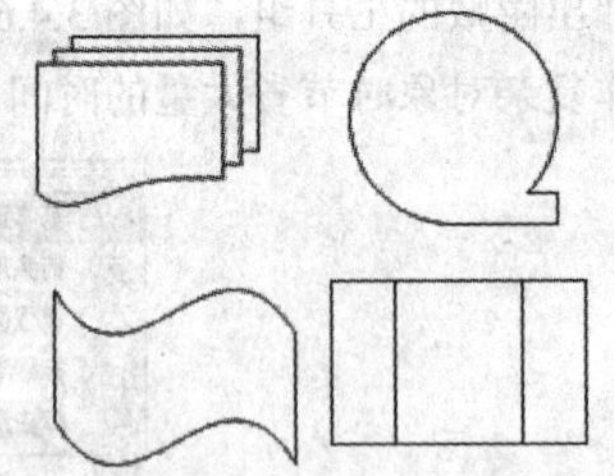

图 3.4.12　绘制流程图形状

4．标题形状工具

在工具箱中单击“标题形状工具”按钮，在其属性栏中单击“完美形状”按钮，可打开预设的标题形状面板，如图 3.4.13 所示。

从中选择需要的标题形状，将光标移至绘图区中，按住鼠标左键拖动，即可绘制所选的标题形状，如图 3.4.14 所示。

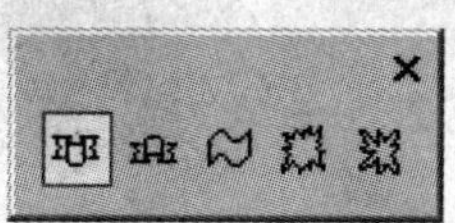

图 3.4.13　标题形状面板

图 3.4.14　绘制标题形状

5．标注形状工具

单击工具箱中的“标注形状工具”按钮，在其属性栏中单击“完美形状”按钮，可打开预设的标注形状面板，如图 3.4.15 所示。

从中选择需要的标注形状，将光标移至绘图区中，按住鼠标左键拖动，即可绘制所选的标注形状，如图 3.4.16 所示。

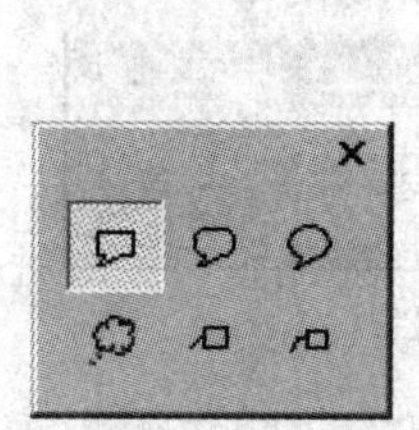

图 3.4.15　标注形状面板

图 3.4.16　绘制标注形状

使用各种形状工具绘制图形，如果对所绘制的外观不满意，可在其属性栏中单击轮廓样式选择器下拉列表框，从弹出的下拉列表中选择轮廓线的样式，如图 3.4.17 所示。

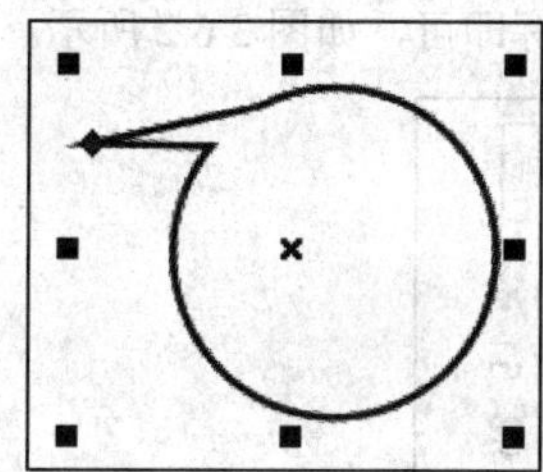

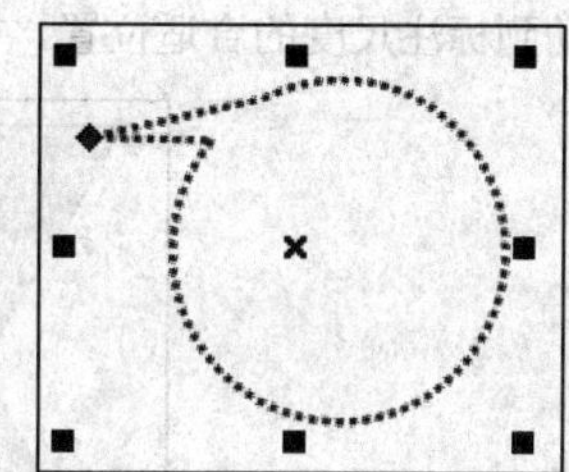

图 3.4.17　改变轮廓线样式

3.5　绘制创意图形

使用智能绘图工具不仅能够识别矩形、平行四边形、圆形、椭圆形和箭头形状，而且能够智能地平滑曲线、最小化图形等。使用智能绘图工具绘制创意图形的具体操作方法如下：

（1）单击工具箱中的“智能绘图工具”按钮，在其属性栏中设置“形状识别等级”与“智能平滑等级”两项分别为最高。

（2）在绘图区中随意徒手绘制一个类似菱形的图形，如图 3.5.1 所示，绘制完成后，CorelDRAW 会自动将其转换成近似的菱形，效果如图 3.5.2 所示。

图 3.5.1　徒手绘制的形状

图 3.5.2　智能绘图工具自动转换的结果

3.6　标 注 图 形

在进行设计创作时，常常需要在图纸上标注出图形的垂直、水平、倾斜和角度的测量数值。对图形进行标注主要通过度量工具来完成。

单击工具箱中的“度量工具”按钮，其属性栏如图 3.6.1 所示。

图 3.6.1　“度量工具”属性栏

对图形进行垂直尺度标注的具体操作方法如下：

（1）单击工具箱中的“度量工具”按钮，在其属性栏中单击“垂直度量工具”按钮。

（2）在需要测量的图形的最高点单击鼠标确定一点，再将鼠标移动到图形的最低点单击鼠标确定另一点。

（3）将鼠标移动到标注尺度的合适位置，松开鼠标即可，如图 3.6.2 所示。

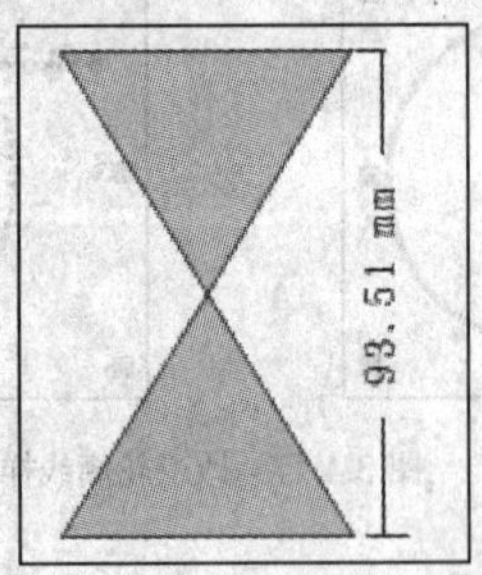

图 3.6.2　垂直尺度标注

对图形进行水平尺度标注的具体操作方法如下：

（1）单击工具箱中的“度量工具”按钮，在其属性栏中单击“水平度量工具”按钮。

（2）在需要测量的图形的最左边点上单击鼠标确定一点，再将鼠标移动到图形的最右边的点上，单击鼠标确定另一点。

（3）将鼠标移动到标注尺度的合适位置，松开鼠标即可，如图 3.6.3 所示。

对图形进行角度标注的具体操作方法如下：

（1）单击工具箱中的“度量工具”按钮，在其属性栏中单击“角度量工具”按钮。

（2）在需要测量的图形角度的顶点单击鼠标确定第一个点，再将鼠标移动到角度所夹的一个边上单击鼠标确定第二个点，用同样的方法在角度所夹的另一边上单击鼠标确定第三个点。

（3）将鼠标移动到标注角度的合适位置，松开鼠标即可，如图 3.6.4 所示。

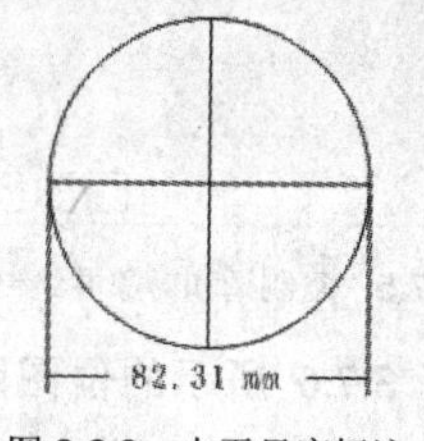

图 3.6.3　水平尺度标注

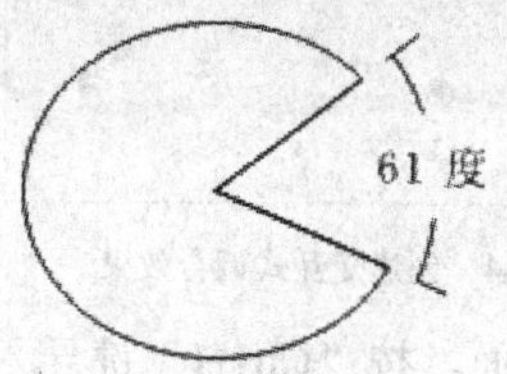

图 3.6.4　标注角度

3.7　典型实例——绘制信封

本节将综合使用前面所学的知识绘制信封，最终效果如图 3.7.1 所示。

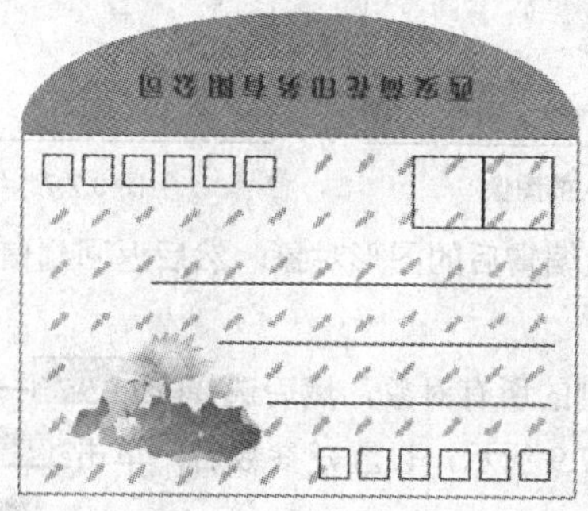

图 3.7.1　最终效果图

操作步骤

（1）单击工具栏中的“矩形工具”按钮，在页面中绘制一个矩形，并将其轮廓色填充为粉红色，如图 3.7.2 所示。

（2）再使用矩形工具在页面中绘制 2 个小正方形，如图 3.7.3 所示。

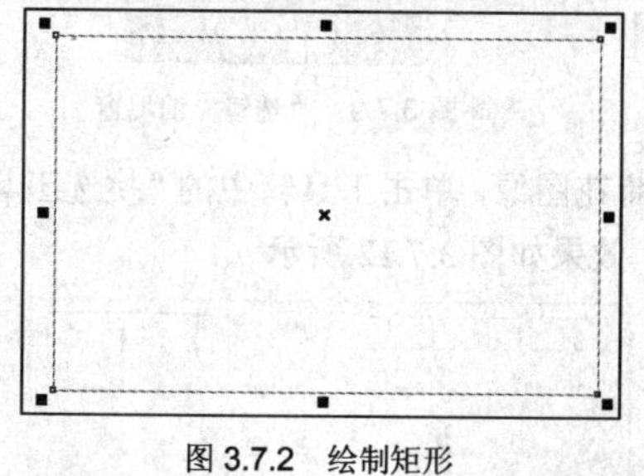

图 3.7.2　绘制矩形

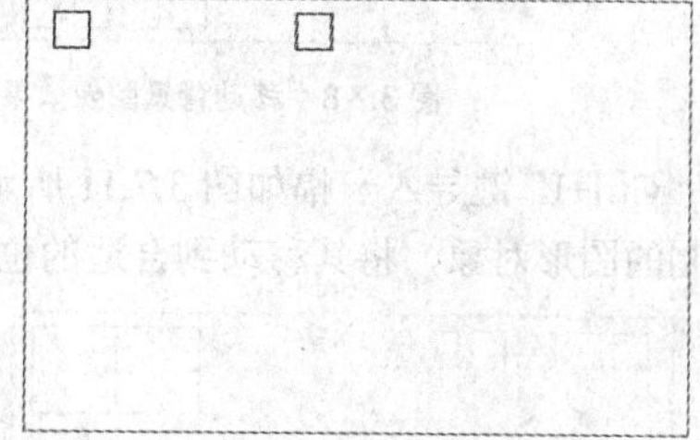

图 3.7.3　绘制正方形

（3）单击工具箱中的“交互式调合工具”按钮，在其属性栏中设置步长偏移量为“4”，然后在绘制的两个正方形之间创建交互式调合效果，如图 3.7.4 所示。

（4）使用挑选工具框选绘制的调合对象，按小键盘上的“+”键对其进行复制，然后将复制的对象移动到矩形的右下方，再使用矩形工具在矩形的右上方绘制两个大正方形，效果如图 3.7.5 所示。

图 3.7.4 创建交互式调合效果

图 3.7.5 复制调和对象并绘制大正方形

（5）插入一个页面，按“Ctrl+I”键导入一幅如图 3.7.6 所示的位图图像，选择 位图(B) → 快速描摹(Q) 命令，对导入的位图图像进行描摹，然后按“Ctrl+U”键，取消群组对象，并对其进行编辑，效果如图 3.7.7 所示。

图 3.7.6 导入的图像

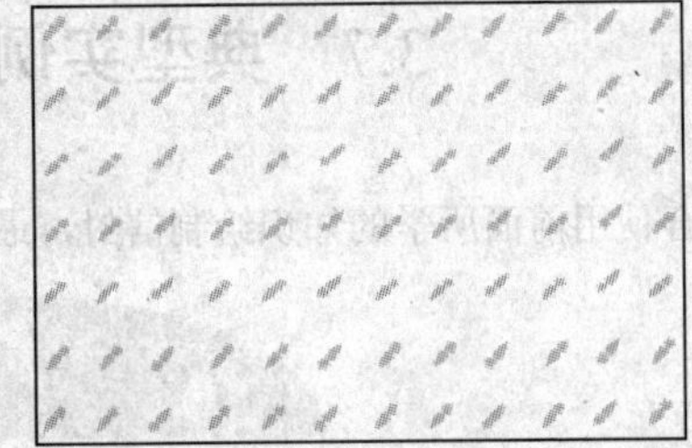

图 3.7.7 编辑图像效果

（6）按“Ctrl+G”键，群组编辑后的图形对象，然后返回到信封页面，将其拖曳到绘图页面的合适位置，效果如图 3.7.8 所示

（7）使用挑选工具选中绘制的所有对象，然后选择 效果(C) → 透镜(S) 命令，打开“透镜”泊坞窗，设置其泊坞窗参数如图 3.7.9 所示，设置好参数后，单击 应用 按钮，效果如图 3.7.10 所示。

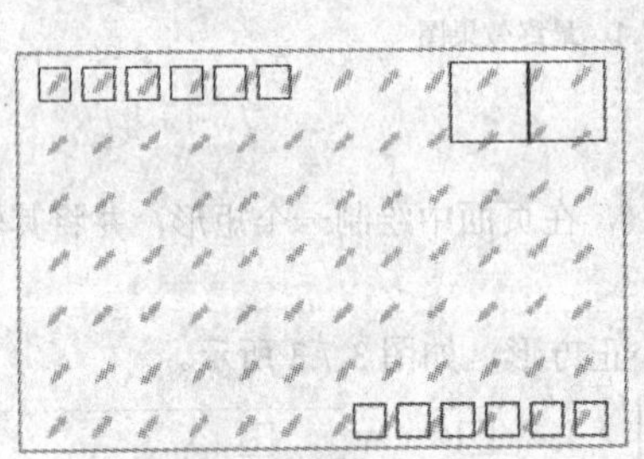

图 3.7.8 移动背景图像效果

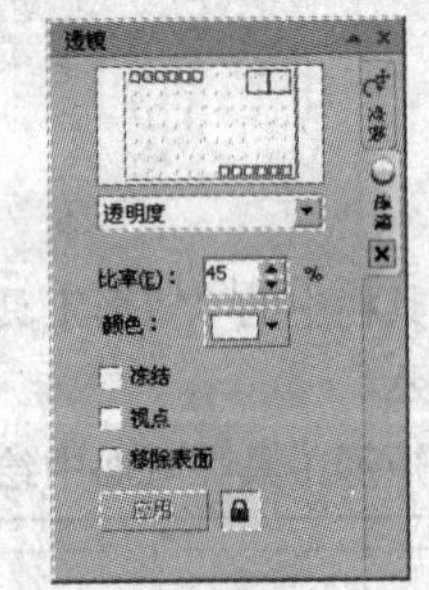

图 3.7.9 “透镜”泊坞窗

（8）按“Ctrl+I”键导入一幅如图 3.7.11 所示的荷花图像，单击工具箱中的“挑选工具”按钮，分别选中绘制的图形对象，将其移动到合适的位置，效果如图 3.7.12 所示。

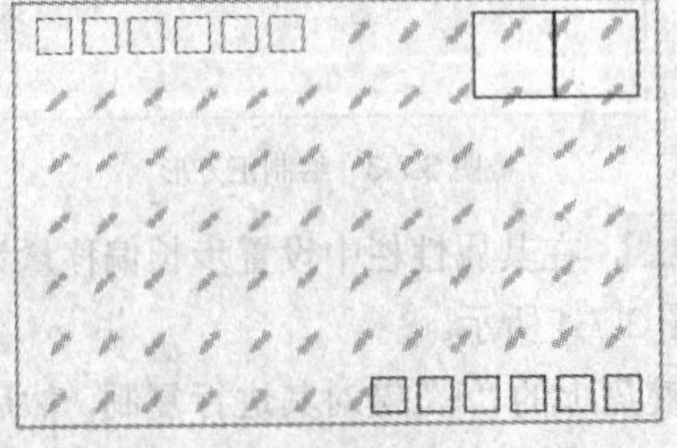

图 3.7.10 应用透明度效果

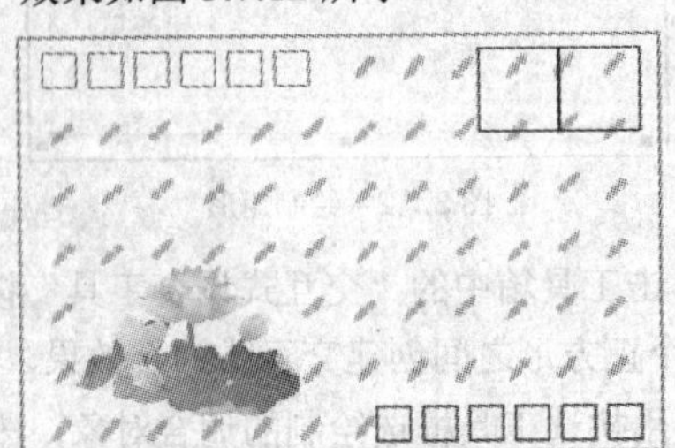

图 3.7.11 导入图像

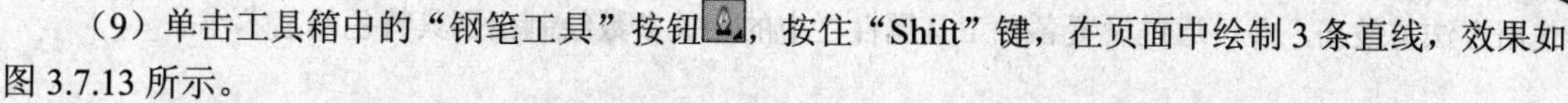

（9）单击工具箱中的“钢笔工具”按钮，按住“Shift”键，在页面中绘制 3 条直线，效果如图 3.7.13 所示。

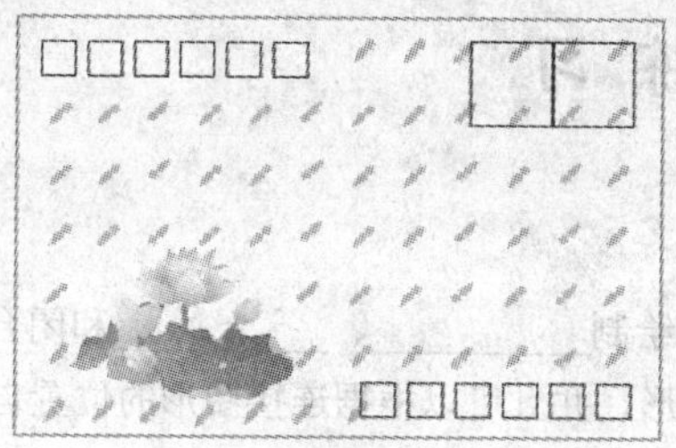

图 3.7.12　调整图像位置

图 3.7.13　绘制直线效果

（10）单击工具箱中的“贝塞尔工具”按钮，在绘图页面中绘制一个半椭圆形状，并使用形状工具调整其节点，然后将轮廓填充为浅蓝光紫色，效果如图 3.7.14 所示。

（11）单击工具箱中的“吸管工具”按钮，在导入的荷花图像中吸取荷叶的颜色，然后使用颜料桶工具填充图形的半椭圆对象，效果如图 3.7.15 所示。

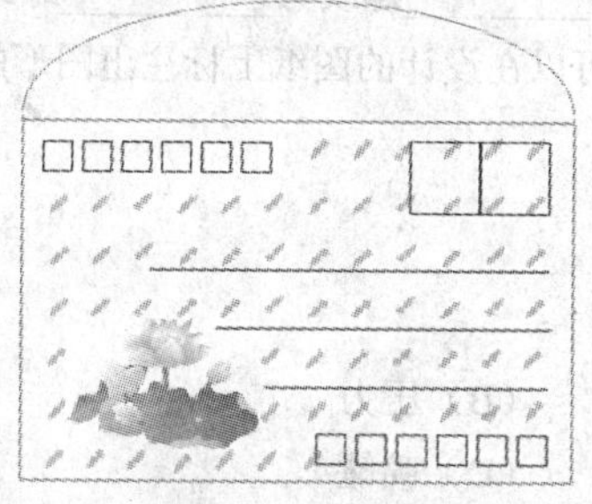

图 3.7.14　绘制半椭圆

图 3.7.15　填充图像对象效果

（12）单击工具箱中的“文本工具”按钮，在页面中输入如图 3.7.16 所示的文字信息。

图 3.7.16　输入文字

（13）使用挑选工具选中文字，然后在其属性栏中单击“垂直镜像”按钮和“水平镜像”按钮，对输入的文字添加镜像效果，最终效果如图 3.7.1 所示

本章小结

本章主要介绍了 CorelDRAW X4 中普通线条、艺术线条、规则基本图形、不规则基本图形、创意图形的绘制方法与技巧以及标注图形的方法。通过本章的学习，可使读者熟练掌握各种绘图工具的

使用方法与技巧，并可通过设置各种工具属性栏中的相关参数绘制出别具特色的艺术作品。

过关练习

一、填空题

1．在 CorelDRAW X4 中，使用手绘工具可随意绘制__________、__________和闭合图形。

2．__________可使用两种不同的方式来连接图形，并且可以根据连接图形的位置自动调整连接线的折点情况。

3．在“艺术笔工具”属性栏中提供了__________种艺术笔触工具。

4．CorelDRAW X4 中提供了两种矩形工具，即__________工具和__________工具，使用这两种工具可以绘制出任意形状的矩形。

5．使用椭圆形工具组中的椭圆形工具和 3 点椭圆形工具可绘制出椭圆、圆、饼形和__________。

6．使用螺旋工具可以绘制两种不同的螺纹，即__________螺纹与__________螺纹。

7．在 CorelDRAW X4 中，使用__________工具可以在设计的图纸上标注出图形的垂直、水平、倾斜和角度的测量数值。

二、选择题

1．下列（ ）不属于艺术笔工具笔触的模式。

（A）画笔　　（B）压力

（C）书法　　（D）喷罐

2．按住（ ）键，拖动鼠标即可绘制出同一圆心的螺纹曲线。

（A）Alt　　（B）Esc

（C）Shift　　（D）Ctrl

3．要使用矩形工具绘制正方形，可按住（ ）键的同时拖动鼠标进行绘制。

（A）Ctrl　　（B）Alt

（C）Shift+Ctrl　　（D）Shift

4．在 CorelDRAW X4 中，可通过选择多边形工具组中的（ ）工具来绘制网格。

（A）矩形　　（B）基本形状

（C）边形　　（D）图纸

三、简答题

1．简述手绘工具与贝塞尔工具的区别。

2．简述如何使用钢笔工具绘制连续的直线与曲线。

3．简述如何使用书法工具绘制艺术笔触效果。

四、上机操作题

1．练习使用艺术笔工具绘制各种艺术效果的对象。

2．练习使用图纸工具、螺旋工具以及预设的基本形状工具在绘图区中绘制不规则的图形对象。

第4章 编辑图形对象

章前导航

CorelDRAW X4 是一个功能强大的图形对象处理软件，为用户提供了一整套处理图形对象的工具，本章主要介绍使用这些工具处理图形对象的方法与技巧。

本章要点

- 编辑图形对象的节点
- 编辑图形对象的轮廓
- 修饰图形对象

4.1　编辑图形对象的节点

构成图形对象的基本要素是节点，使用形状工具可以对所绘图形的节点与线段进行编辑。通过移动节点和节点的控制点、控制线可以编辑曲线或图形的形状，也可通过增加和删除节点来编辑曲线与图形。

单击工具箱中的“形状工具”按钮，其属性栏如图 4.1.1 所示。此属性栏中提供了 3 种节点类型，即尖突节点、平滑节点和对称节点。节点类型的不同决定了节点控制点的属性也不同。

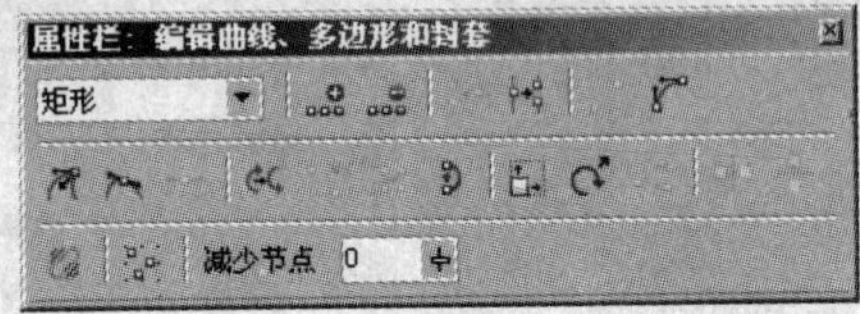

图 4.1.1　“形状工具”属性栏

（1）尖突节点。在属性栏中单击“使节点成为尖突”按钮，可使所选中的节点变为尖突节点。尖突节点的控制点是独立的，当移动一个控制点时，另外一个控制点并不移动，从而使通过尖突节点的曲线能够尖突弯曲。

（2）平滑节点。平滑节点的控制点之间是相关的，当移动一个控制点，另外一个控制点也会随之移动，通过平滑节点的线段将产生平滑的过渡。如果要想使某个尖角节点平滑或使节点两边的线段对称，就可单击“形状工具”属性栏中的“平滑节点”按钮。

（3）对称节点。生成对称节点的操作与使节点平滑的操作相似，唯一不同的是，单击“形状工具”属性栏中的“生成对称节点”按钮后，节点两侧控制点的距离始终相等。

4.1.1　选取节点

要对曲线或图形的节点进行编辑，必须先选取要编辑的节点，选择节点一般有 3 种情况，即选择一个节点、选择多个节点和选择全部节点。

（1）选择一个节点。要选择一个节点，可单击工具箱中的“形状工具”按钮，在所需选择的节点上单击，即可选中该节点，如图 4.1.2 所示。

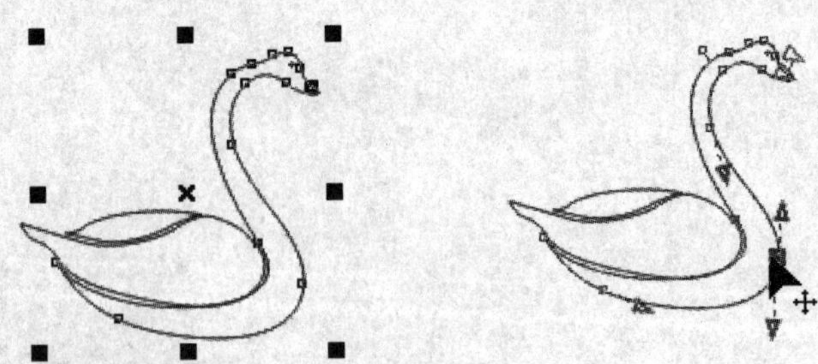

图 4.1.2　选择一个节点

（2）选择多个节点。如果要选择多个节点，单击工具箱中的“形状工具”按钮，在按住“Shift”键的同时，用鼠标单击需要选择的多个节点，或者用鼠标框选所需节点，即可选中多个节点，如图 4.1.3 所示。

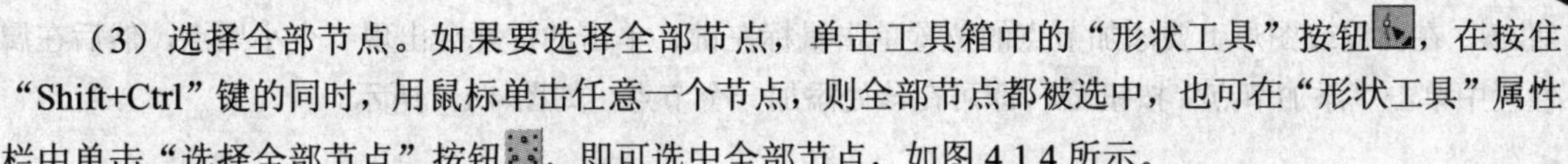

（3）选择全部节点。如果要选择全部节点，单击工具箱中的“形状工具”按钮，在按住“Shift+Ctrl”键的同时，用鼠标单击任意一个节点，则全部节点都被选中，也可在“形状工具”属性栏中单击“选择全部节点”按钮，即可选中全部节点，如图 4.1.4 所示。

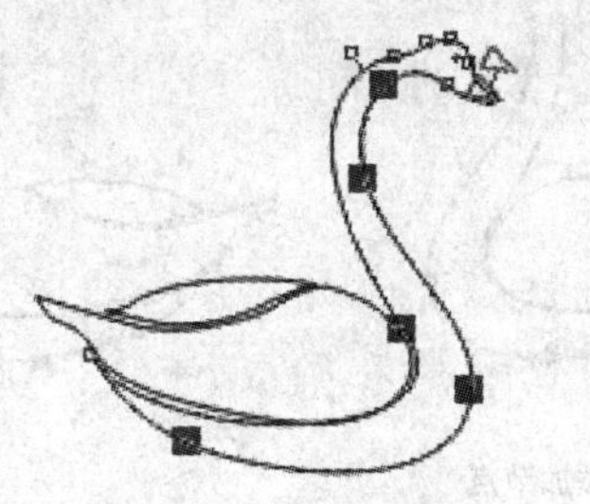

图 4.1.3　选择多个节点

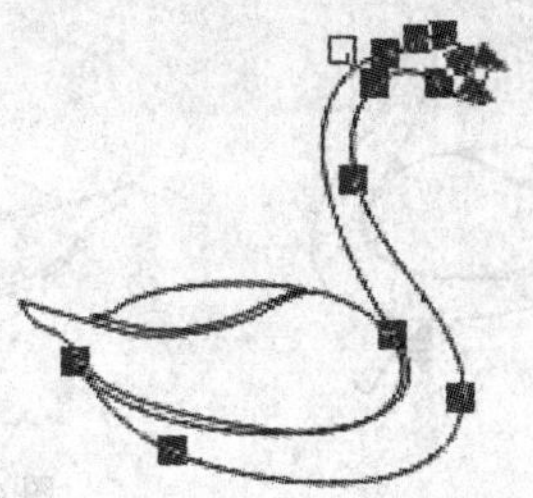

图 4.1.4　选择全部节点

4.1.2　移动节点

通过移动节点可以调整曲线和图形的形状，移动节点和节点上的控制点，可以使图形更加完美。

（1）移动单个节点。使用贝塞尔工具在绘图区中绘制一个图形，使用形状工具在需要移动的节点上单击并按住鼠标左键拖动，即可移动节点，如图 4.1.5 所示。将鼠标指针移至节点的控制点上并拖动，可调整图形的形状。

图 4.1.5　移动单个节点

（2）移动多个节点。单击工具箱中的“形状工具”按钮，框选图形上的多个节点，然后用鼠标拖动任意一个被选中的节点，其他被选中的节点也会随之移动，如图 4.1.6 所示。

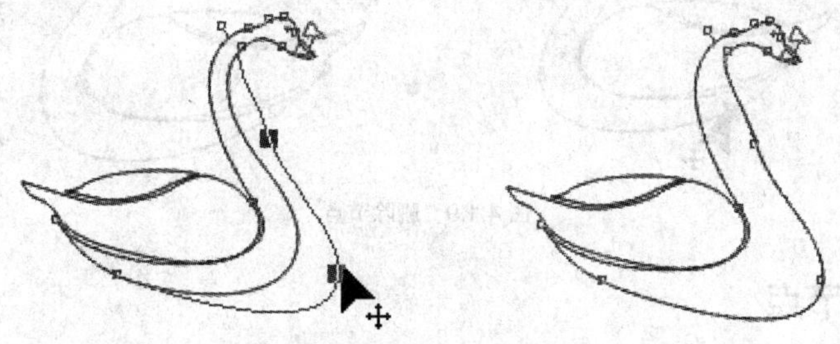

图 4.1.6　移动多个节点

4.1.3　添加和删除节点

如果要在绘制的曲线或图形上添加一个节点来改变它的形状，可单击工具箱中的“形状工具”按钮，在曲线或图形上要添加节点的位置单击鼠标左键，单击的位置会出现一个小黑点，然后在属性栏中单击“添加节点”按钮，即可在该处添加一个节点，如图 4.1.7 所示。

图 4.1.7 添加节点

单击“形状工具”属性栏中的“添加节点”按钮，也可以在同一线段上添加等比节点。其操作方法很简单，只需要使用形状工具在图形上随意选取一个节点，然后单击“添加节点”按钮，此时，线段中央将生成一个新的节点，再单击“添加节点”按钮，即可添加等比节点，如图 4.1.8 所示。

图 4.1.8 添加等比节点

使用形状工具选择图形或曲线上需要删除的节点，单击属性栏中的“删除节点”按钮，或直接在需要删除的节点上双击鼠标左键，即可删除节点，如图 4.1.9 所示。

图 4.1.9 删除节点

4.1.4 对齐节点

对齐节点功能可以使节点沿水平或垂直方向对齐，使用此功能可以制作出特殊的曲线或图形效果。

使用对齐节点功能的具体操作方法如下：

(1) 使用贝塞尔工具在绘图区中绘制曲线，如图 4.1.10 所示。

（2）使用形状工具选择曲线上需要对齐的两个或多个节点，如图 4.1.11 所示。

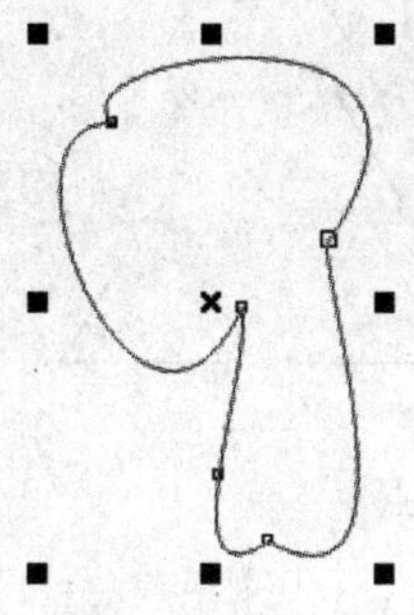

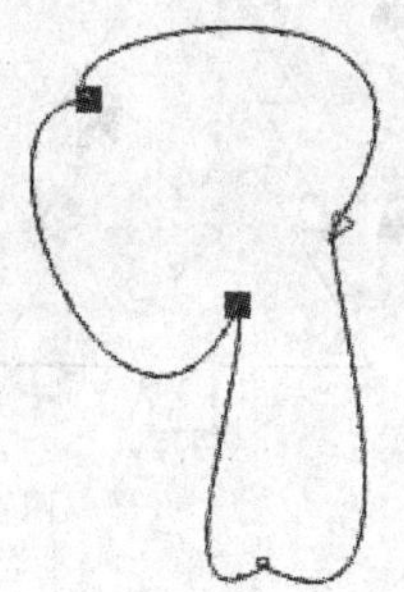

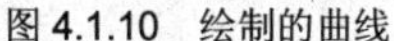

图 4.1.10　绘制的曲线　　图 4.1.11　选择两个节点

（3）在“形状工具”属性栏中单击“对齐节点”按钮，弹出节点对齐对话框，选中水平对齐(H)复选框，如图 4.1.12 所示。

（4）单击确定按钮，即可使所选的节点在水平方向上对齐，如图 4.1.13 所示。

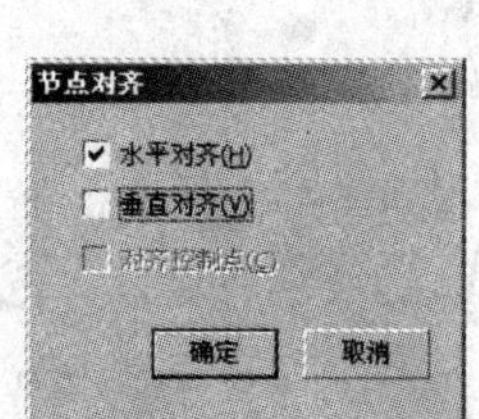

图 4.1.12　“节点对齐”对话框

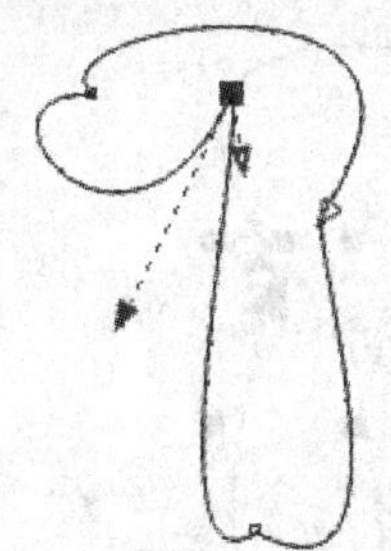

图 4.1.13　水平对齐节点

4.1.5　连接和断开节点

连接节点后可以将一个开放的线段变成一个封闭的图形。其操作方法是：单击工具箱中的“形状工具”按钮，选择两个需要连接的节点，然后在属性栏中单击“连接两个节点”按钮，就可以使开放的路径成为封闭的图形，如图 4.1.14 所示。

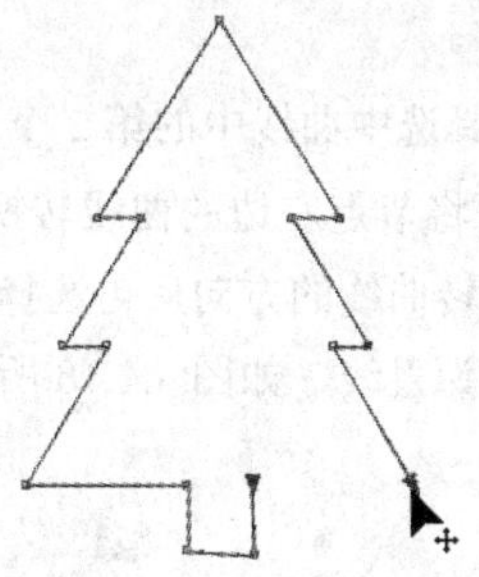

图 4.1.14　节点的连接

利用断开节点功能可以将一个封闭的图形变成一条一条的线段。具体的操作方法为：单击工具箱中的“形状工具”按钮，在需要断开的节点上单击，然后在属性栏中单击“断开曲线”按钮，此时闭合的图形变为开放的图形，然后使用挑选工具移动断开的节点，可看到断开节点的效果如图 4.1.15 所示。

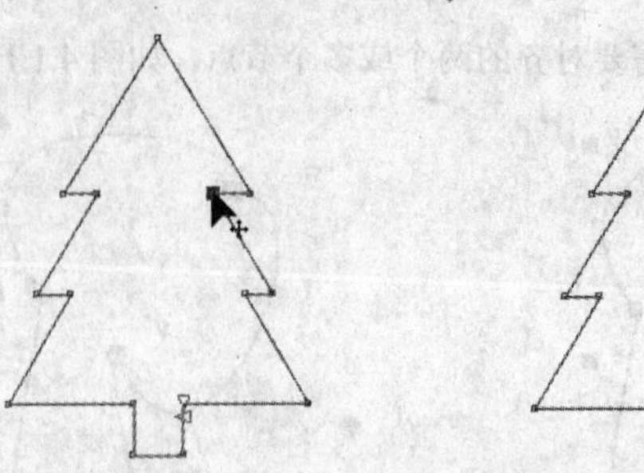

图 4.1.15 断开曲线节点

4.1.6 延长与缩放节点连线

使用延长与缩放节点连线功能可以改变两个或两个以上的节点之间的距离。具体的操作方法是：使用形状工具选择需要的节点，单击其属性栏中的“延长与缩放节点连线”按钮，此时选择的节点周围将出现 8 个黑色小方块，用鼠标拖动小方块即可延长与缩放节点连线，效果如图 4.1.16 所示。

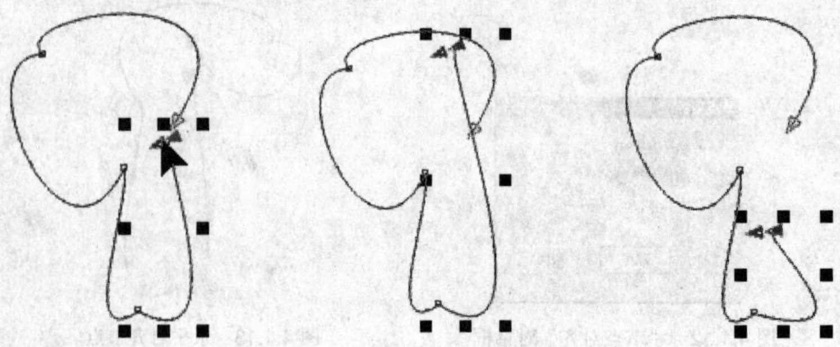

图 4.1.16 延长与缩放节点连线

4.1.7 反转选定子路径的曲线方向

CorelDRAW X4 中的线都具有方向性，一般使用手绘工具与贝塞尔工具等绘制的线条先确定的节点即为起点，最后一个节点为终点。在使用形状工具或挑选工具选择线条时，起点处的节点最大。起点的方向不一样，控制节点线条的方式也不一样。

使用贝塞尔工具绘制一条曲线，然后使用形状工具选中曲线中的第 2 个节点，如图 4.1.17 所示。

单击属性栏中的“转换曲线为直线”按钮，可将节点左边的曲线转换为直线；如果先在属性栏中单击“反转选定子路径的曲线方向”按钮，反转曲线的方向后再选择第 2 个节点，单击“转换曲线为直线”按钮，即可将节点右边的曲线转换为直线，如图 4.1.18 所示。

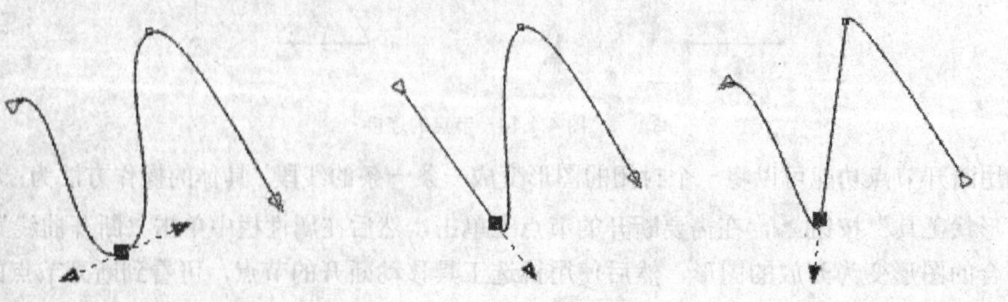

图 4.1.17 选择曲线节点　　图 4.1.18 反转曲线的方向

4.1.8　提取子路径

在 CorelDRAW X4 中，可以将一条完整的线条断开成两条甚至更多的线条，但这些线条仍然是一个整体，此时可以通过提取子路径功能使断开后的线条成为单独的对象。具体的操作方法如下：

（1）使用形状工具选择一个节点，单击属性栏中的“断开曲线”按钮，可断开节点。

（2）单击属性栏中的“提取子路径”按钮，提取子路径，单击工具箱中的挑选工具移动提取的子路径，效果如图 4.1.19 所示。

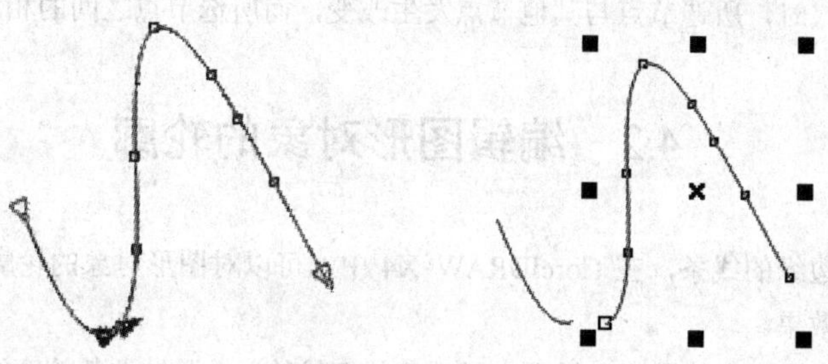

图 4.1.19　提取子路径

4.1.9　旋转和倾斜节点

选择节点后，单击属性栏中的“旋转和倾斜节点”按钮，可使节点变为旋转倾斜状态，将鼠标指针移至四角的任意一个旋转控制点上，按住鼠标左键并拖动，即可旋转节点，如图 4.1.20 所示。

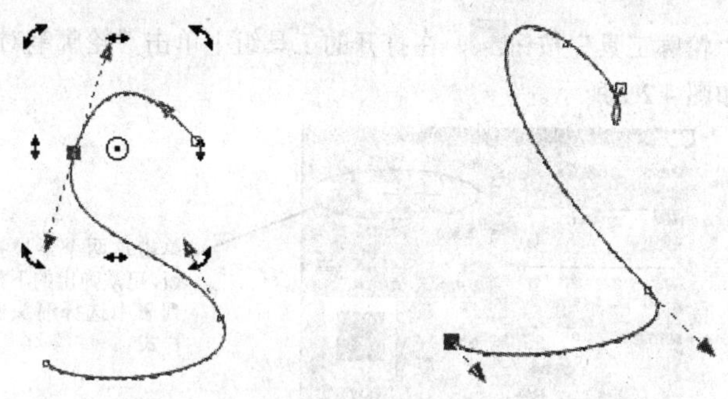

图 4.1.20　旋转节点

当节点在旋转倾斜状态时，将鼠标指针移至倾斜控制点上，按住鼠标左键并拖动即可倾斜节点，如图 4.1.21 所示。

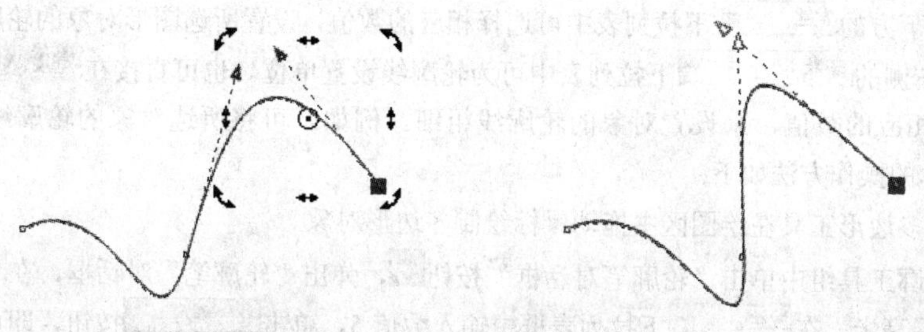

图 4.1.21　倾斜节点

4.1.10 弹性模式

弹性模式有两种状态：一种是关闭模式；一种是打开模式，不同模式下的图形变化不一样。单击“形状工具”属性栏中的“弹性模式”按钮，使其成为凹陷状态时，该功能为打开模式，反之则为关闭模式。

当打开弹性模式时，选择两个以上的节点并进行移动，在改变所选节点与其他节点相对位置的同时，所选节点之间的相对位置也在发生改变。

当关闭弹性模式时，所选节点与其他节点发生改变，而所选节点之间的相对位置不会发生改变。

4.2 编辑图形对象的轮廓

轮廓是指对象边缘的线条，在 CorelDRAW X4 中，可以对图形对象的轮廓进行各种设置，从而制作出精美的轮廓效果。

在默认状态下，绘制出的图形已经画出了黑色的细线轮廓。通过调整轮廓线的宽度，可以创建出不同宽度的轮廓线，也可将图形设置为无轮廓。

4.2.1 设置轮廓线粗细

在绘图区中绘制的曲线与图形，其轮廓线都比较细，可通过“轮廓笔”对话框来设置轮廓线的粗细程度。

单击工具箱中的“轮廓工具”按钮，在打开的工具组中单击“轮廓笔对话框”按钮，弹出“轮廓笔”对话框，如图 4.2.1 所示。

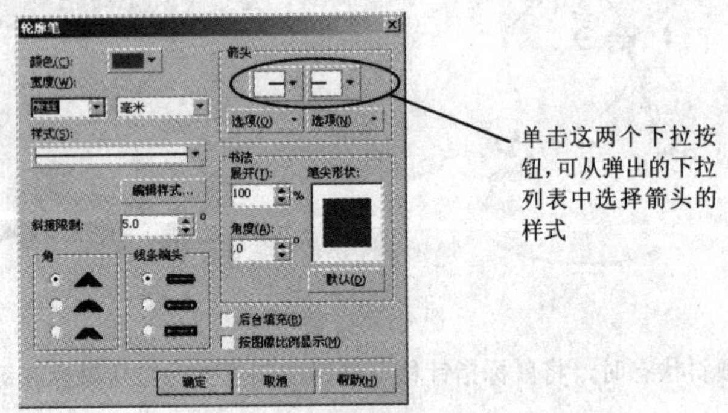

图 4.2.1 “轮廓笔”对话框

在宽度(W):下方的发丝下拉列表中可选择相应的数值，设置所选图形对象的轮廓线粗细。在此下拉列表框右侧的毫米下拉列表中可为轮廓线设置单位。也可直接在宽度(W):下方的下拉列表框中输入相应的数值，来设置对象的轮廓线粗细。例如，可将所选对象的轮廓线宽度设置为“5 mm”，具体的操作方法如下：

（1）使用多边形工具在绘图区中拖动鼠标绘制多边形对象。

（2）在轮廓工具组中单击“轮廓笔对话框”按钮，弹出“轮廓笔”对话框，在毫米下拉列表中选择毫米，在发丝下拉列表框中输入数值 5，单击确定按钮，即可改变多边形的轮廓线粗细。

4.2.2　设置轮廓线样式

要为对象设置轮廓线的样式，可在“轮廓笔”对话框中的 样式(S): 下拉列表中选择所需的轮廓线的样式，单击 确定 按钮，即可改变对象的轮廓线样式，如图 4.2.2 所示。

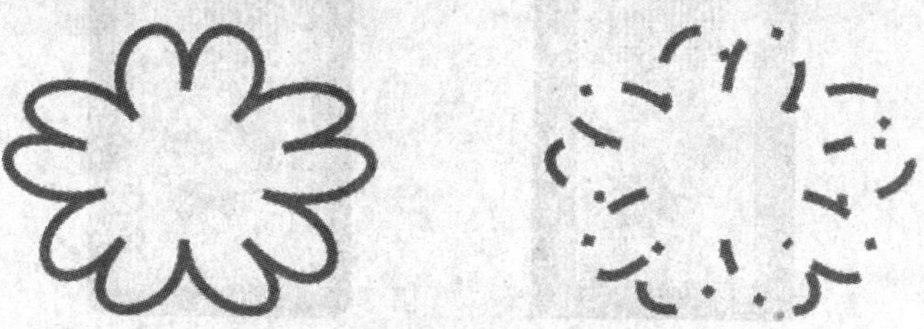

图 4.2.2　设置对象的轮廓线样式

如果在 样式(S): 下拉列表中没有找到满意的样式，用户还可以自己编辑一种新的轮廓线样式，并将其应用于对象上。编辑新的轮廓线样式的具体操作方法如下：

（1）在轮廓工具组中单击“轮廓笔对话框”按钮，弹出“轮廓笔”对话框。

（2）在此对话框中单击 编辑样式... 按钮，弹出“编辑线条样式”对话框，如图 4.2.3 所示。

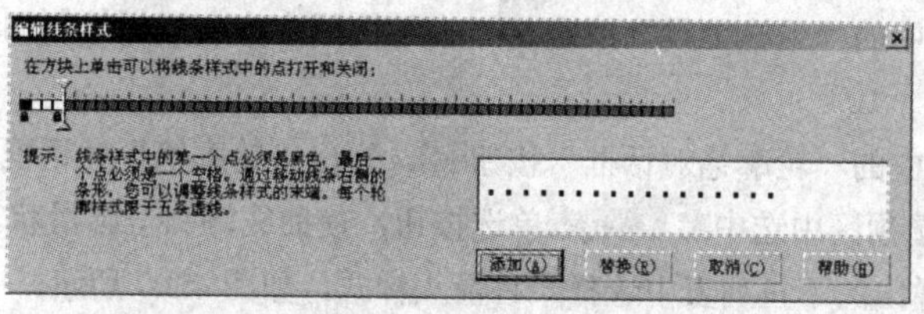

图 4.2.3　“编辑线条样式”对话框

（3）用鼠标拖动对话框中的滑块，可调整线条样式的端点，然后单击其中的白色小方格，使其变为黑色小方格，即可编辑线条样式，如图 4.2.4 所示。

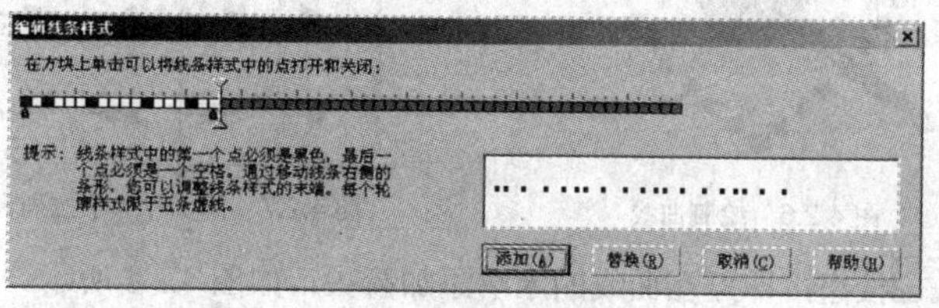

图 4.2.4　编辑线条样式

（4）编辑完成后，单击 添加(A) 按钮，可将编辑好的线条样式添加到“轮廓笔”对话框中的 样式(S): 下拉列表中，在此下拉列表中的最下方即可显示所编辑的样式。选择该样式，单击 确定 按钮，即可将该样式应用于所选的对象。

4.2.3　设置转角样式

在“轮廓笔”对话框中可以设置转角的样式，如锐角、圆角或梯形角，但转角的样式只能应用于两边都是直线的转角。如要将矩形的转角样式设为梯形角，具体的操作步骤如下：

（1）单击工具箱中的“矩形工具”按钮，在绘图区中拖动鼠标绘制矩形。

（2）设置矩形对象的轮廓线为 10 mm，然后在轮廓工具组中单击“轮廓笔对话框”按钮，弹出“轮廓笔”对话框，在角选项区中选中单选按钮，单击确定按钮，即可改变矩形的转角为梯形角，如图 4.2.5 所示。

图 4.2.5 设置转角为梯形角

4.2.4 设置线端与箭头

线端样式与箭头样式只针对曲线对象而言，对于闭合图形对象则看不出任何效果。设置线端与箭头样式的具体操作步骤如下：

（1）单击工具箱中的“钢笔工具”按钮，在绘图区中拖动鼠标绘制曲线，设置曲线的宽度，如图 4.2.6 所示。

（2）单击工具箱中的“轮廓笔对话框”按钮，弹出“轮廓笔”对话框。

（3）在线条端头选项区中选中单选按钮，使曲线端头呈圆滑状，在箭头选项区中单击下拉按钮，可从弹出的下拉列表中选择一种箭头样式，如图 4.2.7 所示。

图 4.2.6 绘制曲线

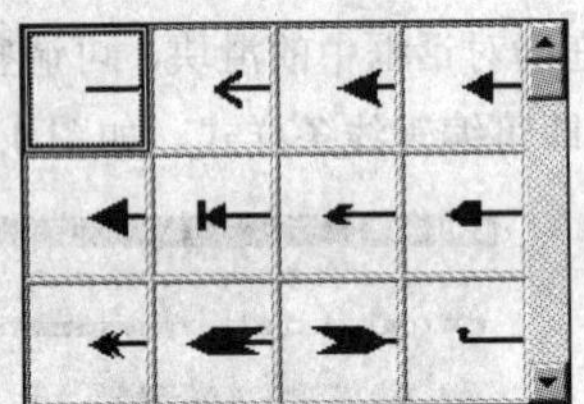

图 4.2.7 箭头样式下拉列表

（4）单击确定按钮，即可在曲线的末端添加箭头，如图 4.2.8 所示。

若需要在曲线的起点位置添加箭头，而末端为圆滑状，可通过反转曲线方向的方法来完成，方法是：单击工具箱中的“形状工具”按钮，并在属性栏中单击“反转子路径的曲线方向”按钮，即可反转曲线的方向，效果如图 4.2.9 所示。

图 4.2.8 在曲线起始端添加箭头

图 4.2.9 反转曲线方向

如果对预设的箭头样式不满意，可在原有箭头的基础上进行修改，如将箭头缩小、放大或压扁等，具体的操作步骤如下：

（1）在“轮廓笔”对话框中的箭头选项区中单击下拉按钮，从弹出的下拉列表中选择一种箭头样式，然后单击选项(N)按钮，在弹出的下拉菜单中选择编辑(E)...命令，弹出“编辑箭头尖”对话框，如图 4.2.10 所示。

（2）在此对话框中可以看到箭头的周围有 8 个黑色的控制点，拖动控制点可以改变箭头的形状，如图 4.2.11 所示。

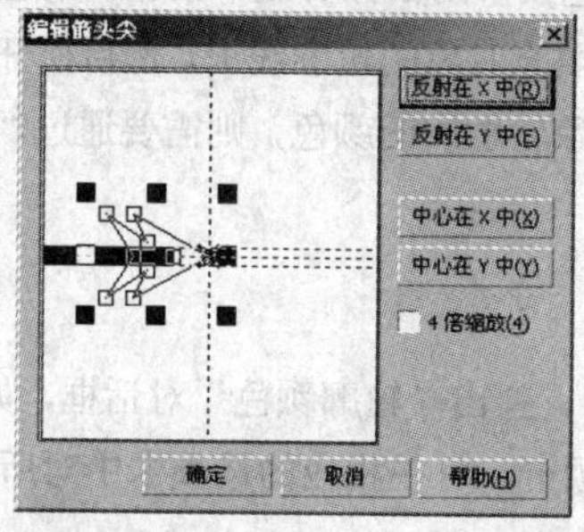

图 4.2.10　“编辑箭头尖”对话框

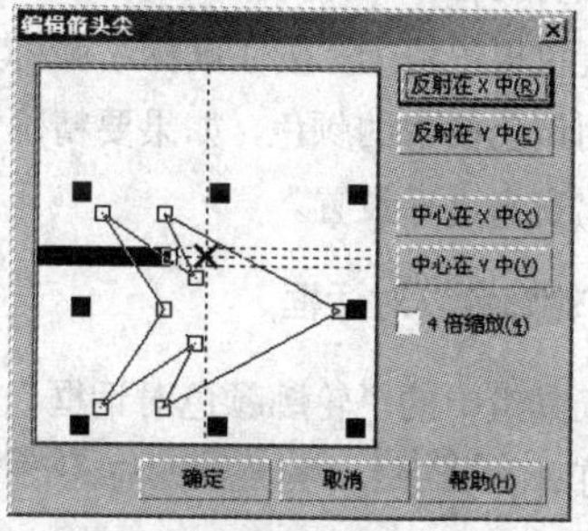

图 4.2.11　设置箭头的形状

（3）单击反射在 X 中(R)按钮，可水平翻转箭头；单击反射在 Y 中(E)按钮，可垂直翻转箭头；单击中心在 X 中(X)按钮，可将箭头的中心置于 X 轴的 0 点；单击中心在 Y 中(Y)按钮，可将箭头的中心置于 Y 轴的 0 点；选中4 倍缩放(4)复选框，可将箭头图形放大 4 倍显示。

（4）编辑完成后，单击确定按钮，即可在绘图区中看到改变形状后的箭头。

提示：如果不理解曲线端头设置的作用，可将曲线放大显示，也可将轮廓宽度设置得大一些。

4.2.5　设置对象的书法轮廓

创建对象的书法轮廓效果的具体操作方法如下：

（1）使用钢笔工具在绘图区中拖动鼠标绘制曲线对象。

（2）在轮廓工具组中单击“轮廓笔对话框”按钮，弹出“轮廓笔”对话框，设置轮廓线的宽度为“3”，在书法选项区中的笔尖形状:设置框中按住鼠标左键拖动，即可调整对象的书法轮廓，此时对应的展开(T):与角度(A):微调框中的数值也会随之改变。

（3）设置好参数后，单击确定按钮，效果如图 4.2.12 所示。

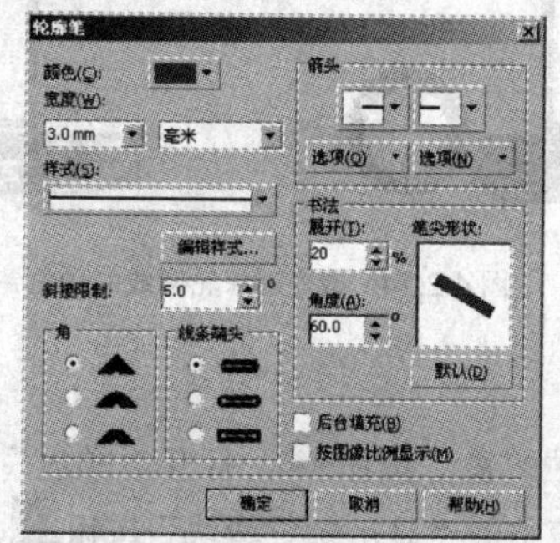

图 4.2.12　设置对象的书法轮廓效果

提示：在“轮廓笔”对话框中选中 ☑按图像比例显示(M) 复选框，可使曲线或图形的轮廓宽度按比例缩放。

4.2.6 设置轮廓线颜色

绘制一个图形对象，可以对其轮廓线设置相应的颜色，在 CorelDRAW X4 中，通过鼠标设置轮廓线颜色的方法有两种：一种是在选择对象后，在调色板中用鼠标右键单击相应的色块；另一种是将鼠标指针移至调色板色块上，按住鼠标左键将其拖至填充对象的轮廓线上，然后松开鼠标即可。这两种方法只能使用调色板中的颜色，如果要精确设置对象轮廓线的颜色，则需要通过“轮廓色”对话框或“颜色”泊坞窗来进行设置。

1. 使用“轮廓色”对话框

单击轮廓工具组中的“轮廓颜色对话框”按钮，弹出“轮廓颜色”对话框，如图 4.2.13 所示。在此对话框中打开 模型、混和器 与 调色板 选项卡，可在相应的选项卡中对所选对象的轮廓颜色进行精确设置。

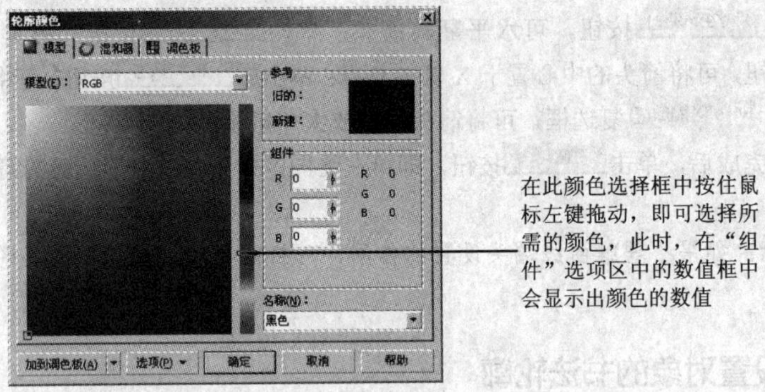

图 4.2.13 “轮廓颜色”对话框

设置好颜色后，单击 确定 按钮，即可改变所选对象轮廓线的颜色，如图 4.2.14 所示。

图 4.2.14 改变对象轮廓线的颜色

2. 使用“颜色”泊坞窗

单击轮廓工具组中的“颜色泊坞窗”按钮，打开“颜色”泊坞窗，在此泊坞窗中也可精确设置轮廓线的颜色。分别单击泊坞窗中的“显示颜色滑块”按钮、“显示颜色查看器”按钮或“显

示调色板”按钮，可使“颜色”泊坞窗以不同的形式显示。

4.3　修饰图形对象

在 CorelDRAW X4 中提供了一系列用于修饰图形对象的工具，利用这些工具，用户可以灵活地编辑与修改图形对象，以满足设计需要。

4.3.1　使用形状工具

使用形状工具可以对绘制的图形节点进行调整。使用形状工具编辑图形的具体操作方法如下：

（1）在绘图区中选中要编辑的图形，单击工具箱中的“形状工具”按钮。

（2）当鼠标光标变为形状时，将其移动到所选择图形的任意节点处，单击鼠标并拖动，调整该节点位置，即可调整图形形状，效果如图 4.3.1 所示。

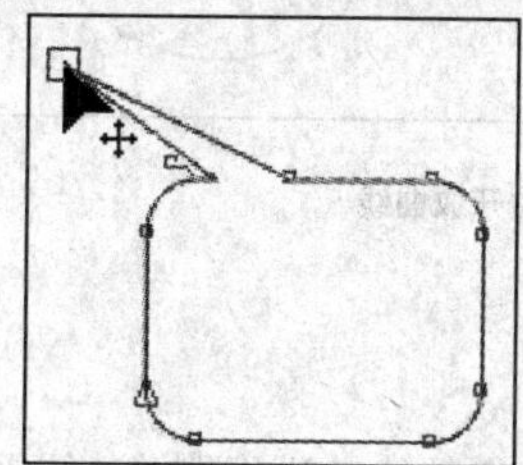
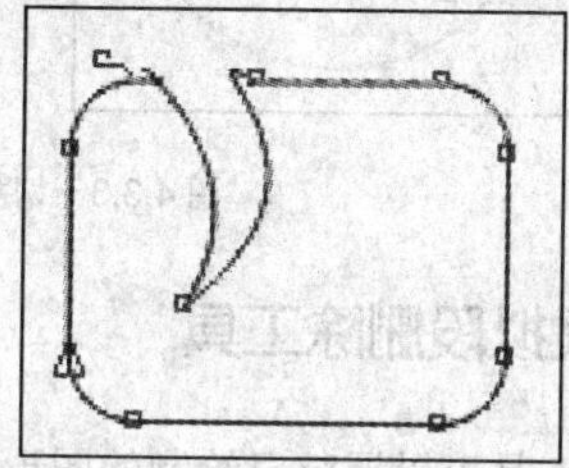

图 4.3.1　调整图形形状

4.3.2　使用橡皮擦工具

使用橡皮擦工具可将图形擦除为曲线，也可将图形擦除为两个闭合的图形。

可以使用橡皮擦工具擦除图形，然后在图形内部沿着擦除的轨迹生成一段曲线，这样，擦除的部分便会自动生成闭合曲线。具体的操作方法如下：

（1）在绘图区中选中要编辑的图形，单击工具箱中的“橡皮擦工具”按钮。

（2）将鼠标指针移至图形上单击，再移动鼠标指针至图形的内部单击，此时，指针经过的区域将被擦除，而图形也会自动变为曲线，效果如图 4.3.2 所示。

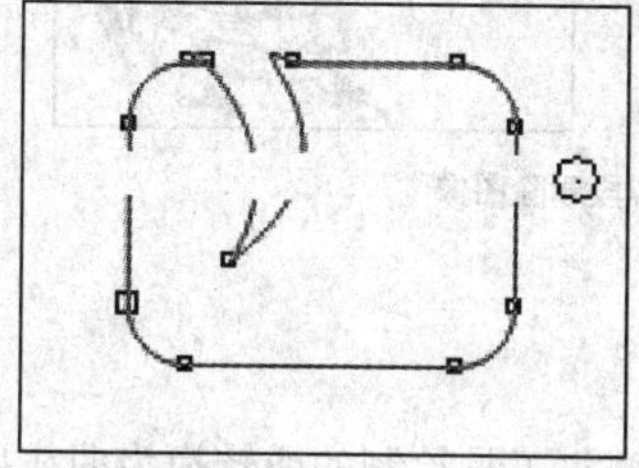
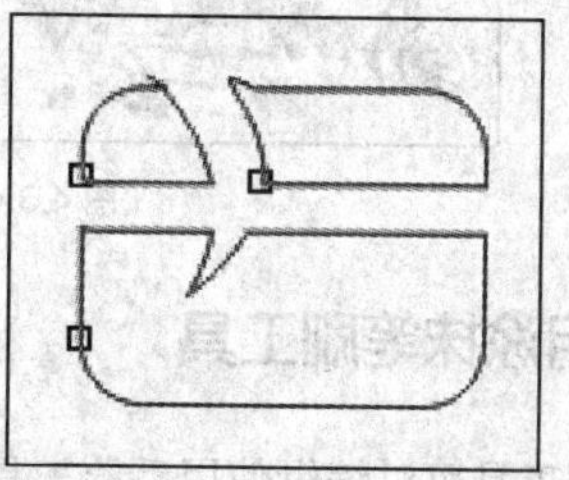

图 4.3.2　擦除图形为曲线

4.3.3　使用刻刀工具

使用刻刀工具可以将图形剪切成开放的曲线，也可将一个图形对象分割成两个图形对象。

如果要将图形对象变成开放的曲线，除了使用形状工具外，还可以使用刻刀工具来完成，具体的操作方法如下：

（1）使用多边形工具在绘图区中绘制一个图形。

（2）单击工具箱中的“刻刀工具”按钮，并在属性栏中单击“成为一个对象”按钮。

（3）将鼠标光标移至所绘图形的任意一个节点上单击，此时实质上已经将图形剪切为开放的曲线了，但从图中无法看出有什么变化，只是节点变大了一些。

（4）为了观察分割的结果，可使用形状工具选择分割的节点，按住鼠标左键拖动，松开鼠标，其分割后的效果如图 4.3.3 所示。

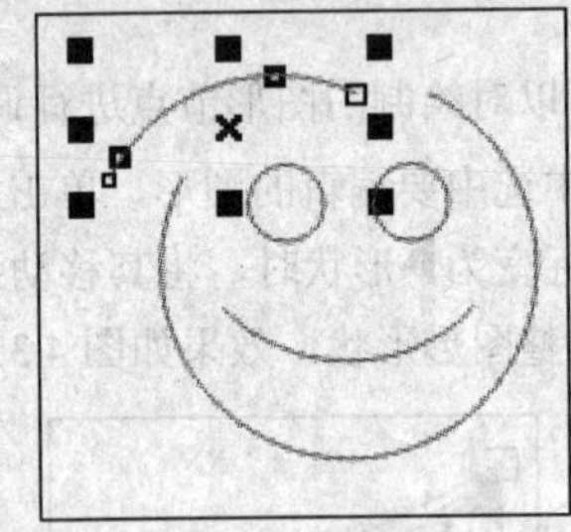

图 4.3.3　切割图形为开放曲线

4.3.4　使用虚拟段删除工具

使用虚拟段删除工具可以调整已绘制的图形，将多余的线条进行删除。使用虚拟段删除工具编辑图形的具体操作方法如下：

（1）选中要编辑的图形，单击工具箱中的“虚拟段删除工具”按钮。

（2）将鼠标光标移动到要删除的图形线条上，当光标变为直立的刻刀图标时，单击鼠标将多余的线条删除，效果如图 4.3.4 所示。

图 4.3.4　虚拟段删除图像

4.3.5　使用涂抹笔刷工具

使用涂抹笔刷工具可以编辑使用手绘工具、贝塞尔工具绘制的或转换为曲线后的基本图形，它只适用于曲线对象。使用涂抹笔刷工具编辑图形的方法有两种：一种是从图形外部向图形内部拖动鼠标；另一种是从图形内部向外部拖动鼠标。使用涂抹笔刷编辑图形的具体操作方法如下：

（1）在绘图区中绘制图形后，单击工具箱中的“涂抹笔刷工具”按钮。

（2）将鼠标光标移至对象的外部，按住鼠标左键并拖动至图形内部，释放鼠标，涂抹效果如图

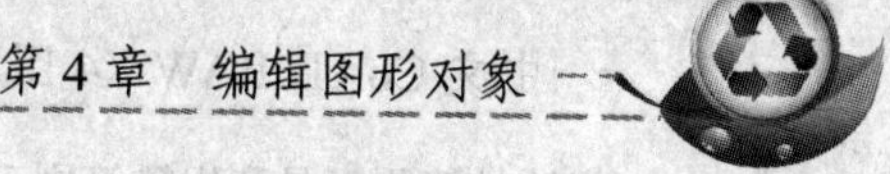

4.3.5 所示。

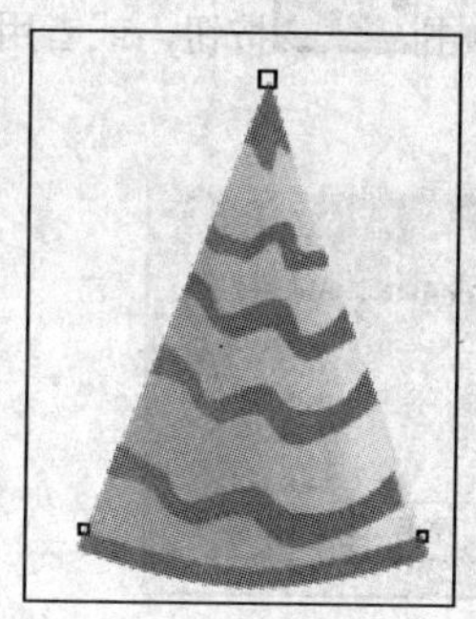

图 4.3.5 从外向内拖动鼠标进行涂抹

(3)也可将鼠标光标移至对象的内部，并按住鼠标左键向对象外部拖动鼠标，涂抹效果如图 4.3.6 所示。

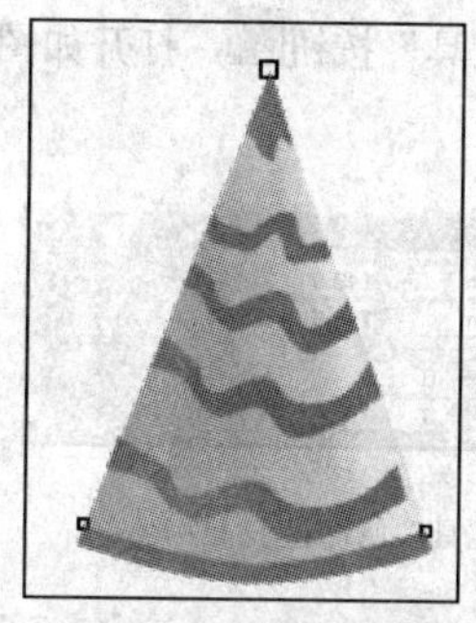

图 4.3.6 从内向外拖动鼠标进行涂抹

4.3.6 使用粗糙笔刷工具

粗糙笔刷工具是一种多变的扭曲变形工具，它可用来改变矢量图形对象中曲线的平滑度，从而产生粗糙的变形效果。使用粗糙笔刷编辑图形的具体操作方法如下：

(1) 使用挑选工具选中需要处理的图形对象，然后从工具箱中的形状工具组中选择粗糙笔刷工具。

(2) 将光标移至图形对象上，此时鼠标光标变成了形状，在矢量图形的轮廓线上单击鼠标并拖动，即可将其曲线粗糙化，如图 4.3.7 所示。

图 4.3.7 使用粗糙笔刷工具后的效果

当涂抹笔刷工具和粗糙笔刷工具应用于规则形状的矢量图形（矩形、椭圆和基本形状）时，会弹出“转换为曲线”提示框，如图 4.3.8 所示。此时可单击确定按钮，或者用户可先按“Ctrl+Q”键将其转换成曲线后再应用这两个变形工具。

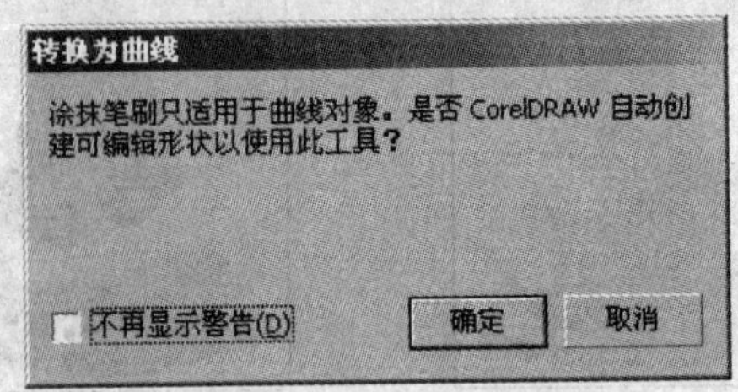

图 4.3.8 “转换为曲线”提示框

4.3.7 使用自由变换工具

选中需变形的对象，单击工具箱中的“自由变换工具”按钮，打开如图 4.3.9 所示的“自由变换工具”属性栏。

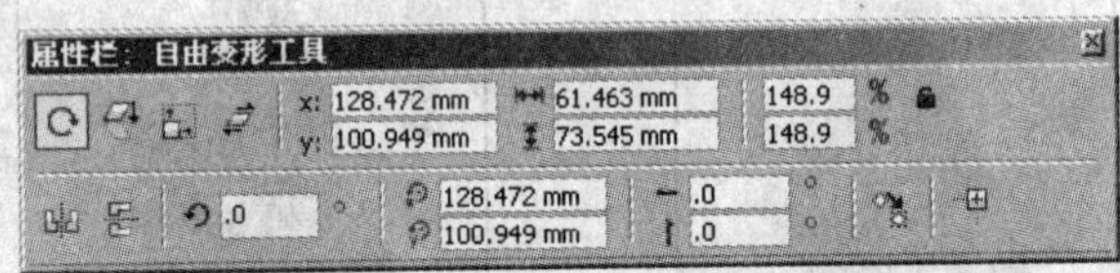

图 4.3.9 “自由变换工具”属性栏

该属性栏中各选项介绍如下：

“自由旋转工具”按钮：用于旋转对象。其使用方法如下：

（1）用挑选工具选中对象，然后选择自由变换工具，并单击其属性栏中的“自由旋转工具”按钮。

（2）将光标移至绘图区中的某处单击并拖动鼠标，则被选中的图形对象将以单击处为参考点，随着鼠标的移动而旋转，如图 4.3.10 所示。

图 4.3.10 使用自由旋转工具后的效果

“自由角度镜像工具”按钮：用于将对象移动到它的映像位置。其使用方法如下：

（1）用挑选工具选中对象，然后选择自由变换工具，并单击其属性栏中的“自由角度镜像工具”按钮。

（2）将光标移至绘图区中的某处单击并拖动鼠标，则被选中的图形对象将以单击处为中心点，随着鼠标的移动而移动，如图 4.3.11 所示，蓝色虚线是对称轴，蓝色实线是镜像后对象的位置。

图 4.3.11　使用自由角度镜像工具后的效果

“自由调节工具”按钮：用于调节对象的尺寸。其使用方法如下：

(1) 用挑选工具选中对象，然后选择自由变换工具，并单击其属性栏中的“自由调节工具”按钮。

(2) 将光标移至绘图区中的某处单击并移动鼠标，则会出现用以显示调节后对象大小的蓝色线框，当其显示的大小合适时释放鼠标，即可得到调节后的图形，效果如图 4.3.12 所示。

图 4.3.12　使用自由调节工具后的效果

“自由扭曲工具”按钮：用于将所选对象沿不同方向进行倾斜。其使用方法如下：

(1) 用挑选工具选中对象，然后选择自由变换工具，并单击其属性栏中的“自由扭曲工具”按钮。

(2) 将光标移至绘图区中的某处单击并拖动鼠标，则会出现用以显示调节后对象形状的蓝色线框，当其显示的形状合适时释放鼠标，即可得到调节后的图形，效果如图 4.3.13 所示。

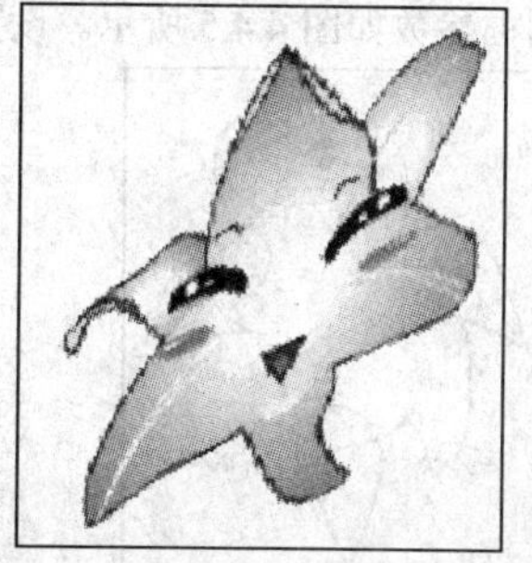

图 4.3.13　使用自由扭曲工具后的效果

4.4 典型实例——绘制小鸟

本节综合运用前面所学的知识绘制小鸟，最终效果如图 4.4.1 所示。

图 4.4.1 最终效果图

操作步骤

（1）选择菜单栏中的 文件(F) → 新建(N) 命令，然后选择 版面(L) → 页面设置(P)… 命令，在弹出的“选项”对话框中选中 横向(L) 单选按钮。

（2）单击工具箱中的“椭圆形工具”按钮，在绘图页面中创建一个如图 4.4.2 所示的椭圆，并单击鼠标右键将其转换为曲线。

（3）单击工具箱中的“形状工具”按钮，选取椭圆并在椭圆上添加节点，再调整节点，效果如图 4.4.3 所示。

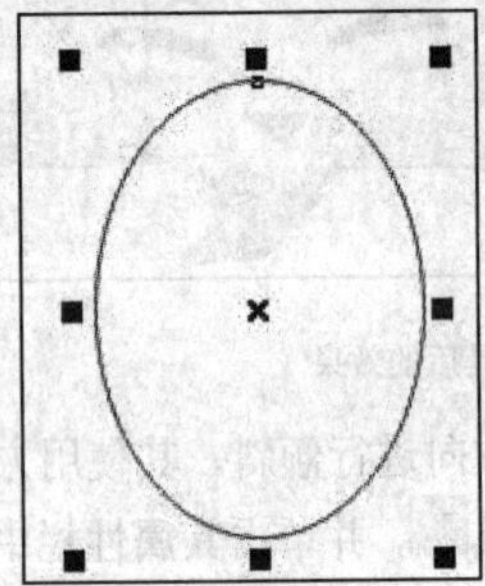

图 4.4.2 绘制椭圆

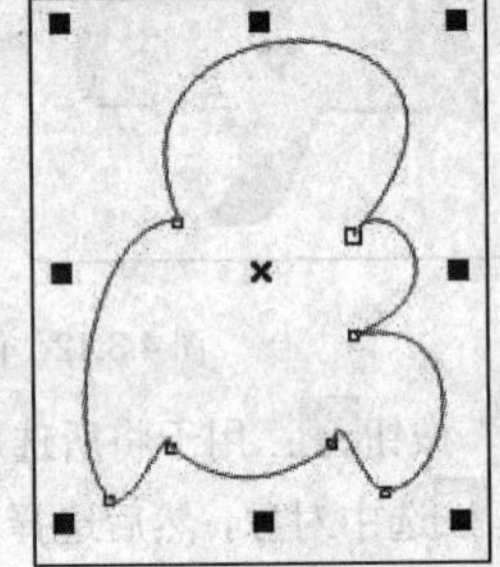

图 4.4.3 添加并调整节点

（4）重复步骤（2），（3）的操作，在绘图页面中绘制小鸟的其他部位，效果如图 4.4.4 所示。

（5）使用挑选工具选取鸟身，单击工具箱中的“渐变填充对话框”按钮，弹出“渐变填充”对话框，设置其对话框参数如图 4.4.5 所示。设置完成后，单击 确定 按钮，效果如图 4.4.6 所示。

图 4.4.4 绘制小鸟的其他部位

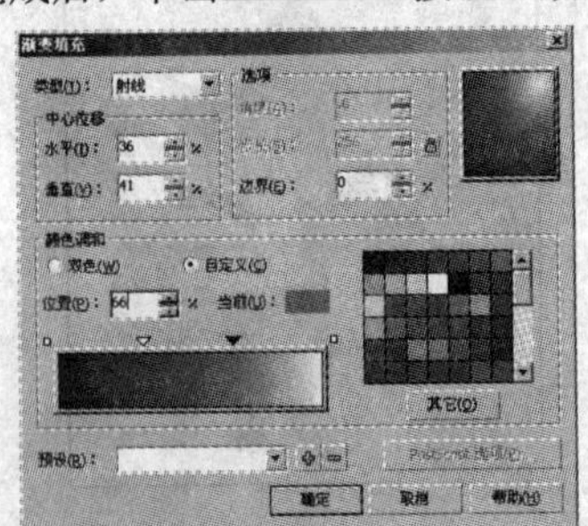

图 4.4.5 “渐变填充”对话框

（6）使用挑选工具选取鸟的翅膀和尾部羽毛，单击工具箱中的“渐变填充对话框”按钮，弹出“渐变填充”对话框，设置其对话框参数如图 4.4.7 所示。设置完成后，单击 确定 按钮，效果如图 4.4.8 所示。

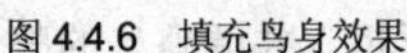
图 4.4.6　填充鸟身效果

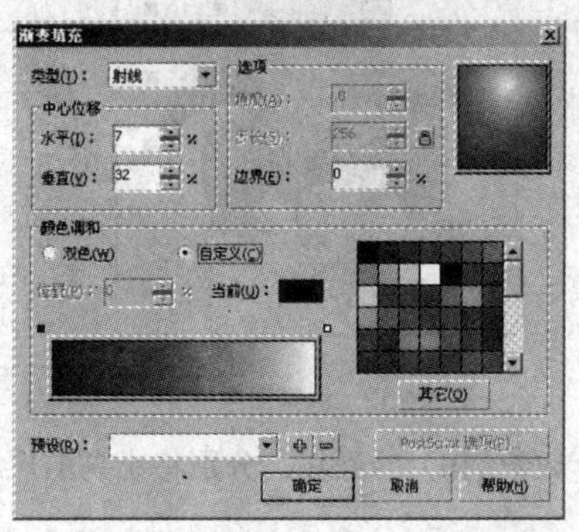

图 4.4.7　“渐变填充”对话框

（7）使用挑选工具选取鸟的眼睛最外层的圆，将其填充为白色，单击工具箱中的“渐变填充对话框”按钮，对黑色的圆进行渐变填充，以得到瞳孔的效果，如图 4.4.9 所示。

图 4.4.8　填充鸟的翅膀和尾部羽毛

图 4.4.9　制作瞳孔效果

（8）使用椭圆选框工具绘制一个椭圆，单击调色板中的白色方块对其进行填充，并将其移至瞳孔前的适当位置，效果如图 4.4.10 所示。

（9）选取鸟的嘴部，单击调色板中的红色方块将其填充为红色，再单击工具箱中的“交互式网状填充工具”按钮，在网格上单击适当的节点，将其填充为白色，效果如图 4.4.11 所示。

图 4.4.10　绘制并填充椭圆

图 4.4.11　填充嘴部效果

（10）使用挑选工具选取小鸟右边的翅膀，按“Shift+Page Down”键将其置后，效果如图 4.4.12 所示。

（11）单击工具箱中的“钢笔工具”按钮，在鸟的胸前绘制如图 4.4.13 所示的图形。

图 4.4.12　调整图像位置

图 4.4.13　绘制图像效果

（12）重复步骤（10）的操作，分别将小鸟的尾部羽毛和尾部小羽毛置后一层，效果如图 4.4.14 所示。

（13）使用挑选工具选中所有对象，按“Ctrl+G”键将其群组，并调整鸟的整体大小，然后选择 排列(A) → 变换(F) → 位置(P) 命令，打开“变换”泊坞窗，设置其参数如图 4.4.15 所示。

图 4.4.14　调整图像位置

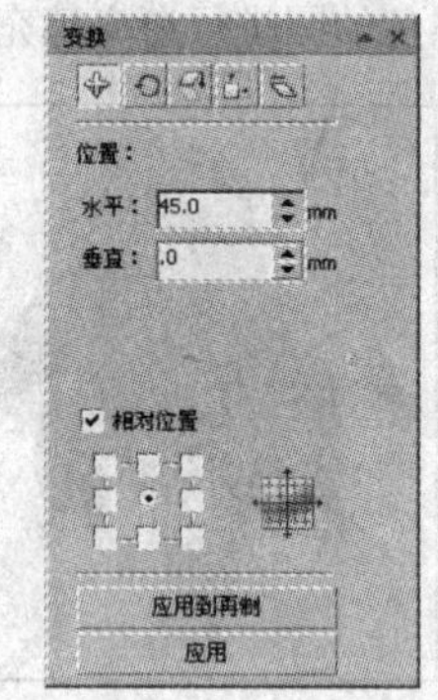

图 4.4.15　“变换”泊坞窗

（14）设置好参数后，单击 应用到再制 按钮，再制一个小鸟，效果如图 4.4.16 所示。

（15）单击属性栏中的“水平镜像”按钮，对再制后的小鸟应用水平镜像效果，如图 4.4.17 所示。

图 4.4.16　再制对象效果

图 4.4.17　应用水平镜像效果

（16）单击工具箱中的“矩形工具”按钮，在绘图页面中绘制一个矩形，单击工具箱中的“渐变填充对话框”按钮，弹出“渐变填充”对话框，设置其对话框参数如图 4.4.18 所示。设置完成后，单击 确定 按钮，效果如图 4.4.19 所示。

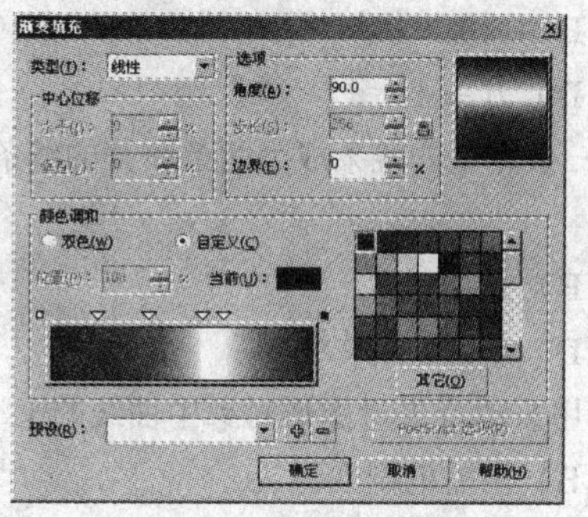
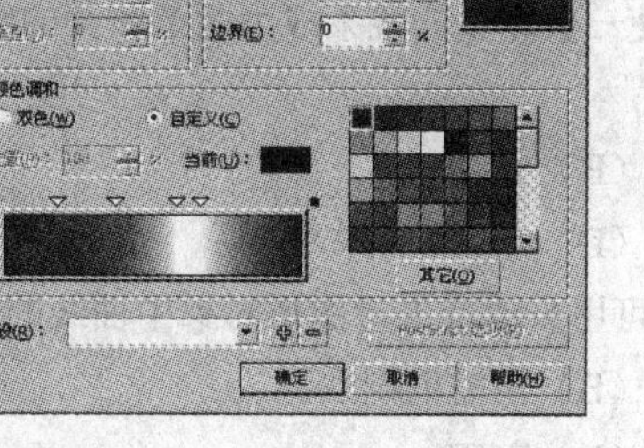

图 4.4.18　“渐变填充”对话框

图 4.4.19　填充图像效果

（17）重复步骤（10）的操作，将绘制的矩形置于小鸟的后面，最终效果如图 4.4.1 所示。

本 章 小 结

本章主要介绍了在 CorelDRAW X4 中编辑图形对象的节点、图形对象的轮廓以及修饰图形对象等内容。通过本章的学习，可使读者熟练掌握图形对象的编辑方法与技巧，以绘制出优秀的作品。

过 关 练 习

一、填空题

1．构成图形对象的基本要素是_________，使用_________工具可以对所绘图形的节点与线段进行编辑，

2．在绘制曲线的过程中，按住_________键，可编辑曲线线段，可以进行节点的转换、移动和调整等操作。

3．节点的类型共有 3 种，即_________、_________与_________。

4. 使用_________工具可以将图形剪切成开放的曲线，也可将一个图形对象分割成两个图形对象。

5．在绘制好的线条上_________或_________节点可以改变线条的形状。

6．使用_________工具可以编辑使用手绘工具、贝塞尔工具绘制的或转换为曲线后的基本图形。

7．使用橡皮擦工具可将图形擦除为_________，也可将图形擦除为_________。

二、选择题

1．转换为曲线的快捷键是（　）。

（A）Ctrl+F　　　　（B）Ctrl+Q

（C）Ctrl+D　　　　（D）Ctrl+G

2．可为绘制的图形设置角的形状，有（　）种可选形状。

（A）4　　　　（B）3

（C）2　　　　（D）1

3．轮廓笔中的线条端头有（　）。

（A）平头　　（B）圆头

（C）直头　　（D）方头

4．（　）是指将一个节点分割成为两个节点，使一条完整的线条成为两条断开的线条，但它们仍是一个整体。

（A）删除　　（B）分割

（C）连接　　（D）断开

5．（　）工具是一种多变的扭曲变形工具，它可用来改变矢量图形对象中曲线的平滑度。

（A）涂抹笔刷　　（B）粗糙笔刷

（C）橡皮擦　　（D）刻刀

三、简答题

1．如何调整节点的类型？

2．如何设置轮廓的颜色、宽度以及转角样式？

3．如何使用刻刀工具将一条曲线分割成两段曲线？

4．如何使用橡皮擦工具擦除位图？

四、上机操作题

1．绘制一条曲线，试用本章所学的知识编辑曲线形状。

2．打开一个图形文件，使用本章所学的知识设置图形轮廓的属性以及样式。

3．打开一幅位图，利用本章所讲的刻刀工具和粗糙笔刷工具制作撕纸效果。

第5章 组织与管理对象

章前导航

在 CorelDRAW X4 中绘制好图形对象后，可以使用对齐或分布功能将对象有序地进行排列，也可以将多个独立的对象进行群组或结合，使其成为一个整体对象。通过这些操作可以使对象产生出更多的特殊效果。

本章要点

- 选取对象
- 移动与调整对象
- 拷贝对象
- 群组与结合对象
- 锁定与转换对象
- 插入对象
- 查找与替换对象
- 修整对象

5.1 选 取 对 象

在对图形对象进行编辑前，通常都要先选中图形对象。在选中对象后，对象周围会出现 8 个黑点，这 8 个黑点称为控制手柄，同时，在其中心会出现一个“×”符号，用来表示对象的中心位置，如图 5.1.1 所示。

图 5.1.1 对象的选取

5.1.1 普通选取

在 CorelDRAW X4 中，普通选取是指简单地选取对象，包括单击选取对象、增加或取消选取对象以及框选对象。

1. 单击选取对象

在工具箱中选择挑选工具，其属性栏如图 5.1.2 所示。

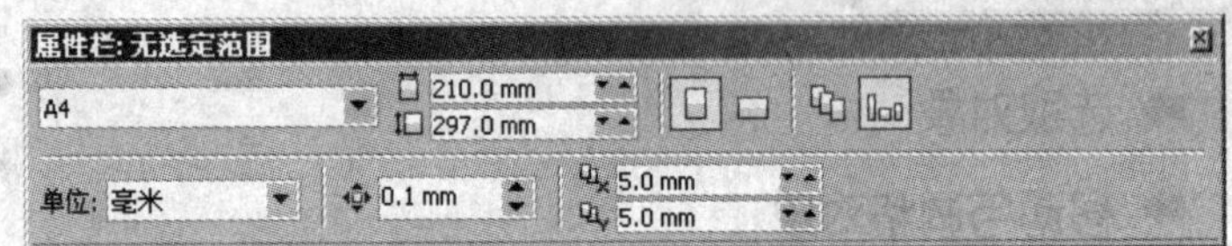

图 5.1.2 “挑选工具”属性栏

空格键是挑选工具的快捷键，在使用其他工具时，按下空格键可以快速切换到挑选工具，再按一下空格键则切换回原来的工具。

2. 增加或取消选取对象

在选中一个对象后，需要增加选取其他对象，可按住“Shift”键，单击要选取的其他对象，即可选取多个图形对象。

在选中多个对象后，需要取消部分对象的选取，可按住“Shift”键，单击需要取消选取的图形对象，即可取消该对象的选取。

3. 框选对象

选择挑选工具后，按住鼠标左键在页面中拖动，将所有的对象框在蓝色虚线框内，则虚线框中的对象将被选中，如图 5.1.3 所示。

图 5.1.3　框选对象

在框选对象时，要求将所有的对象框在蓝色虚线框内；若按住“Alt”键不放，按住鼠标左键在页面中拖动，只要蓝色虚线框“接触”到的图形对象都可被选中，如图 5.1.4 所示。

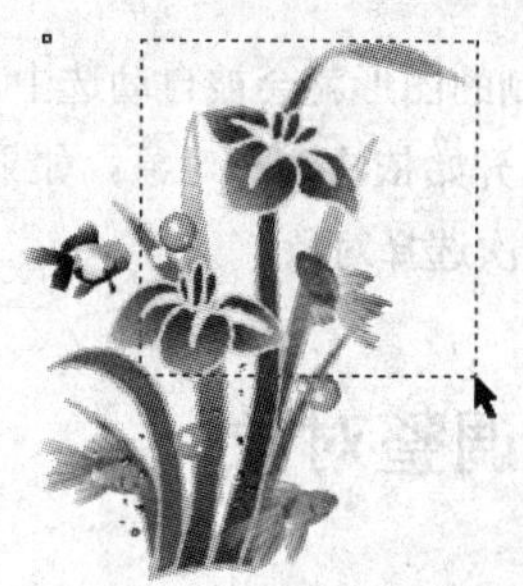

图 5.1.4　接触式框选对象

在框选对象时，可按住“Shift”键，绘制多个虚线框来选择不相邻的几组对象，如图 5.1.5 所示。

图 5.1.5　选取不相邻的对象

5.1.2　特殊选取

特殊选取是指选取重叠的图形对象或多层次的图形对象，包括使用“Alt”键和“Tab”键选取图形对象。

1. 使用“Alt”键选取对象

在选取重叠的对象，特别是完全被覆盖的对象时，使用普通选取方法很难选中，这时就要使用“Alt”键来选取重叠对象。其方法是：按住“Alt”键不放，用挑选工具单击想要选取的图形对象，每单击一次，选取的都是前一个对象下面的对象，当选取到最底层时，顶层的对象又被选中，依次循环。如图 5.1.6 所示是由小到大、由底层到顶层绘制的圆形，用户可以按住“Alt”键不放，在圆形的公共部分上（即最小的心形上）单击鼠标，来依次选中每一个圆形。

图 5.1.6　使用“Alt”键选取重叠对象

2．使用“Tab”键选取对象

选择选取工具后，按键盘上的“Tab”键，最后绘制的图形就会被自动选中，再次按“Tab”键，系统就会自动按照对象创建的顺序，从最后绘制的对象开始依次选择对象；如果同时按“Tab”键和“Shift”键，系统则会从最初绘制的第一个对象开始依次选择对象。

5.2　移动与调整对象

在设计平面作品时，无论是绘制的图形、输入的文本，还是导入的位图，几乎都需要进行移动和调整对象操作，通过这些操作可以使对象产生更多的效果。

5.2.1　移动对象的位置

在编辑图形对象的过程中，如果需要移动对象的位置，可通过两种方法来完成，即直接使用鼠标移动对象或通过“变换”泊坞窗精确地移动对象。

1．使用鼠标移动对象

在绘图区中使用挑选工具选择需要移动的对象，将鼠标指针移至对象的中心位置，指针变为✥形状，按住鼠标左键拖动对象至适当位置后松开鼠标，即可移动对象，如图 5.2.1 所示。

图 5.2.1　移动对象

2．精确移动对象

如果要精确移动对象的位置，可在选择对象后，选择菜单栏中的 排列(A) → 变换(F) → 位置(P) 命

令，打开变换泊坞窗。

选中☑相对位置复选框，将以当前对象所在位置为标准进行变换。在水平：输入框中输入数值，所选对象即在变换中心所处的位置上水平向左或向右移动，数值为正值时，向右移动；数值为负值时，向左移动。在垂直：输入框中输入数值，可使所选对象在原位置垂直向上或向下移动，数值为正值时，向上移动；数值为负值时，向下移动。

设置完成后，单击应用按钮，可根据所做的设置精确地移动所选的对象，如图 5.2.2 所示。单击应用到再制按钮，将在保留原对象的基础上再根据设置复制出一个对象。

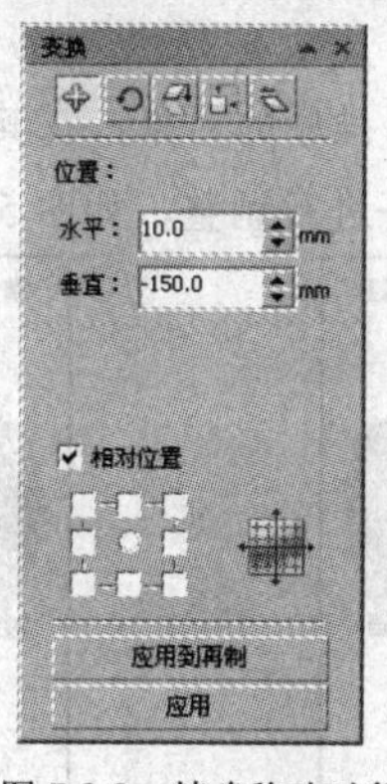

图 5.2.2 精确移动对象

此外，还可以通过键盘上的方向键来移动对象，操作方法是：选择对象后，按键盘上的→，←，↑或↓4 个方向键即可移动对象。

5.2.2 调整对象顺序

在 CorelDRAW X4 中绘制图形时，创建的多个对象在垂直方向有一定的顺序，一般来说，最上面的对象会遮挡下面对象中与其重叠的部分，调整对象的顺序可改变这种状况。

调整对象顺序的方法如下：

（1）选中要调整顺序的对象。

（2）选择排列(A)→顺序(O)命令，在顺序子菜单中选择合适的命令即可，如图 5.2.3 所示。

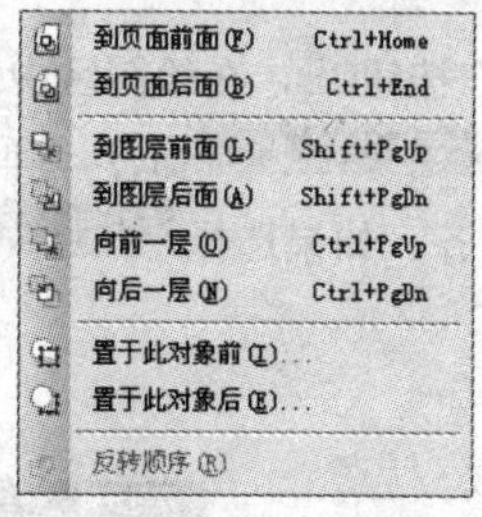

图 5.2.3 顺序子菜单

顺序子菜单中各命令的含义如下：

到页面前面(F)：选择该命令，可将选中的对象置于所有对象的最上方。

到页面后面(B)：选择该命令，可将选中的对象置于所有对象的最下方。

到图层前面(L)：选择该命令，可将选中的对象置于所有图层的最上方。

到图层后面(A)：选择该命令，可将选中的对象置于所有图层的最下方。

向前一层(O)：选择该命令，可将选中的对象向前移动一层。

向后一层(N)：选择该命令，可将选中的对象向后移动一层。

置于此对象前(I)…：选择该命令，当鼠标指针呈➡形状时，将指针移动到指定对象上方，单击鼠标即可将选中的对象置于指定对象上方。

置于此对象后(E)…：选择该命令，当鼠标指针呈➡形状时，将指针移动到指定对象下方，单击鼠标即可将选中的对象置于指定对象下方。

反转顺序(R)：选择该命令，可将所有选中的对象逆向排序。

提示：使用挑选工具选中需要排序的对象，在其属性栏中单击“到图层前面”按钮或“到图层后面”按钮，也可以对其顺序进行调整，如图 5.2.4 所示。

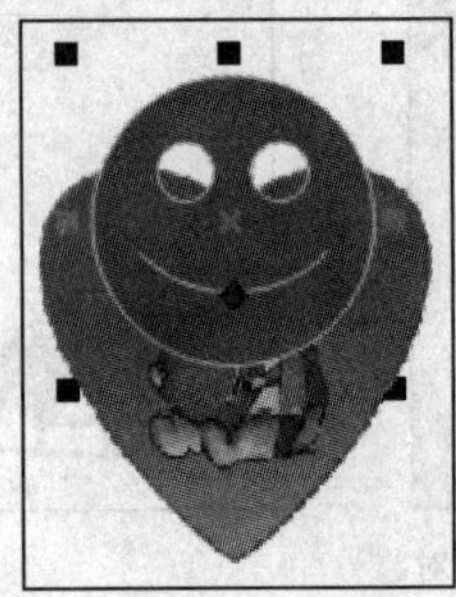

图 5.2.4　调整对象顺序

5.2.3　对齐和分布对象

对象的对齐和分布，就是将一系列对象按照一定的规则排列，以达到更好的视觉效果。当绘图页面中包含多个对象时，若要使各个对象相互对齐、整齐分布，就要使用对齐和分布的功能，使其在水平方向或垂直方向快速地对齐或分布。

1．对齐对象

在 CorelDRAW X4 中，可以将所选的两个或多个对象按指定的方式进行对齐。对齐对象的具体操作方法如下：

（1）单击工具箱中的“挑选工具”按钮，在绘图区中选择要对齐的两个或多个对象。

（2）选择菜单栏中的 排列(A) → 对齐和分布(A) 命令，弹出其子菜单，如图 5.2.5 所示，从中选择相应的对齐命令可以使所选的对象对齐。如果选择 对齐和分布(A)… 命令，则会弹出“对齐与分布”对话框，如图 5.2.6 所示。

图 5.2.5　对齐和分布子菜单

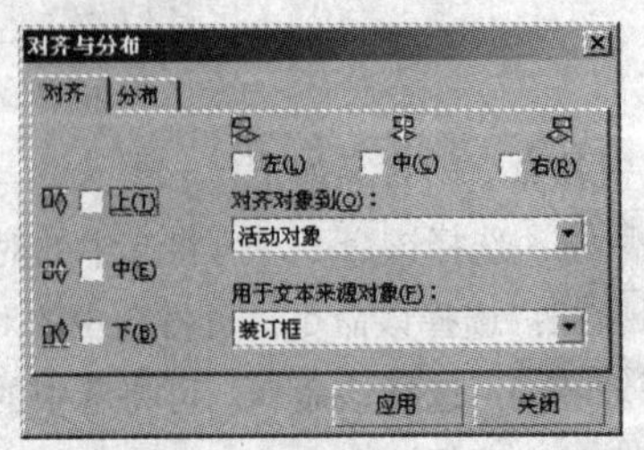

图 5.2.6　“对齐与分布”对话框

（3）在该对话框中可设置对象在水平或垂直方向上的对齐方式，其水平对齐方式分为左、中、右 3 种类型；而垂直对齐方式分为上、中、下 3 种类型，此处选中垂直对齐方式中的 中(C) 复选框。

（4）在 对齐对象到(O)：下拉列表中可选择一种对象对齐的参照标准。如果要对齐文本对象，可在 用于文本来源对象(F)：下拉列表中选择下列选项之一。

1）第一条线的基线：使用第一条线的基线作为参照点。

2）最后一条线的基线：使用最后一条线的基线作为参照点。

3）装订框：使用文本对象的边框作为参照点。

（5）设置好参数后，单击 应用 按钮，可使所选的对象垂直居中对齐到页边，效果如图 5.2.7 所示。

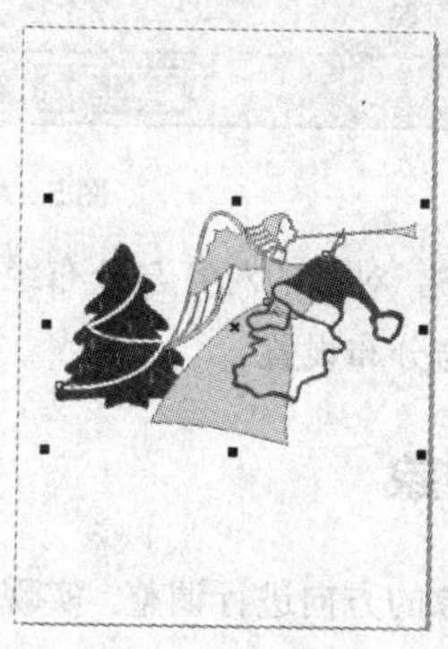

图 5.2.7　使所选对象垂直居中对齐

2．分布对象

使用分布功能，可以使两个或多个对象在水平或垂直方向上根据所做设置均匀地分布。具体的操作方法如下：

（1）单击工具箱中的挑选工具，在绘图区中选择要对齐的两个或多个对象，如图 5.2.8 所示。

（2）选择菜单栏中的 排列(A) → 对齐和分布(A) → 对齐和分布(A)… 命令，弹出“对齐与分布”对话框，选择 分布 选项卡，如图 5.2.9 所示。

图 5.2.8　选择的对象

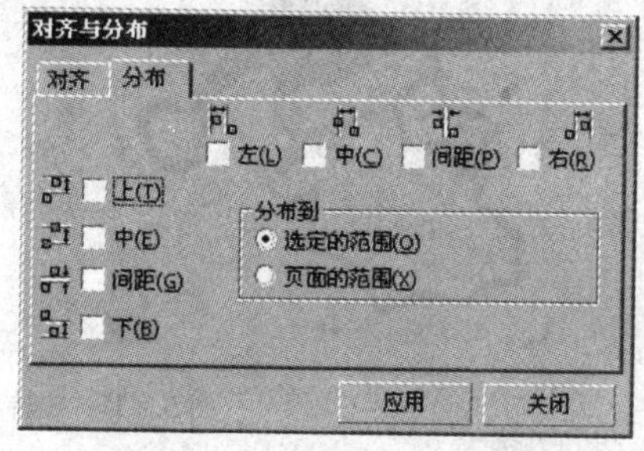

图 5.2.9　“分布”选项卡

（3）设置对象在水平或垂直方向上的分布方式，其中，水平分布方式分为左、中、间距、右 4 种类型；垂直分布方式分为上、中、间距、下 4 种类型。

（4）在 分布到 选项区中可以选择一种对象的分布范围，即选定的范围或页面范围。

（5）设置完毕后，单击应用按钮，可使所选对象以水平、垂直间距相等的方式分布，如图 5.2.10 所示。

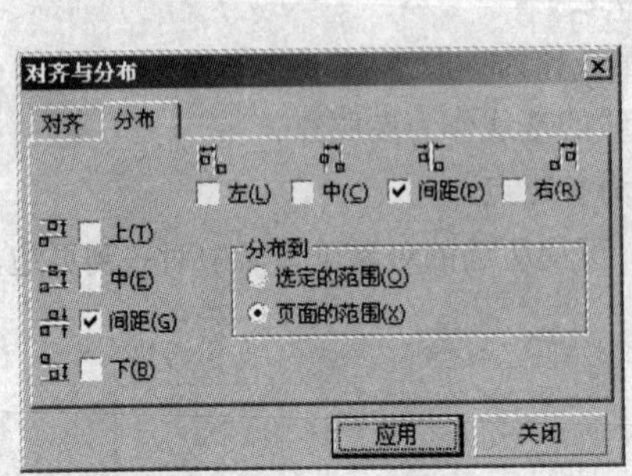

图 5.2.10　分布对象效果

在实际绘图过程中，对象的对齐与分布经常是同时进行的，此时就要在“对齐与分布”对话框中同时对对象进行对齐与分布设置。

5.2.4　旋转对象

旋转对象是对对象的方向进行调整，实现该操作的方法有 3 种：使用鼠标旋转对象；使用泊坞窗旋转对象；使用自由变形工具旋转对象。

1．使用鼠标旋转对象

使用鼠标可粗略地旋转对象的具体操作方法如下：

（1）单击工具箱中的“挑选工具”按钮。

（2）用鼠标双击要旋转的对象，则在对象中心会出现一个圆圈，其周围会出现 8 个双向箭头。

（3）将鼠标指针移动到端点的双向箭头上，当指针呈形状时，拖动鼠标即可对其进行旋转，效果如图 5.2.11 所示。

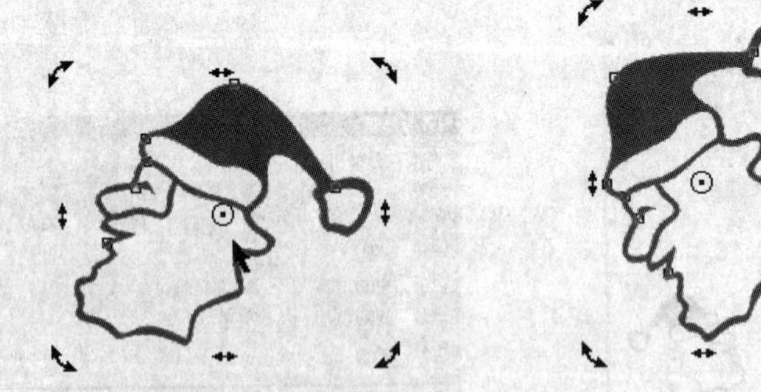

图 5.2.11　旋转对象效果

2．使用泊坞窗旋转对象

在页面中选择要旋转的对象，然后选择菜单栏中的排列(A)→变换(F)→旋转(R)命令，可打开“变换”泊坞窗。

在角度：0 度输入框中输入数值，可设置所选对象的旋转角度；在水平：217.475 mm与垂直：133.694 mm

输入框中输入数值，可设置水平与垂直方向的数值来确定对象的旋转中心；选中 ☑相对中心 复选框，可在下方的指示器中选择旋转中心的相对位置。

设置好参数后，单击 应用 按钮，即可按所设置的值旋转对象，如图 5.2.12 所示。

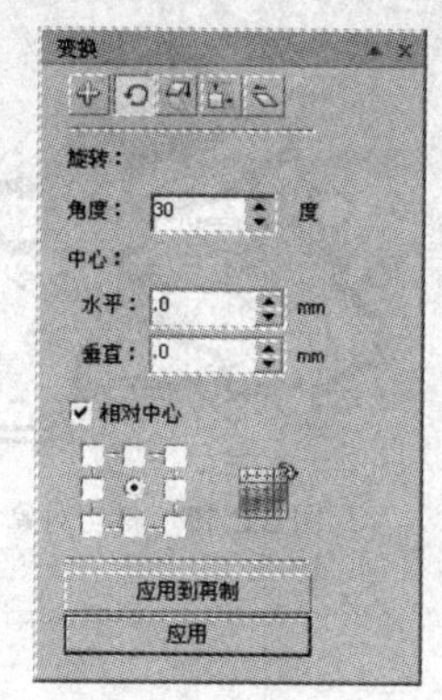

图 5.2.12　旋转对象

如果单击 应用到再制 按钮，系统将在保留原对象的状态下，再复制出一个对象，并将所做设置应用于复制的对象。

3. 使用自由变形工具旋转对象

使用自由变形工具旋转对象的具体操作方法如下：

（1）单击工具箱中的“自由变形工具”按钮。

（2）在其属性栏中单击“自由旋转工具”按钮，如图 5.2.13 所示。

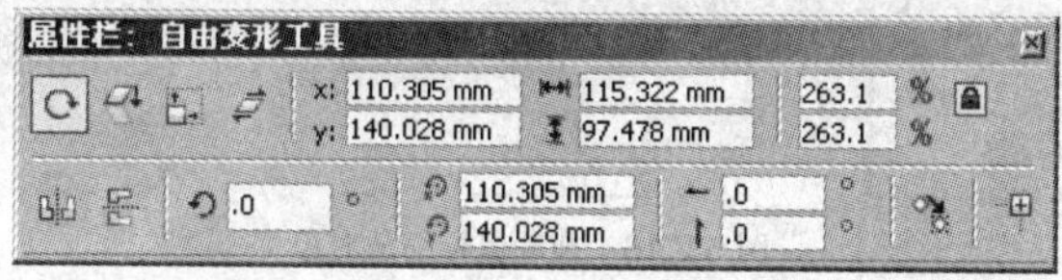

图 5.2.13　“自由变形工具”属性栏

（3）选择要旋转的对象，并在其旋转中心上单击鼠标左键，拖动旋转线旋转对象至合适的位置即可，如图 5.2.14 所示。

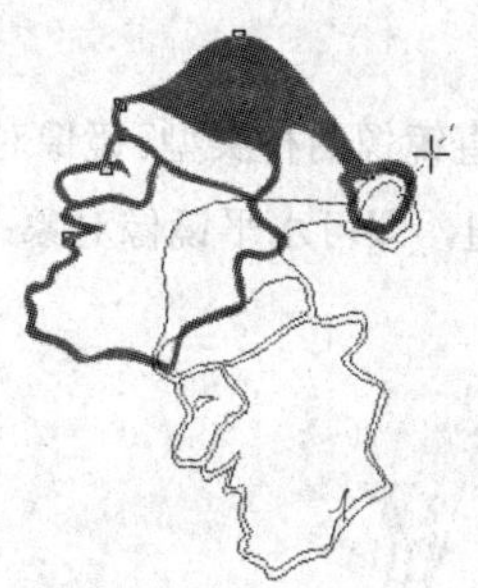

图 5.2.14　旋转对象

5.2.5　斜切对象

使用挑选工具可以斜切对象的具体操作方法如下：

（1）单击工具箱中的“挑选工具”按钮。

（2）用鼠标双击要斜切的对象，进入旋转模式。

（3）将鼠标指针移动到对象两侧的双向箭头上，当指针呈⇅或⇄形状时，按住鼠标左键拖动，可实现对对象的斜切操作，如图 5.2.15 所示。

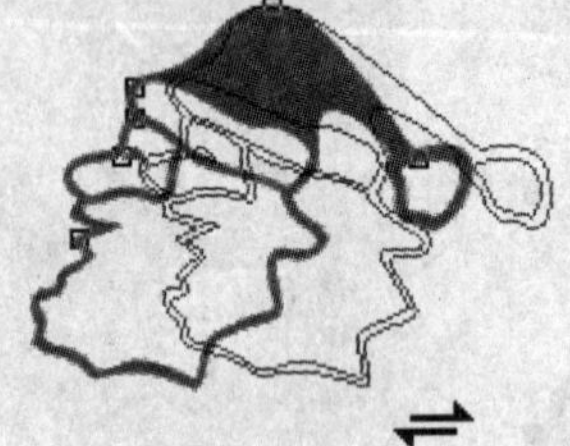

图 5.2.15　斜切对象

5.2.6　缩放对象

如果对对象的缩放要求不高，可以使用鼠标快速缩放对象，具体的操作方法是：使用挑选工具选择对象，然后将鼠标指针移至对象 4 角的任意一个控制点上，当指针变为↘或↙ 形状时，按住鼠标左键斜向拖动，至适当位置后松开鼠标，即可等比例缩放对象，如图 5.2.16 所示。

图 5.2.16　拖动鼠标缩放对象

另外，通过属性栏中的缩放因子输入框也可以缩放对象。选择对象后，在属性栏中的缩放因子输入框 65.942 % 65.942 % 中输入缩放的比率，按回车键，即可将对象等比例缩放。

5.2.7　镜像对象

镜像对象就是将对象镜像翻转，包括水平镜像与垂直镜像两种类型。镜像对象的操作方法很简单，只要使用挑选工具选择对象，再单击属性栏中的按钮，即可水平镜像对象；单击按钮，即可垂直镜像对象，如图 5.2.17 所示。

原图

水平镜像

垂直镜像

图 5.2.17　镜像对象效果

如果要精确缩放或镜像对象，可先选择对象，然后在“变换”泊坞窗中单击“缩放与镜像”按钮，可显示出该选项参数。在 缩放: 选项区中可设置对象在水平和垂直方向上的缩放比例，如果选中 不按比例 复选框，表示可以对对象进行非等比例缩放。此外，在 镜像: 选项区中，通过单击 或 按钮，可对所选对象进行水平或垂直方向上的镜像。设置好参数后，单击 应用 按钮，即可缩放与镜像所选对象，如图 5.2.18 所示。

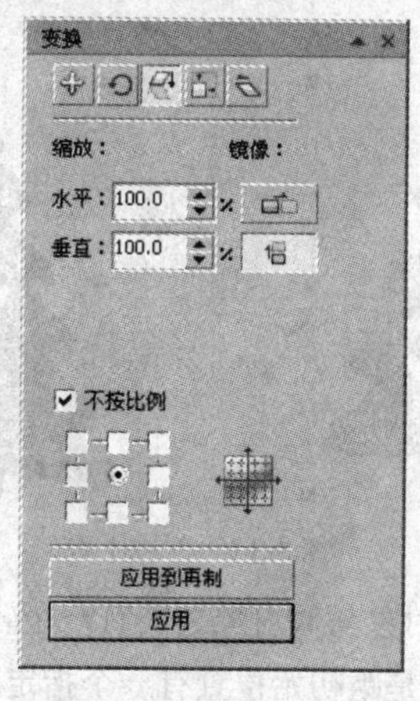

图 5.2.18　精确缩放与镜像对象

5.3　拷贝对象

在编辑图形对象的过程中，经常需要制作图形对象的副本。在 CorelDRAW X4 中提供了剪切、复制以及粘贴等功能，使用这些功能可制作对象的副本。

5.3.1　剪切、复制与粘贴对象

CorelDRAW X4 中的复制命令经常与粘贴命令结合使用，主要用于制作所选图形与文件的副本，但剪切命令会将原来所选的对象清除。

1．剪切命令

选择菜单栏中的 编辑(E) → 剪切(T) 命令，或单击工具栏中的“剪切”按钮，可将对象复制到剪贴板并且将对象从原位置清除。

2．复制命令

如果要为绘制的图形对象制作副本，可选择菜单栏中的 编辑(E) → 复制(C) 命令，或单击工具栏中的“复制”按钮，即可将所选对象复制到剪贴板中。

3．粘贴命令

选择菜单栏中的 编辑(E) → 粘贴(P) 命令，或单击工具栏中的“粘贴”按钮，即可将剪贴板中的对象粘贴到当前绘图区中。

5.3.2 再制对象

在 CorelDRAW X4 中除了复制以外，还提供了一个类似复制功能的再制(D)命令，使用此命令也可以复制所选择的对象。

选择菜单栏中的编辑(E)→再制(D)命令，或按“Ctrl+D”键，即可将所选的对象复制一份，如图 5.3.1 所示。

图 5.3.1 再制对象

从图 5.3.1 中可以看出，再制的对象与原对象之间有一个较小的位移，也就是说，再制的对象不是直接出现在原对象的初始位置，而是距初始位置有一个指定的水平与垂直偏移。

5.3.3 复制属性

使用编辑(E)菜单中的复制属性自(M)…命令，可以将一个对象的属性复制到其他对象上。具体的操作方法如下：

（1）选择需要复制其他对象属性的对象后，选择菜单栏中的编辑(E)→复制属性自(M)…命令，弹出“复制属性”对话框，如图 5.3.2 所示。

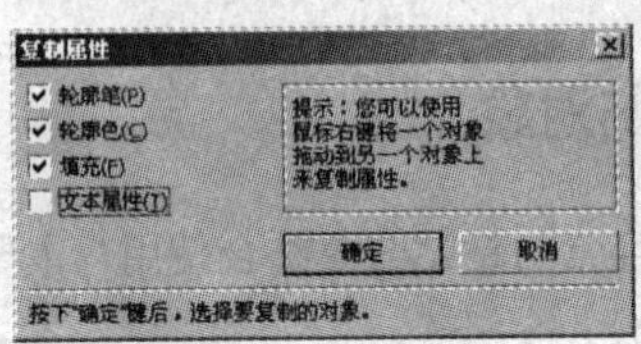

图 5.3.2 “复制属性”对话框

（2）在该对话框中选中相应的复选框，可确定要复制的属性。

（3）单击确定按钮，此时光标显示为➡形状，将光标移至其他对象上单击，即可将该对象的属性复制到所选对象上，如图 5.3.3 所示。

图 5.3.3 复制对象的属性

5.4　群组与结合对象

在 CorelDRAW X4 中绘制好图形后，不仅可以使用对齐或分布功能将对象有序地进行排列，也可以将多个独立的对象进行群组或结合，使其成为一个整体对象。

5.4.1　群组

若图层中的图形对象过多，对图形对象的选择和调整操作就会变得非常复杂，这时用户可以将多个图形对象群组，即可对一组对象一起进行移动、缩放和填充等操作，如图 5.4.1 所示。

图 5.4.1　群组对象效果

1．群组对象

群组对象的方法有以下 4 种：

（1）使用选择工具，在按住“Shift”键的同时选择要群组的所有对象，再选择 排列(A) → 群组(G) 命令，即可将所选择的对象群组。

（2）选择多个图形对象，按“Ctrl+G”键即可。

（3）选择多个图形对象，单击“工具”属性栏中的“群组”按钮。

（4）选择多个图形对象，在其上单击鼠标右键，在弹出的快捷菜单中选择 群组(G) 选项。

群组后的对象也可以与其他对象再次进行群组，这时的群组对象成为嵌套式的群组关系，从而方便对多个对象进行统一的管理。

2．取消群组

取消群组的方法有以下 4 种：

（1）使用挑选工具选择群组对象，选择菜单栏中的 排列(A) → 取消群组(U) 命令，即可取消群组对象。

（2）使用挑选工具选择群组对象，按“Ctrl+U”键即可。

（3）使用挑选工具选择群组对象，单击其属性栏中的“取消群组”按钮。

（4）使用挑选工具选择群组对象，在其上单击鼠标右键，在弹出的快捷菜单中选择 取消群组(U) 选项。

3．取消全部群组

如果要取消一个多层群组中的所有群组，使每一个对象都成为独立的对象，可选择菜单栏中的排列(A)→ 取消全部群组(N)命令，或单击属性栏中的“取消全部群组”按钮，即可将多层群组一次性地全部解散。

5.4.2 结合

结合对象就是将两个或两个以上的对象进行合并。如图 5.4.2 所示为选择 5 个对象进行结合后的效果。

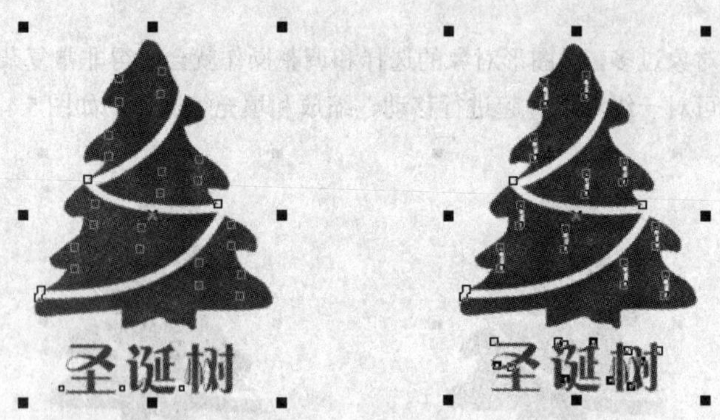

图 5.4.2 结合对象效果

1．结合对象

结合对象的方法有以下 4 种：

（1）使用挑选工具选择将要合并的对象，选择菜单栏中的排列(A)→ 结合(C)命令即可。

（2）选择两个或多个对象，按“Ctrl+L”键即可。

（3）选择两个或多个对象，在其属性栏中单击“结合”按钮。

（4）选择两个或多个对象，在其上单击鼠标右键，在弹出的快捷菜单中选择 结合(C)选项。

2．打散结合对象

打散结合的对象有以下 4 种方法：

（1）使用挑选工具选择将要打散的对象，选择菜单栏中的排列(A)→ 打散曲线(B)命令即可。

（2）选中要打散的对象，按“Ctrl+K”键即可。

（3）选中要打散的对象，单击工具属性栏中的“打散”按钮。

（4）选择要打散的对象，在其上单击鼠标右键，在弹出的快捷菜单中选择 打散曲线(B)选项。

5.5 锁定与转换对象

在 CorelDRAW X4 中提供了锁定对象功能，使用该功能可以将所选的对象锁定，以免发生变化。当编辑完后，用户可将对象锁定。此外，还可以根据需要将对象的轮廓线转换为单独对象进行编辑。

5.5.1 锁定对象

要锁定对象，可先选择需要锁定的对象，然后选择菜单栏中的排列(A)→ 锁定对象(L)命令，

此时所选的对象四周的控制点将变为🔒形状，表示此对象已经被锁定，如图 5.5.1 所示。

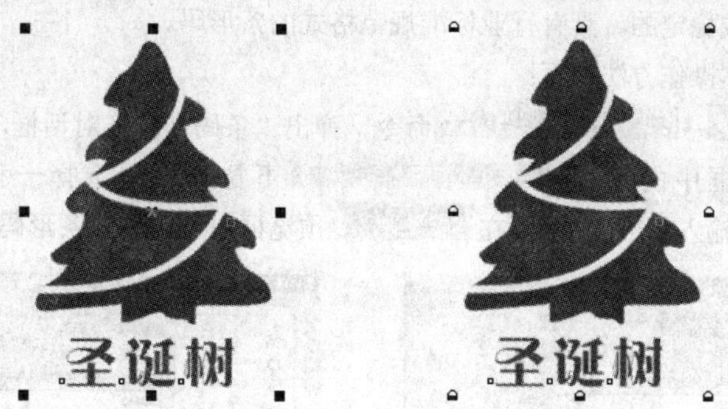

图 5.5.1　锁定对象

5.5.2　解除对象锁定

如果要对锁定的对象进行编辑，则必须先解除对象锁定，选中锁定的对象，然后选择菜单栏中的 排列(A) → 解除锁定对象(K) 命令，即可使对象恢复到正常的可编辑状态。

如果有多个锁定的对象需要编辑，可选择菜单栏中的 排列(A) → 解除锁定全部对象(J) 命令，解除所有对象的锁定。

5.5.3　转换对象

在 CorelDRAW X4 中，除了可以将对象转换为曲线，还可以将对象的轮廓分离出来，转换为单独的轮廓线对象。

要将对象的轮廓转换为对象，可在选择对象后，选择 排列(A) → 将轮廓转换为对象(E) 命令，即可将所选的图形对象的轮廓分离出来，为了观察效果，可使用挑选工具将分离后的轮廓线从原对象中移出，如图 5.5.2 所示。

图 5.5.2　转换对象的轮廓为对象

5.6　插 入 对 象

在 CorelDRAW X4 中，用户不仅可以在绘图区中插入条形码，也可以插入新的对象。

5.6.1　插入条形码

条形码是一种利用光电扫描识读来实现数据自动输入计算机的特殊编码。严格地讲，它是由一组规则的矩形条及与其相对应的字符组成的标记，以此来表示一定的信息。使用 CorelDRAW X4 中的条形码向导，可以生成稳定的、具有行业标准规范格式的条形码。

插入条形码的具体操作方法如下：

（1）选择 编辑(E) → 插入条形码(B)… 命令，弹出“条码向导”对话框，如图 5.6.1 所示。

（2）在该对话框中的 从下列行业标准格式中选择一个：下拉列表中选择一种行业标准格式，在 输入 12 个数字：文本框中输入相应的数值，在 样本预览：预览框中可以预览条形码样式，如图 5.6.2 所示。

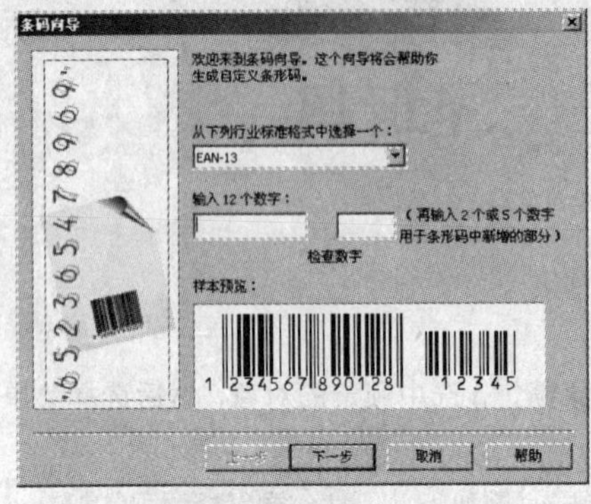

图 5.6.1 “条码向导”对话框

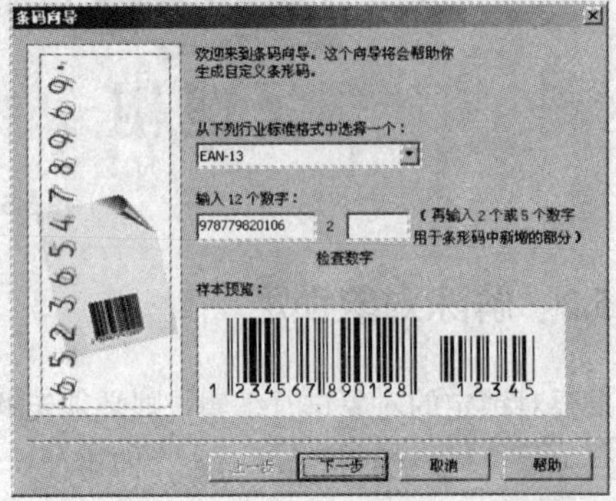

图 5.6.2 输入条形码数值并预览条形码样式

（3）单击 下一步 按钮，弹出如图 5.6.3 所示的对话框，在该对话框中可以设置打印机分辨率，条形码高度、缩放比例以及宽度压缩率等参数。

（4）单击 下一步 按钮，弹出如图 5.6.4 所示的对话框，用户可以在该对话框中设置条形码的显示方式。设置完成后，单击 完成 按钮，即可在绘图页面中插入所设置的条形码。

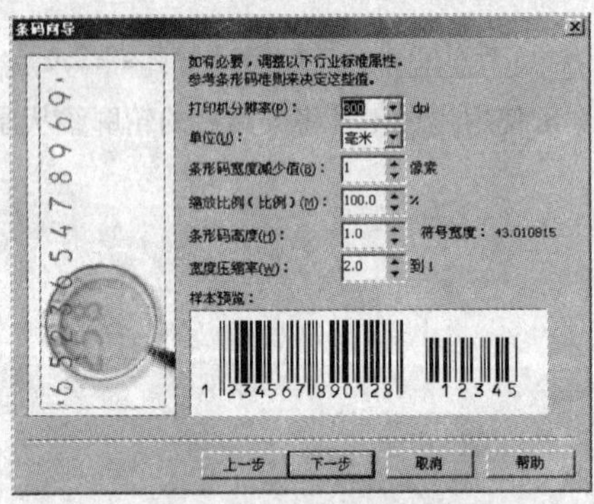

图 5.6.3 设置分辨率等参数

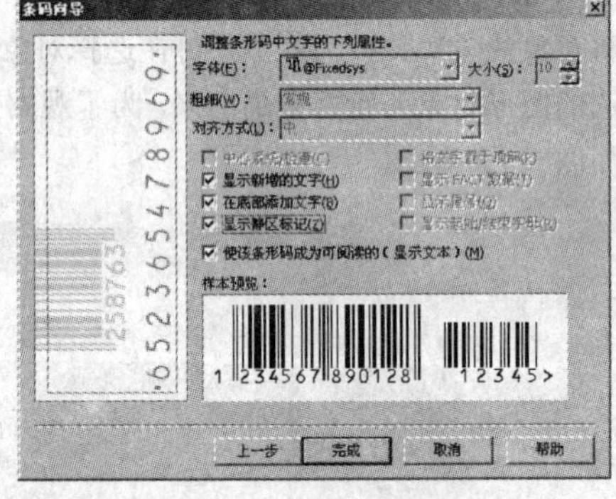

图 5.6.4 设置显示方式

如图 5.6.5 所示为插入条形码并调整其位置后的效果。

图 5.6.5 插入条形码效果

5.6.2　插入新对象

选择菜单栏中的 编辑(E) → 插入新对象(W)… 命令，弹出“插入新对象”对话框，如图 5.6.6 所示。在该对话框中选中 新建(N) 单选按钮，并在 对象类型(T): 列表框中选择要插入的对象类型，单击 确定 按钮，即可在绘图区中插入该类型的对象，效果如图 5.6.7 所示。

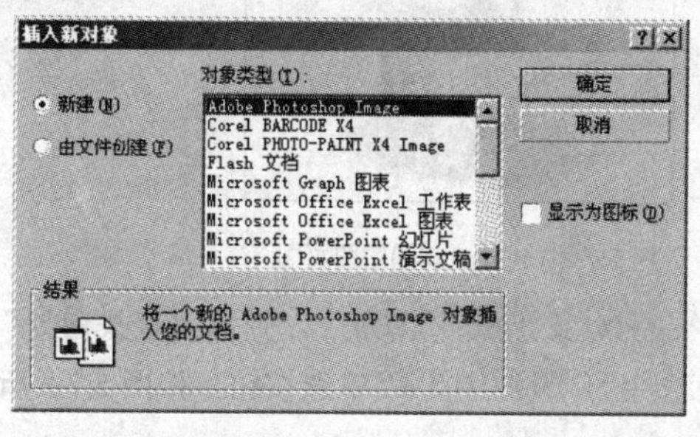

图 5.6.6　“插入新对象”对话框

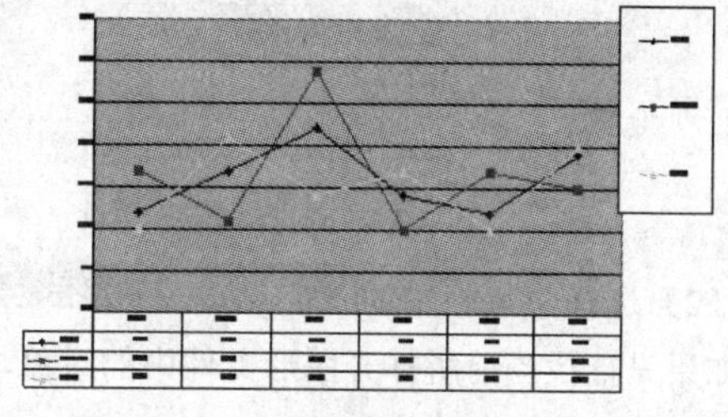

图 5.6.7　插入新对象效果

若在“插入新对象”对话框中选中 由文件创建(F) 单选按钮，再单击 浏览(B)... 按钮，弹出如图 5.6.8 所示的对话框，在该对话框中选择一个文件，单击 打开(O) 按钮，返回到“插入新对象”对话框，单击 确定 按钮，即可将选定的文件作为对象插入到绘图页面中。

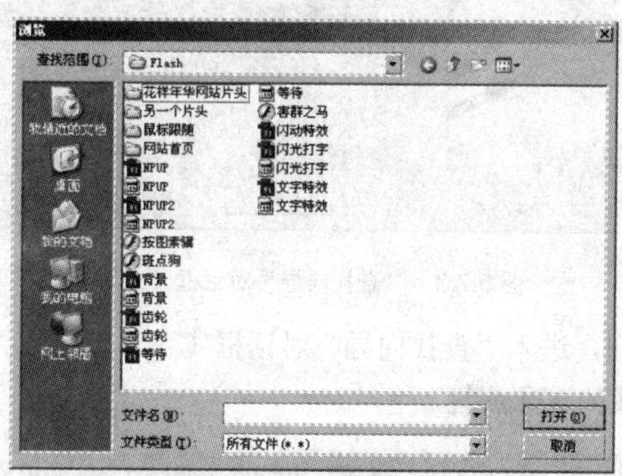

图 5.6.8　“浏览”对话框

5.7　查找与替换对象

选择菜单栏中的 编辑(E) → 查找和替换(F) 命令，弹出其子菜单，如图 5.7.1 所示，根据需要从中选择相应的命令可查找或替换对象。

5.7.1　对象的查找

在 CorelDRAW X4 中绘制作品时，如果需要查找符合某些特性的对象，可选择 编辑(E) → 查找和替换(F) → 查找对象(O)… 命令来完成。

在绘图区中查找对象的具体操作步骤如下：

（1）打开需要查找的图形文件中的某个绘图页面，如图 5.7.2 所示。

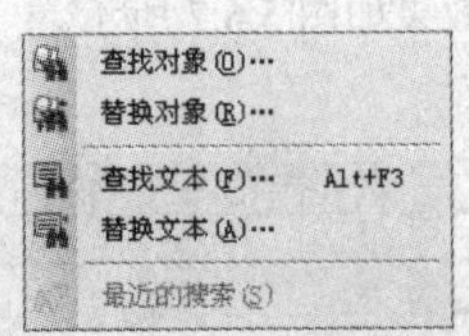

图 5.7.1　查找和替换子菜单

图 5.7.2　需要查找的绘图页面

（2）选择菜单栏中的 编辑(E) → 查找和替换(F) → 查找对象(O)… 命令，弹出“查找向导”对话框，如果只查找当前所打开图形文件中的对象，可选中 开始新的搜索(B) 单选按钮，如图 5.7.3 所示。

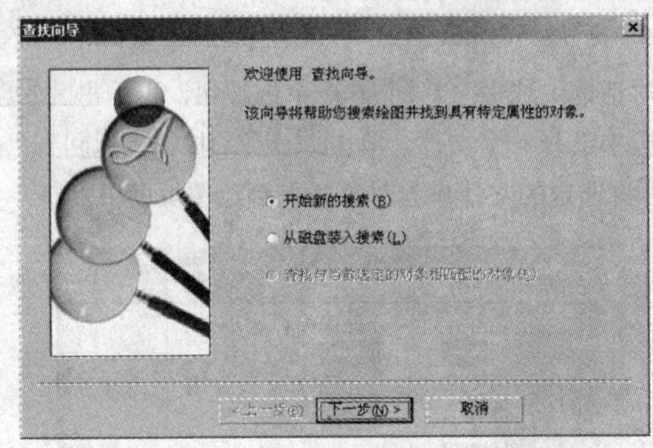

图 5.7.3　“查找向导”对话框（一）

（3）单击 下一步(N) > 按钮，进入“查找向导”对话框（二），如图 5.7.4 所示，在该对话框中包含 4 个选项卡，可设置需要查找的对象属性。

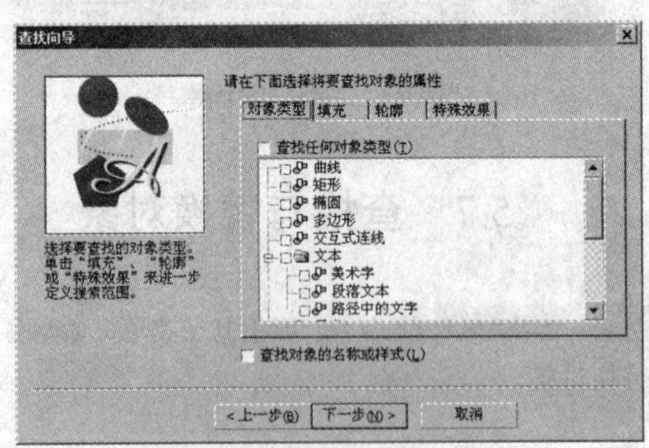

图 5.7.4　“查找向导”对话框（二）

1）在 对象类型 选项卡中可设置要查找的对象类型，此处选中 ☑ 椭圆形 复选框，表示要查找图形对象中的椭圆对象。

2）在 填充 选项卡中可设置查找对象所使用的填充颜色。

3）在 轮廓 选项卡中可设置查找对象所具有的轮廓特征。

4）在 特殊效果 选项卡中可设置查找对象所具有的特殊效果。

5）选中☑查找对象的名称或样式(L)复选框，可以根据对象的名称或样式来查找。

（4）设置完参数后，单击下一步(N) >按钮，进入“查找向导”对话框（三），如图 5.7.5 所示。

（5）在该对话框中的请选择查找以下对象：列表框中显示了将要查找的对象；在查找内容(W)：列表框中显示了查找对象所满足的条件。如果要更精确地设置查找对象，可单击指定属性(S) 椭圆形...按钮，从弹出的“指定的椭圆形”对话框中对查找对象做更为精确的设置，如图 5.7.6 所示。

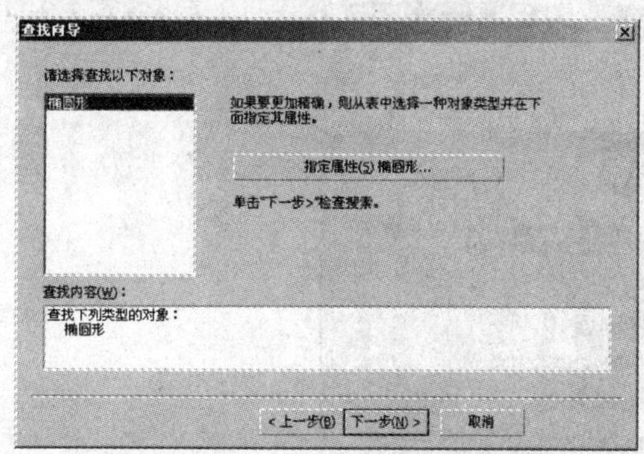

图 5.7.5　显示查找对象

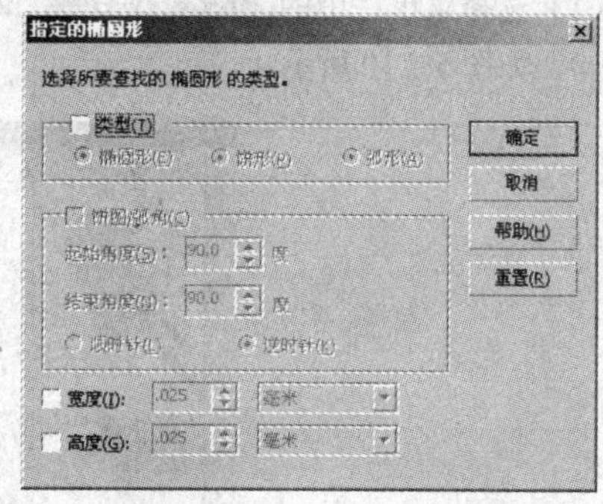

图 5.7.6　设置查找对象属性

（6）单击确定按钮，弹出“查找向导”对话框（四），在该对话框中显示出了查找对象满足的属性，如图 5.7.7 所示。

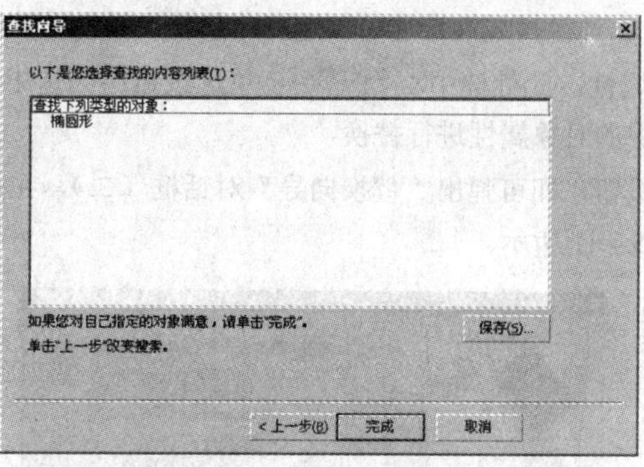

图 5.7.7　显示查找对象满足的属性

（7）单击完成按钮，将显示如图 5.7.8 所示的“查找”对话框，此时如果查找到满足条件的对象，则该对象会处于选中状态，如图 5.7.9 所示。

图 5.7.8　“查找”对话框

图 5.7.9　查找对象的结果

5.7.2 对象的替换

在当前打开的文档中，如果要寻找并更改具有适当属性的对象，通过选择菜单栏中的 编辑(E) → 查找和替换(F) → 替换对象(R)… 命令来完成。

替换对象的具体操作方法如下：

（1）选择菜单栏中的 编辑(E) → 查找和替换(F) → 替换对象(R)… 命令，弹出“替换向导”对话框（一），如图 5.7.10 所示。

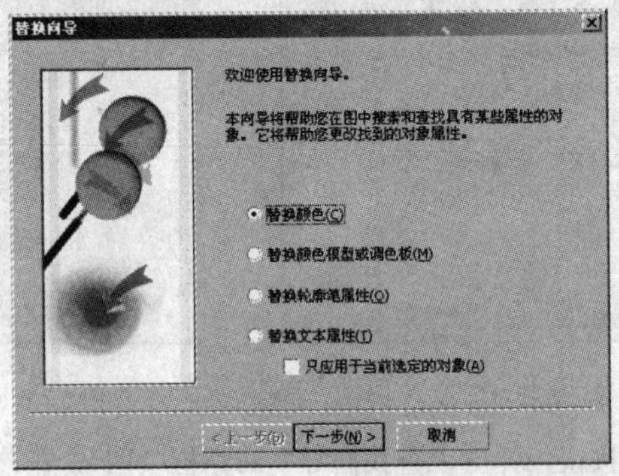

图 5.7.10 “替换向导”对话框（一）

（2）在该对话框中有 4 种替换属性特征可供选择，如替换颜色、替换颜色模型或调色板、替换轮廓笔属性以及替换文本属性，此处选中 替换颜色(C) 单选按钮；当选中 只应用于当前选定的对象(A) 复选框时，则只能对当前选中的对象属性进行替换。

（3）单击 下一步(N) > 按钮，即可弹出“替换向导”对话框（二），在该对话框中可选择要查找的颜色和替换的颜色，如图 5.7.11 所示。

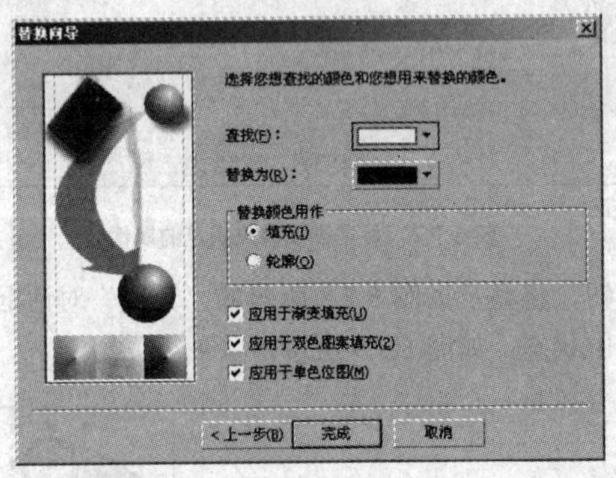

图 5.7.11 “替换向导”对话框（二）

（4）单击 完成 按钮，即可弹出如图 5.7.12 所示的“查找并替换”对话框，单击 替换(R) 按钮即可完成替换操作；如要替换相同属性的对象有多个，可单击 全部替换(L) 按钮，一次性替换所有符合替换条件的对象的颜色。

图 5.7.12 “查找并替换”对话框

5.8　修 整 对 象

在绘制图形的过程中，需要对图形进行修整操作，例如，将两个具有重叠部分的图形进行修剪，从而形成另一个图形。选择菜单栏中的 排列(A) → 造形(P) 命令，可弹出其子菜单，如图 5.8.1 所示，利用其中的命令即可完成修整对象的操作。

5.8.1　焊接对象

使用焊接功能可以使两个或多个对象结合在一起，从而创建一个独立的对象。如果焊接的是重叠的对象，它们会结合在一起成为拥有一个轮廓的对象；如果不是重叠对象，它们会形成一个焊接群组，从而作为一个独立的对象进行各种操作。焊接的具体操作方法如下：

（1）使用挑选工具选择要进行焊接的对象，然后选择菜单栏中的 排列(A) → 造形(P) → 造形(P) 命令，可打开"造形"泊坞窗，在 焊接 下拉列表中选择 焊接 选项，如图 5.8.2 所示。

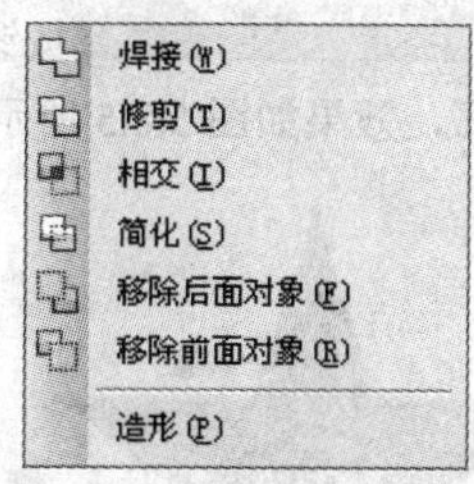

图 5.8.1　造形子菜单

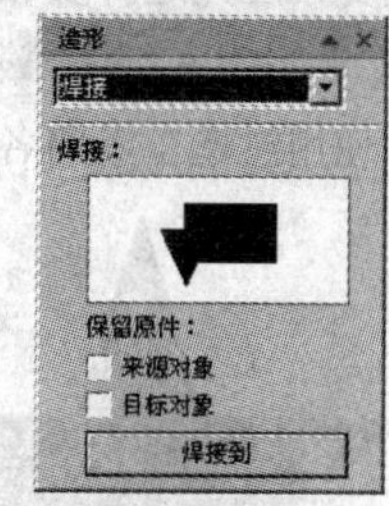

图 5.8.2　"造形"泊坞窗中的"焊接"选项

（2）在此泊坞窗中选中 来源对象 复选框，可保留一个选择对象的拷贝；选中 目标对象 复选框，可保留一个目标对象的拷贝。

（3）单击 焊接到 按钮，此时光标显示为形状，单击目标对象，即可将所选的对象焊接到目标对象中，从而成为一个整体对象，如图 5.8.3 所示。

图 5.8.3　焊接对象

5.8.2　修剪对象

使用修剪功能可以将目标对象与其他对象重叠的区域从目标对象中修剪掉，而目标对象仍然会保留其填充与轮廓属性。

要修剪对象，可先选中要修剪的所有对象，然后选择 排列(A) → 造形(P) → 造形(P) 命令，可打开"造形"泊坞窗，在 焊接 下拉列表中选择 修剪 选项，单击 修剪 按钮，此时光标变成形状，在要修剪的目标对象上单击即可修剪对象，效果如图 5.8.4 所示。

图 5.8.4　修剪对象

5.8.3　相交对象

使用相交功能可以将两个或多个对象的交集部分创建成为一个新对象。新对象的形状可能比原来简单，也可能比原来复杂，这取决于交集的形状。

要为对象进行相交，应先选择要相交的对象，在“造形”泊坞窗中的 焊接 下拉列表中选择 相交 选项，选中 ☑目标对象 复选框，然后单击 相交 按钮，将鼠标移至目标对象上单击，此时可使用挑选工具将各个对象移动一定距离，效果如图 5.8.5 所示。

图 5.8.5　相交对象

5.8.4　简化对象

使用简化功能可以将两个或多个重叠对象的交集部分创建成一个新对象，该对象的填充和轮廓属性以指定作为目标对象的属性为依据。

要为对象进行简化，可先在绘图区中选择多个相交的对象，然后在“造形”泊坞窗中的 焊接 下拉列表中选择 简化 选项，单击 应用 按钮，然后使用挑选工具将各个对象移动一定距离，即可看出简化后的效果，如图 5.8.6 所示。

图 5.8.6　简化对象

5.8.5　移除后面对象

使用移除后面对象功能可以减去后面对象，并在前面对象中减去前后对象的重叠部分。

选择两个需要相减的对象，然后在“造形”泊坞窗中的 焊接 下拉列表中选择 移除后面对象 选项，单击 应用 按钮，效果如图 5.8.7 所示。

图 5.8.7　移除后面对象效果

5.8.6　移除前面对象

使用移除前面对象功能可以减去前面对象，并在后面对象中减去前后对象的重叠部分。

选择需要相减的两个对象，然后在“造形”泊坞窗中的 焊接 下拉列表中选择 移除前面对象 选项，单击 应用 按钮，效果如图 5.8.8 所示。

图 5.8.8　移除前面对象效果

5.9　典型实例——绘制信纸

本节综合运用前面所学的知识绘制信纸，最终效果如图 5.9.1 所示。

图 5.9.1　最终效果图

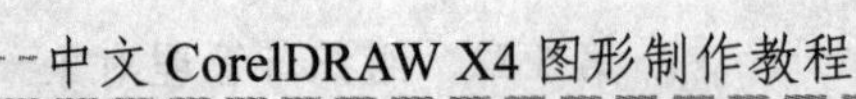

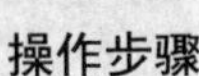

操作步骤

（1）选择菜单栏中的 文件(F) → 新建(N) 命令，新建一个文件。

（2）单击工具箱中的“矩形工具”按钮，在绘图页面中绘制一个矩形。

（3）选中该矩形，在调色板中单击粉蓝色色块填充矩形，效果如图 5.9.2 所示。

（4）单击工具箱中的“贝塞尔工具”按钮，在矩形的上方绘制一个如图 5.9.3 所示的图形对象。

图 5.9.2　绘制并填充矩形

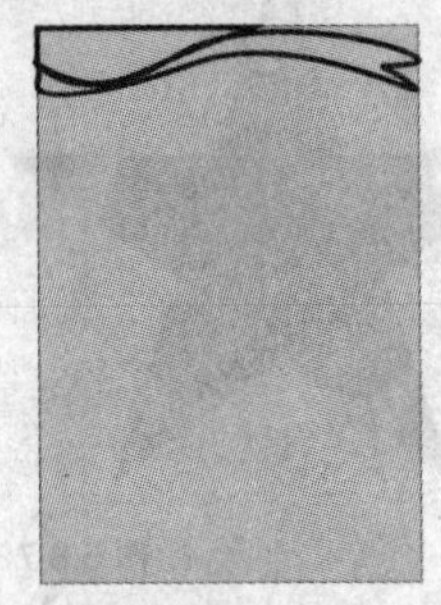

图 5.9.3　绘制图形对象

（5）分别单击调色板中的酒绿色色块和浅黄色色块，将绘制的图形内部填充为酒绿色和浅黄色，然后使用鼠标右键单击白色色块，将绘制的图形轮廓填充为白色，效果如图 5.9.4 所示。

（6）选择菜单栏中的 文件(F) → 导入(I)... 命令，导入两幅图像，并将其置于矩形的右上方和左下方，效果如图 5.9.5 所示。

图 5.9.4　填充图形对象

图 5.9.5　导入图像效果

（7）单击工具箱中的“文本工具”按钮，在绘图页面中输入文字，并将其填充为红色，将文字的轮廓填充为黄色，效果如图 5.9.6 所示。

（8）选择菜单栏中的 排列(A) → 对齐和分布(A) → 在页面水平居中(H) 命令，将文字水平居中，效果如图 5.9.7 所示。

图 5.9.6　输入文字

图 5.9.7　对齐文字效果

（9）单击工具箱中的“钢笔工具”按钮，按住“Shift”键的同时在矩形上方绘制一条白色的水平直线。

（10）确认直线为选中状态，选择菜单栏中的 排列(A) → 变换(F) → 位置(P) 命令，打开“变换”泊坞窗，设置其对话框参数如图 5.9.8 所示。

（11）设置好参数后，单击 应用到再制 按钮 18 次，效果如图 5.9.9 所示。

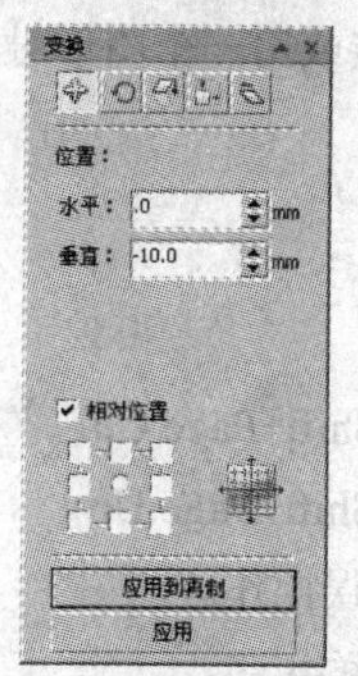

图 5.9.8　“变换”泊坞窗

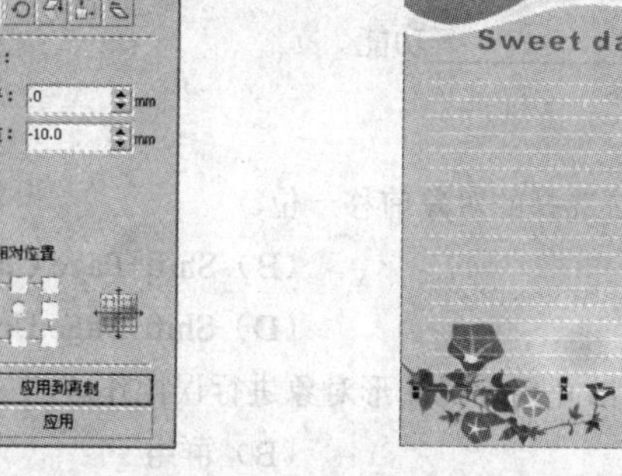

图 5.9.9　变换图形对象效果

（12）选中所有再制的对象，选择菜单栏中的 排列(A) → 群组(G) 命令，将其群组，如图 5.9.10 所示。

图 5.9.10　群组对象

（13）重复步骤（8）的操作，将群组后的直线在页面中水平居中对齐，最终效果如图 5.9.1 所示。

本章小结

本章主要介绍了图形对象的组织与管理，包括选取对象、移动与调整对象、拷贝对象、群组与结合对象、锁定与转换对象、插入对象、查找与替换对象以及修整对象等内容。通过本章的学习，可使读者熟练掌握组织与管理对象的操作方法与技巧，并能配合绘图工具制作出各种图像效果。

过关练习

一、填空题

1．在 CorelDRAW X4 中，当选中一个对象后，需要增加选取其他对象，可按住__________键，单击要选取的其他对象，即可选取多个图形对象。

2．在 CorelDRAW X4 中，__________工具主要用于选择和移动对象。

3．使用__________功能，可以使两个或多个对象在水平或垂直方向上根据所做设置均匀地分布。

4．按__________键，即可将选择的多个图形对象群组。

5．按__________键，即可将选择的多个图像对象结合为一体。

6．在绘制图形对象时，如果需要将两个图形进行焊接或用一个图形对象修剪另一个图形对象，需要使用 CorelDRAW X4 提供的__________功能。

二、选择题

1．按（　）键，可以将目前选择的对象前移一位。

（A）Ctrl+Page UP　　（B）Shift+Page Up

（C）Ctrl+Page Down　　（D）Shift+Page Up

2．下列选项中，（　）可以防止用户对图形对象进行误操作。

（A）锁定　　（B）群组

（C）结合　　（D）前减后

3．在 CorelDRAW X4 中，再制对象的快捷键是（　）。

（A）Ctrl+D　　（B）Ctrl+U

（C）Ctrl+K　　（D）Ctrl+G

4．在 CorelDRAW X4 中可以将对象转换为（　）进行编辑。

（A）曲线　　（B）轮廓线

（C）排列　　（D）分布

5．在标准属性栏中，按钮是（　）按钮。

（A）群组　　（B）取消群组

（C）结合　　（D）取消全部群组

6．（　）对象是将两个或多个对象的重叠区域创建为一个新的对象。

（A）修剪　　（B）相交

（C）前减后　　（D）焊接

三、简答题

1．在“对齐与分布”对话框中，分布的方式分别是什么？

2．简述插入对象的方法。

四、上机操作题

1．新建一个图形文件，使用基本绘图工具在绘图区中绘制两个或多个重叠在一起的图形对象，练习使用结合功能将其进行结合，并练习排列其前后位置。

2．在绘图区中绘制两个重叠的图形对象，使用本章所学的“造形”命令修整对象效果。

第6章 填充图形对象

章前导航

在 CorelDRAW X4 中，要绘制出一幅好的作品，除了要有好的构图外，还需要对其进行颜色的合理搭配。本章主要介绍各种填充工具的使用方法与技巧，掌握这些技巧可以绘制出丰富多彩的图形。

本章要点

- 调色板
- 填充工具
- 交互式填充工具
- 智能填充工具
- 滴管和颜料桶工具

6.1 调 色 板

对图形进行填充的颜色主要从调色板中获得，合适的调色板设置有利于选择和填充颜色，因此，掌握调色板的使用方法是使用填充工具的必要前提。

6.1.1 选择调色板

选择菜单栏中的 窗口(W) → 调色板(L) 命令，可弹出其子菜单，其中提供了多种不同的调色板以供选择使用。

如果不使用调色板，可选择 窗口(W) → 调色板(L) 命令，在其子菜单中选择 无(N) 选项，即可关闭工作界面中所有打开的调色板。

选择菜单栏中的 窗口(W) → 调色板(L) → 打开调色板(O)… 命令，弹出“打开调色板”对话框，如图 6.1.1 所示，从中选择所需的调色板，然后单击 打开(O) 按钮，即可将所选择的调色板载入 CorelDRAW X4 中，如图 6.1.2 所示。

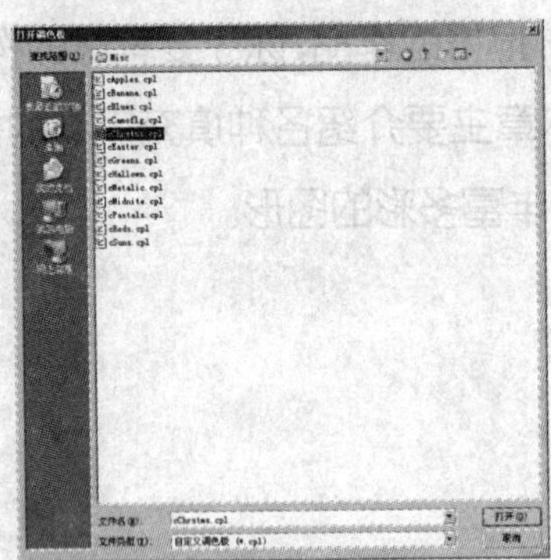

图 6.1.1 “打开调色板”对话框

图 6.1.2 载入的调色板

6.1.2 设置调色板浏览器

选择 窗口(W) → 调色板(L) → 调色板浏览器(B) 命令，可打开“调色板浏览器”泊坞窗，如图 6.1.3 所示。

1. 打开调色板

打开调色板的具体操作方法如下：

（1）选择 窗口(W) → 调色板(L) → 调色板浏览器(B) 命令，打开“调色板浏览器”泊坞窗。

（2）在打开的泊坞窗中，选中所需调色板前面的复选框即可。

2. 创建调色板

在“调色板浏览器”泊坞窗中可创建调色板，创建调色板时有 3 种情况：一种是创建空白调色板；一种是使用选定的对象创建新调色板；另一种是使用文档创建调色板。

（1）创建一个新的空白调色板的具体操作方法如下：

1）选择 窗口(W) → 调色板(L) → 调色板浏览器(B) 命令，打开“调色板浏览器”泊坞窗。

2）在泊坞窗中单击“创建一个新的空白调色板”按钮，弹出“保存调色板为”对话框，如图 6.1.4 所示。

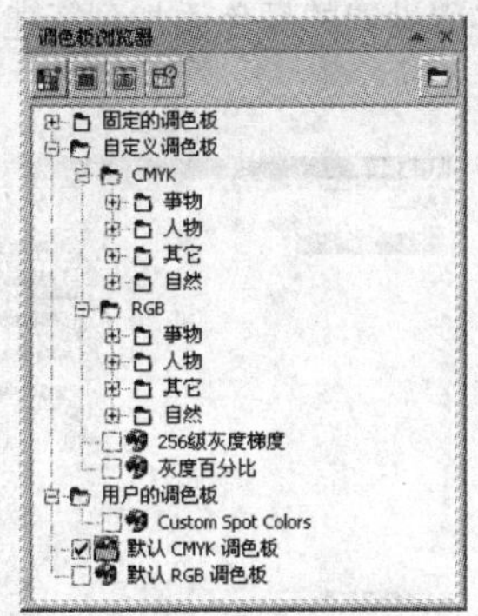

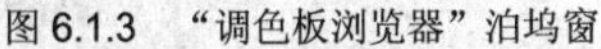
图 6.1.3　“调色板浏览器”泊坞窗

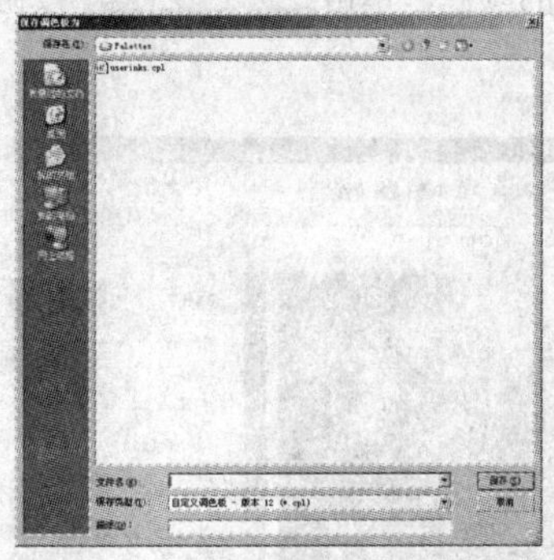
图 6.1.4　“保存调色板为”对话框

3）在该对话框中的文件名(N):下拉列表中输入所创建的调色板的名称，单击保存(S)按钮即可。

（2）使用选定的对象创建一个新调色板的具体操作方法如下：

1）选择窗口(W)→调色板(L)→调色板浏览器(B)命令，打开“调色板浏览器”泊坞窗。

2）选择一个或多个对象。

3）在“调色板浏览器”泊坞窗中单击“使用选定的对象创建一个新调色板”按钮，在弹出的“保存调色板为”对话框中进行设置，单击保存(S)按钮即可。

（3）使用文档创建调色板的具体操作方法如下：

1）选择窗口(W)→调色板(L)→调色板浏览器(B)命令，打开“调色板浏览器”泊坞窗。

2）确定文档中有一个或多个对象。

3）在“调色板浏览器”泊坞窗中单击“使用文档创建一个新调色板”按钮，在弹出的“保存调色板为”对话框中进行设置，单击保存(S)按钮即可。

3．调色板编辑器

在“调色板浏览器”泊坞窗中单击“打开调色板编辑器”按钮，弹出“调色板编辑器”对话框，如图 6.1.5 所示，通过此对话框可以新建调色板，并可为新建的调色板添加所需的颜色。

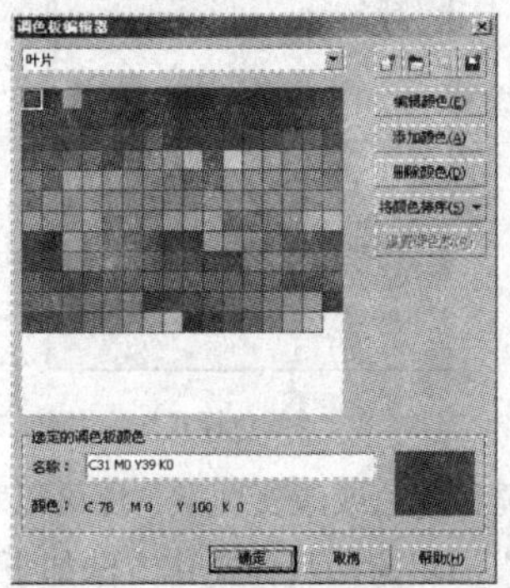

图 6.1.5　“调色板编辑器”对话框

使用调色板编辑器的具体操作方法如下：

（1）在“调色板编辑器”对话框中单击“新建调色板”按钮，可弹出“新建调色板”对话框，

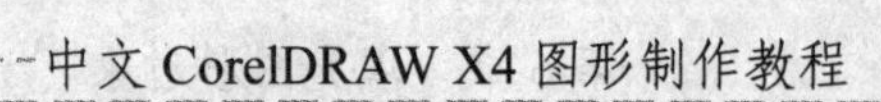

在此对话框中的文件名(N):输入框中可输入新调色板的名称，单击保存(S)按钮即可新建调色板。

（2）单击添加颜色(A)按钮，可弹出“选择颜色”对话框，如图 6.1.6 所示，在此对话框中设置要添加到调色板中的颜色，单击加到调色板(D)按钮，即可将所设置的颜色添加到新建的调色板中，如图 6.1.7 所示。

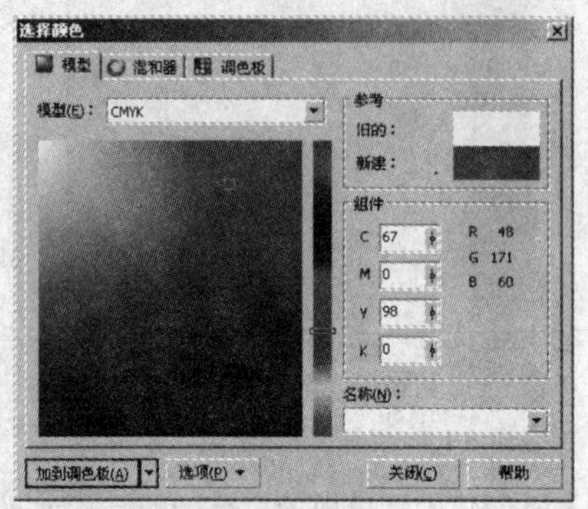

图 6.1.6 “选择颜色”对话框

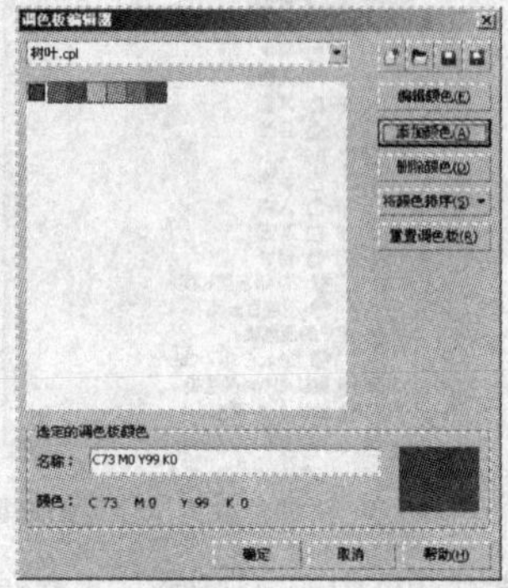

图 6.1.7 为新建的调色板添加颜色

（3）在新建的调色板中选择某个颜色后，单击删除颜色(D)按钮，即可将所选的颜色删除。

（4）在“调色板编辑器”对话框中单击编辑颜色(E)按钮，弹出“选择颜色”对话框，从中可编辑当前所选的颜色。

（5）单击重置调色板(R)按钮，可以恢复系统的默认值。

（6）在“调色板编辑器”对话框中单击“打开调色板”按钮，弹出“打开调色板”对话框，在此对话框中选择一个调色板，单击打开(O)按钮，即可打开所选的调色板。

6.1.3 颜色样式

选择菜单栏中的工具(O)→颜色样式(Y)命令或选择菜单栏中的窗口(W)→泊坞窗(D)→颜色样式(Y)命令，可打开“颜色样式”泊坞窗，如图 6.1.8 所示。

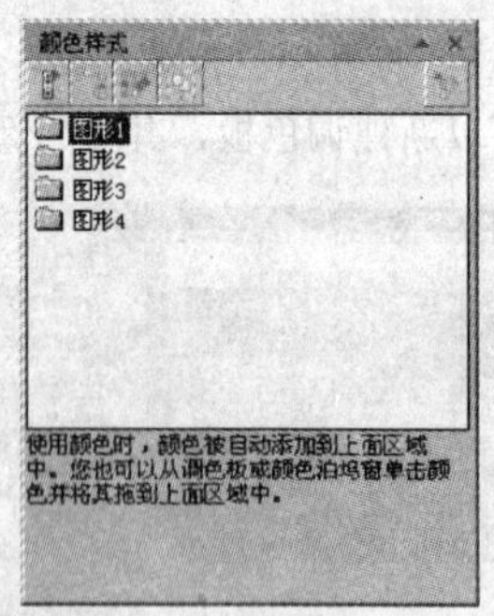

图 6.1.8 “颜色样式”泊坞窗

该泊坞窗提供了颜色样式，可调和颜色或改变图案，还可以对一系列相似的颜色进行链接，以建立“父子”关系，使用“颜色样式”泊坞窗的具体操作方法如下：

（1）选择菜单栏中的窗口(W)→泊坞窗(D)→颜色样式(Y)命令，打开“颜色样式”泊坞窗。

（2）单击该泊坞窗中的“新建颜色样式”按钮，在弹出的“新建颜色样式”对话框中选择合适的颜色作为“父”颜色，单击确定按钮，则该颜色样式显示在该泊坞窗中，如图 6.1.9 所示。

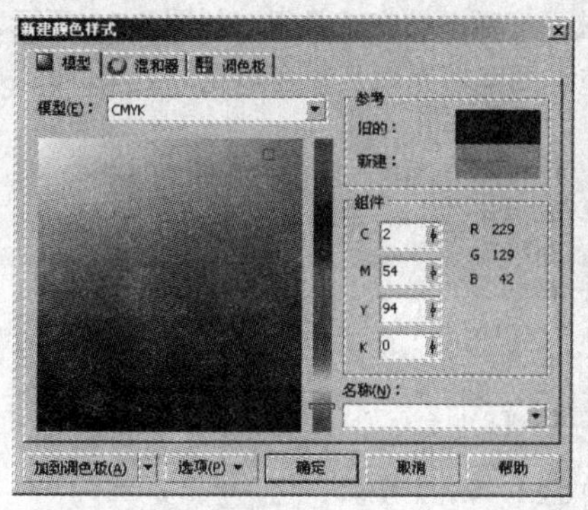

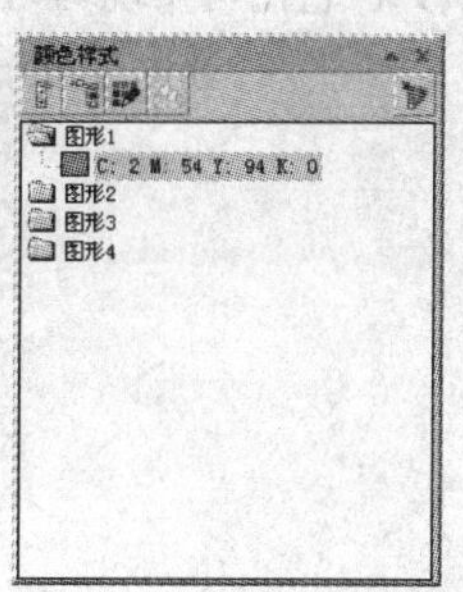

图 6.1.9　创建父颜色

（3）单击“新建子颜色”按钮，在弹出的“创建新的子颜色”对话框中创建子颜色，如图 6.1.10 所示。

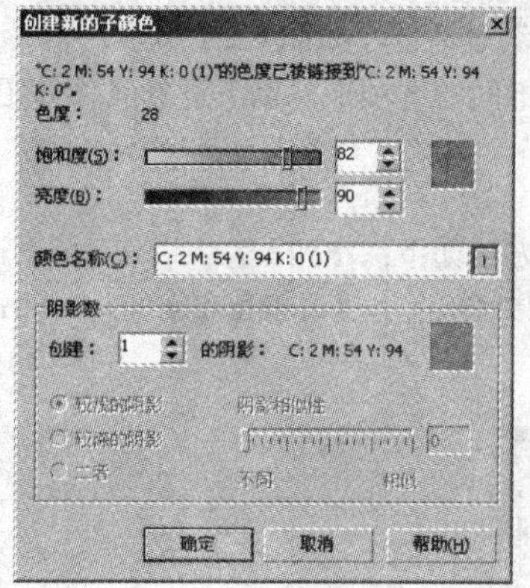

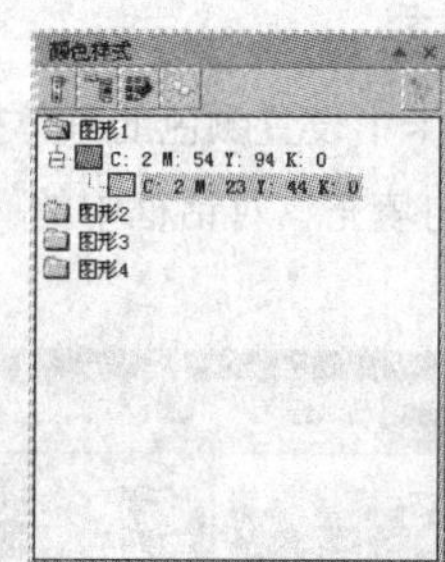

图 6.1.10　创建子颜色

（4）在该泊坞窗中选择父颜色或子颜色，再单击该泊坞窗中的“编辑颜色样式”按钮，可在弹出的相应对话框中重新编辑颜色。

（5）单击该泊坞窗中的“自动创建颜色样式”按钮，在弹出的“自动创建颜色样式”对话框中单击 确定 按钮，可自动创建颜色样式，如图 6.1.11 所示。

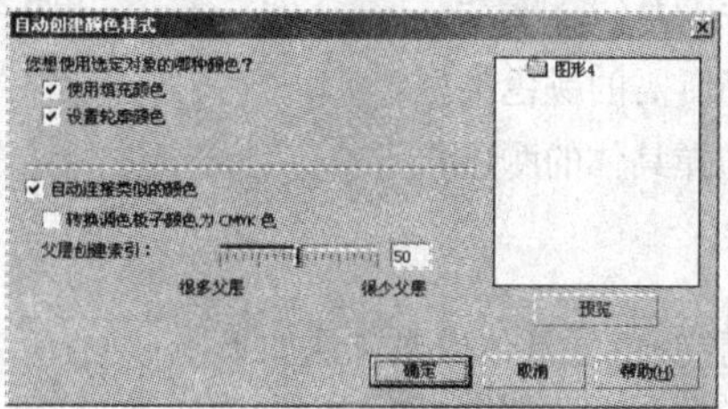

图 6.1.11　“自动创建颜色样式”对话框

6.2　填 充 工 具

填充是对象包含的颜色属性，是图形对象的内容。CorelDRAW X4 提供了用于填充对象的填充工具组，单击工具箱中的“填充工具”按钮，可弹出填充工具组，如图 6.2.1 所示。利用这些工具可对图形对象进行填充，它们可实现均匀填充、图案填充以及渐变填充等效果。

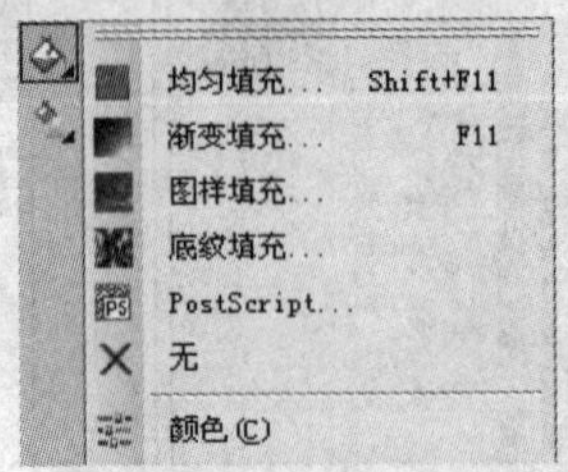

图 6.2.1 填充工具组

6.2.1 均匀填充

均匀填充是 CorelDRAW X4 中最基本的填充方式，它可在封闭路径中填充单一颜色。单击工具箱中的“填充工具”按钮，弹出“均匀填充”对话框，如图 6.2.2 所示。

该对话框中有模型、混合器和调色板 3 个不同的选项卡，以下进行具体介绍。

1. “模型”选项卡

在“模型”选项卡中设置颜色的具体操作方法如下：

（1）选择“均匀填充”对话框中的 模型 选项卡，在模型(E):下拉列表中选择所需的色彩模式，如图 6.2.3 所示。

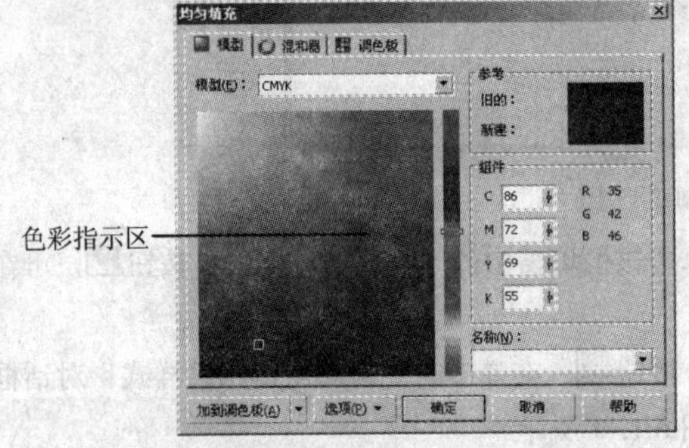

图 6.2.2 “均匀填充”对话框

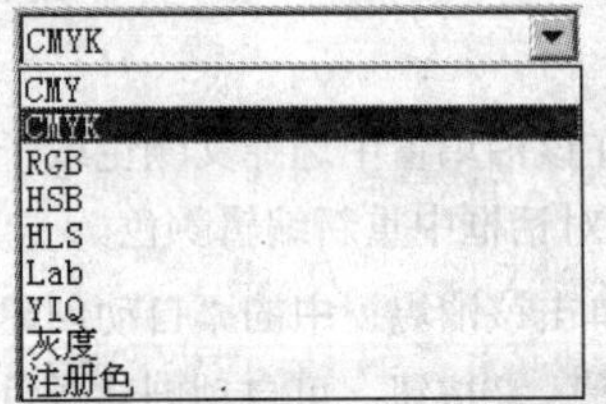

图 6.2.3 模型下拉列表

（2）拖动色相滑块，选择所需的颜色类型。

（3）在色彩指示区中可选择具体的颜色。

2. “混合器”选项卡

在“混合器”选项卡中设置颜色的具体操作方法如下：

（1）选择“均匀填充”对话框中的 混和器 选项卡，如图 6.2.4 所示，在模型(E):下拉列表中可选择所需的色彩模式。

（2）在色度(H):下拉列表中选择一种色调，在此选择“五角形”。

（3）在变化(V):下拉列表中选择颜色的变化趋向。

（4）拖动大小(S):右侧的滑块，可设置颜色窗口中网格的数量。

（5）设置 5 个角的色彩，单击颜色窗口中的色块即可，如图 6.2.5 所示。

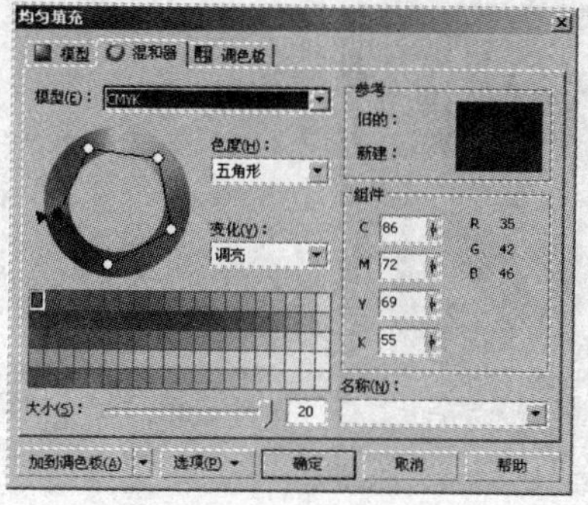

图 6.2.4　“混合器”选项卡

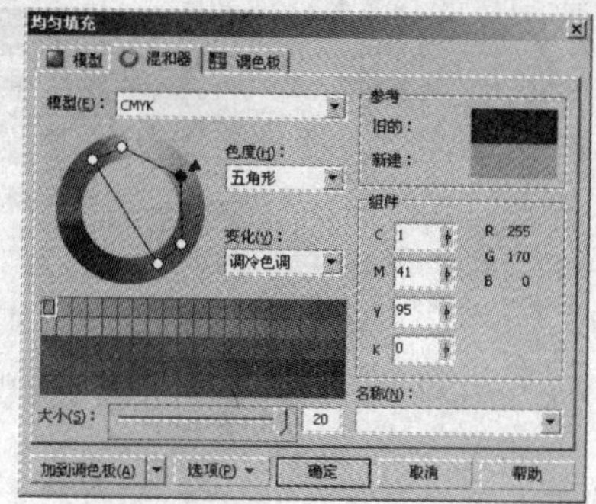

图 6.2.5　设置 5 个角的色彩

3．“调色板”选项卡

在“调色板”选项卡中设置颜色的具体操作方法如下：

（1）选择“均匀填充”对话框中的 调色板 选项卡，如图 6.2.6 所示，在 调色板(P): 下拉列表中可选择印刷时常见的标准调色板。

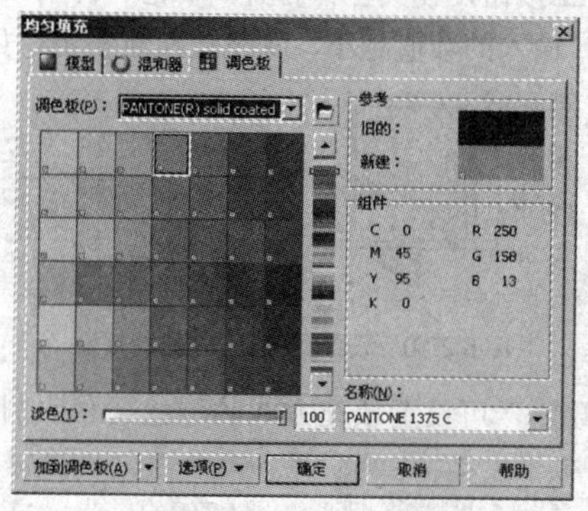

图 6.2.6　“调色板”选项卡

（2）在调色板中选择合适的色块，即可将图形填充为所选颜色，如图 6.2.7 所示。用鼠标右键单击调色板中合适的色块，则可改变图形的轮廓色，如图 6.2.8 所示。

图 6.2.7　填充图形

图 6.2.8　设置轮廓色

6.2.2　渐变填充

在填充工具组中单击“渐变填充”按钮，弹出“渐变填充”对话框，如图 6.2.9 所示。该对话框中的各选项介绍如下：

在 类型(T): 下拉列表中可设置所需的渐变类型，如线性、射线、圆锥或方角。

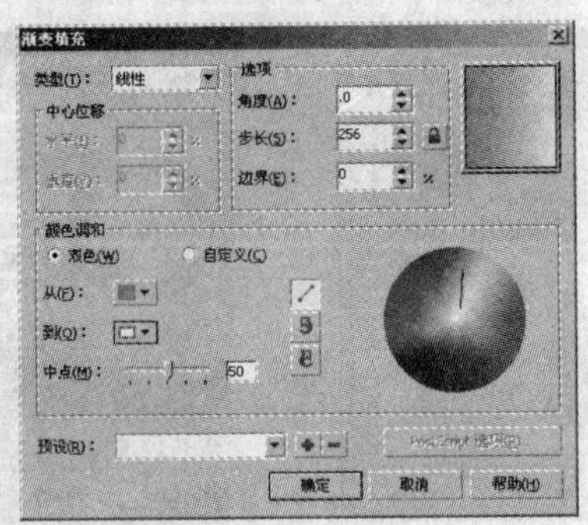

图 6.2.9 “渐变填充”对话框

（1）在中心位移选项区中可通过水平(I):与垂直(V):输入框，设置射线、圆锥或方角填充的中心在水平与垂直方向上的位移。

（2）在选项选项区中，在角度(A):输入框中可设置线性、圆锥或方角填充的角度，输入数值为正值时，可按逆时针旋转；输入数值为负值时，可按顺时针旋转。

在步长(S):输入框右侧单击按钮，使其呈“打开”状态，即可设置步长值。在此输入框中输入的数值越大，颜色过渡越平滑；输入的数值越小，颜色过渡越粗糙，如图 6.2.10 所示。

图 6.2.10 设置不同步长值时的效果

在边界(E):输入框中输入数值，可设置填充方式的颜色调和比例，如图 6.2.11 所示。

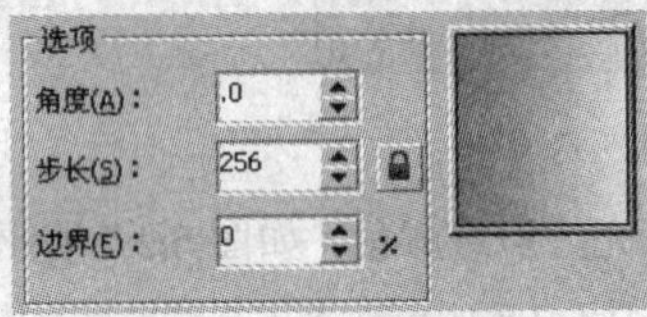

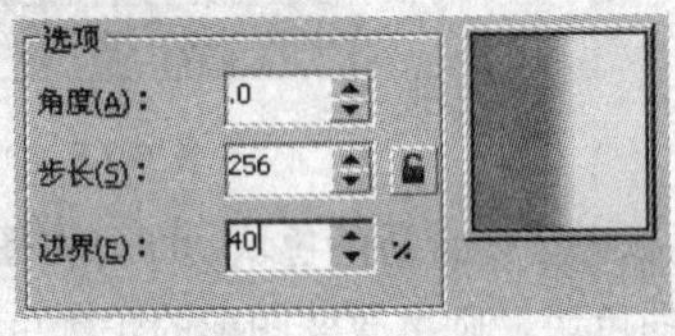

图 6.2.11 设置不同边界值时的效果

（3）在颜色调和选项区中选中双色(W)单选按钮，可在从(F):右侧单击下拉按钮，从弹出的调色板中选择所需的起始颜色；单击到(O):右侧的下拉按钮，从弹出的调色板中选择所需的终止颜色。在中点(M):输入框中输入数值或拖动滑块，可设置所选两种颜色会聚的中心位置；单击按钮，可在色轮中沿直线调和颜色；单击按钮，可在色轮中以逆时针路径调和颜色；单击按钮，可在色轮中以顺时针路径调和颜色。

若在颜色调和选项区中选中自定义(C)单选按钮，此选项区将显示为如图 6.2.12 所示的状态，从中可以自定义两种以上颜色之间的调和效果。

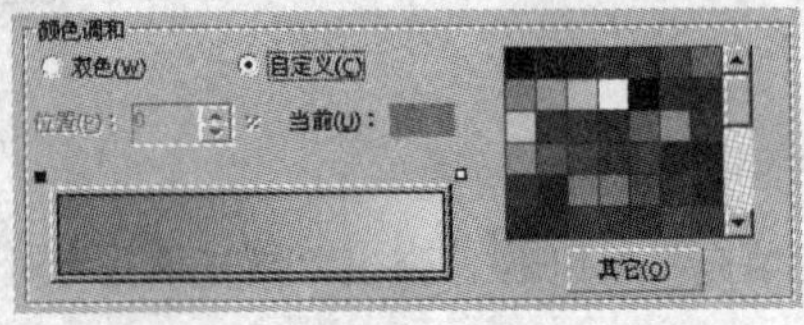

图 6.2.12 自定义颜色调和

渐变预览条上方有两个小方框，叫做麦克笔。黑色方框表示处于选中状态，从右侧的调色板中选择白色，那么黑色方框所对应的颜色变成白色。在渐变预览条上的两个小方框中间位置双击鼠标左键，可添加一个新的麦克笔，如图 6.2.13 所示，在右侧的调色板中选择橘红色，即可使中间麦克笔对应的颜色变为橘红色，如图 6.2.14 所示。

图 6.2.13　添加麦克笔

图 6.2.14　改变添加麦克笔的颜色

在位置(P):输入框中输入数值，可设置选中的麦克笔在渐变条上的位置。在当前(U):颜色框中显示的是当前麦克笔所在位置的颜色。

如果对添加的颜色不满意，在麦克笔处双击鼠标左键，即可删除麦克笔处添加的颜色。

单击其它(O)按钮，可从弹出的“选择颜色”对话框中选择所需的颜色。

（4）在预设(R):下拉列表中可选择预设的渐变填充样式，这些样式预先设置了颜色、旋转角度、中心位置以及旋转的类型，用户也可根据自己的需要改变这些预设的渐变填充样式。

设置好渐变颜色后，单击确定按钮即可。如图 6.2.15 所示为使用射线渐变方式填充图形对象的效果。

图 6.2.15　渐变填充效果

6.2.3　图样填充

CorelDRAW X4 中提供了图样填充功能，此填充方式可将预设图案以平铺的方式填充到图形中，使用图样填充可以设计出多种特殊的填充效果。图样填充包括双色填充、全色填充和位图填充。

1．双色填充

双色填充可使用由两种颜色构成的图案进行填充。单击工具箱中的“图样填充”按钮，弹出“图样填充”对话框，选中双色(C)单选按钮，可显示该选项参数，如图 6.2.16 所示。

单击图案下拉列表框，弹出其下拉列表，从中可以选择预设的图案，如图 6.2.17 所示。

在前部(F):与后部(K):右侧单击与下拉按钮，从弹出的调色板中可选择双色图案所需的颜色。

在原点选项区中，通过设置 X，Y 微调框中的数值，可设置填充中点所在的坐标位置。

在大小选项区中，通过设置宽度(W)与高度(I)输入框中的数值，可以设置图案的大小。

在行或列位移选项区中，选中行(O)单选按钮，可设置行平铺尺寸的百分比；选中列(U)单选按钮，可设置列平铺尺寸的百分比；调节平铺尺寸数值，可指定行或列错位的百分比。

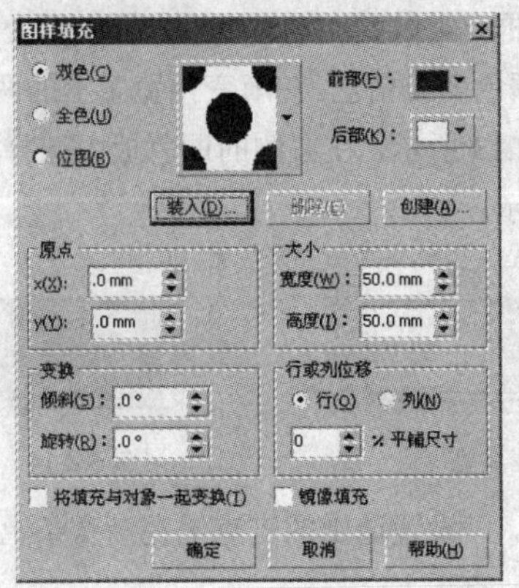

图 6.2.16 “图样填充”对话框

在变换选项区中，通过设置倾斜(S)：与旋转(R)：数值，可以改变图案的倾斜角度与旋转角度。设置好各选项参数后，单击确定按钮，填充双色图案后的效果如图 6.2.18 所示。

图 6.2.17 图案下拉列表

图 6.2.18 填充双色图案

如果预设的双色图案不能满足要求，则可在“图样填充”对话框中单击创建(A)...按钮，弹出“双色图案编辑器”对话框，在此对话框中可根据需要绘制图案。在空网格中单击并拖动鼠标左键，可使空网格被填充为黑色，而在黑色网格内单击鼠标右键将恢复网格为空网格，如图 6.2.19 所示。绘制好图案后，单击确定按钮，返回到“图样填充”对话框，即可在图案下拉列表中显示编辑的图案，如图 6.2.20 所示。

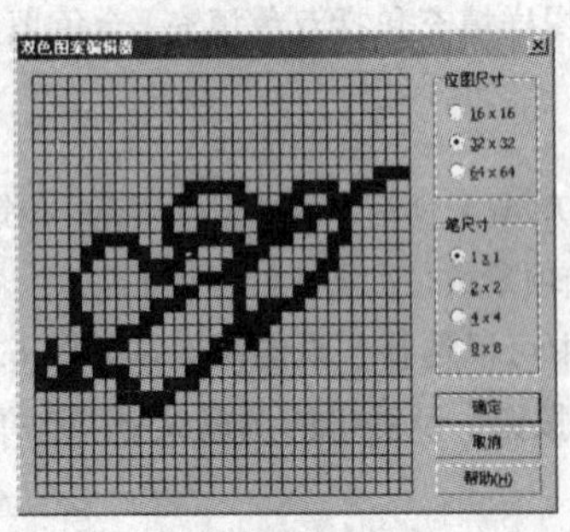

图 6.2.19 “双色图案编辑器”对话框

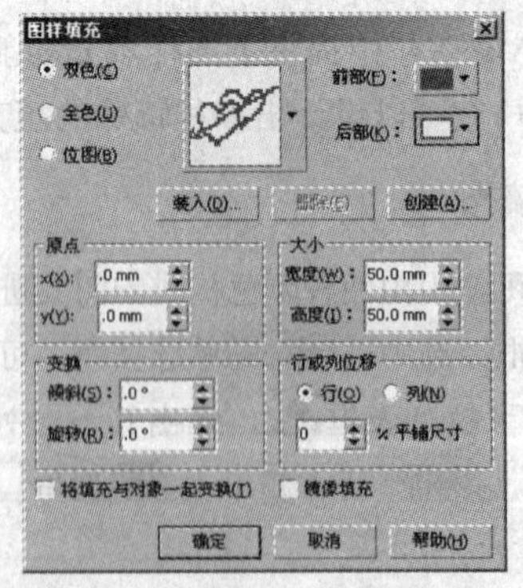

图 6.2.20 显示编辑的图案

2．全色填充

全色填充与双色填充非常相似，全色图案支持更多的颜色，它使用两种以上的颜色和灰度填充对象。全色图案可以是矢量图案也可以是位图图案。在“图样填充”对话框中选中 全色(F) 单选按钮，可显示出该选项参数，如图 6.2.21 所示。

单击图案下拉列表框，可从弹出的下拉列表中选择预设的全色图案。设置其他选项的参数，单击 确定 按钮，即可将所选的全色图样填充到对象中，如图 6.2.22 所示。

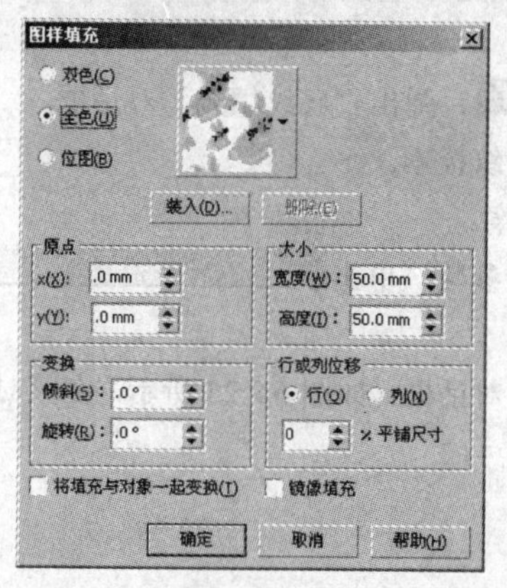

图 6.2.21　“图样填充”对话框中的“全色”选项

图 6.2.22　全色图样填充

也可以从外部导入一幅图像，将其转换为全色图样填充到图形对象中，具体的操作方法如下：

（1）在“图样填充”对话框中选中 全色(F) 单选按钮，单击 装入(D)... 按钮，弹出“导入”对话框，从中选择一幅需要导入的图像。

（2）单击 导入 按钮，在“图样填充”对话框中的图案下拉列表中可显示导入的图案，单击 确定 按钮，即可将该图样填充到所选的图形对象中。

3．位图填充

位图填充可使用预设的或导入的位图图像来填充对象，与全色填充不同的是，位图填充能使用位图进行填充，而不能使用矢量图填充，且位图图案可以被保存或删除。

要使用位图图样填充对象，可在“图样填充”对话框中选中 位图(B) 单选按钮，然后在图案下拉列表中选择需要的预设图案，或单击 装入(D)... 按钮，从弹出的“导入”对话框中选择位图图像，单击 导入 按钮，即可将其导入为位图图案，在“图样填充”对话框中设置其他选项参数，单击 确定 按钮，即可为对象填充位图图案，如图 6.2.23 所示。

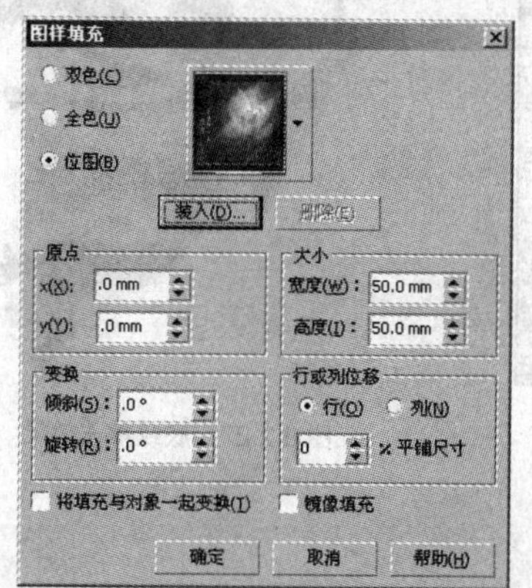

图 6.2.23　位图图样填充

6.2.4 底纹填充

底纹填充是随机产生的填充，它使用小块的位图填充图形对象，可以给图形对象一个自然的外观。单击工具箱中的“底纹填充”按钮，弹出“底纹填充”对话框，如图 6.2.24 所示。

使用底纹填充的具体操作方法如下：

（1）单击工具箱中的“底纹填充对话框”按钮，弹出“底纹填充”对话框。

（2）在该对话框中的底纹库(L):下拉列表中选择底纹样本。

（3）在底纹列表(T):列表框中选择需要的底纹图案。

（4）在样式名称:选项区中可进一步设置底纹的参数，单击预览(V)按钮，可预览参数设置的效果。

（5）单击选项(O)...按钮，可打开“底纹选项”对话框，如图 6.2.25 所示，在该对话框中可对底纹图案的分辨率和尺寸宽度进行设置。

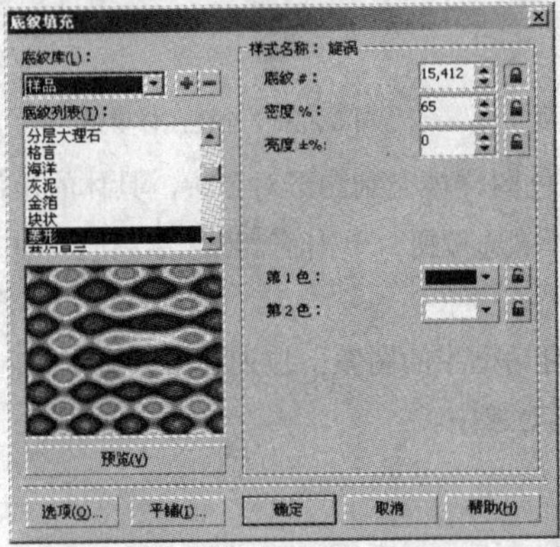

图 6.2.24 “底纹填充”对话框

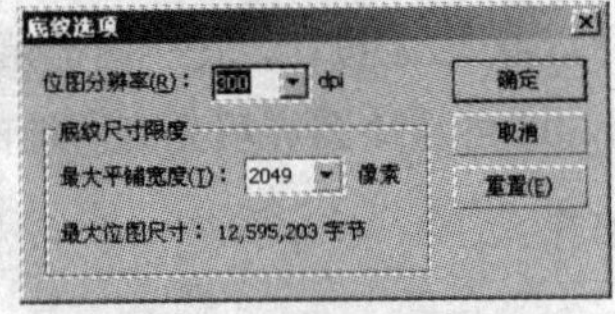

图 6.2.25 “底纹选项”对话框

（6）单击平铺(I)...按钮，可弹出“平铺”对话框，如图 6.2.26 所示，在该对话框中可设置底纹图案的拼接方式。

（7）单击确定按钮，底纹填充的效果如图 6.2.27 所示。

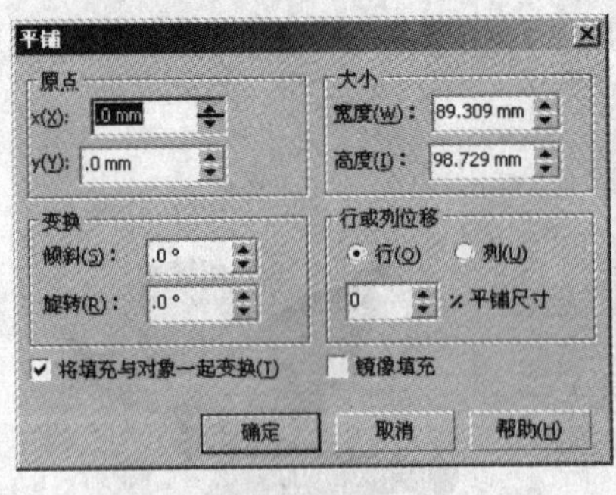

图 6.2.26 “平铺”对话框

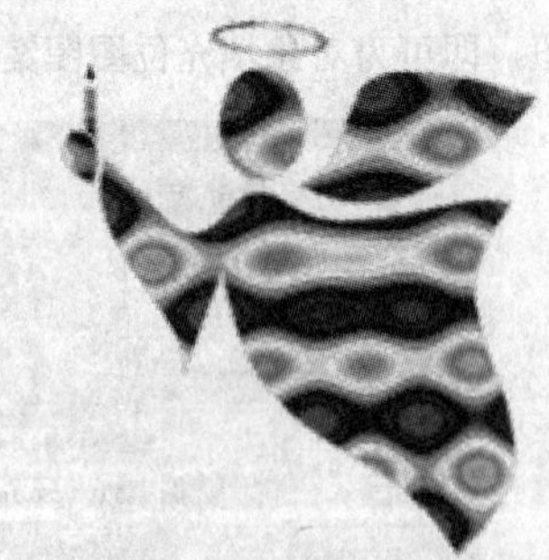

图 6.2.27 底纹填充效果

6.2.5 PostScript 填充

PostScript 填充是利用 PostScript 语言设计出来的一种特殊的图案填充。使用挑选工具在绘图页面中选择对象，单击工具箱中的“PostScript 填充”按钮，弹出如图 6.2.28 所示的“PostScript 填充”对话框。在该对话框中设置好参数后，单击确定(O)按钮，即可完成对图形对象的填充，效果如图 6.2.29 所示。

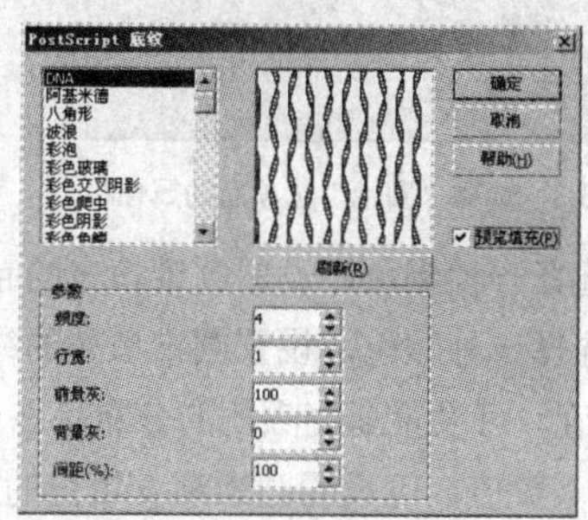

图 6.2.28　“PostScript 填充”对话框

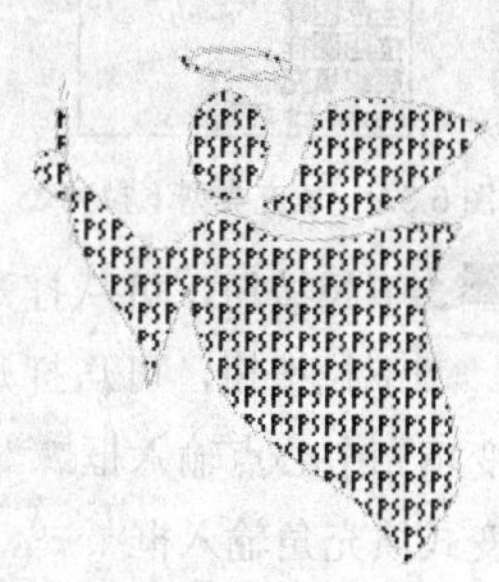

图 6.2.29　PostScript 填充效果

提示：在正常屏幕显示模式下，由 PostScript 填充的对象是以 PS 两个字母作为底纹进行显示的，只有在增强显示模式下才能在屏幕上显示其图案的效果。

6.2.6　无填充

无填充就是取消对象的填充，当选择了填充的图形对象后，单击填充工具组中的“无填充工具”按钮，可将所选对象的填充内容清除。

6.3　交互式填充工具

在 CorelDRAW X4 中提供了两种交互式填充工具，即交互式填充工具与交互式网状填充工具，使用这两种填充工具可以对所选对象进行特殊填充。

6.3.1　交互式填充工具

使用交互式填充工具可以对所选对象进行均匀填充、渐变填充、图案填充、底纹填充以及 PostScript 填充等操作，因此使填充变得简单直观。

使用交互式填充工具填充对象的具体操作方法如下：

（1）在绘图区中选择需要填充的对象，单击工具箱中的“交互式填充工具”按钮，可显示出该工具的属性栏，如图 6.3.1 所示。

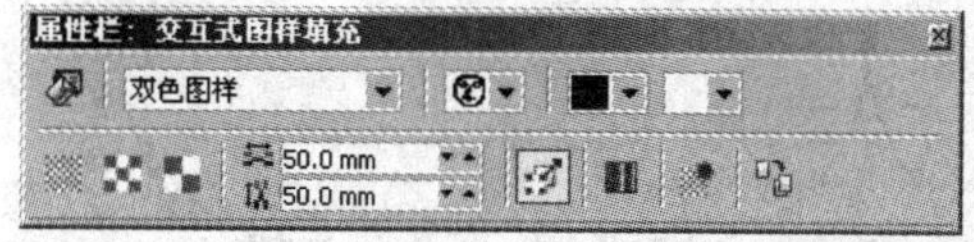

图 6.3.1　“交互式填充工具”属性栏

（2）在属性栏中单击填充类型下拉列表框双色图样，可弹出如图 6.3.2 所示的下拉列表，在此下拉列表中选择一种填充类型。

（3）如果选择圆锥选项，此时属性栏如图 6.3.3 所示。

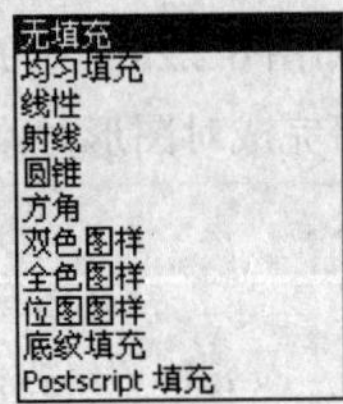

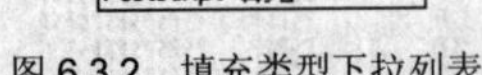

图 6.3.2　填充类型下拉列表

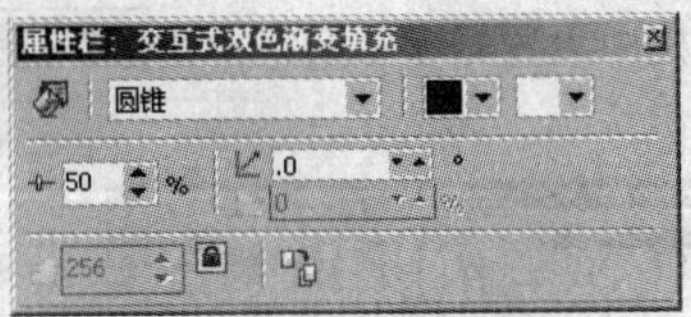

图 6.3.3　选择“圆锥”选项后的属性栏

1）单击下拉按钮，可从打开的调色板中选择一种颜色，设置圆锥填充的起点颜色。

2）单击下拉按钮，可从打开的调色板中选择一种颜色，设置圆锥填充的终点颜色。

3）在渐变填充中心点输入框中输入数值，可设置渐变颜色的分布状态。

4）在渐变式填充角输入框中输入数值，可设置圆锥渐变填充的角度。

（4）设置好参数后，按回车键即可应用交互式填充，效果如图 6.3.4 所示。

（5）使用鼠标也可将调色板中的颜色拖至交互式填充对象的虚线上，松开鼠标后，即可将所选的颜色添加到对象中，如图 6.3.5 所示。

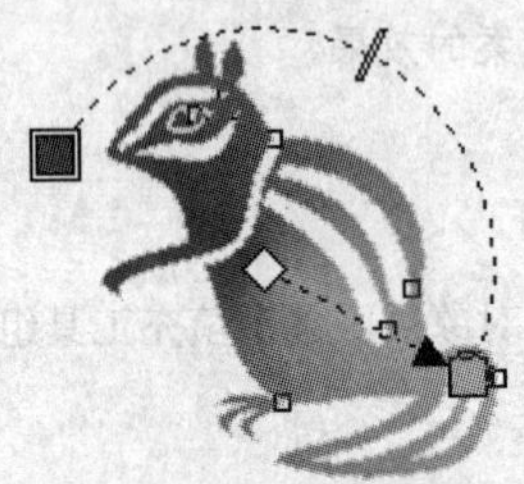

图 6.3.4　交互式填充效果

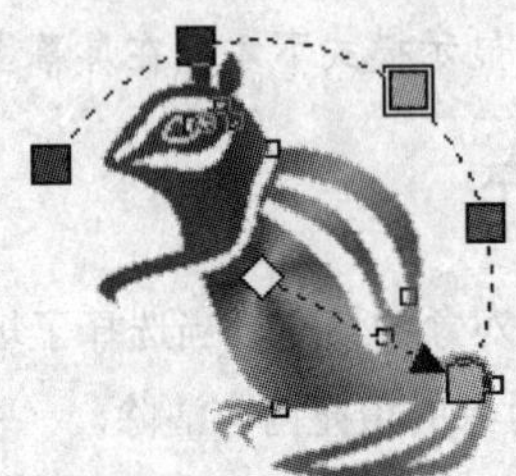

图 6.3.5　添加颜色

提示：在“交互式填充工具”属性栏中的填充类型下拉列表中选择一种填充类型后，其属性栏中的参数也会随之改变，通过调整参数，可设置交互式填充的属性。

6.3.2　交互式网状填充工具

使用交互式网状填充工具可以更容易地对图形对象进行变形和多种色彩的填充，从而突破均匀填充与渐变填充的限制，达到一种新的填充效果。

使用交互式网状填充工具填充对象的具体操作方法如下：

（1）使用基本绘图工具在绘图区中绘制一个图形对象。

（2）在交互式填充工具组中单击“交互式网状填充工具”按钮，此时可在绘制的图形对象上显示网格，如图 6.3.6 所示。

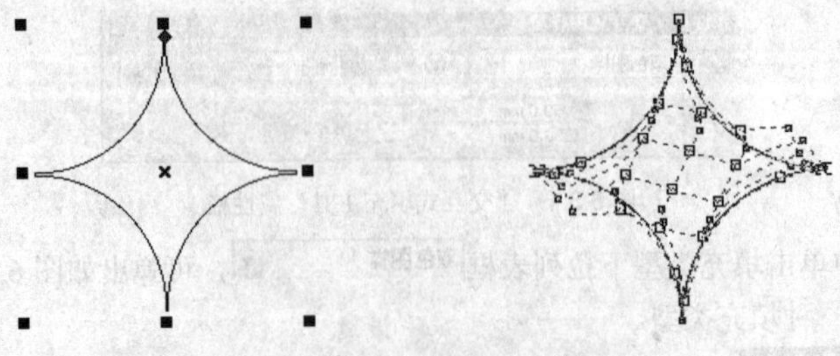

图 6.3.6　使用交互式网状工具选择对象

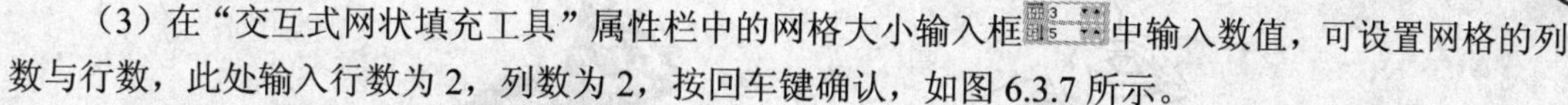

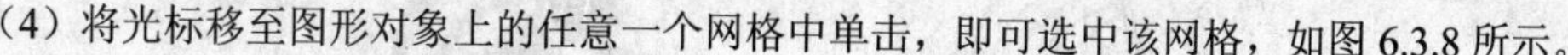
（3）在“交互式网状填充工具”属性栏中的网格大小输入框中输入数值，可设置网格的列数与行数，此处输入行数为 2，列数为 2，按回车键确认，如图 6.3.7 所示。

（4）将光标移至图形对象上的任意一个网格中单击，即可选中该网格，如图 6.3.8 所示。

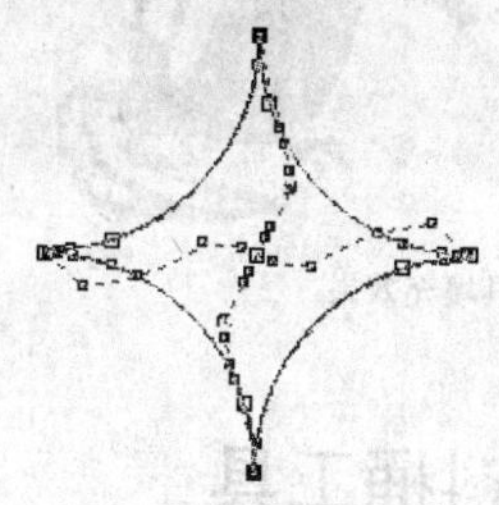
图 6.3.7　设置网格行数与列数

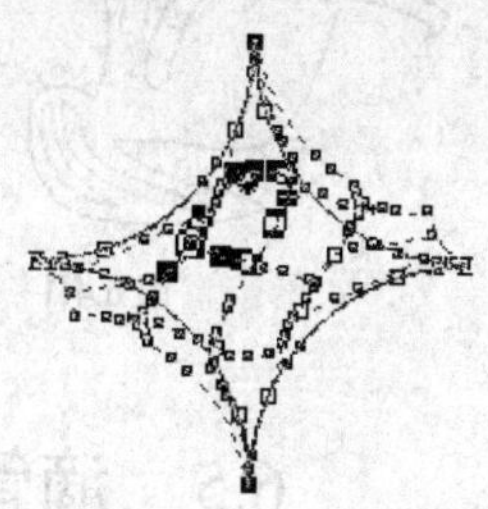
图 6.3.8　选中网格

（5）在调色板中单击任意一种颜色色块，即可将其填充到选中的网格中，并可以看到填充效果是以网格为中心向外分散进行填充的，效果如图 6.3.9 所示。

（6）如果需要进行精确的填充，可将鼠标移至对象网格上的任意一个节点上单击，选择该节点，此时可显示出与编辑曲线相同的控制柄，调整控制柄，并在调色板中单击相应的颜色色块，可围绕该节点向外分散填充，如图 6.3.10 所示。

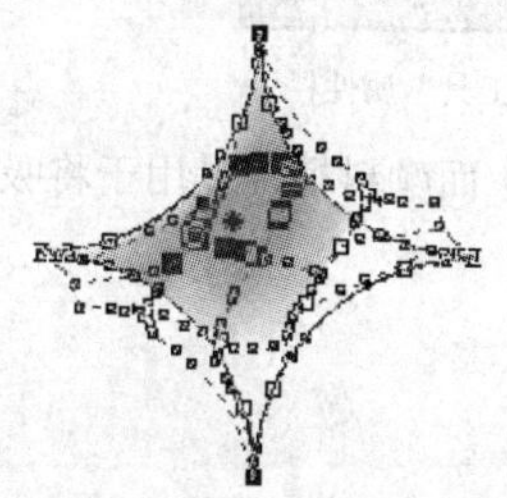
图 6.3.9　交互式网状填充效果

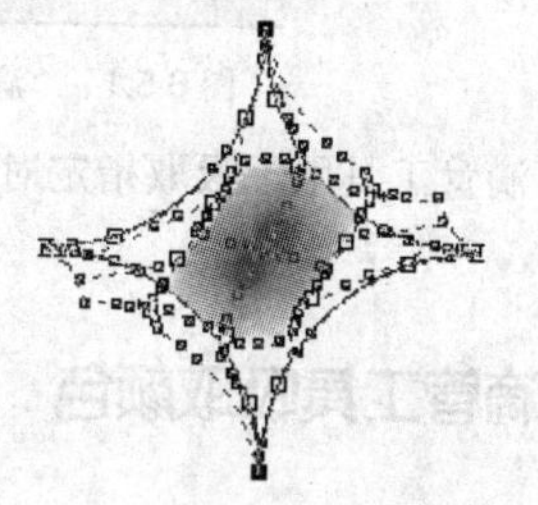
图 6.3.10　交互式网状的精确填充

（7）用鼠标拖动网格上的节点，可改变填充区域的颜色，如图 6.3.11 所示。

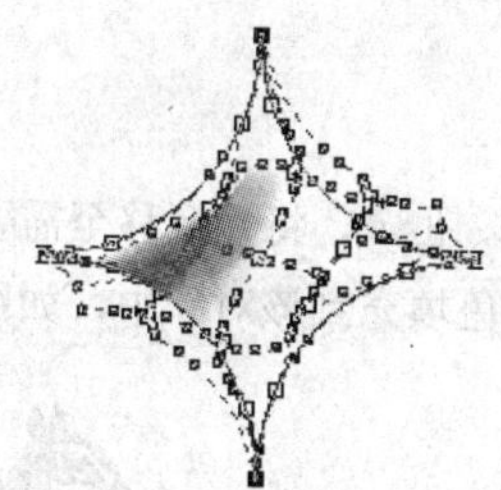
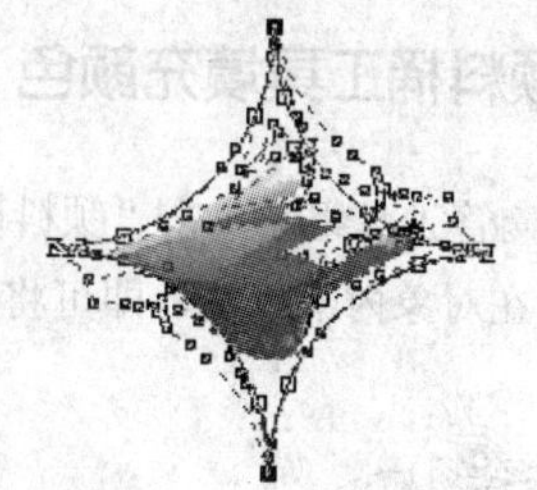
图 6.3.11　改变填充区域颜色

6.4　智能填充工具

智能填充工具可以用来填充封闭的对象，也可以对任意两个或多个对象的重叠区域进行填充，该功能对于从事动漫创作、矢量绘画、服装设计及 VI 设计工作的人来说，无疑是一个惊喜。

使用智能填充工具填充图形的方法很简单，单击工具箱中的“智能填充工具”按钮，在要填充的图形对象上单击即可，如图 6.4.1 所示为使用智能填充工具填充的效果。

图 6.4.1　智能填充工具填充效果

6.5　滴管和颜料桶工具

在 CorelDRAW X4 中，除了可以使用填充工具与交互式填充工具为对象填充色彩外，还可以使用滴管工具与颜料桶工具对图形对象进行快速方便的单色填充。选择滴管和颜料桶工具后，其属性栏显示如图 6.5.1 所示。

图 6.5.1　“滴管和颜料桶工具”属性栏

在填充过程中，滴管工具用于吸取指定对象的颜色，而颜料桶工具用于将吸取的颜色填充到指定的对象中。

6.5.1　使用滴管工具吸取颜色

要用滴管工具吸取颜色，可单击工具箱中的“滴管工具”按钮，将光标移至绘图区中，此时光标显示为形状，在需要吸取颜色的对象上单击鼠标左键即可吸取颜色。

6.5.2　使用颜料桶工具填充颜色

吸取颜色后，在滴管工具组中单击“颜料桶工具”按钮，将光标移至需要填充颜色的对象上，当光标变为形状时在对象内部单击，即可将吸取的颜色填充到该对象中，如图 6.5.2 所示。

图 6.5.2　使用滴管和颜料桶工具填充对象

使用滴管工具吸取的颜色包括对象的填充颜色与轮廓线颜色，因此在使用颜料桶工具填充颜色时，也可将填充对象的轮廓线颜色应用到需要填充的对象上，如图 6.5.3 所示。

图 6.5.3　使用滴管和颜料桶工具填充对象的轮廓

6.6　典型实例——绘制灯笼

本节综合运用前面所学的知识绘制灯笼，最终效果如图 6.6.1 所示。

图 6.6.1　最终效果图

操作步骤

（1）新建一个文件，单击工具箱中的“椭圆形工具”按钮，在绘图页面中拖动鼠标绘制一个椭圆，如图 6.6.2 所示。

（2）使用挑选工具选择绘制的椭圆对象，将其轮廓线填充为黄色，然后单击工具箱中的“渐变工具”按钮，可弹出“渐变填充”对话框，设置其对话框参数如图 6.6.3 所示。单击 确定 按钮，即可将所选的椭圆填充为射线的渐变，效果如图 6.6.4 所示。

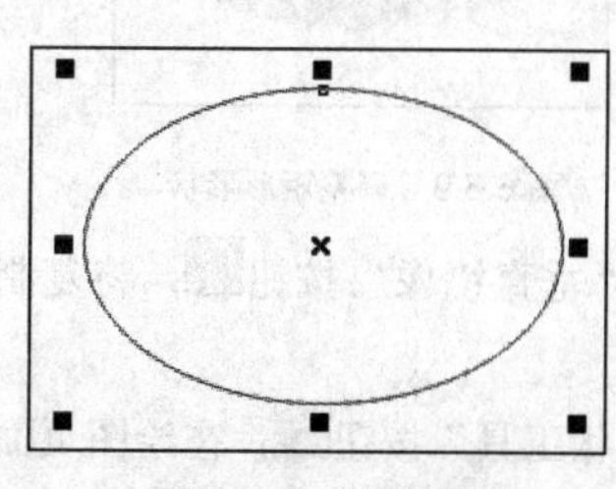

图 6.6.2　绘制椭圆

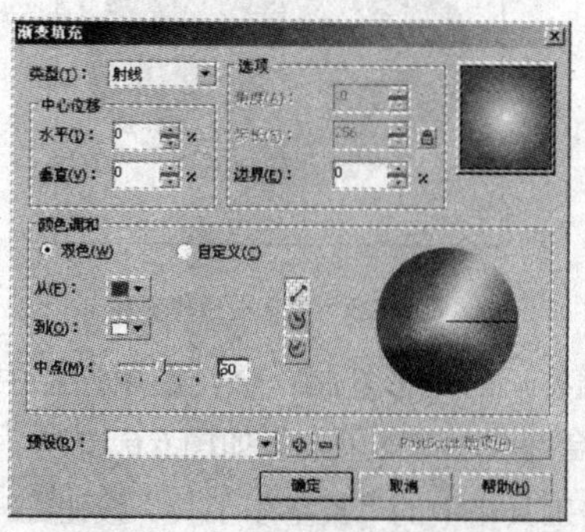

图 6.6.3　“渐变填充”对话框

（3）单击工具箱中的“交互式填充工具”按钮，调整填充的颜色效果，如图 6.6.5 所示。

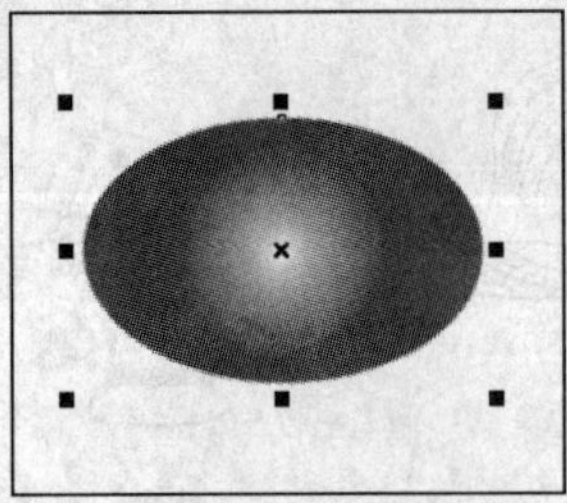

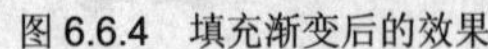
图 6.6.4　填充渐变后的效果

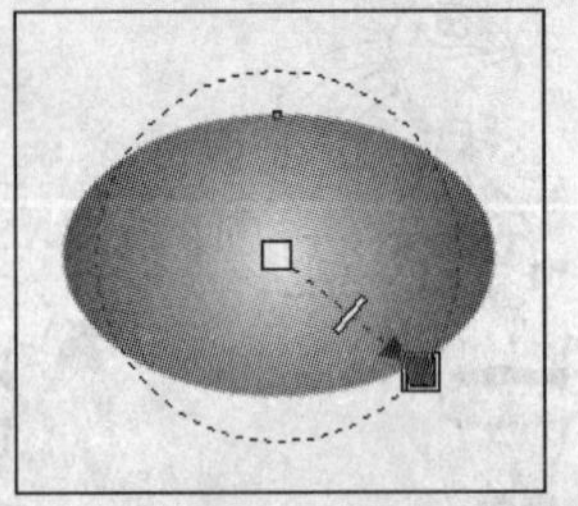

图 6.6.5　使用交互式填充工具进行调整

（4）使用挑选工具选择椭圆，按数字键盘上的“＋”键，即可在原处复制一个椭圆，这时所选的椭圆就是新复制的椭圆，在按住“Shift”键的同时拖动椭圆右侧的控制点将椭圆向内收缩，效果如图 6.6.6 所示。

（5）重复步骤（4）的操作 4 次，即可制作出灯笼的框架，效果如图 6.6.7 所示。

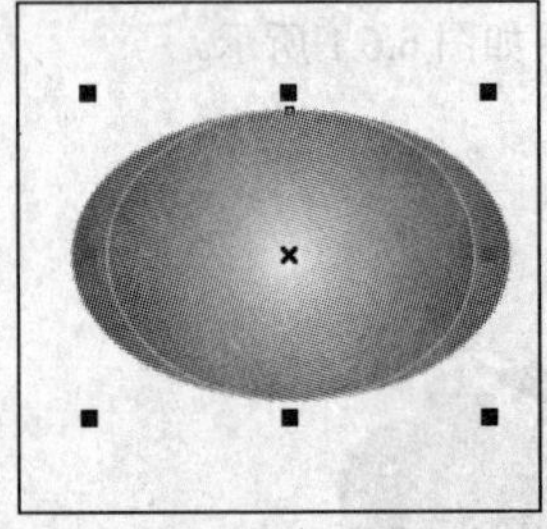

图 6.6.6　复制椭圆并将其缩小

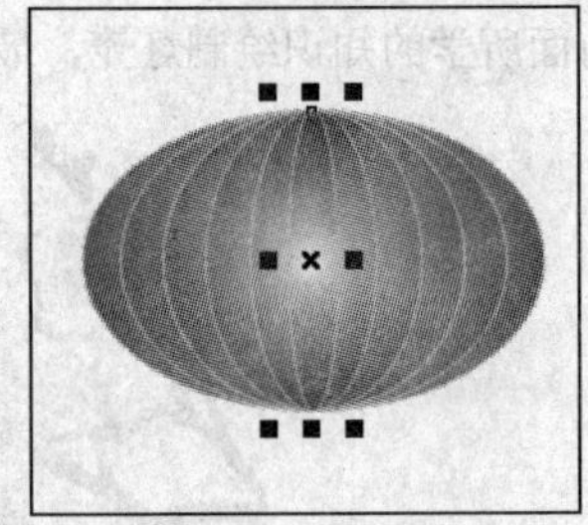

图 6.6.7　制作灯笼的框架

（6）单击工具箱中的“矩形工具”按钮，在绘图页面中的灯笼框架上拖动鼠标绘制矩形，沿标尺拖出一条辅助线，使矩形与椭圆的中心点对齐，在调色板中单击红色色块，将绘制的矩形填充为红色，再将轮廓填充为黄色，效果如图 6.6.8 所示。

（7）使用挑选工具选择填充后的矩形，按“Ctrl+Q”键将其转换为曲线，然后单击工具箱中的“形状工具”按钮，框选矩形上的所有节点，在属性栏中单击“转换直线为曲线”按钮，拖动鼠标调整矩形控制点，调整后的矩形形状如图 6.6.9 所示。

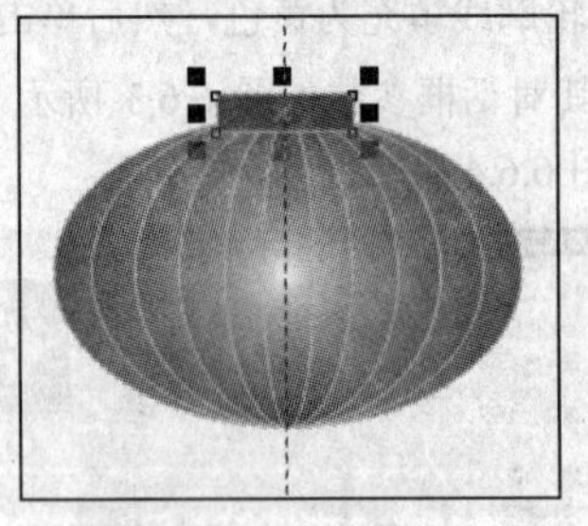

图 6.6.8　填充矩形和轮廓

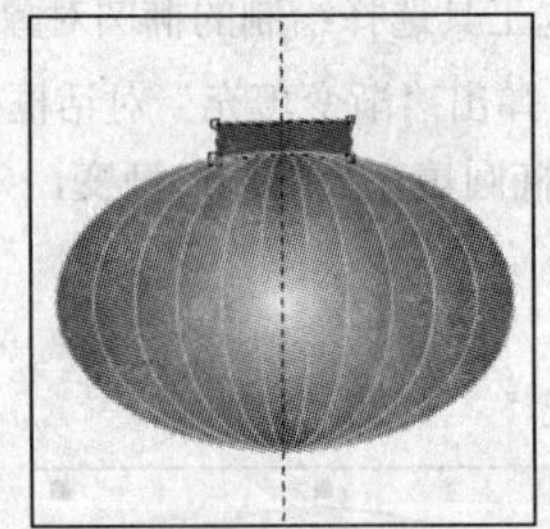

图 6.6.9　调整矩形形状

（8）将调整后的矩形复制一个，在属性栏中单击“垂直镜像”按钮，将复制的矩形垂直翻转，并将其拖至椭圆对象的下方，如图 6.6.10 所示。

（9）单击工具箱中的“贝塞尔工具”按钮与“形状工具”按钮，在绘图页面中绘制一个挂绳形状，并将其填充为黄色，效果如图 6.6.11 所示。

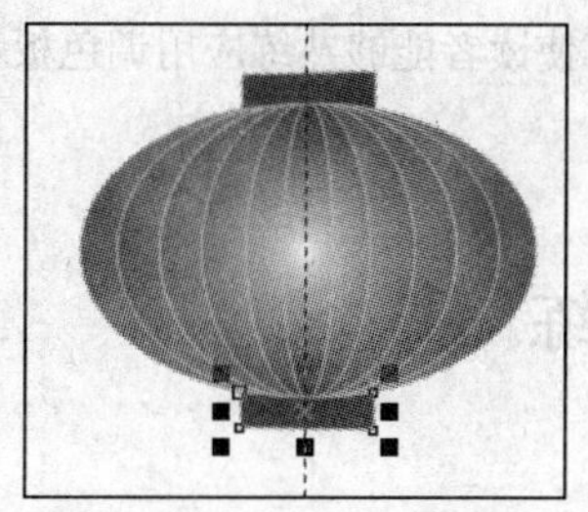

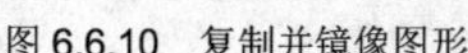

图 6.6.10　复制并镜像图形

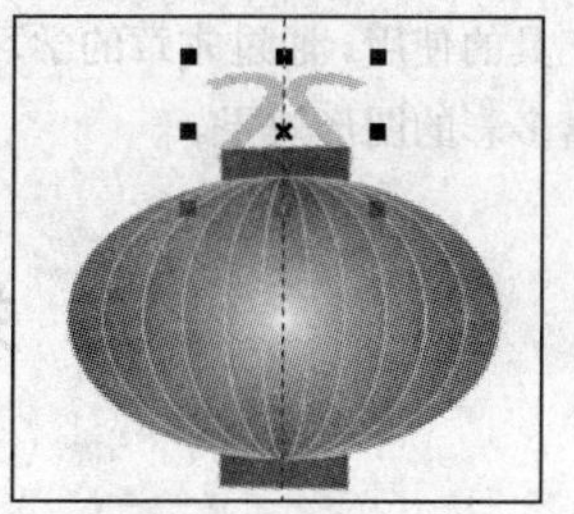

图 6.6.11　绘制灯笼的挂绳

（10）单击工具箱中的“矩形工具”按钮，在灯笼的下方拖动鼠标绘制矩形，再单击工具箱中的“渐变填充”按钮，弹出“渐变填充”对话框，设置其对话框参数如图 6.6.12 所示。单击 确定 按钮，即可对绘制的矩形进行填充，效果如图 6.6.13 所示。

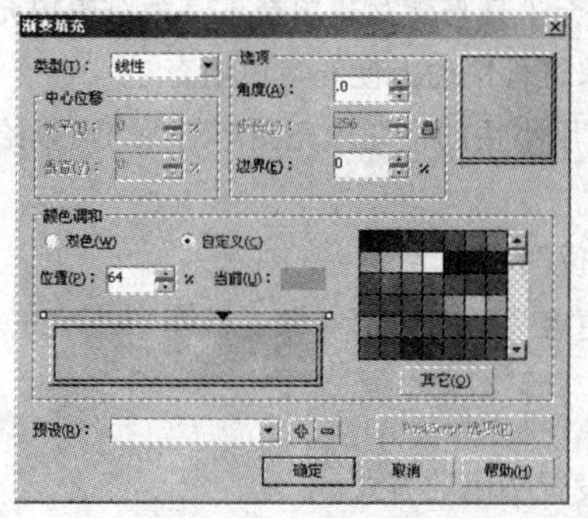

图 6.6.12　“渐变填充”对话框

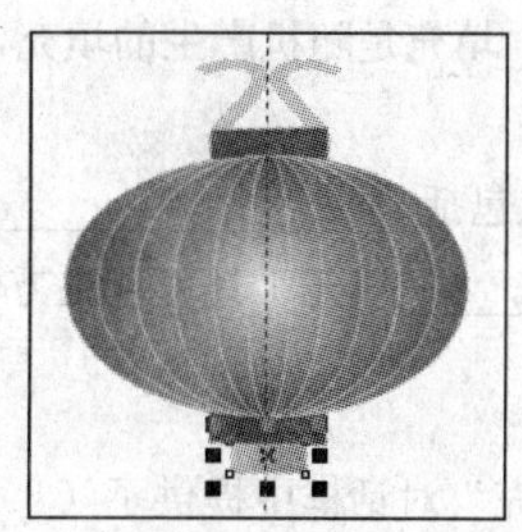

图 6.6.13　填充渐变后的效果

（11）单击工具箱中的“涂抹笔刷”按钮，沿调整后的黄色矩形下方边缘进行涂抹，效果如图 6.6.14 所示。

（12）隐藏辅助线，单击工具箱中的“挑选工具”按钮，框选绘图区中的所有图形对象，对其进行群组。

（13）按数字键盘上的“+”键，即可复制一个群组对象，然后使用挑选工具将其移至如图 6.6.15 所示的位置。

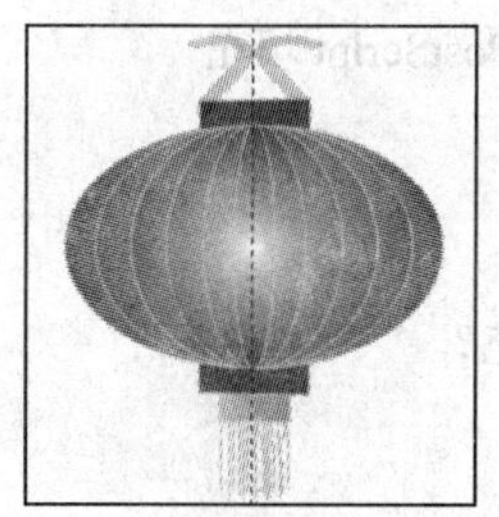

图 6.6.14　使用涂抹笔刷进行涂抹

图 6.6.15　复制图形对象

（14）按“Ctrl+I”键导入一幅梅花图像，再按“Shift+Page Down”键将其置于图层后面，最终效果如图 6.6.1 所示。

本 章 小 结

本章主要介绍了图形对象的填充方式，包括调色板、填充工具、交互式填充工具、智能填充工具以及滴管和颜料桶工具的使用。通过本章的学习，可使读者能够熟练应用调色板和填充工具填充图形对象，以制作出丰富多彩的图形效果。

过 关 练 习

一、填空题

1．在 CorelDRAW X4 中，调色板主要用于填充________的颜色。

2．________填充就是在封闭图形对象内填充单一的颜色，如红色、绿色或蓝色等，也是 CorelDRAW X4 中最基本的填充方式。

3．在 CorelDRAW X4 中，除了可以使用填充工具与交互式填充工具为对象填充色彩外，还可以使用________工具与________工具对图形对象进行快速方便的单色填充。

4．________填充是随机产生的填充，它使用小块的位图填充图形对象，可以给图形对象一个自然的外观。

5．图样填充包括________、________和位图填充。

6．使用________填充工具可以更方便、更容易地对图形对象进行变形或填充。

二、选择题

1．“渐变填充”对话框中提供了（　）种设置颜色的方式。

（A）2　　（B）3

（C）4　　（D）5

2．在 CorelDRAW X4 中，提供了（　）种交互式填充方式。

（A）1　　（B）2

（C）3　　（D）4

3．（　）是利用 PostScript 语言设计出来的一种特殊的图案填充。

（A）图案填充　　（B）渐变填充

（C）特殊填充　　（D）PostScript 填充

三、简答题

1．如何利用导入的位图进行双色图样填充？

2．如何使用交互式网格填充工具对图形对象进行填充？

3．如何应用滴管工具和颜料桶工具填充对象？

四、上机操作题

在绘图页面中绘制封闭图形，练习使用各种填充工具对其进行填充。

第 7 章 对象的交互式特效

章前导航

CorelDRAW X4 中的交互式工具是实现创意的强大工具，也是CorelDRAW X4 众多功能中的特色之一。利用它可以更方便、更直观地改变对象的外观并制作出特殊的效果。本章将主要介绍交互式工具的使用方法与技巧。

本章要点

- 交互式调和工具
- 交互式轮廓图工具
- 交互式变形工具
- 交互式阴影工具
- 交互式封套工具
- 交互式立体化工具
- 交互式透明工具

7.1 交互式调和工具

交互式调和工具是 CorelDRAW X4 中功能强大、用途广泛的工具之一。交互式调和工具不仅能使图形之间产生渐变，还可使颜色产生渐变。单击工具箱中的“交互式调和工具”按钮右下角的三角形，弹出隐藏的交互式工具组，如图 7.1.1 所示。

使用交互式调和工具可以使两个分离的对象之间逐步产生调和化的叠影，中间的图形对象会有不同的颜色、轮廓线和填充效果。

单击工具箱中的“交互式调和工具”按钮，其属性栏如图 7.1.2 所示。

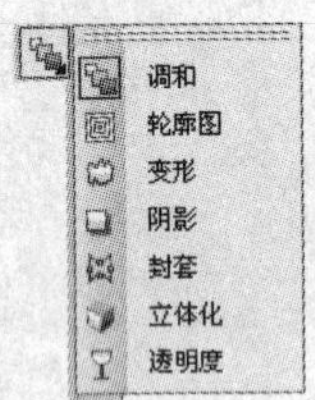

图 7.1.1　交互式工具组

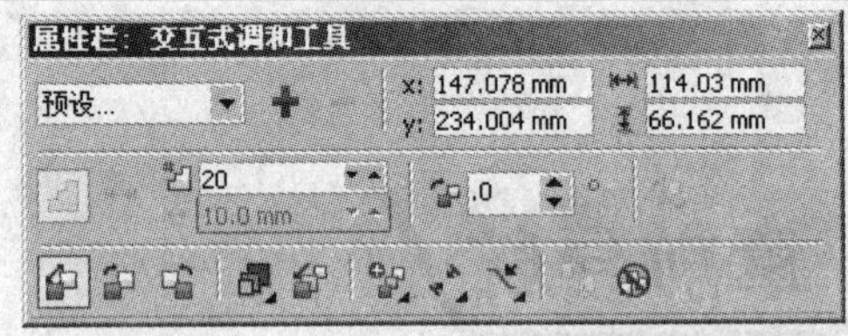

图 7.1.2　“交互式调和工具”属性栏

（1）在预设...下拉列表中可以选择 CorelDRAW X4 预设的调和效果。

（2）在20输入框中输入数值，可设置步长或调和形状之间的偏移量。

（3）在调和方向微调框0.0中输入数值，可调整调和对象的旋转角度。

（4）单击“直接调和”按钮，可直接调和对象的颜色。

（5）单击“顺时针调和”按钮，可按顺时针调和对象的颜色。

（6）单击“逆时针调和”按钮，可按逆时针调和对象的颜色。

（7）单击“对象和颜色加速”按钮，可打开如图 7.1.3 所示的加速面板。在加速：选项区中的对象：右侧拖动滑块，可设置调和对象中间对象的分布；在颜色：右侧拖动滑块，可设置调和对象颜色的渐变分布。

（8）在属性栏中单击“加速调和时的大小调整”按钮，可加大调和对象中每个图形对象间的距离。

（9）在属性栏中单击“起始和结束对象属性”按钮，可弹出如图 7.1.4 所示的下拉菜单。

1）选择新起点(N)命令，将光标移至调和对象的某一个端点的图形上单击，即可将调和对象的此端点变为调和对象的起始点。

2）选择显示起点(S)命令，系统将自动选中调和对象的起点图形。

3）选择新终点命令，可选择调和对象的终点。

4）选择显示终点(H)命令，系统将自动选中调和对象的终点图形。

（10）在属性栏中单击“路径属性”按钮，可弹出一个下拉菜单，如图 7.1.5 所示，在此菜单中可以设置路径的各个属性。

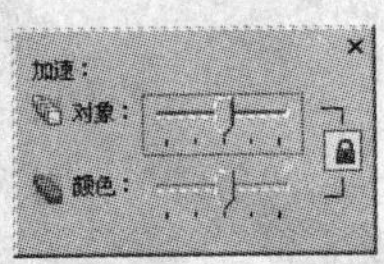

图 7.1.3　加速面板

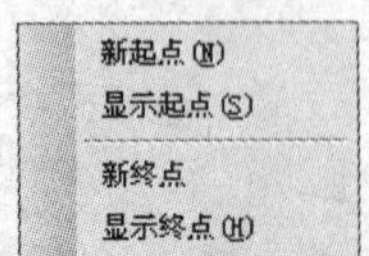

图 7.1.4　起始和结束对象属性下拉菜单

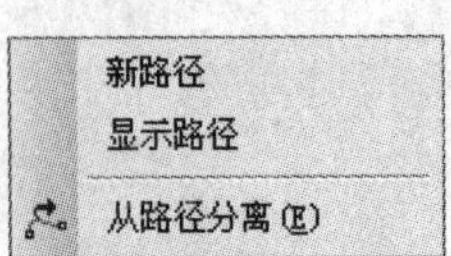

图 7.1.5　路径属性下拉菜单

7.1.1　直接调和

使用交互式调和工具可以使两个分离的对象之间逐步产生调和化的叠影，中间的图形对象会有不同的颜色、轮廓线和填充效果。直接调和的具体操作方法如下：

（1）在绘图区中绘制两个不同的图形对象，如图 7.1.6 所示。

（2）单击工具箱中的“交互式调和工具”按钮，将鼠标移至要调和的两个对象中的其中一个图形对象上，按住鼠标左键拖动鼠标到另一个图形，当两个图形中均出现一个矩形时，松开鼠标即可得到调和效果，如图 7.1.7 所示。

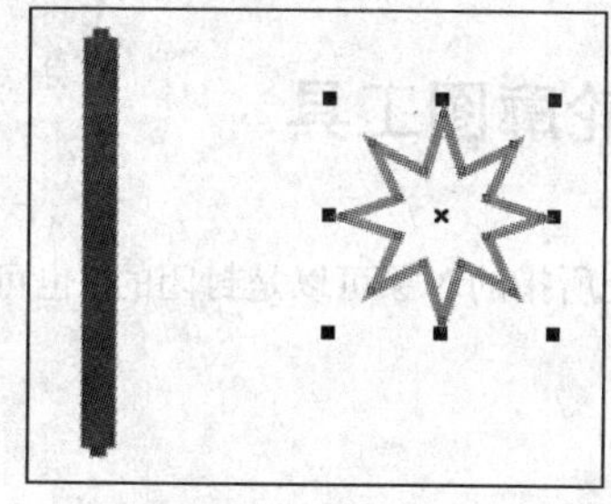

图 7.1.6　绘制的两个对象

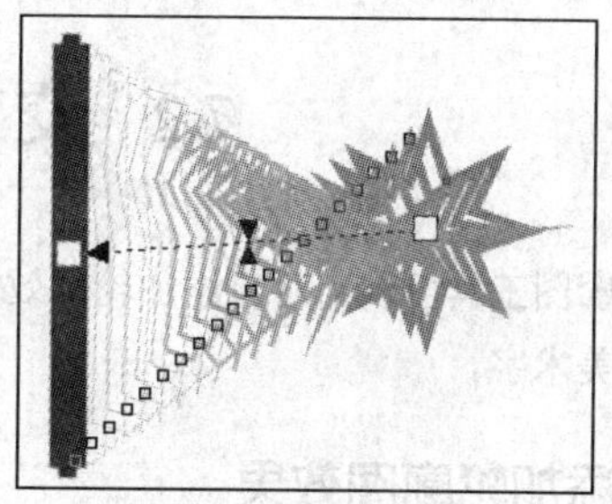

图 7.1.7　直接调和效果

7.1.2　沿路径调和

为图形对象使用调和效果时，可将需要调和的对象沿着一条指定的路径进行调和。具体的操作方法如下：

（1）使用手绘工具在绘图区中绘制一条曲线，如图 7.1.8 所示。

（2）选择已完成调和的图形对象，在“交互式调和工具”属性栏中单击“路径属性”按钮，从弹出的下拉菜单中选择新路径命令，此时鼠标光标显示为形状，在曲线上单击鼠标左键，效果如图 7.1.9 所示。

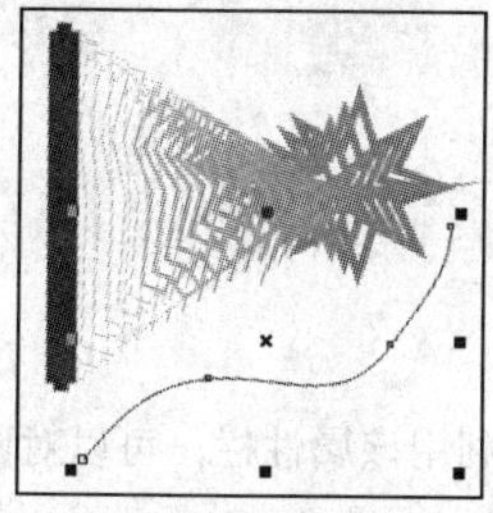

图 7.1.8　绘制曲线图

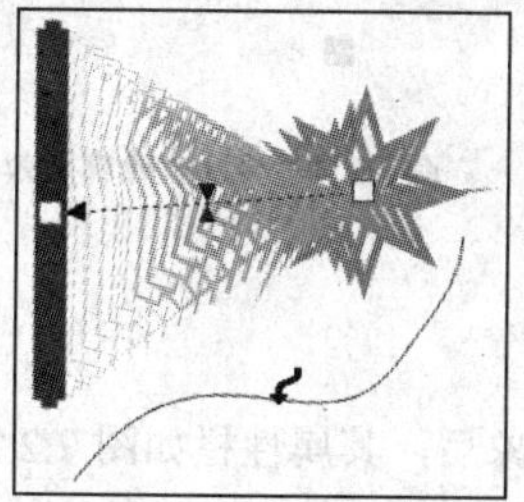

图 7.1.9　沿路径调和效果

7.1.3　多个物体间的调和

创建多个图形对象之间的调和效果的具体操作方法如下：

（1）在绘图区中绘制 3 个以上需要进行调和的图形对象，摆放到不同位置，如图 7.1.10 所示。

（2）单击工具箱中的“交互式调和工具”按钮，将光标移至绘图区中的一个图形上，按住鼠标左键向另一个图形拖动进行调和，然后再从第二个图形向第三个图形拖动鼠标进行调和，依次拖动鼠标直到最后一个图形，如图 7.1.11 所示。

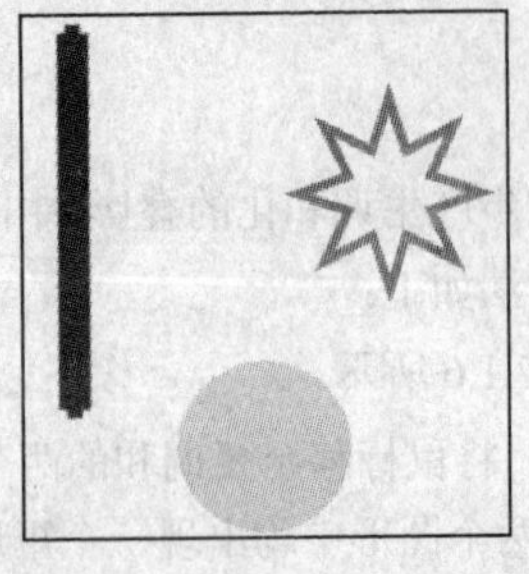

图 7.1.10　绘制多个对象

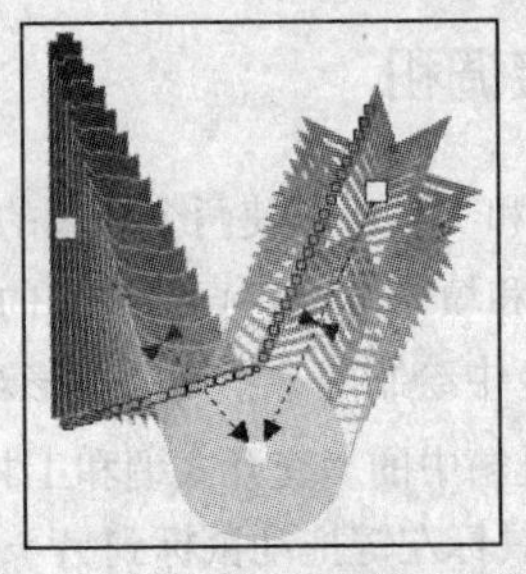

图 7.1.11　多个对象之间的调和

7.2　交互式轮廓图工具

交互式轮廓图工具可以为对象添加轮廓效果。此处所指的对象可以是封闭的，也可以是开放的曲线，还可以是美术字。

7.2.1　添加轮廓图效果

单击交互式工具组中的“交互式轮廓图工具”按钮，将鼠标指针移至对象上，按住鼠标左键并拖动，松开鼠标，即可为所选对象添加轮廓图效果，如图 7.2.1 所示。

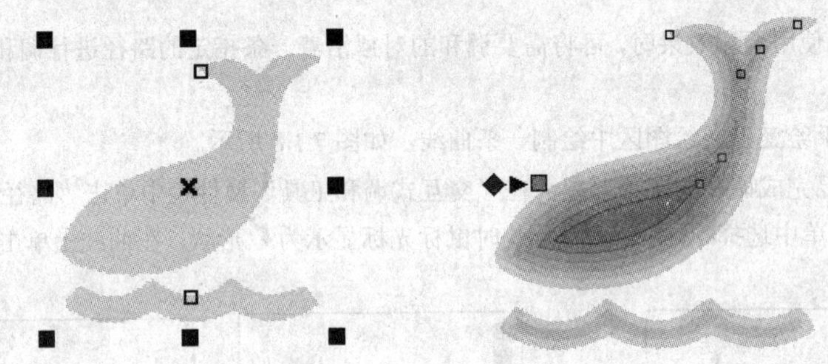

图 7.2.1　交互式轮廓图效果

7.2.2　编辑轮廓图效果

使用交互式轮廓图工具选择对象后，其属性栏如图 7.2.2 所示，利用该属性栏，可以对图形的轮廓线间距、颜色与增加方式等进行相应的设置。

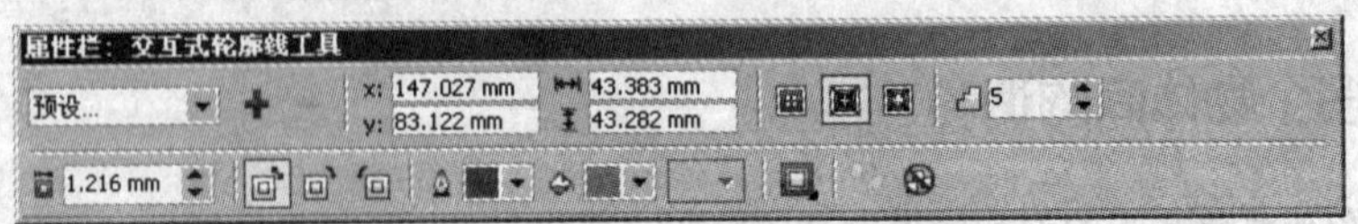

图 7.2.2　“交互式轮廓图工具”属性栏

在属性栏中单击“到中心”按钮，可以制作向图形中心扩展的轮廓图效果；单击“向内”按钮，可以制作向图形内部扩展的轮廓图效果；单击“向外”按钮，可以制作向图形外部扩展的轮廓图效果，如图 7.2.3 所示。

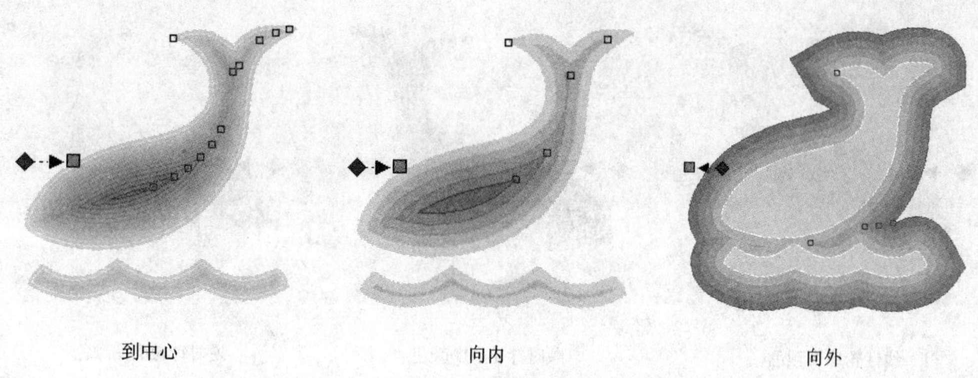

图 7.2.3　3 种轮廓图效果

在属性栏中的轮廓图步长微调框 中输入数值，可设置轮廓线条数，如图 7.2.4 所示。

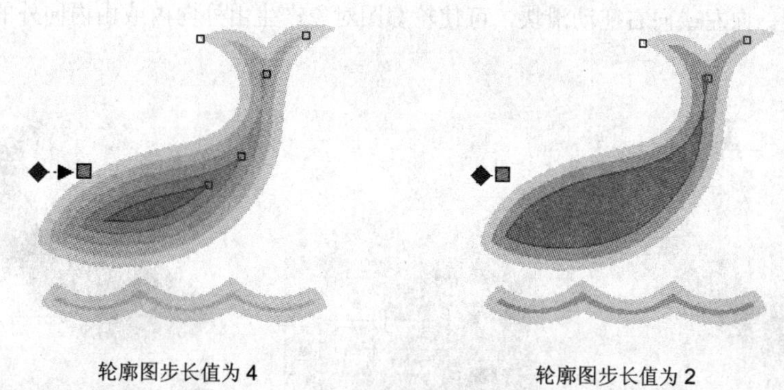

图 7.2.4　改变轮廓图的步长值

在轮廓图偏移微调框 中输入数值，可设置轮廓线之间的距离，如图 7.2.5 所示。

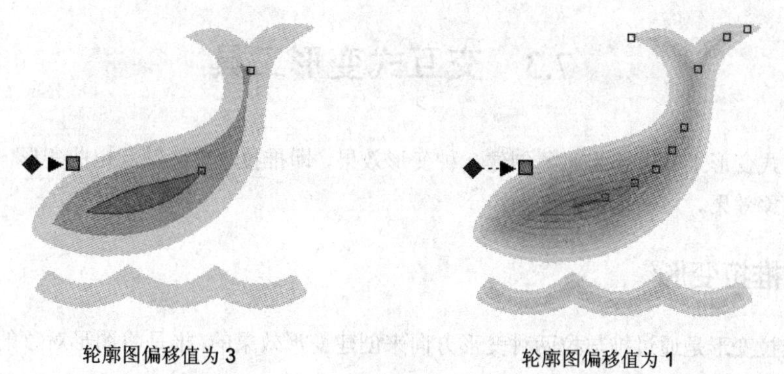

图 7.2.5　改变轮廓线之间的距离

如果要对添加的轮廓线进行填充，可在属性栏中单击轮廓色下拉按钮 ，从打开的调色板中选择需要的颜色。如果要修改所创建的轮廓图对象的颜色，可在属性栏中单击填充色下拉按钮 ，从打开的调色板中选择所需的填充色即可。

属性栏中还提供了 3 种轮廓线填充的类型，单击“线性轮廓图颜色”按钮 ，可将轮廓线的颜色以直线轮廓填充；单击“顺时针轮廓图颜色”按钮 ，轮廓线的颜色将以顺时针的方向进行填充；单击“逆时针轮廓图颜色”按钮 ，轮廓线的颜色将以逆时针的方向进行填充，如图 7.2.6 所示。

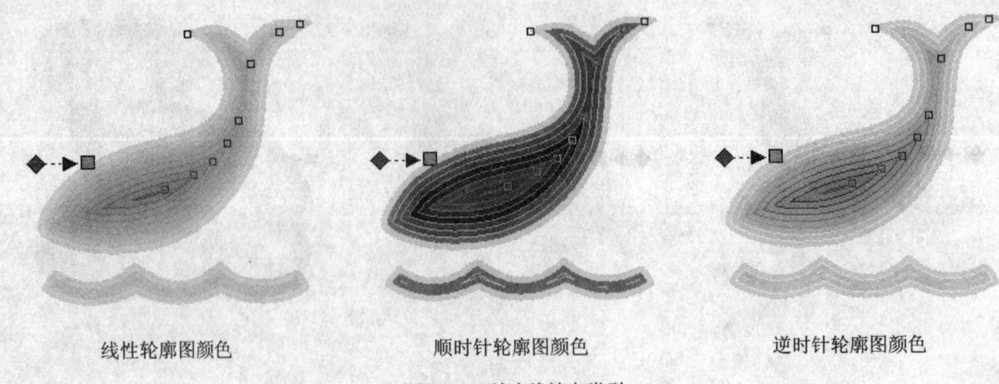

图 7.2.6 轮廓线填充类型

在属性栏中单击“对象和颜色加速”按钮，可打开加速面板，拖动相应的滑块可对轮廓图进行颜色加速设置。向左或向右拖动滑块，可使轮廓图对象产生由外向内或由内向外的颜色渐变，如图 7.2.7 所示。

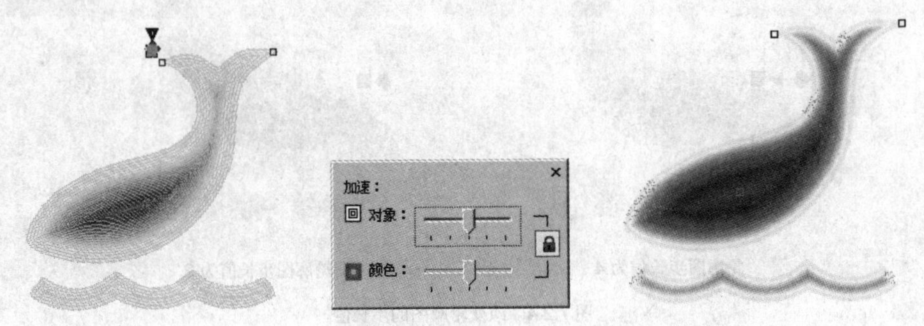

图 7.2.7 加速面板及变化后的效果

7.3 交互式变形工具

使用交互式变形工具可以为对象创建 3 种变形效果，即推拉、拉链以及扭曲变形，从而可得到更复杂的图形对象效果。

7.3.1 推拉变形

交互式推拉变形是通过推与拉两种变形方向来创建变形效果的，推是将图形对象的节点推离变形的中心；拉是将图形对象的节点拉近变形的中心。

为对象创建推拉变形效果的具体操作方法如下：

（1）使用多边形工具在绘图区中拖动鼠标创建一个五边形对象。

（2）单击工具箱中的“交互式变形工具”按钮，在属性栏中单击“推拉变形”按钮。

（3）将鼠标光标移至多边形上，鼠标光标显示为形状，按住鼠标左键水平向右拖动，此时多边形各节点被推离变形中心，松开鼠标即可创建推的变形效果。

（4）在属性栏中的推拉失真振幅输入框 17 中输入数值“-40”，此时节点向变形中心靠近，即可创建拉的变形效果。

使用推拉变形的效果如图 7.3.1 所示。

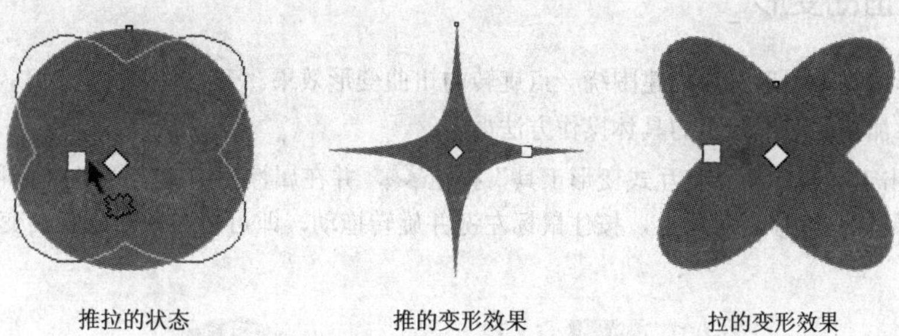

图 7.3.1　推拉变形效果

7.3.2　拉链变形

拉链变形可以使图形对象产生锯齿变形效果。它与推拉变形的操作一样，只需要在对象上按住鼠标左键向外拖动，即可使对象产生拉链变形效果。

为对象应用拉链变形效果的具体操作方法如下：

（1）使用椭圆工具在绘图区中拖动鼠标绘制椭圆对象。

（2）单击工具箱中的“交互式变形工具”按钮，并在属性栏中单击“拉链变形”按钮。

（3）将鼠标移至椭圆对象上，按住鼠标左键拖动，即可创建对象的拉链变形效果，如图 7.3.2 所示。

图 7.3.2　拉链变形效果

在属性栏中的拉链失真振幅输入框 79 中输入数值，可设置拉链变形产生的波峰频率。

在属性栏中的拉链失真频率输入框 5 中输入数值，可设置所产生的波峰数量。

在属性栏中通过单击“随机变形”按钮、“平滑变形”按钮以及“局部变形”按钮，可以使图形对象产生不同的变形效果，如图 7.3.3 所示。

图 7.3.3　拉链变形的其他效果

7.3.3 扭曲变形

扭曲变形可以为图形对象创建围绕一点旋转的扭曲变形效果。

为对象添加扭曲变形效果的具体操作方法如下：

（1）单击工具箱中的“交互式变形工具”按钮，并在属性栏中单击“扭曲变形”按钮。

（2）将鼠标光标移至对象上，按住鼠标左键并旋转拖动，即可使对象产生扭曲变形效果，如图 7.3.4 所示。

图 7.3.4 扭曲变形效果

在属性栏中单击“顺时针旋转”按钮，可使所选的对象按顺时针进行旋转；单击“逆时针旋转”按钮，可使对象按逆时针进行旋转；单击“中心变形”按钮，可使对象绕中心旋转，如图 7.3.5 所示。

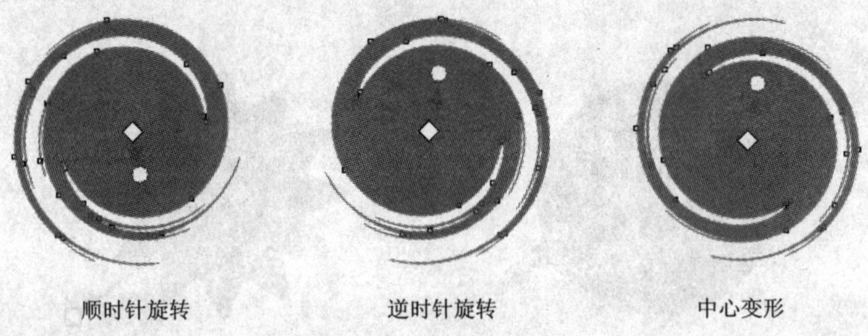

顺时针旋转　　逆时针旋转　　中心变形

图 7.3.5 3 种扭曲变形效果

在属性栏中的完全旋转输入框中输入数值，可设置扭曲对象的旋转圈数；在附加角度输入框中输入数值，可设置扭曲对象在原来旋转基础上再旋转的角度。

7.4 交互式阴影工具

交互式阴影工具可直接为对象添加阴影效果。在 CorelDRAW X4 中，创建的大部分对象都能使用此工具进行处理，而一些特殊的对象则无法使用此工具，如轮廓对象、立体化对象以及渐变对象。

单击工具箱中的“交互式阴影工具”按钮，其属性栏如图 7.4.1 所示。通过此属性栏可编辑对象的阴影效果。

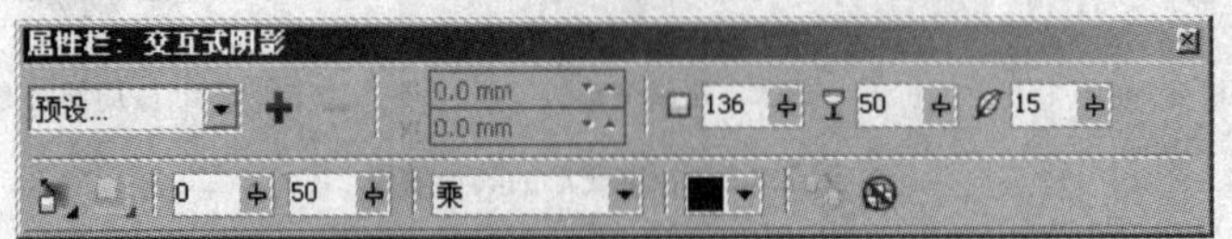

图 7.4.1 “交互式阴影工具”属性栏

7.4.1 阴影的类型

在“交互式阴影工具”属性栏中单击预设...下拉列表，可从弹出的下拉列表中选择预设的阴影的透视类型，如图 7.4.2 所示。

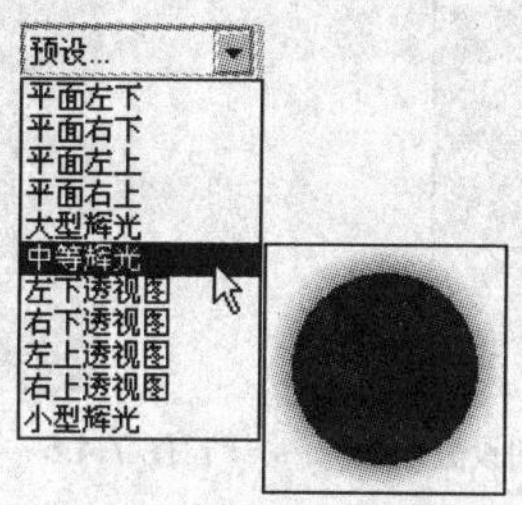

图 7.4.2 预设阴影类型

如果要为对象添加阴影效果，可先选择需要添加阴影的对象，然后单击工具箱中的“交互式阴影工具”按钮，将光标移至所选的对象上，按住鼠标左键并拖动，即可以默认的参数生成一种阴影效果，如图 7.4.3 所示。

图 7.4.3 添加阴影效果

在预设...下拉列表中选择不同的阴影类型，可产生不同的阴影效果，如图 7.4.4 所示。

图 7.4.4 不同阴影类型的效果

7.4.2 阴影的羽化

阴影羽化是表现对象阴影的清晰程度。在“交互式阴影工具”属性栏中单击“阴影羽化方向”按钮，可打开阴影羽化方向的设置面板，如图 7.4.5 所示，在此面板中可以为羽化的对象选择阴影的方向。

在“交互式阴影工具”属性栏中的阴影羽化输入框 5 中输入数值，可调整阴影边缘的模糊程度，其取值范围为 0～100。

单击属性栏中的“阴影羽化边缘”按钮，可从打开的阴影羽化边缘面板中选择不同的阴影羽化边缘的类型，如图 7.4.6 所示。

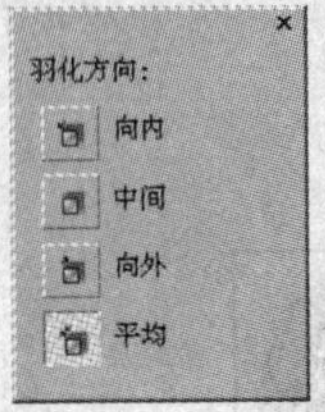

图 7.4.5　羽化方向设置面板

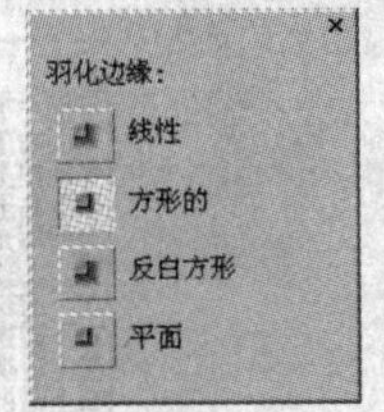

图 7.4.6　阴影羽化边缘面板

7.4.3　阴影的透明度

在“交互式阴影工具”属性栏的阴影的不透明度输入框 70 中输入数值，可设置下落式阴影的不透明度。其取值范围为 0～100，数值越大，阴影的不透明度就越强，对象的阴影将变得更深，如图 7.4.7 所示。

阴影不透明度为 100

阴影不透明度为 20

图 7.4.7　改变阴影不透明度效果

7.4.4　阴影的颜色

在“交互式阴影工具”属性栏中单击下拉按钮，可从弹出的调色板中选择阴影的颜色，效果如图 7.4.8 所示。

图 7.4.8　设置阴影颜色

7.5　交互式封套工具

使用交互式封套工具可以在对象轮廓外添加封套，通过调整封套外形可改变对象的形状。“交互式封套工具”属性栏与“形状工具”属性栏有很多相同的选项，如图 7.5.1 所示。

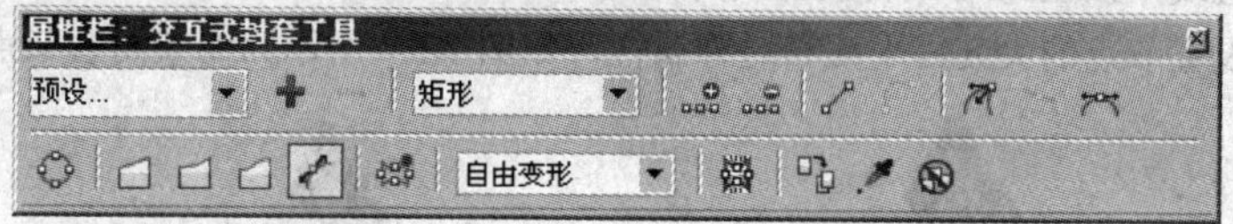

图 7.5.1　“交互式封套工具”属性栏

7.5.1　添加封套效果

使用交互式封套工具为对象添加封套效果的具体操作方法如下：

（1）选择需要添加封套效果的图形对象。

（2）在工具箱中单击交互式工具组中的“交互式封套工具”按钮，即可为所选的图形对象添加一个由节点控制的矩形封套，如图 7.5.2 所示。

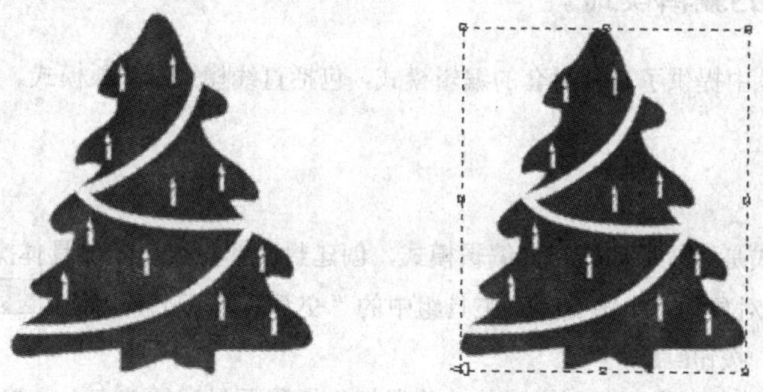

图 7.5.2　添加封套效果

（3）在属性栏中的预设下拉列表中可选择预设的封套，如图 7.5.3 所示。

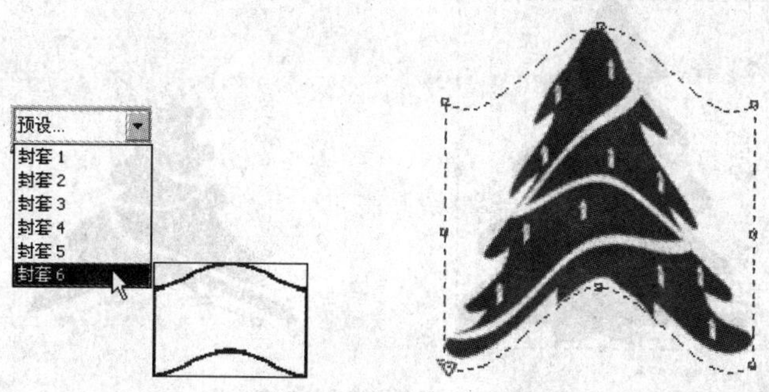

图 7.5.3　选择预设的封套

7.5.2　编辑封套节点

编辑封套节点的方法与编辑曲线节点的方法类似，可以进行添加、移动、删除以及改变节点的属性等操作。

要移动封套上的节点，将鼠标指针移至封套节点上，按住鼠标左键拖动即可，从而也改变了封套中对象的形状。

封套的节点和曲线的节点一样，通过属性栏中的“添加节点”按钮和“删除节点”按钮，可在封套的某一位置添加节点或将某个节点删除。节点还有直线节点与曲线节点之分，通过属性栏中的“转换曲线为直线”按钮与“转换直线为曲线”按钮，可进行相互转换。

通过属性栏设置节点的尖突、平滑和对称属性，如图 7.5.4 所示为调节封套节点前后的效果。

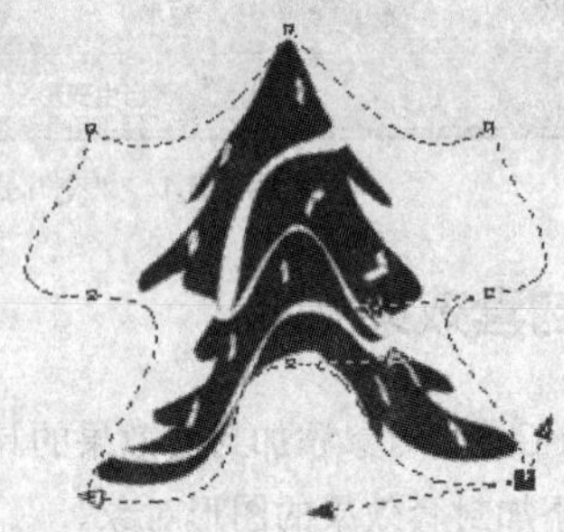

图 7.5.4 调节封套节点

7.5.3 封套的编辑模式

CorelDRAW X4 中提供了 4 种封套的编辑模式，包括直线模式、单弧模式、双弧模式以及非强制模式。

1. 直线模式

封套的直线模式是系统默认的封套编辑模式，创建封套的直线模式的具体操作方法如下：

（1）绘制图形对象后，单击交互式工具组中的“交互式封套工具”按钮，在其属性栏中单击“封套的直线模式”按钮。

（2）即可为所选的对象添加封套模式，将鼠标光标移至封套的节点上，按住鼠标左键拖动，即可改变封套形状，如图 7.5.5 所示。

图 7.5.5 改变直线模式的封套形状

2. 单弧模式

封套的单弧模式是指在封套图形中添加一条单弧形的曲线，调节封套节点扭曲对象时，将以单一弧度扭曲。添加单弧封套的具体操作方法如下：

（1）选择需要添加单弧封套的图形对象，单击交互式工具组中的“交互式封套工具”按钮，

并在属性栏中单击“封套的单弧模式”按钮。

（2）将鼠标光标移至封套的任意一个节点上，按住鼠标左键拖动，即可以单弧度扭曲对象，如图 7.5.6 所示。

图 7.5.6　单弧模式

3．双弧模式

要添加双弧封套，可在选择图形对象后，在工具箱中单击“交互式封套工具”按钮，并在其属性栏中单击“封套的双弧模式”按钮，为对象添加双弧封套后，将鼠标移至封套节点上按住鼠标左键拖动，即可以双弧度扭曲对象，如图 7.5.7 所示。

图 7.5.7　双弧模式

4．非强制模式

使用封套的非强制模式可以不受任何约束将对象进行扭曲。

选择图形对象后，在“交互式封套工具”属性栏中单击“封套的非强制模式”按钮，将鼠标光标移至节点上按住鼠标左键拖动，即可任意调节对象，如图 7.5.8 所示。

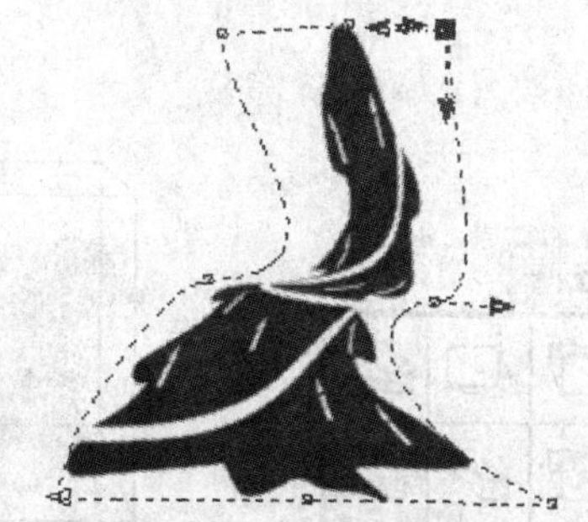

图 7.5.8　非强制模式

在属性栏中单击映射模式下拉列表框自由变形，可从弹出的下拉列表中选择不同的映射模式，使封套中的对象适合封套的形状。其中包括水平、垂直、自由变形以及原始 4 种映射模式。

7.6 交互式立体化工具

交互式立体化工具可以快速地使对象产生三维立体化效果。立体化效果可以应用于单独的图形对象或群组对象，而不能应用于位图图像。

7.6.1 添加立体化效果

在交互式工具组中单击“交互式立体化工具”按钮，在所选的图形对象上按住鼠标左键拖动，可使对象产生立体化效果，如图 7.6.1 所示。

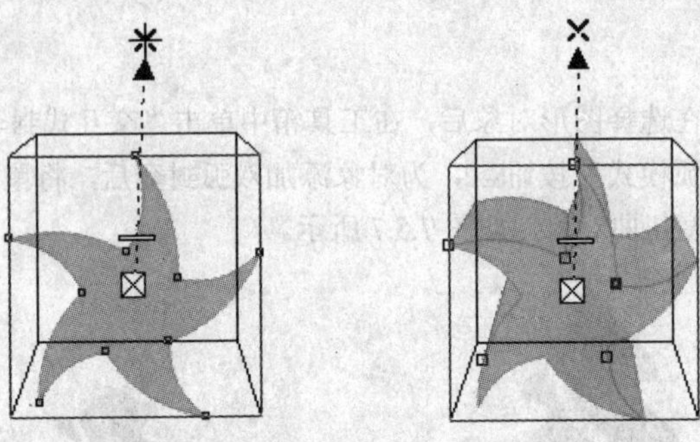

图 7.6.1 创建立体化效果

7.6.2 设置立体化深度和类型

创建了立体化效果后，还可以设置立体化深度与类型，在 CorelDRAW X4 中提供了 6 种立体化类型，用户可以根据需要进行选择。

设置立体化的类型与深度的具体操作方法如下：

（1）选择对象后，单击工具箱中的“交互式立体化工具”按钮，并在属性栏中单击立体化类型下拉按钮，弹出如图 7.6.2 所示的立体化类型下拉列表，从中选择一种类型。

（2）在属性栏中的深度输入框 20 中输入数值，可设置立体化的深度，此处输入 10，对象的立体化效果如图 7.6.3 所示。

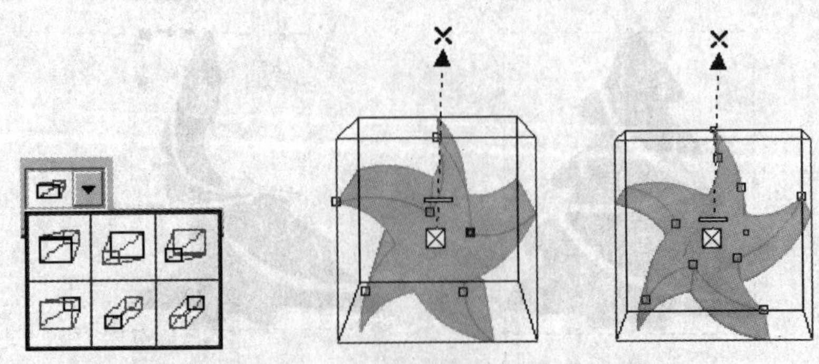

图 7.6.2 立体化类型下拉列表　　图 7.6.3 设置类型与深度效果

7.6.3　设置立体化的照明效果

通过设置照明效果可以加强对象的立体化效果。选择对象后，在“交互式立体化工具”属性栏中单击“照明”按钮，可打开设置照明的面板，从中单击“光源 1”按钮，可添加第一盏灯，在光线强度预览框中将第一盏灯移至下方；单击“光源 2”按钮，可添加第二盏灯，在光线强度预览框中将第二盏灯移至右下角，可制作出立体化照明效果，如图 7.6.4 所示。

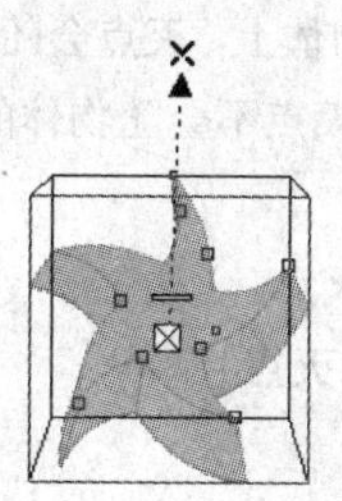

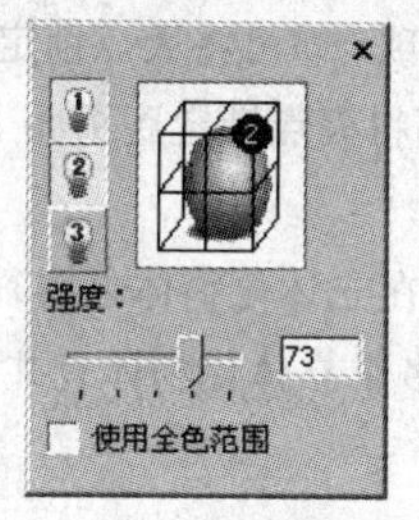

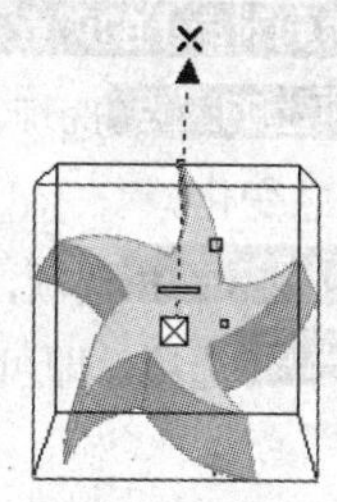

图 7.6.4　添加照明效果

7.6.4　设置立体化对象的颜色

在“交互式立体化工具”属性栏中单击“颜色”按钮，可从打开的颜色面板中设置立体化对象的颜色。

单击“使用纯色”按钮，可激活第一个选择颜色下拉按钮，单击此下拉按钮，可从打开的调色板中为立体化选择填充色，如图 7.6.5 所示。

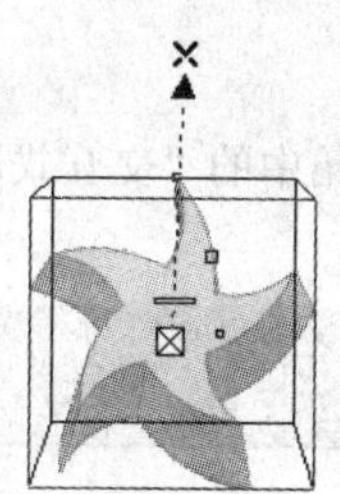

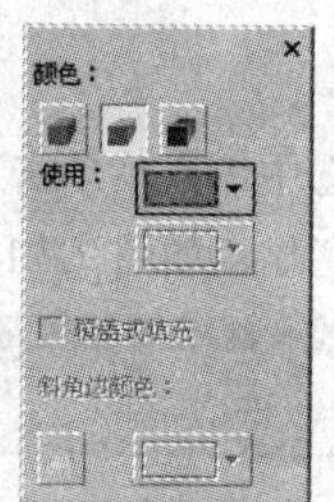

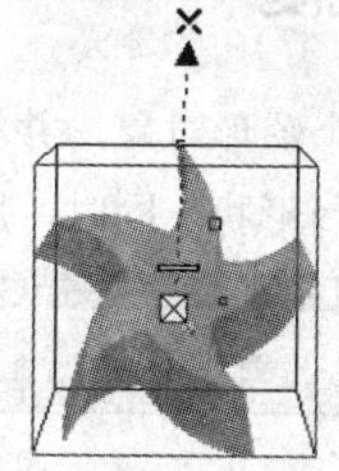

图 7.6.5　使用纯色填充立体化对象

在打开的颜色面板中单击“使用递减的颜色”按钮，可激活 从： 与 到： 右侧的两个下拉按钮，单击 从： 右侧的下拉按钮，可从打开的调色板中选择立体化部分的填充色；单击 到： 右侧的下拉按钮，可从打开的调色板中选择立体化对象的阴影颜色，从而制作出立体化的渐变效果，如图 7.6.6 所示。

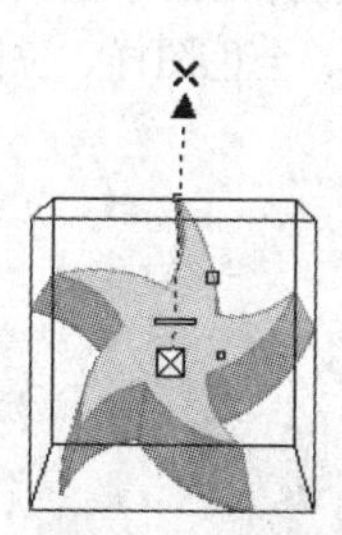

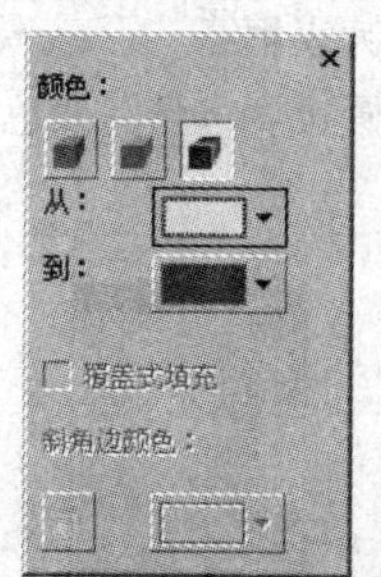

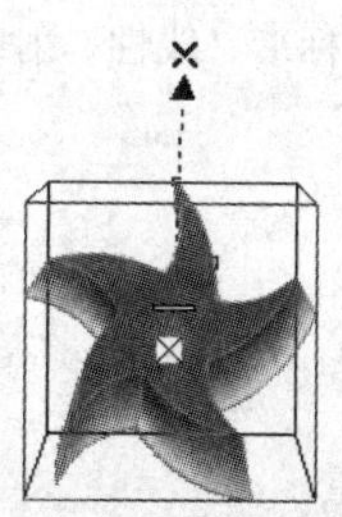

图 7.6.6　使用递减的颜色填充立体化对象

7.6.5 设置立体化的灭点

立体化的灭点是指立体透视的透视消失点，设置立体化灭点的具体操作方法如下：

（1）在“交互式立体化”属性栏中单击立体化类型下拉按钮，从弹出的下拉列表中选择一种立体化类型。

（2）在属性栏中的灭点属性下拉列表锁到对象上的灭点中可选择灭点的属性。

1）从中选择锁到对象上的灭点选项，即可将灭点锁定到物体上，灭点会随物体的移动而移动。

2）选择锁到页上的灭点选项，可将灭点锁定到页面上，灭点不会随物体的移动而移动，物体移动，立体效果也随之变化。

3）选择复制灭点，自...选项，可在立体化物体之间复制灭点。

4）选择共享灭点选项，即可使多个立体化物体有共同的灭点。

7.7 交互式透明工具

为对象应用透明效果，就像对这个对象进行填充一样。但是，对当前图形进行透明填充，就是为对象进行一种灰度遮盖。因为透明效果是应用在对象的上面，对象的颜色将透过这层透明效果表现出来。其效果与 Photoshop 中的图层蒙版十分类似。使用交互式透明工具可以对图形对象应用均匀、渐变、图案或底纹透明效果。

7.7.1 无透明度

在页面中绘制一个图形对象，并将其选中，然后单击工具箱中的“交互式透明工具”按钮，此时鼠标光标显示为形状。同时，属性栏显示如图 7.7.1 所示。

图 7.7.1 “交互式透明工具”属性栏

此时可以看到，在透明类型下拉列表框无中是“无”类型的，即无透明度的情况。

7.7.2 标准透明度

标准透明度是用一种单一纯色来填充，应用标准透明度的整个对象都使用这种颜色。在“交互式透明工具”属性栏中单击透明度类型下拉列表框无，在弹出的下拉列表中提供了几种交互式透明的类型，包括标准、线性、射线、圆锥、方角、双色图样、全色图样、位图图样和底纹，如图 7.7.2 所示。

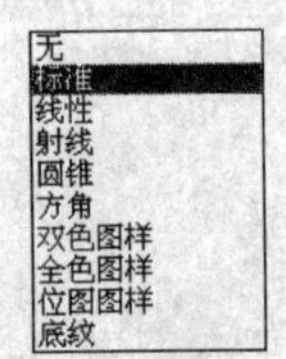

图 7.7.2 透明度类型下拉列表

选择标准选项，此时的属性栏显示如图 7.7.3 所示。

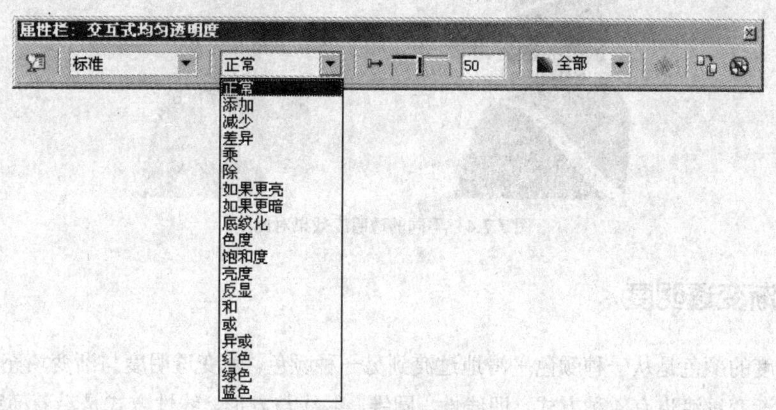

图 7.7.3 “标准透明度”属性栏

单击透明度操作下拉列表框正常，可从弹出的下拉列表中选择不同的透明模式。

选择正常模式，在对象填充的颜色上可直接应用透明效果。

选择添加模式，将填充色与透明色相加。

选择减少模式，将填充色与透明色相加，然后减去 255。

选择差异模式，用填充色减去透明色，然后再乘以 255。

选择乘模式，用填充色乘以透明色，然后再除以 255，可产生颜色加深的效果。黑色乘以任何颜色依然是黑色；白色乘以任何颜色颜色不变。

选择除模式，填充色除以透明色。

选择如果更亮模式，显示填充色与透明色较亮的颜色。

选择如果更暗模式，显示填充色与透明色较暗的颜色。

选择底纹化模式，将透明色转换为灰色，然后用填充色乘以灰色。

选择色度模式，利用填充色与透明色的色度、饱和度和亮度来创建颜色。

选择饱和度模式，利用填充色的色度与透明色的饱和度来创建颜色。

选择亮度模式，利用透明色的亮度与底色的色度来创建颜色。

选择反显模式，利用透明色的互补色来创建颜色。

选择和模式，将填充色与透明色的值转换为二进制的值，然后应用布尔代数公式 AND。

选择或模式，将填充色与透明色的值转换为二进制的值，然后应用布尔代数公式 OR。

选择异或模式，将填充色与透明色的值转换为二进制的值，然后应用布尔代数公式 XOR。

选择红色模式，应用透明色 R 通道与填充色 G，B 通道来创建颜色。

选择绿色模式，应用透明色 G 通道与填充色 R，B 通道来创建颜色。

选择蓝色模式，应用透明色 B 通道与填充色 G，R 通道来创建颜色。

在“标准透明度”属性栏中的开始透明输入框 50 中输入数值，可设置透明的程度。其取值范围为 0～100，0 表示无透明效果；100 表示完全透明，此时选中的对象将无法看到。如图 7.7.4 所示为不同透明度时的效果。

在“标准透明度”属性栏中单击透明目标下拉列表框全部，可从弹出的下拉列表中选择透明的范围，其中有 3 个选项可供选择，即全部、填充和轮廓。全部是指轮廓和填充同时进行透明操作；填充指只有填充区域进行透明操作；轮廓指只有轮廓进行透明操作。

图 7.7.4　不同的透明度效果对比

7.7.3　渐变透明度

渐变透明度的颜色是从一种颜色平滑地过渡到另一种颜色。渐变透明度与渐变填充一样，由透明到有色区域的渐变过渡也有 4 种方式，即线性、圆锥、射线与方形。线性方式是沿着横穿对象的一条直线进行过渡；圆锥是沿着从对象中心到对象外的同心圆进行过渡；射线方式是沿着从对象中心向外的射线进行过渡；方形方式是沿着从对象中心到对象外的同心方形进行过渡。

在“交互式透明工具”属性栏中的透明度类型下拉列表无中选择线性选项，此时所选的对象将变为交互式的状态，如图 7.7.5 所示。用户可以利用颜色控制色块直接对透明的效果进行调整。当鼠标移动至白色控制色块时，光标显示为“十”字状态，在白色控制色块上单击，即可选中白色色块，直接在调色板中单击需要的颜色，即可改变透明效果的起始颜色。

图 7.7.5　交互式渐变透明效果

提示：可通过移动交互式箭头处的色块来调整透明开始的位置和透明的方向，只须要按住鼠标左键并拖动色块即可调整。

7.7.4　图样透明度

图样透明度与图样填充一样，也可分为 3 种类型，即双色图样、全色图样和位图图样，其属性栏显示如图 7.7.6 所示。

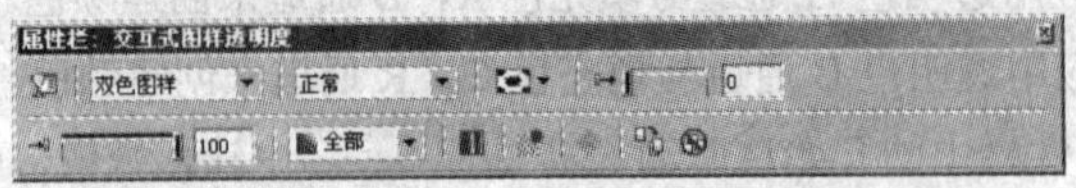

图 7.7.6　“图样透明度”属性栏

在页面中选择需要使用图样填充的对象，在属性栏中的透明度类型下拉列表中选择双色图样选项，在属性栏中单击下拉列表框，可从弹出的图样列表中选择一个图样，在全部下拉列表中选择填充选项，此时所选择的对象将被填充成具有一定透明效果的图样，如图 7.7.7 所示。如果要改变预设图样的颜色，可直接在调色板中单击所需的色块。

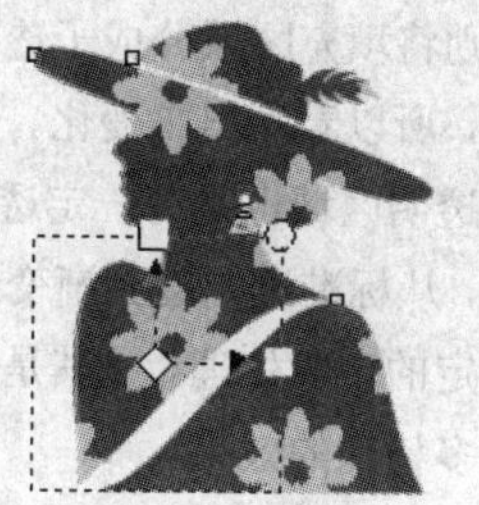

图 7.7.7　图样透明度

也可以进一步调节图形的透明位置、大小角度与颜色，只需要将鼠标光标移至控制色块上，按住鼠标左键并拖动，即可进行旋转变换。变换不但可以调整虚线矩形的倾斜度，而且也可对矩形的中心（菱形色块处）进行调整，如图 7.7.8 所示。

图 7.7.8　调节图样透明度

下面通过一个例子来对图样填充与图样透明度做进一步对比，如图 7.7.9 所示为分别用同样的图样对同一图形对象进行图样填充和图样透明填充。

（a）图样填充

（b）图样透明填充

图 7.7.9　图样填充和图样透明填充图形

同时选择两个图形对象，在调色板中单击橘红色色块，其图样填充将变为单一的橘红色填充，如图 7.7.10（a）所示，而为图样透明填充橘红色后的效果如图 7.7.10（b）所示。

（a）

（b）

图 7.7.10　标准填充与图样透明填充的对比

从图 7.7.10 中可以容易地看出，图样填充中图样是填充的整体，改变填充色将会影响到整个填充区域，而图样透明填充则将填充区域分成子透明区域和非透明区域，可只改变非透明区域的填充。由于透明区域都是透明的，所以看不出来变化。另外，图样透明填充中的颜色稍淡一些，是由于设置了透明度，也就是说，非透明区域也是有一定透明度的。

从以上的比较来看，从标准透明度到渐变透明度再到图样透明度，透明的过程都是先填充然后再对所填充的颜色进行一定的透明处理。尤其是渐变透明度，实际上就是颜色到无色之间的渐变。利用透明来填充，可生成许多特殊的效果。

7.7.5 底纹透明度

底纹透明度与底纹填充是一样的。底纹透明度主要使用两个调节句柄：一个是透明中心；另一个是结尾透明。其属性栏显示如图 7.7.11 所示。

图 7.7.11 “底纹透明度”属性栏

在页面中选择需要填充底纹透明的对象，在“底纹透明度”属性栏中单击底纹库下拉列表框 样品 ，可从弹出的下拉列表中选择一种底纹的样本，然后在属性栏中单击 下拉列表框，从弹出的下拉列表中选择一个底纹，即可为所选择的对象填充底纹透明的效果，如图 7.7.13 所示。

图 7.7.12 填充底纹透明效果

填充底纹透明后，也可直接在调色板中选择所需要的颜色来改变底纹的颜色。在属性栏中的结尾透明输入框 100 中输入数值，可改变底纹中颜色的对比强度。

在开始透明输入框 0 中输入数值，可调整整个底纹的透明度，其取值范围为 0～100，数值越大，透明的效果越显著。数值为 50 时，有一定的透明效果；数值为 0 时，基本没有透明效果；数值为 100 时，整个区域变成无色，在屏幕上将看不到对象，但对象并没有消失，仍可以选取透明值。

7.7.6 冻结透明度

在所有透明类型的属性栏中都有一个“冻结”按钮，即冻结透明度。使用此按钮，可以将设置好的透明度固定在这个对象中，但对图形对象的操作将会变得缓慢。

在“交互式透明工具”属性栏中单击“复制透明度属性”按钮，即可将已经应用透明度效果的图形中的透明效果复制到另一个图形中。其方法是：先选择一个需要进行透明处理的对象，单击工具箱中的“交互式透明工具”按钮，在弹出的属性栏中单击“复制透明度属性”按钮，此时鼠标光标显示为➡形状，移动鼠标至已经应用透明度效果的对象上，单击鼠标左键，即可将该对象的透明属性全部复制到所选的对象中。

7.8　典型实例——绘制花瓶

本节综合运用前面所学的知识绘制花瓶，最终效果如图 7.8.1 所示。

图 7.8.1　最终效果图

操作步骤

（1）新建一个图形文件，使用矩形工具在绘图区中绘制一个矩形，按“Ctrl+Q”键将其转换为曲线，然后单击工具箱中的“形状工具”按钮，将绘制的矩形调整为花瓶的形状，效果如图 7.8.2 所示。单击调色板中的幼蓝色色块，将绘制的花瓶填充为幼蓝色，并去除其轮廓线。

（2）单击工具箱中的“椭圆工具”按钮，在花瓶上方绘制一个椭圆形，将其填充为 10%黑色，并将其轮廓线填充为幼蓝色，效果如图 7.8.3 所示。

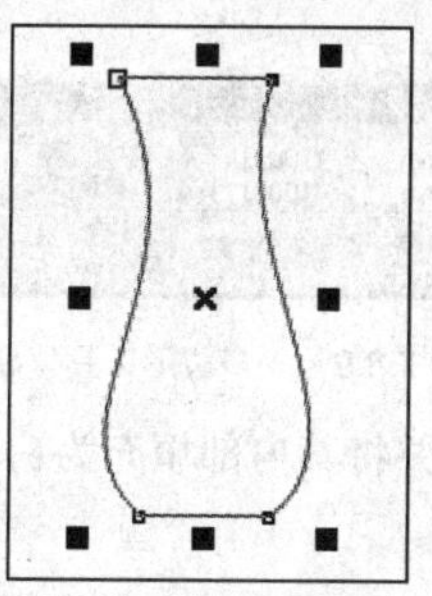

图 7.8.2　绘制并调整图形

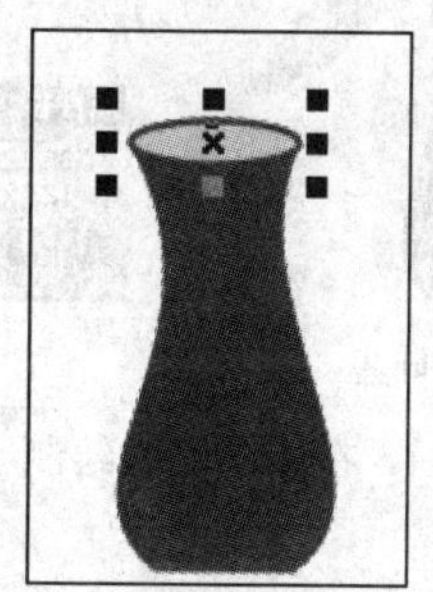

图 7.8.3　绘制并填充图形

（3）使用椭圆工具在花瓶上绘制一个无轮廓的白色椭圆，单击工具箱中的“交互式阴影工具”按钮，对绘制的椭圆添加交互式阴影效果，如图 7.8.4 所示。

（4）按“+”键，复制一个白色椭圆，并调整其大小及为位置，效果如图 7.8.5 所示。

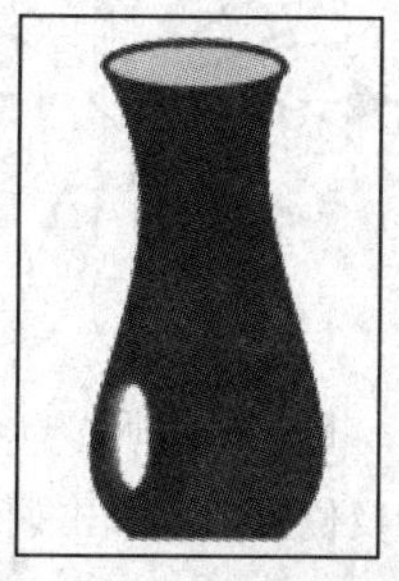

图 7.8.4　添加交互式阴影效果

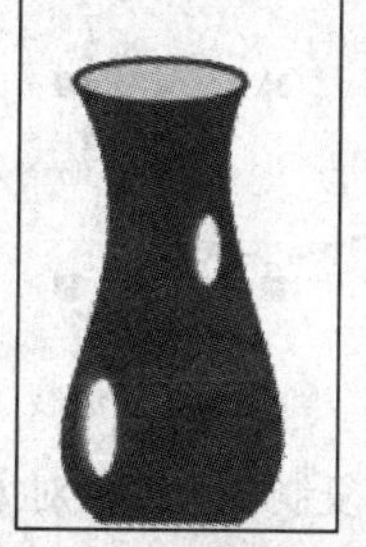

图 7.8.5　复制并调整图形

（5）单击工具箱中的“贝塞尔工具”按钮，在花瓶上方绘制叶子，效果如图 7.8.6 所示。

（6）单击调色板中的色块，对绘制的叶子进行不同颜色的填充，并去除其轮廓，效果如图 7.8.7 所示。

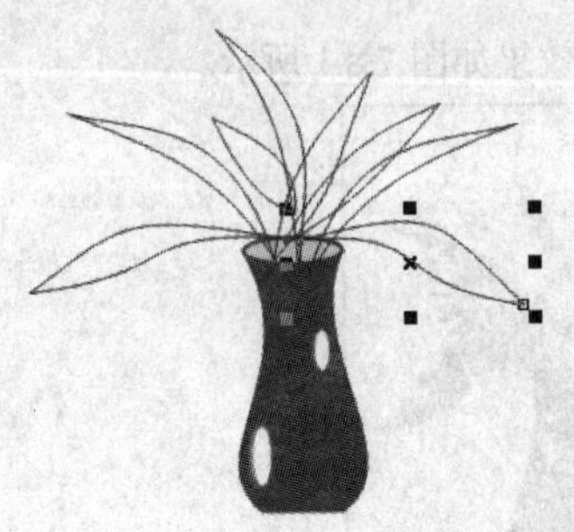
图 7.8.6　绘制叶子

图 7.8.7　填充叶子

（7）单击工具箱中的“贝塞尔工具”按钮，在叶子上绘制叶茎，并将其填充为白色，效果如图 7.8.8 所示。

（8）单击工具箱中的“多边形工具”按钮，设置其属性栏参数如图 7.8.9 所示。

图 7.8.8　绘制叶茎

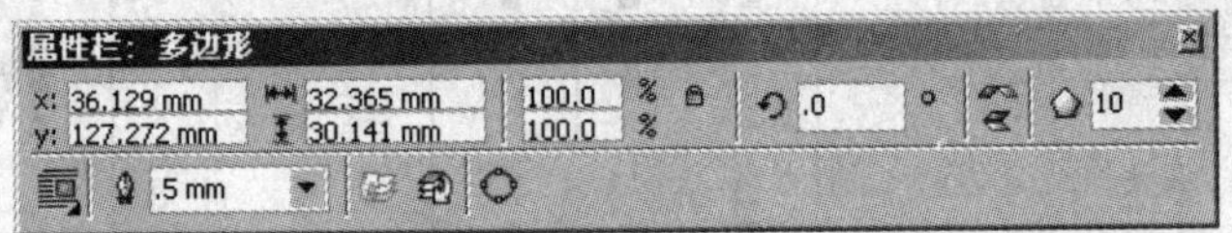

图 7.8.9　“多边形工具”属性栏

（9）设置好参数后，在绘图区中绘制一个十边形，并将其内部填充为白色，轮廓填充为草绿色，效果如图 7.8.10 所示。

（10）单击工具箱中的“交互式变形工具”按钮，在属性栏中选择“推拉变形”按钮，将鼠标光标移至多边形对象上，按住鼠标左键从右向左拖曳鼠标即可变形对象，效果如图 7.8.11 所示。

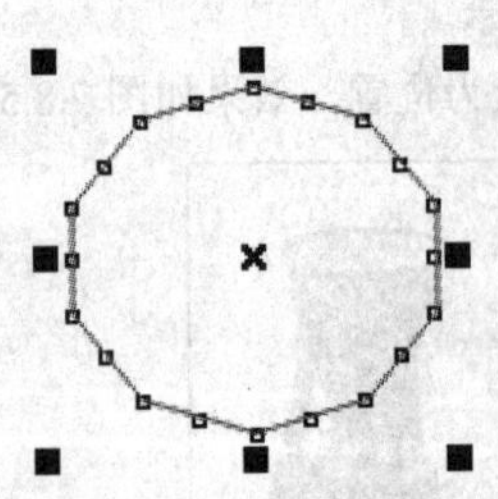
图 7.8.10　绘制并填充十边形

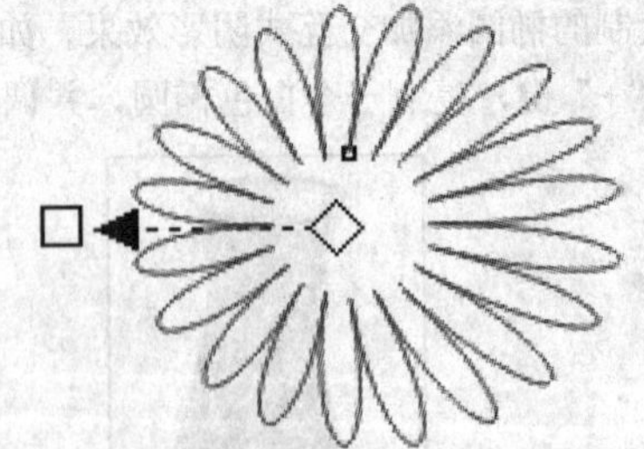
图 7.8.11　推拉变形效果

（11）按“+”键，复制一个变形对象，调整其大小及位置，并单击调色板中的淡黄色，对其进行填充，效果如图 7.8.12 所示。

（12）使用挑选工具框选推拉变形后的图形，重复步骤（11）的操作，复制 6 个图形，并分别更改其颜色，效果如图 7.8.13 所示。按“Ctrl+G”键，对其进行群组。

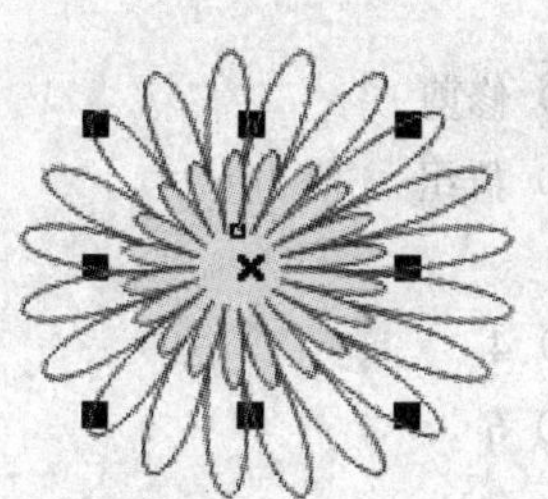

图 7.8.12　复制并调整图形

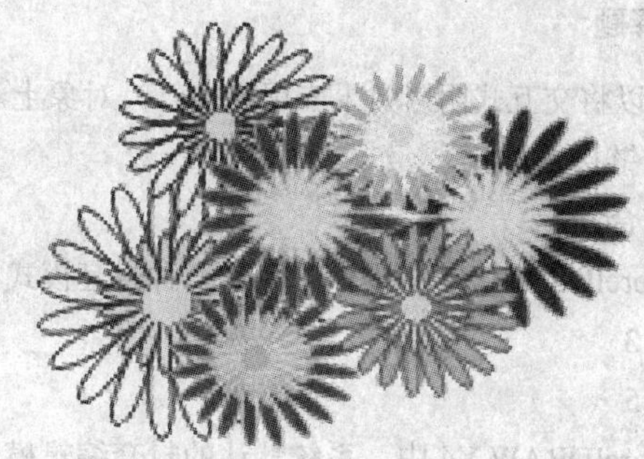

图 7.8.13　复制并调整图像

（13）使用挑选工具将群组后的图形对象拖曳到如图 7.8.14 所示的位置，然后按"Ctrl+I"键，导入一个背景图像文件，将其排列到图层后面，最终效果如图 7.8.1 所示。

图 7.8.14　移动图形对象的位置

本 章 小 结

本章主要介绍了 CorelDRAW X4 中对象的交互式特效，包括交互式调合工具、交互式轮廓图工具、交互式变形工具、交互式阴影工具、交互式封套工具、交互式立体化工具以及交互式透明工具的使用方法与技巧。通过本章的学习，可使读者熟练运用图形对象的交互式功能制作出多种多样的特殊效果。

过 关 练 习

一、填空题

1. CorelDRAW X4 中提供了__________种交互式工具，应用这些工具可以非常直观、方便地改变对象的外观，从而制作出各种图形效果。

2. 使用__________工具可以在起始对象和结束对象之间创建一系列轮廓和填充的渐变过渡效果。

3. 交互式变形工具可以对对象创建 3 种变形效果，即__________、__________和__________。

4. 交互式立体化效果可以应用于单独的__________对象或__________对象，而不能应用于__________图像。

二、选择题

1．不可以将交互式阴影效果应用到（ ）对象上。

（A）链接的群　　（B）修剪

（C）合并　　（D）群组

2．在 CorelDRAW X4 中提供了（ ）种封套模式。

（A）3　　（B）4

（C）5　　（D）6

3．在 CorelDRAW X4 中，系统默认的封套编辑模式是（ ）。

（A）单弧　　（B）双弧

（C）直线　　（D）非强制

4．在“交互式透明工具”属性栏中的透明度类型中提供了（ ）种渐变透明填充的方式。

（A）1　　（B）2

（C）3　　（D）4

三、简答题

1．图样填充与图样透明度有何不同？

2．如何将一个推拉变形对象的属性应用到其他对象上？

四、上机操作题

1．绘制一幅图像，利用本章所学的交互式特效功能制作出不同的特殊效果。

2．在绘图区中绘制一个正方形，为其添加立体化效果，并设置其立体化的颜色为淡蓝色到冰蓝色的渐变。

第8章 透镜与其他特殊效果

章前导航

在 CorelDRAW X4 中，可以对矢量图与位图对象进行一些重要的特殊效果处理，如透镜效果、透视点效果、复制与克隆效果以及图框精确剪裁效果。本章主要介绍这些效果的功能与使用方法。

本章要点

- 透镜
- 透视点
- 复制与克隆
- 图框精确剪裁

8.1 透　　镜

使用“透镜”泊坞窗可以为对象添加各种透镜效果，它是一种通过改变对象外观或改变观察透镜下对象的方式而得的特殊效果，但不会改变对象实际属性。透镜效果可以应用于 CorelDRAW X4 创建的各类封闭路径，如矩形、椭圆、多边形等封闭的形状和闭合曲线，以及手绘工具创建的对象。

8.1.1 添加透镜效果

应用透镜效果的具体操作方法如下：

（1）打开或导入一幅位图，选择菜单栏中的 效果(C) → 透镜(S) 命令，打开“透镜”泊坞窗，如图 8.1.1 所示。

（2）单击工具箱中的“椭圆形工具”按钮，在位图对象上绘制一个椭圆对象，将其作为透镜的镜头，如图 8.1.2 所示。

图 8.1.1 “透镜”泊坞窗

图 8.1.2 创建透镜的镜头

（3）在“透镜”泊坞窗中的 无透镜效果 下拉列表中选择 热图 选项，即可对透镜对象颜色的冷暖度进行偏移，此时的泊坞窗选项参数如图 8.1.3 所示。

（4）选中 冻结 复选框，可固定透镜中的内容，在移动透镜时不改变通过透镜显示的内容；选中 视点 复选框，可在透镜本身不移动的情况下，通过透镜显示图形的任意部分；选中 移除表面 复选框，可设置只显示它下层存在对象时的透镜效果。

（5）设置好参数后，单击 应用 按钮，应用透镜效果如图 8.1.4 所示。

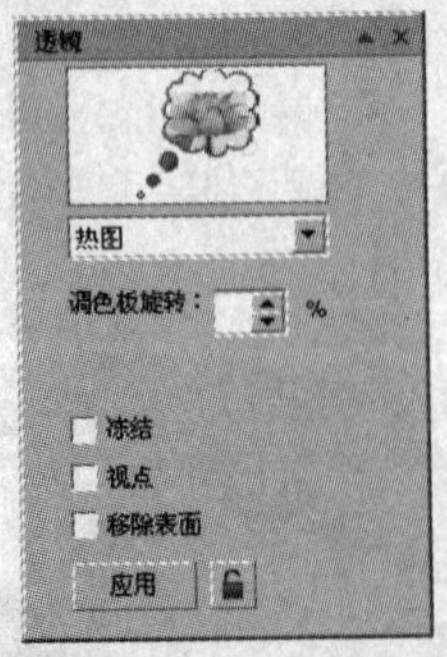

图 8.1.3 “热图”选项参数

图 8.1.4 添加热图透镜效果

除了使用热图透镜效果外，在 CorelDRAW X4 中还提供了其他类型的透镜效果，下面分别对其

进行介绍。

1．使明亮

使明亮透镜可以使对象区域变亮或变暗，并可设置对象区域亮度或暗度的比率。

在“透镜”泊坞窗中的无透镜效果下拉列表中选择使明亮选项，即可为镜头添加明亮透镜效果。在比率(E):输入框中输入数值，可设置图像的明暗比例，输入的数值范围为-100%～100%，输入负数时，透镜下方的对象变暗；输入正数时，透镜下方的对象变亮。单击应用按钮，应用使明亮透镜效果如图 8.1.5 所示。

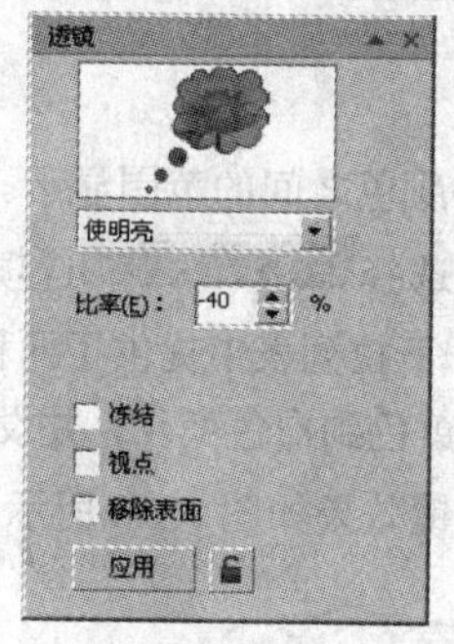

图 8.1.5　应用使明亮透镜效果

2．颜色添加

颜色添加透镜可模拟加色光线模式，从而使透镜对象区域变为其他颜色。

在“透镜”泊坞窗中的无透镜效果下拉列表中选择颜色添加选项，在比率(E):输入框中输入数值，可设置颜色添加程度，数值越大，效果越明显；单击颜色:下拉按钮，可从打开的调色板中选择一种颜色添加到透镜的颜色。单击应用按钮，应用颜色添加透镜效果如图 8.1.6 所示。

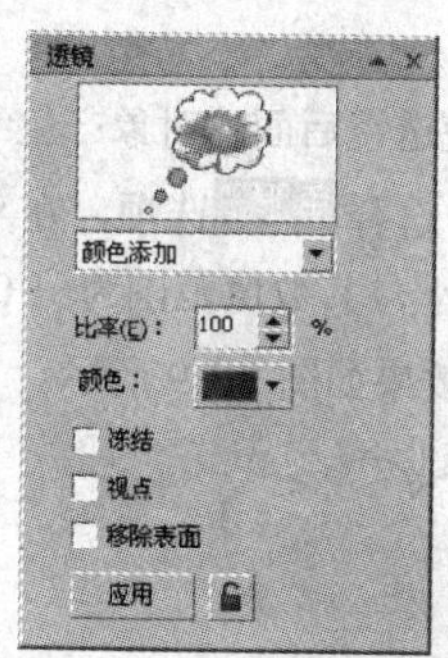

图 8.1.6　应用颜色添加透镜效果

3．色彩限度

色彩限度透镜只显示透镜本身的颜色与黑色，而其他的颜色将被转换成透镜的颜色，也就是说，经过它的光线，都会被它上面的颜色过滤。

在“透镜”泊坞窗中的无透镜效果下拉列表中选择色彩限度选项，在比率(E):输入框中输入数值，可设置透镜的深度；单击颜色:下拉按钮，可选择透镜的颜色。单击应用按钮，应用色彩限度透镜效果如图 8.1.7 所示。

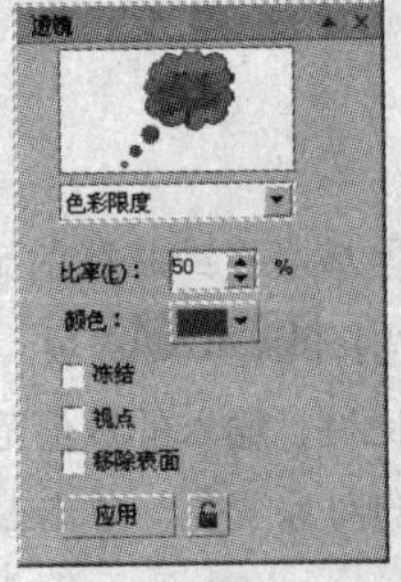

图 8.1.7　应用色彩限度透镜效果

4. 自定义彩色图

自定义彩色图透镜可使透镜对象颜色按照所设置的两种颜色之间的范围显示。

在“透镜”泊坞窗中的无透镜效果下拉列表中选择自定义彩色图选项，通过设置从：与到：的颜色可指定透镜的颜色范围；在直接调色板下拉列表中提供了两种颜色的 3 种变化过程，即直接调色板、向前的彩虹以及反转的彩虹。选择从黄色到白色变化，并设置这两种颜色的变化为反转的彩虹，单击应用按钮，应用自定义彩色图透镜效果如图 8.1.8 所示。

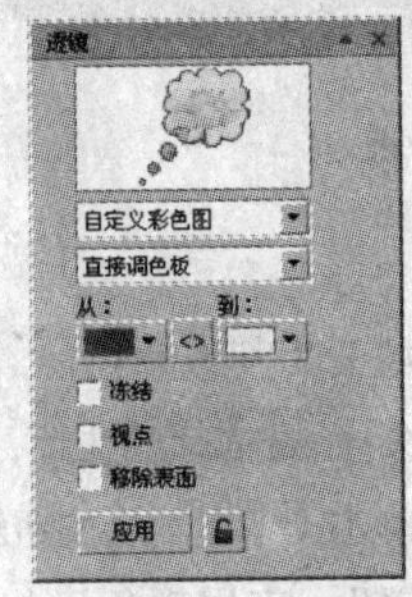

图 8.1.8　应用自定义彩色图透镜效果

5. 鱼眼

鱼眼透镜是模拟鱼眼效果来显示透镜对象的区域，从而使透镜后面的对象产生缩小或放大的效果。

在“透镜”泊坞窗中的无透镜效果下拉列表中选择鱼眼选项，在比率(E):输入框中输入数值，可设置鱼眼的程度，即透镜后面的对象是放大或缩小，其数值范围为-1 000%～1 000%，正值为放大，负值为缩小。单击应用按钮，应用鱼眼透镜效果如图 8.1.9 所示。

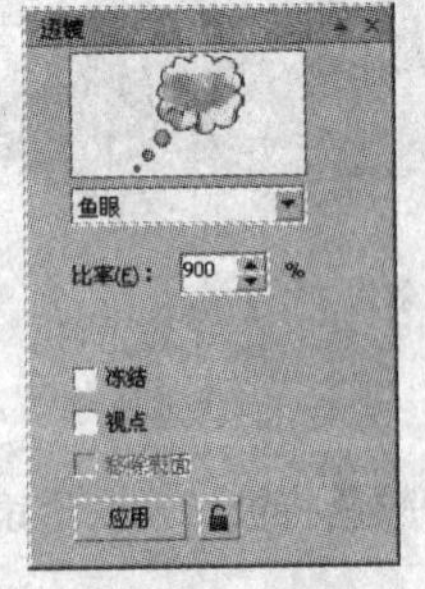

图 8.1.9　应用鱼眼透镜效果

6. 反显

反显透镜的原理是将透镜下方的颜色变为它的互补色，这种互补颜色是基于 CMYK 颜色模式的，

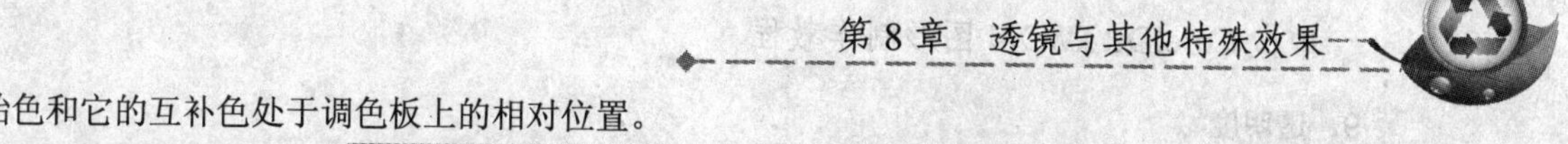

原始色和它的互补色处于调色板上的相对位置。

在“透镜”泊坞窗中的无透镜效果下拉列表中选择反显选项，单击应用按钮，应用反显透镜效果如图 8.1.10 所示。

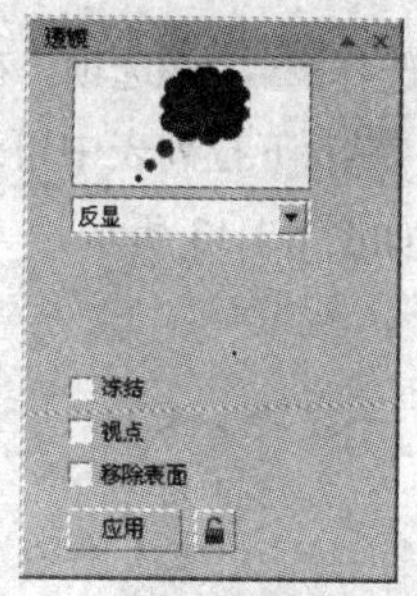

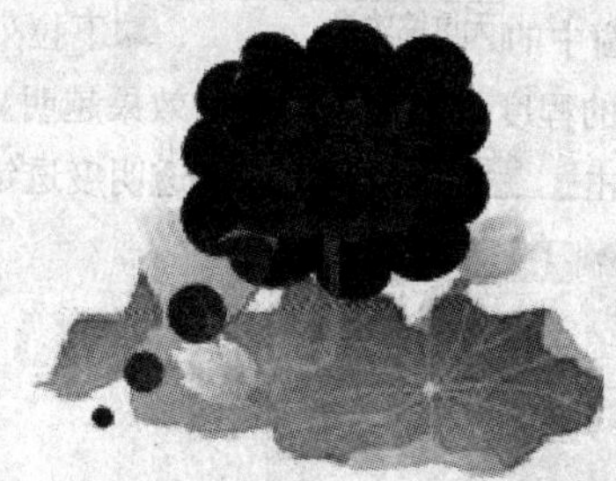

图 8.1.10　应用反显透镜效果

7．放大

放大透镜就像用放大镜查看物体，使放大透镜下的对象可以按指定的倍数放大。但这种放大只是一种视觉效果，实际上对象属性并没有发生变化。

在“透镜”泊坞窗中的无透镜效果下拉列表中选择放大选项，在数量(U):输入框中输入数值，可设置放大的比率，输入比 1 小的数值会缩小对象；输入比 1 大的数值则会放大对象。单击应用按钮，应用放大透镜效果如图 8.1.11 所示。

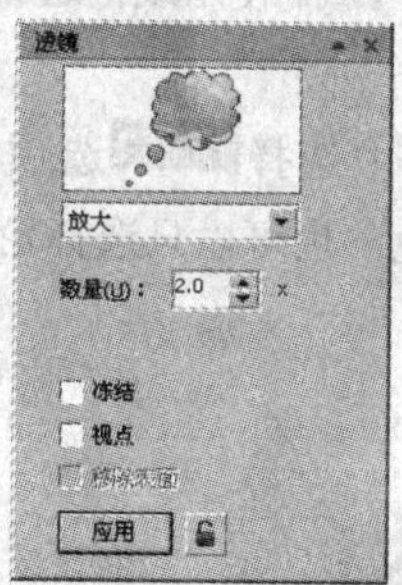

图 8.1.11　应用放大透镜效果

8．灰度浓淡

灰度浓淡透镜可用指定的颜色将透镜对象区域的颜色替换为等值的灰度。

在“透镜”泊坞窗中的无透镜效果下拉列表中选择灰度浓淡选项，在颜色:下拉列表中可设置灰度浓淡透镜处理后对象的颜色。设置完成后，单击应用按钮，应用灰度浓淡透镜效果如图 8.1.12 所示。

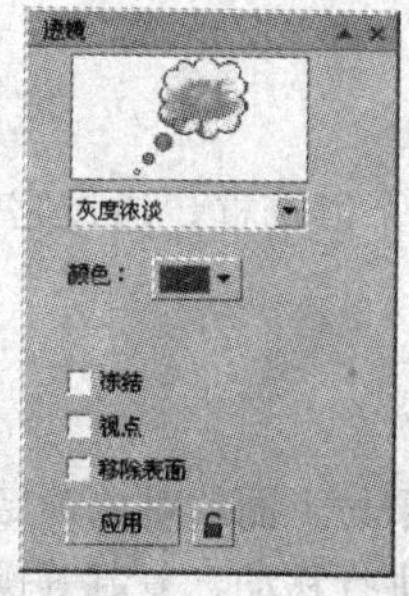

图 8.1.12　应用灰度浓淡透镜效果

9．透明度

透明度透镜可为图形对象添加透明的透镜效果，使透镜区域的颜色像透过一层有色玻璃进行显示一样。

在“透镜”泊坞窗中的无透镜效果下拉列表中选择透明度选项，在比率(E):输入框中输入数值，可设置透明的程度，数值越大透明效果越明显；在颜色:下拉列表中可选择一种颜色作为透明度透镜的颜色。单击应用按钮，应用透明度透镜效果如图 8.1.13 所示。

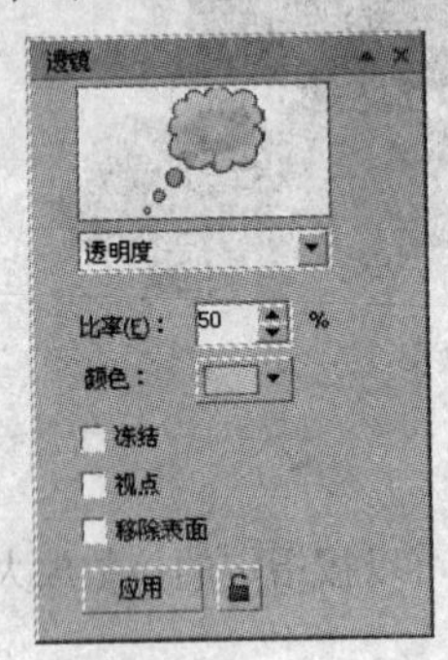

图 8.1.13　应用透明度透镜效果

10．线框

线框透镜可用指定的轮廓色或填充颜色来显示透镜对象区域。使用线框透镜效果时，透镜对象下方的对象应为矢量图。

在“透镜”泊坞窗中的无透镜效果下拉列表中选择线框选项，分别在轮廓:与填充:右侧的下拉列表中选择需要的轮廓颜色与填充颜色，也可以只选择轮廓颜色或填充颜色。单击应用按钮，应用线框透镜如图 8.1.14 所示。

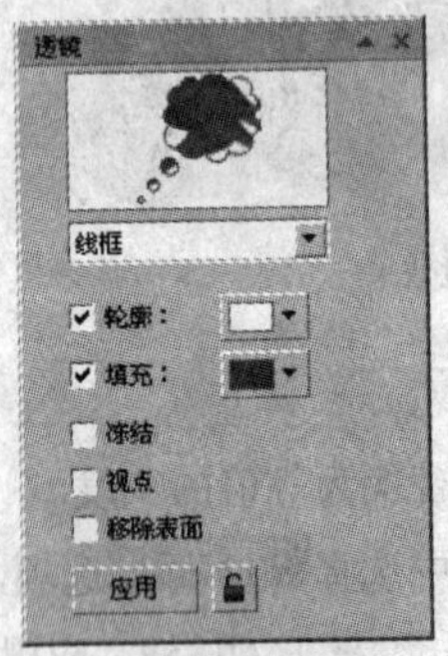

图 8.1.14　应用线框透镜效果

8.1.2　编辑透镜效果

“透镜”泊坞窗中有冻结、视点和移除表面3 个复选框，通过它们可以设置各种透镜的效果。

1．冻结效果

在“透镜”泊坞窗中选中冻结复选框，可将透镜效果与下面的对象锁定，不管将其移至任何位置，透镜效果和对象内容都不会改变。冻结之后就可以进行移动、复制等操作，效果如图 8.1.15

所示。

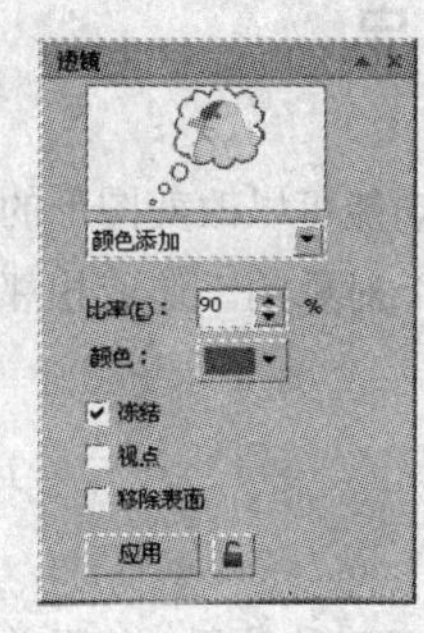

图 8.1.15　冻结效果

2．视点效果

创建好一种类型的透镜后，在其相应的“透镜”泊坞窗中选中☑视点复选框，此时，该复选框的右侧会出现一个末端按钮，单击此按钮，透镜中心会显示✕标记，移动此标记可更改视点的位置，也可在“透镜”泊坞窗中的X:与Y:坐标值输入框中设置视点的位置，如图 8.1.16 所示。

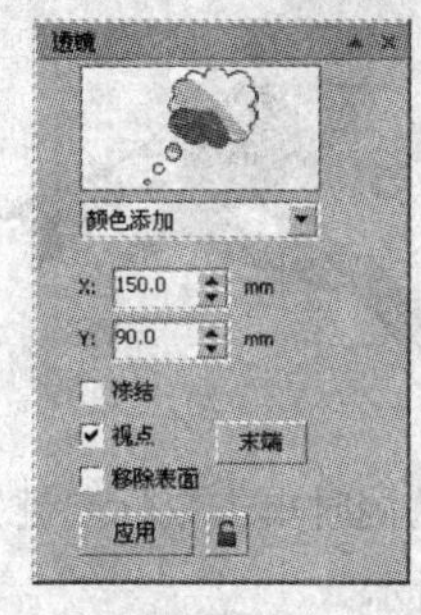

图 8.1.16　视点效果

3．移除表面效果

在“透镜”泊坞窗中选中☑移除表面复选框，透镜将只作用于下面的对象，使下面对象之外的区域保持通透性，效果如图 8.1.17 所示。

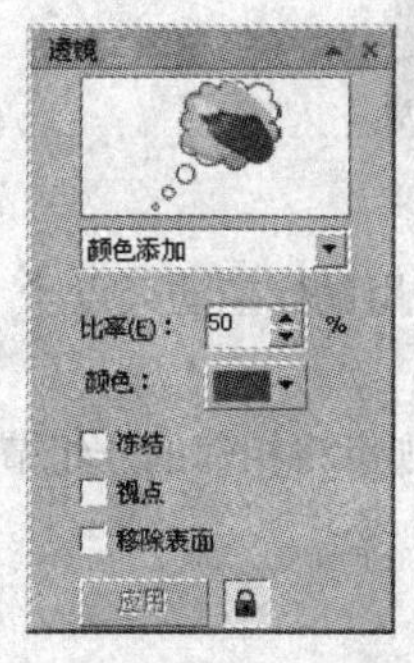

图 8.1.17　移除表面效果

8.1.3　清除透镜效果

要取消对象的透镜效果，可以在“透镜”泊坞窗中的使明亮下拉列表中选择无透镜效果选项，单击应用按钮，即可取消对象应用的透镜效果。

8.2 透 视 点

在 CorelDRAW X4 中提供了添加透视点功能，使用此功能可以改变图形的透视点，从而制作出具有三维空间距离与深度的透视效果。由于透视效果是将一个对象的一边或相邻的两边缩短之后产生的，所以透视可分为单点透视和双点透视。

8.2.1 单点透视

单点透视是缩短对象的一边，使对象呈现出向一个方向后退的效果。使用单点透视的具体操作方法如下：

（1）在绘图区中绘制一个图形对象，然后选择菜单栏中的 效果(C) → 添加透视(P) 命令，此时，在对象周围显示一个虚线外框与 4 个控制点，如图 8.2.1 所示。

图 8.2.1 添加透视点

（2）将光标移到任意一个控制点上，在按住“Ctrl”键的同时单击鼠标左键并拖动，使节点向水平或垂直方向移动，从而创建出单点透视效果，如图 8.2.2 所示。

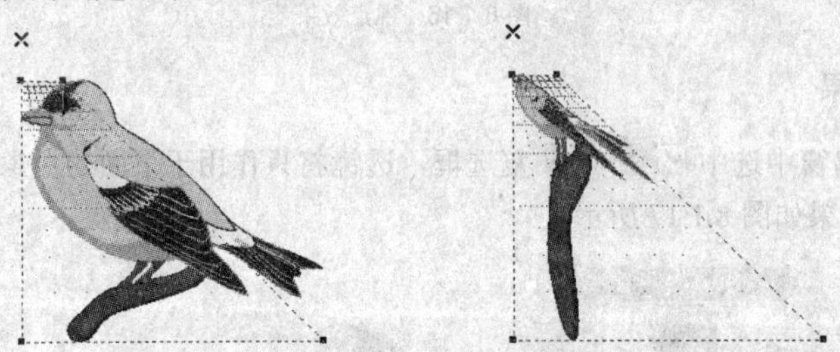

图 8.2.2 创建单点透视效果

在移动控制点时，会发现灭点 × 也随着移动，如果直接用鼠标拖动灭点 × 也可以获得各种角度的透视效果。

（3）如果在按住“Ctrl+Shift”键的同时拖动控制点，则可将相邻的一组节点进行相向方向的移动，如图 8.2.3 所示。

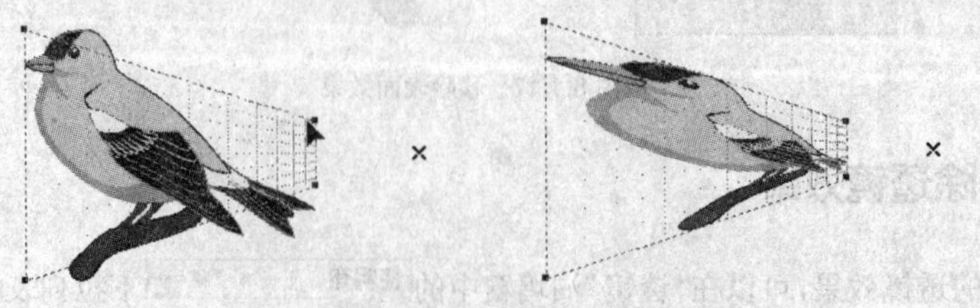

图 8.2.3 创建相邻节点的相向移动单点透视效果

8.2.2　双点透视

双点透视就是改变对象两条边的长度，从而使对象呈现出向两个方向后退的效果。

添加双点透视的具体操作方法如下：

（1）创建需要进行双点透视的对象，并使用挑选工具将其选择。

（2）选择菜单栏中的 效果(C) → 添加透视(P) 命令，此时所选的对象周围出现一个虚线外框和 4 个黑控制点。

（3）将光标移至任意一个控制点上，按住鼠标左键沿着图形的对角线方向拖动，即可创建出双点透视效果，如图 8.2.4 所示。

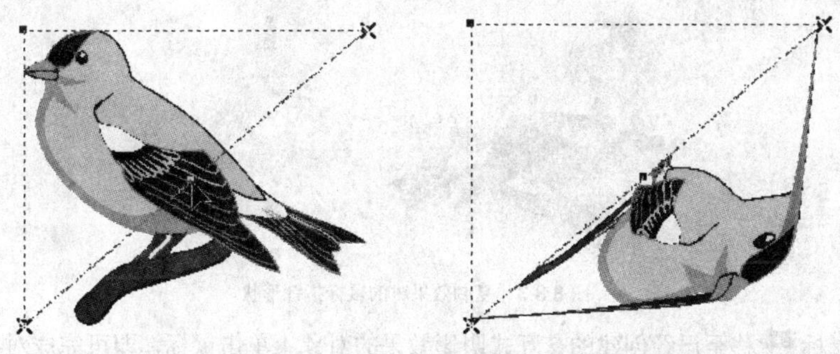

图 8.2.4　双点透视效果

8.3　复制与克隆

复制效果可将窗口中已有的特殊效果复制到正在创建的图形对象上；克隆效果同复制效果有点相似，都可快速创建效果。不同的是，复制效果同原对象之间没有链接关系，而克隆效果与原对象之间有链接关系，也就是说克隆效果将随着原对象的改变而改变。

8.3.1　复制效果

选择 效果(C) → 复制效果(Y) 命令，弹出如图 8.3.1 所示的子菜单，通过选择相应的命令，可实现对复制效果的阴影自、立体化自、轮廓图自、精确剪裁自和调和自等效果。具体操作步骤如下：

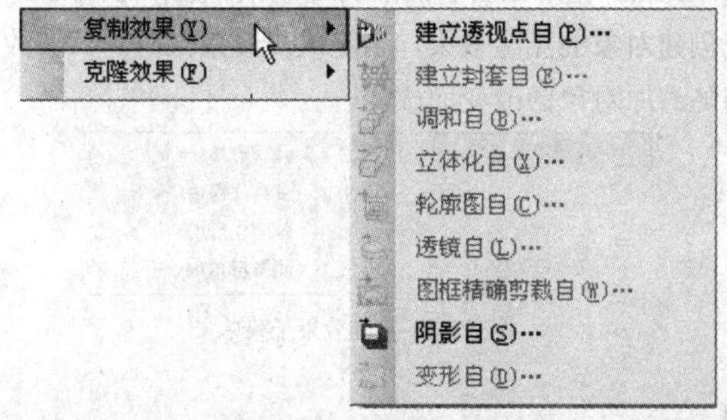

图 8.3.1　复制效果子菜单

（1）在绘图区中创建一个交互式阴影效果对象，再绘制一个图形对象，如图 8.3.2 所示。

图 8.3.2　创建的阴影效果和绘制的图形

（2）选中绘图区中右侧的图形对象，然后选择 效果(C) → 复制效果(Y) → 阴影自(S)… 命令，此时，鼠标光标变为➡形状，如图 8.3.3 所示。

图 8.3.3　复制效果时的鼠标指针形状

（3）将光标➡移至已经创建的交互式阴影效果的对象上单击鼠标，即可完成对象的复制效果，如图 8.3.4 所示。

图 8.3.4　对象的复制效果

8.3.2　克隆效果

选择 效果(C) → 克隆效果(F) 命令，弹出如图 8.3.5 所示的子菜单。通过选择相应的命令，可以实现对克隆对象的调和自、立体化自、轮廓图自和阴影自等效果。操作方法与复制效果基本相同，这里不再详细介绍，用户可自己创建对象的克隆效果，当完成克隆效果时，试着改变原对象的颜色等属性，会发现克隆效果的对象将随着原对象的改变而改变。

图 8.3.5　克隆效果子菜单

8.3.3　清除效果

清除效果可清除对象的全部效果，若使用了调和效果，这时选择 效果(C) → 清除调和 命令，

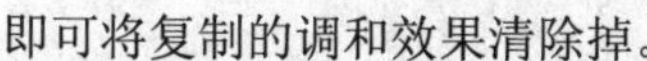

即可将复制的调和效果清除掉。

8.4 图框精确剪裁

使用图框精确剪裁命令可将矢量图像或位图图像放置到指定的图形对象中。选择菜单栏中的 效果(C) → 图框精确剪裁(W) 命令，可弹出其子菜单，如图 8.4.1 所示。使用这些命令，可以将图形放置在其他对象中。

图 8.4.1 图框精确剪裁子菜单

8.4.1 精确剪裁

如果要将对象放置在指定的容器中，可先使用挑选工具选择要置于容器中的对象，然后选择菜单栏中的 效果(C) → 图框精确剪裁(W) → 放置在容器中(P)… 命令，此时，鼠标指针显示为➡形状，将鼠标指针移至要置入对象的容器上并单击，即可完成图框精确剪裁，如图 8.4.2 所示。

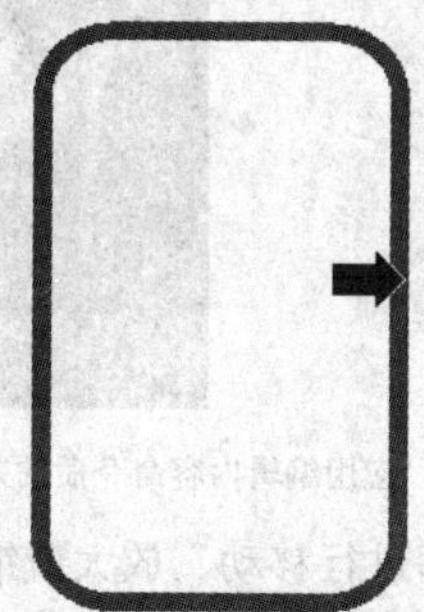

图 8.4.2 图框的精确剪裁

当放置在容器中的对象比容器大时，在容器外的内容就会被剪裁掉，以适应容器。此外，作为精确剪裁的容器必须是封闭的路径对象，如矩形、椭圆、美术字等。

如果要将美术字作为精确剪裁的容器，可先使用挑选工具选择要置入的对象，然后选择菜单栏中的 效果(C) → 图框精确剪裁(W) → 放置在容器中(P)… 命令，移动鼠标到美术字上并单击，即可将对象置入美术字中，如图 8.4.3 所示。

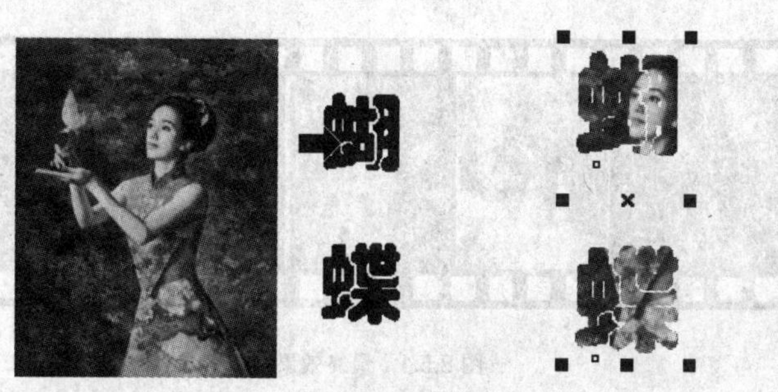

图 8.4.3 以美术字作为容器精确剪裁对象

8.4.2 提取内容

将对象放置在指定的容器中后，还可以将其提取出来。其操作方法很简单，只需使用挑选工具选中容器与对象，再选择菜单栏中的 效果(C) → 图框精确剪裁(W) → 提取内容(X) 命令，即可将对象从精确剪裁的容器中提取出来，此时，内置的对象和容器又分为两个对象。

8.4.3 编辑内容

制作精确剪裁对象后，可以将其从容器中提取出来，也可以对其进行编辑操作，在删除或修改内容时不影响容器。

使用 编辑内容(E) 命令可以对放置在容器中的对象进行编辑；使用 结束编辑(F) 命令可以结束对象的编辑，使对象重新放置在容器中。这两个命令通常结合在一起使用，具体的操作方法如下：

（1）使用挑选工具选中应用精确剪裁效果的图形。

（2）选择菜单栏中的 效果(C) → 图框精确剪裁(W) → 编辑内容(E) 命令，此时，放置在容器中的对象被完整地显示出来，容器将以灰色线框模式显示，如图 8.4.4 所示。

图 8.4.4　应用编辑内容命令后的效果

（3）对显示出来的对象进行编辑，即进行移动、放大或缩小等操作。编辑完成后，选择菜单栏中的 效果(C) → 图框精确剪裁(W) → 结束编辑(F) 命令，可结束对容器中对象的编辑，这时，将只显示包含在容器中的内容。

8.5 典型实例——制作底片效果

本节综合运用前面所学的知识制作底片效果，最终效果如图 8.5.1 所示。

图 8.5.1　最终效果图

操作步骤

（1）新建一个文件，单击工具箱中的“矩形工具”按钮，在绘图页面中拖动鼠标绘制一个矩形，单击调色板中的黑色色块，填充图形的内部颜色，效果如图 8.5.2 所示。

（2）单击工具箱中的“矩形工具”按钮，按住“Ctrl”键，在黑色矩形上方绘制一个无轮廓的白色正方形，效果如图 8.5.3 所示。

图 8.5.2　绘制并填充矩形

图 8.5.3　绘制并填充正方形

（3）单击工具箱中的“挑选工具”按钮，在按住“Ctrl”键的同时水平向右拖曳图形，并在适当位置单击鼠标右键，复制一个新的图形，效果如图 8.5.4 所示。

（4）单击工具箱中的“交互式调和工具”按钮，将光标从左边正方形上拖曳到右边正方形上，在属性栏中的步数 5 输入框中输入“20”，按“Enter”键，效果如图 8.5.5 所示。

图 8.5.4　复制图形

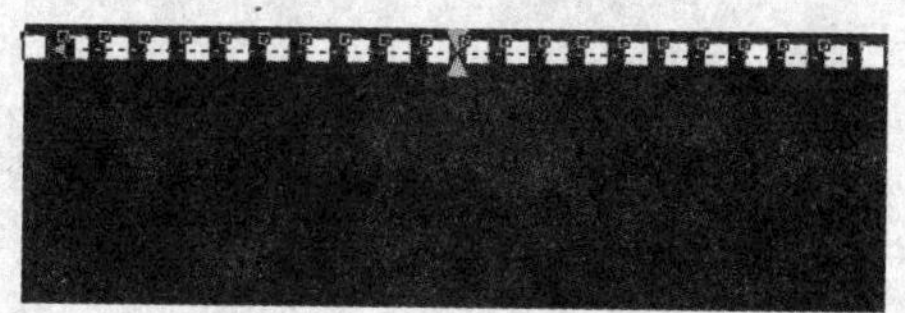

图 8.5.5　交互式调合效果

（5）单击工具箱中的“挑选工具”按钮，按“+”键，复制一个新图形，并将其拖曳到如图 8.5.6 所示的位置。

（6）按“Ctrl+I”键，导入一个图像文件，并调整其大小及位置，效果如图 8.5.7 所示。

图 8.5.6　复制并移动图形

图 8.5.7　导入并调整图像 1

（7）重复步骤（6）的操作，导入 4 个图像文件，并将其调整为相同的大小，如图 8.5.8 所示。

（8）单击工具箱中的“矩形工具”按钮，绘制一个与图像大小相同的矩形。

（9）选择菜单栏中的 效果(C) → 透镜(S) 命令，弹出“透镜”泊坞窗，在其类型下拉列表 使明亮 中选择 反显 选项，单击 应用 按钮，效果如图 8.5.9 所示。

图 8.5.8　导入并调整图像 2

图 8.5.9　应用反显效果

（10）重复步骤（9）的操作，分别为导入的其他图像添加反显透镜效果，最终效果如图 8.5.1 所示。

本章小结

本章主要介绍了在 CorelDRAW X4 中添加透镜、透视点，复制与克隆以及图框精确剪裁等知识。通过本章的学习，可使读者在以后的实际设计和制作工作中灵活应用透镜与其他特殊效果创作出新颖独特的作品。

过关练习

一、填空题

1. 选择 效果(C) → 透镜(S) 命令，或者按________键，就可以打开“透镜”泊坞窗。
2. 透镜可用于封闭的对象，而不能应用于________、________或________的对象。
3. 使用________透镜可以使透镜下面的对象按设置的倍数放大。
4. 在 CorelDRAW X4 中透视分为________和________。

二、选择题

1. 使用（　）透镜的效果如同使用放大镜查看物体。

（A）灰度浓淡　（B）放大

（C）鱼眼　（D）颜色添加

2. （　）透镜是对透镜对象颜色的冷暖度进行偏移。

（A）热图　（B）反显

（C）放大　（D）鱼眼

3. 为对象添加透视点后，按住（　）键的同时拖动控制点，即可创建出单点透视效果。

（A）Alt　（B）Shift

（C）Ctrl　（D）Alt+Ctrl

4. （　）效果可以将一个对象精确置于另外一个容器对象中。

（A）图框精确剪裁　（B）单点透视

（C）双点透视　（D）透镜

三、简答题

1. “透镜”泊坞窗中有哪几种透镜模式？
2. 复制效果与克隆效果有什么不同？

四、上机操作题

1. 新建一个图形文件，导入一幅位图，再使用多边形工具在位图上绘制一个多边形，并为其添加透镜效果。

2. 导入一幅封面图像，利用本章所学的知识，为封面的书脊部分添加透视效果。

第9章 文本的使用

章前导航

在 CorelDRAW X4 中，文本是具有特殊属性的图形对象，它可以起到说明主题或衬托画面的作用。本章主要介绍如何创建与编辑文本，[illegible]的文本进行特殊效果的编辑。

本章要点

- 创建文本
- 编辑文本
- 文本的特殊编辑

9.1 创建文本

在图形对象的设计中，往往少不了对文字的操作。在 CorelDRAW X4 中，可以使用文本工具直接创建美术字文本和段落文本，也可以让文本围绕着一条弯曲的曲线排列，即创建路径文本。

9.1.1 创建美术字文本

输入美术字文本的具体操作方法如下：

（1）在工具箱中选择文本工具或按快捷键“F8”。

（2）在绘图区中的适当位置处单击鼠标，将会出现闪动的光标，通过键盘直接输入美术字文本，如图 9.1.1 所示。

图 9.1.1 输入文本

（3）单击工具箱中的“挑选工具”按钮，选中该文字，在字体大小列表和字体列表中设置文本的字号和字体，如图 9.1.2 所示。

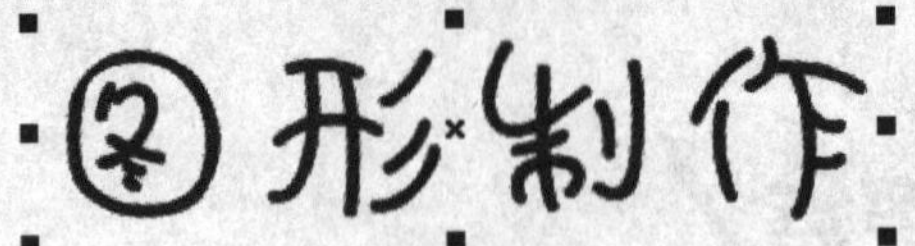

图 9.1.2 设置字号和字体

（4）单击工具箱中的“形状工具”按钮，文字周围将出现美术字的控制点，拖动字距控制点和行高控制点可调整文本的字距和行距，如图 9.1.3 所示。

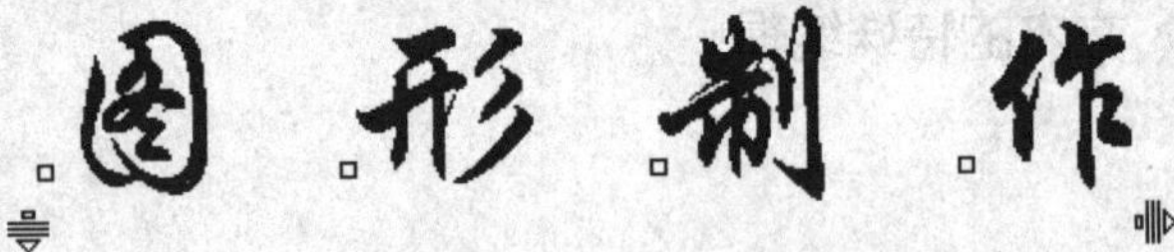

图 9.1.3 调整文本的字距

（5）单击工具箱中的“形状工具”按钮，选中需要改变颜色的文字的控制点，单击调色板中的色块即可，如图 9.1.4 所示。

图 9.1.4 更改文本的颜色

（6）单击工具箱中的“形状工具”按钮，选中需要移动的文字的控制点，拖动鼠标即可移动该文字，如图 9.1.5 所示。

（7）单击工具箱中的“形状工具”按钮，选中需要旋转的文字的控制点，在其属性栏中的旋转角度微调框中输入数值，即可实现旋转操作，如图 9.1.6 所示。

图 9.1.5　移动文本　　　图 9.1.6　旋转文本

（8）选中需要转换为段落文本的美术字文本，选择 文本(T) → 转换到段落文本(V) 命令即可，如图 9.1.7 所示。

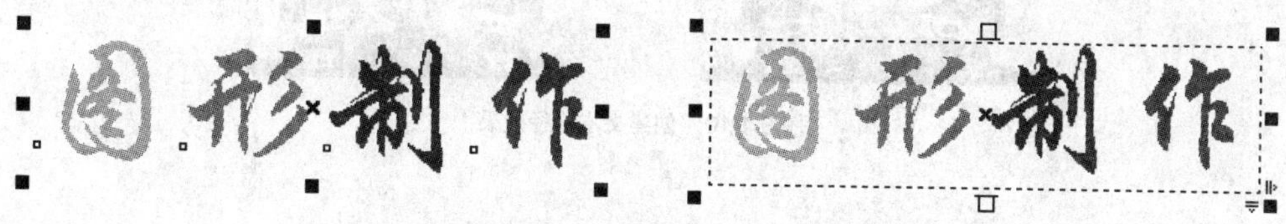

图 9.1.7　将美术字文本转换为段落文本

9.1.2　创建段落文本

段落文本是指在创建的文本框中输入文本，文本中的文字受文本框大小的限制，若输入的文本超出了文本框的范围，那么超出的部分将被自动隐藏起来。

创建段落文本的具体操作方法如下：

（1）新建图形文件后，在工具箱中单击“文本工具”按钮字。

（2）将鼠标光标移至绘图区中，按住鼠标左键并拖动，即可创建一个文本框，如图 9.1.8 所示。

（3）通过键盘在文本框中输入文字即可，如图 9.1.9 所示。

图 9.1.8　创建的文本框　　　图 9.1.9　输入的段落文本

通过选择菜单栏中的 文本(X) → 段落文本框(X) → 显示文本框(X) 命令，可以使段落文本在没有选中的情况下，显示或隐藏文本框。

9.1.3　创建路径文本

创建路径文本就是将美术文本沿着指定的对象排列，如曲线、椭圆以及多边形等。通过属性栏还可以调整适合路径后的文本方向与形状。

在路径上添加文本的具体操作方法如下：

（1）使用挑选工具选择路径。

（2）选择菜单栏中的 文本(X) → 使文本适合路径(T) 命令，此时将在路径上插入文本光标。如果路径是开放的，文本光标插入到路径的起始位置；如果路径是闭合的，文本光标插入到路径的中央。

（3）沿路径输入所需的文本即可，效果如图 9.1.10 所示。

图 9.1.10　创建文本路径效果

9.2 编辑文本

输入美术字与段落文本后，可以对文本的格式进行设置，包括文本的字体、大小、上标或下标以及对齐文本等，可以对美术字文本与段落文本进行编辑。

9.2.1 格式化文本

使用挑选工具选择文本后，在 文本(T) 菜单中可选择相应的命令来改变文本的属性。

1. 设置字符

选择菜单栏中的 文本(T) → 字符格式化(F) 命令，可打开“字符格式化”泊坞窗，在其中显示设置字符的相关选项参数，如图 9.2.1 所示。

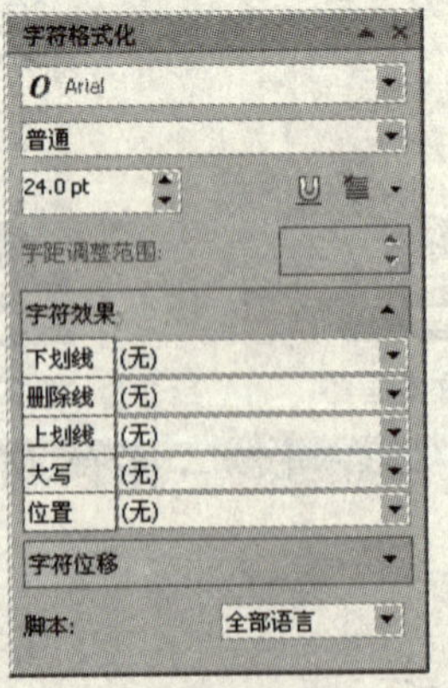

图 9.2.1　“字符格式化”泊坞窗

在 Arial 下拉列表中可设置文本的字体。

在 24.0 pt 输入框中输入数值，可设置文本字体的大小。

在 普通 下拉列表中可设置字体的样式。

在 字符效果 列表框中提供了 5 种设置字符属性的选项，如图 9.2.2 所示。

在 下划线 、删除线 和 上划线 右侧单击 (无) 下拉列表框，可弹出其选项，如图 9.2.3 所示。从中可选择相应的线型对文本对象添加下画线、删除线以及上画线等。

字符效果	
下划线	(无)
删除线	(无)
上划线	(无)
大写	(无)
位置	(无)

图 9.2.2　字符效果列表框

(无)
单细
单倍细体字
单粗
单粗字
双细
双细字
编辑...

图 9.2.3　下画线下拉列表

在 大写 右侧的 (无) 下拉列表中可以选择相应的选项来设置字母的大小写。

在 位置 右侧的 (无) 下拉列表中可以选择相应的选项来设置所选文本的上下标，如图 9.2.4 所示。

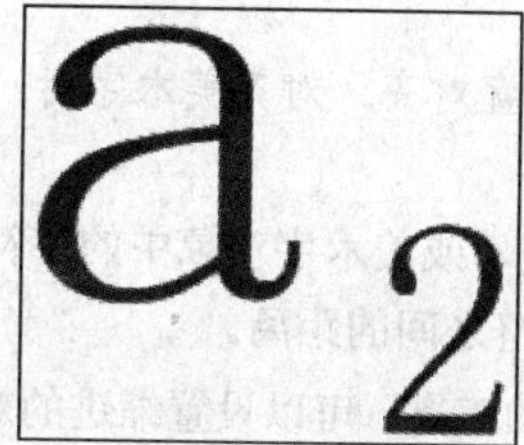

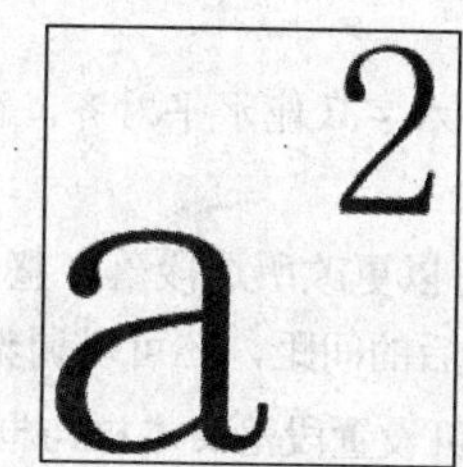

图 9.2.4　设置文字的位置

在 字符位移 下拉列表中可设置字符的角度、水平与垂直偏移的方向。在 角度 输入框中输入正数，可使字符逆时针旋转，输入负数，可使字符顺时针旋转；在 水平位移 输入框中输入正数，字符向右移动，输入负数，字符向左移动；在 垂直位移 输入框中输入正数，字符向上移动，输入负数，字符向下移动，效果如图 9.2.5 所示。

旋转

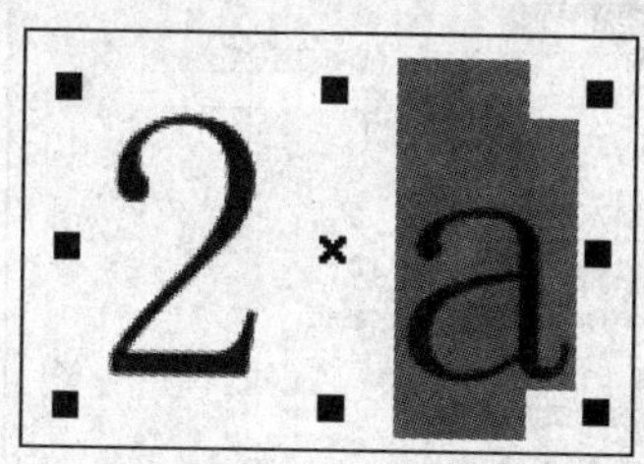

水平位移

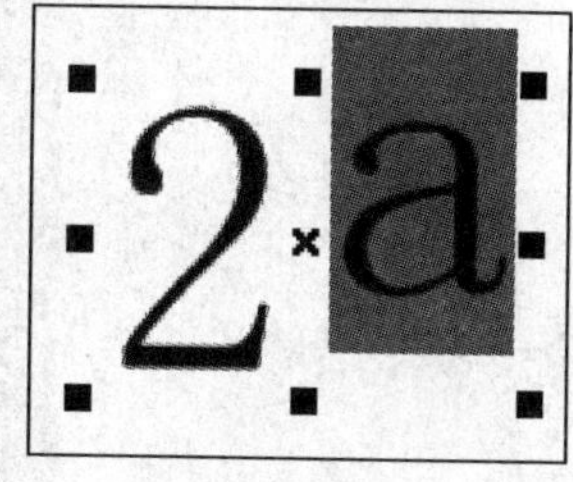

垂直位移

图 9.2.5　字符位移

在 脚本: 下拉列表框 全部语言 中可设置文本的属性，如亚洲、拉丁文、中东文等。

2．设置段落

选择菜单栏中的 文本(T) → 段落格式化(P) 命令，打开“段落格式化”泊坞窗，如图 9.2.6 所示。

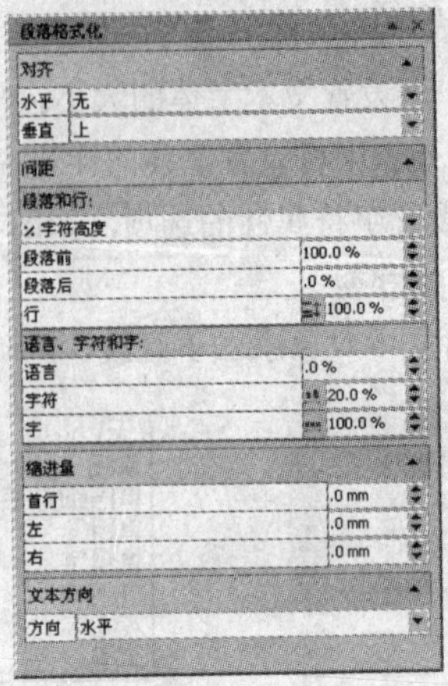

图 9.2.6 “段落格式化”泊坞窗

在对齐下拉列表中可以选择文字的对齐方式。在水平右侧单击无下拉列表框，可从弹出的下拉列表中选择相应的选项来设置段落文本在水平方向上的对齐方式；在垂直右侧单击上下拉列表框，可从弹出的下拉列表中选择相应的选项来设置段落文本在垂直方向上的对齐方式。

注意：美术字只能水平对齐，而不能垂直对齐。对齐美术字时，整个文本对象相对于边框对齐。

在间距列表框中可以更改所选段落、整个段落文本或美术字对象中的字符和字间距，也可以更改段落文本中段前或段后的间距，还可以调整所选字符之间的距离。

在缩进量列表框中可设置段落文本框与框内文本的距离，可以设置缩进的对象包括整个段落、段落的首行以及除段落首行外的其他各行（即悬挂式缩进），也可以设置从文本框的右侧缩进。

在文本方向列表框中可以设置文本的排列方向。

3．添加项目符号

选择菜单栏中的文本(T) → 项目符号(U)... 命令，弹出“项目符号”对话框，如图 9.2.7 所示。

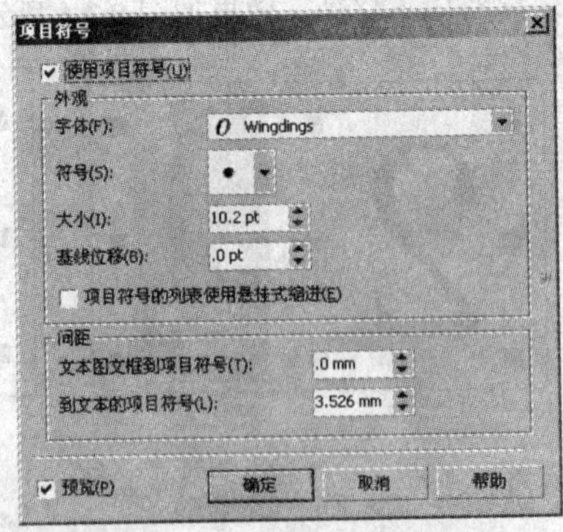

图 9.2.7 “项目符号”对话框

在外观选项区中的字体(F):与符号(S):下拉列表中可选择需要的项目符号的类型与符号；在大小(I):输入框中输入数值，可设置项目符号的大小；在基线位移(B):输入框中输入数值，可设置项目符号从基线位移的距离。

在间距选项区中可设置项目符号和文本之间或与文字框之间的距离。

设置好参数后，单击确定按钮，可为文本添加项目符号，如图 9.2.8 所示。

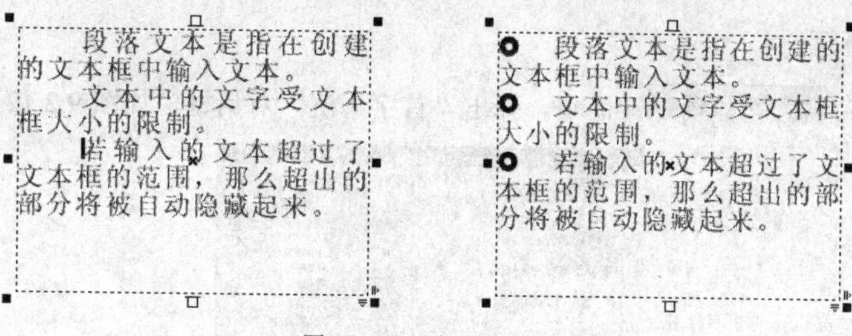

图 9.2.8　添加项目符号

4．设置制表位

选择菜单栏中的文本(T)→制表位(B)...命令，弹出“制表位设置”对话框，如图 9.2.9 所示。

在制表位位置(T):输入框中输入数值，单击添加(A)按钮，可插入一个制表位。如果要删除某个制表位，可先选中要删除的制表位，然后单击移除(R)按钮；如果要删除所选段落中所有的制表位，则可单击全部移除(E)按钮。

单击前导符选项(L)...按钮，可弹出“前导符设置”对话框，如图 9.2.10 所示。

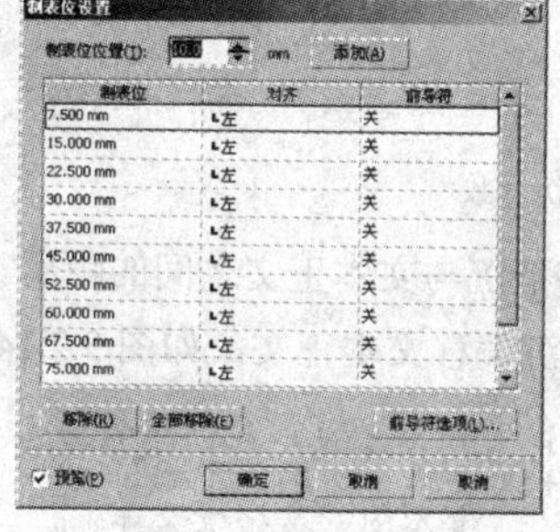

图 9.2.9　“制表位设置”对话框

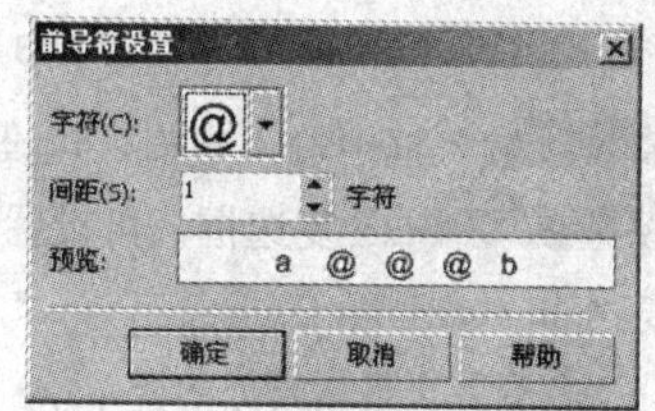

图 9.2.10　“前导符设置”对话框

在字符(C):右侧单击@下拉列表框，可从弹出的下拉列表中选择填充制表位的字符；在间距(S):输入框中输入数值，可设置制表位填充字符之间的空隙。

5．设置栏

选择菜单栏中的文本(T)→栏(O)...命令，弹出“栏设置”对话框，如图 9.2.11 所示。

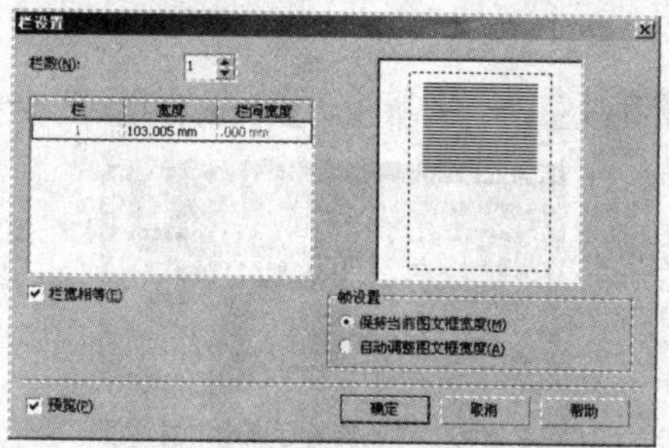

图 9.2.11　“栏设置”对话框

在栏数(N):输入框中输入数值，可设置分栏的数目。

在“栏设置”对话框中也可对栏号、栏的宽度以及栏与栏之间的宽度进行设置，如果选中 栏宽相等(E) 复选框，可为所选文本创建栏宽和栏间距离相等的栏；也可根据需要选中 保持当前图文框宽度(M) 或 自动调整图文框宽度(A) 单选按钮，来设置段落文本框的宽度。

6．设置首字下沉

选择 文本(T) → 首字下沉(D)... 命令，弹出“首字下沉”对话框，如图 9.2.12 所示。

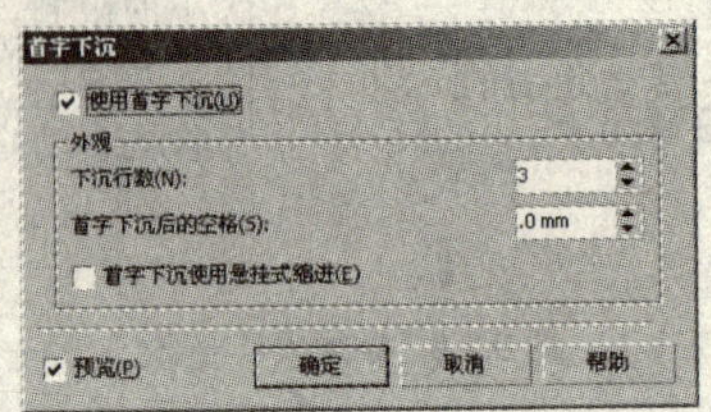

图 9.2.12 “首字下沉”对话框

在 外观 选项区中的 下沉行数(N): 输入框中输入数值，可设置首字下沉的行数，如图 9.2.13 所示。

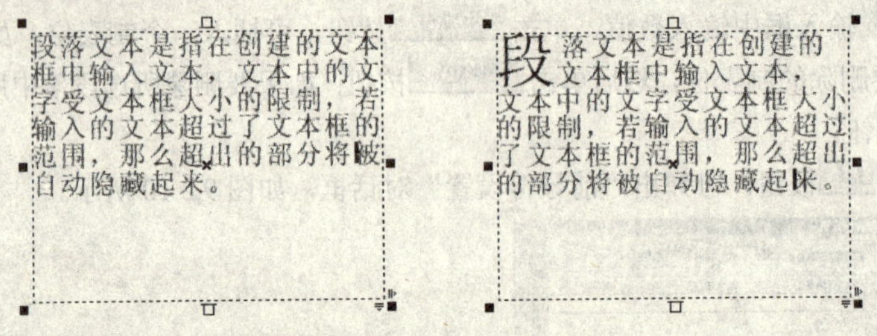

图 9.2.13 设置下沉行数

在 首字下沉后的空格(S): 输入框中输入数值，可设置首字下沉与文本正文之间的距离。

选中 首字下沉使用悬挂式缩进(E) 复选框，可设置首字下沉偏移文本正文，如图 9.2.14 所示。

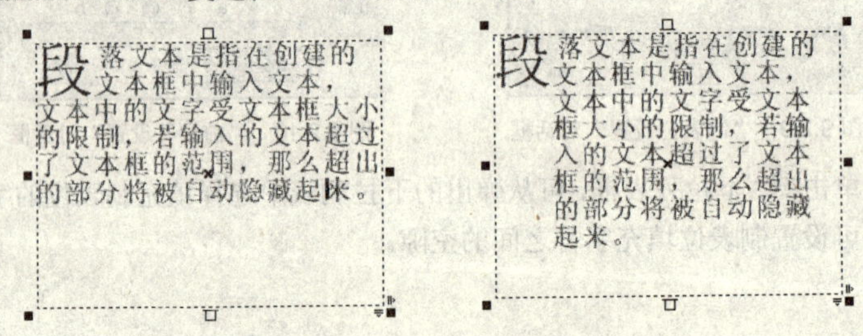

图 9.2.14 设置悬挂式缩进

7．设置断行规则

选择 文本(T) → 断行规则(K)... 命令，弹出“亚洲断行规则”对话框，如图 9.2.15 所示。

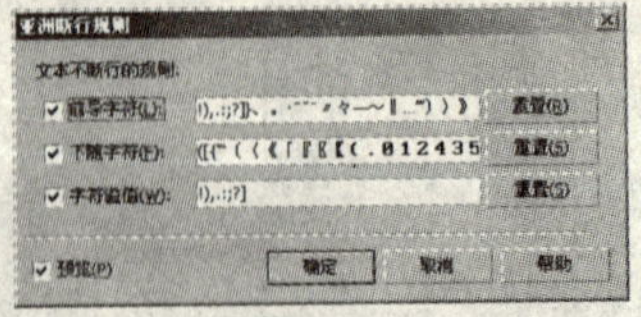

图 9.2.15 “亚洲断行规则”对话框

在此对话框中，可以根据需要对选择的段落文本的字符进行编辑。设置完成后，单击 确定 按钮，即可设置段落文本的断行规则。

8．设置字母大小写

选择菜单栏中的 文本(T) → 更改大小写(G)… 命令，弹出“改变大小写”对话框，如图 9.2.16 所示，在此对话框中选中相应的单选按钮，可对英文字母的大小写进行转换。

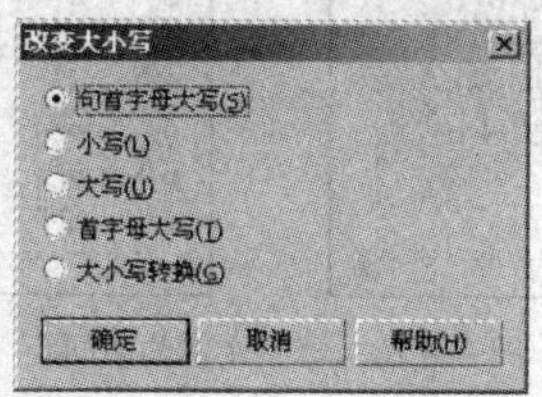

图 9.2.16　“改变大小写”对话框

该对话框中各选项的含义介绍如下：

选中 句首字母大写(S) 单选按钮，可使所选文本中每一个句子的第一个单词首字母大写。

选中 小写(L) 单选按钮，可使所选的文本全部小写。

选中 大写(U) 单选按钮，可使所选的文本全部大写。

选中 首字母大写(T) 单选按钮，可使所选文本每个单词的首字母大写。

选中 大小写转换(G) 单选按钮，可将所选的文本进行大小写转换，即将文本中的大写字母变为小写字母，将小写字母变为大写字母，如图 9.2.17 所示。

图 9.2.17　大小写转换效果

9．设置文本的字间距

字间距是指一行中两个文字之间的距离，增加或减少字间距可影响文本的外观和可读性。

使用形状工具调整文本字间距的具体操作方法如下：

（1）使用文本工具在绘图区中输入美术字，并设置好字体与大小，如图 9.2.18 所示。

（2）单击工具箱中的“形状工具”按钮，此时美术字对象中每个文字的左下角将显示一个控制点，同时显示垂直箭头符号与水平箭头符号，如图 9.2.19 所示。

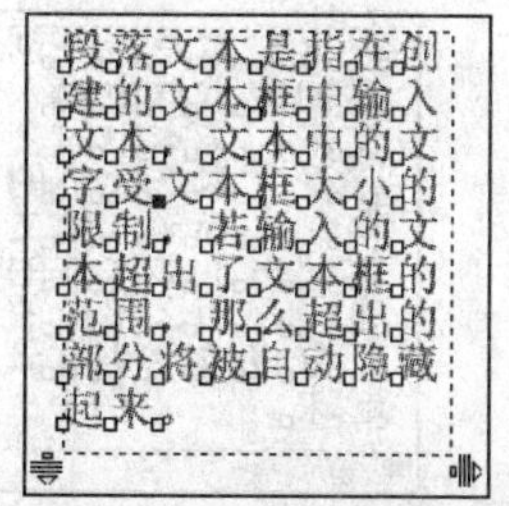

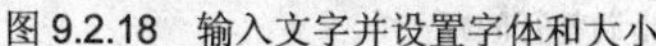

图 9.2.18　输入文字并设置字体和大小　　图 9.2.19　使用形状工具选择文本

（3）将鼠标指针移至水平箭头符号上，向右或向左拖动，即可增加或减小文本对象中所有字的字间距，如图 9.2.20 所示。

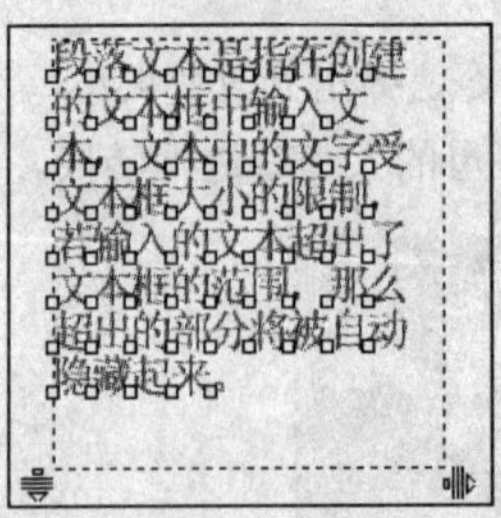

图 9.2.20　调整文本的字间距

（4）如果使用形状工具拖动所选字符左下角的控制点，可调整文本字符的位置，从而改变文本整体的形状，如图 9.2.21 所示。

图 9.2.21　使用形状工具调整文本字符的位置

要使用挑选工具调整字间距，可先使用挑选工具选择段落文本，将鼠标指针移至交互式水平间距箭头符号⊪上，按住鼠标左键向右或向左拖动，即可增大或减小文字间距，如图 9.2.22 所示。

图 9.2.22　使用挑选工具调整文字间距

10．设置文本的行间距

行间距是指两个相邻文本行与行基线之间的距离。

要使用形状工具调整行间距，可先使用形状工具选择文本，将鼠标指针移至垂直箭头符号⇟上，按住鼠标左键向下或向上拖动，即可减小或增大行间距，如图 9.2.23 所示。

图 9.2.23　使用形状工具调整行间距

要使用挑选工具调整行间距，可先使用挑选工具选择段落文本，然后将鼠标指针移至交互式垂直

间距箭头符号上，按住鼠标左键向下或向上拖动，即可减小或增大行间距，如图 9.2.24 所示。

图 9.2.24　使用挑选工具调整行间距

11. 设置文本段间距

段间距只针对段落文本进行调整，段间距是指两个段落之间的间隔量。在段落文本框中每按一次回车键就会创建一个段落。

要使用形状工具调整文本段间距，可先使用形状工具选择文本，然后在按住“Ctrl”键的同时向下或向上拖动垂直箭头符号，即可调整段间距，如图 9.2.25 所示。

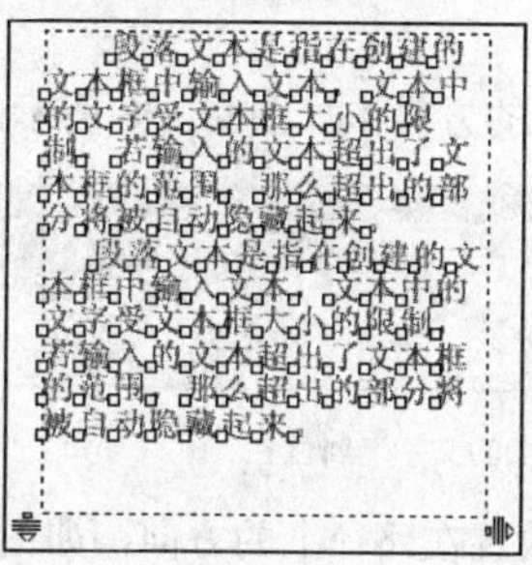

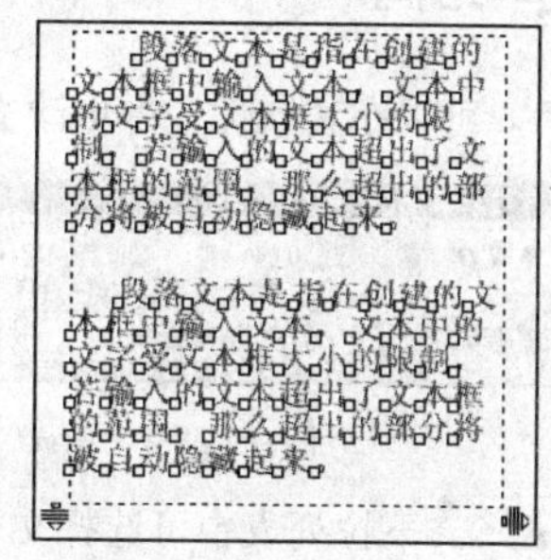

图 9.2.25　使用形状工具调整段间距

9.2.2　对齐文本

选择菜单栏中的 文本(T) → 编辑文本(X)... 命令，或者单击属性栏中的“编辑文本”按钮，都可弹出“编辑文本”对话框，如图 9.2.26 所示。

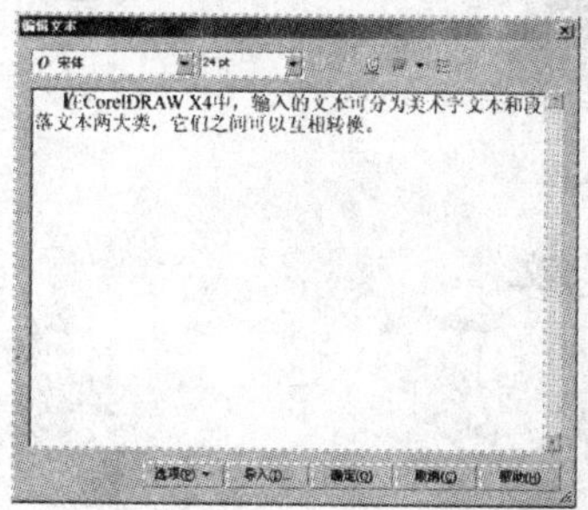

图 9.2.26　“编辑文本”对话框

在该对话框中单击按钮，弹出其下拉列表，从中可选择文本的对齐方式。单击“无”按钮，文本不产生任何对齐效果；单击“左”按钮，将使文本向左对齐；单击“中”按钮，将使文本居中对齐；单击“右”按钮，将使文本向右对齐；单击“全部调整”按钮，将使文本两端对齐；单击“强制调整”按钮，将使文本全部分散对齐，如图 9.2.27 所示。

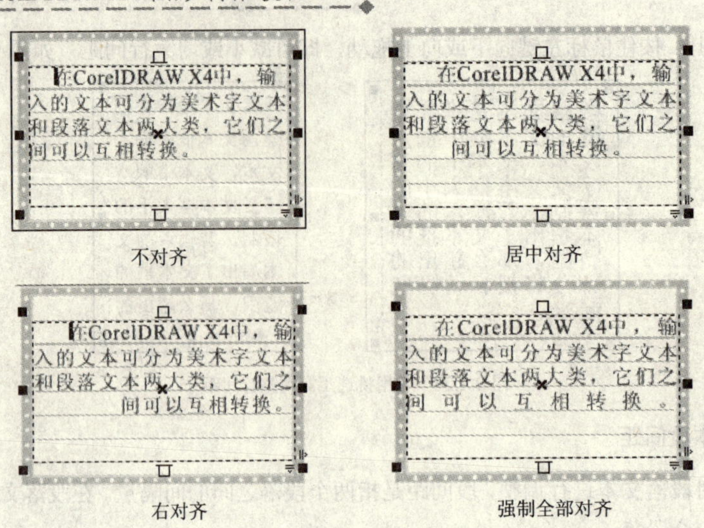

图 9.2.27　对齐文本效果

9.2.3　改变文本方向

当文本适配路径后，可以在其属性栏中更改文本的方向，如图 9.2.28 所示。

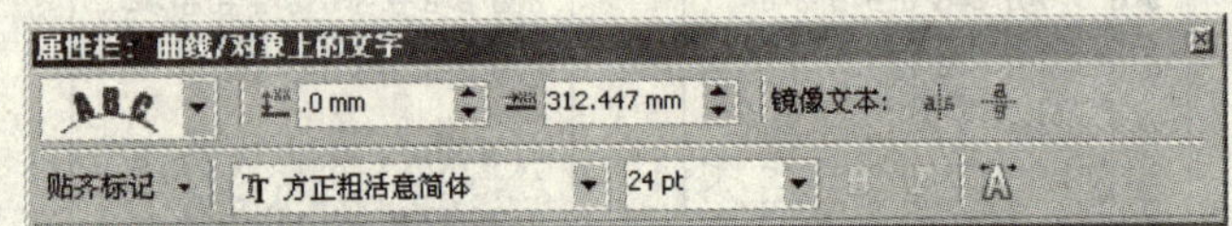

图 9.2.28　“曲线/对象上的文字”属性栏

在其属性栏中的 ABC 下拉列表中可选择文本放置在路径上的方向，如图 9.2.29 所示。

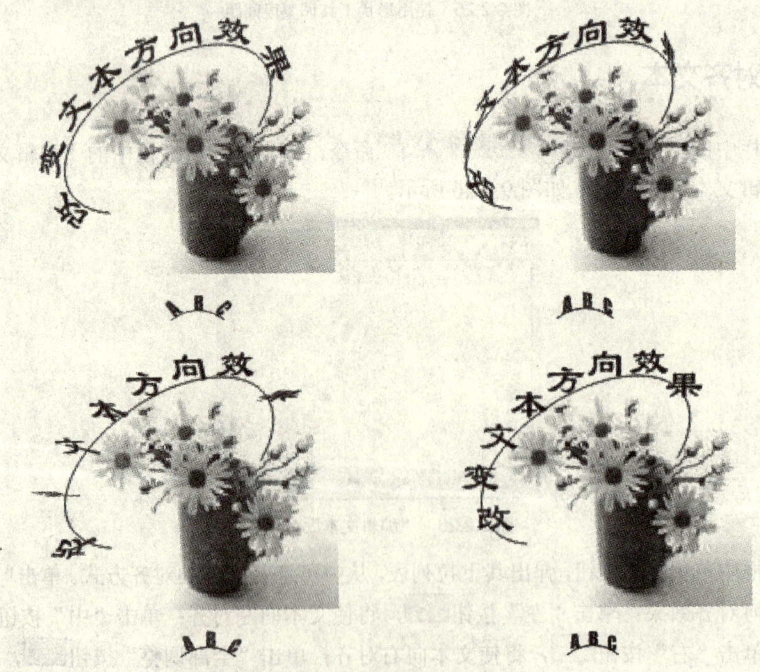

图 9.2.29　更改文本方向

9.2.4 镜像文本

使用挑选工具选择适合路径的文本，在属性栏中的镜像文本:选项区中单击“水平镜像”按钮，可从左向右翻转文本字符；单击“垂直镜像”按钮，可从上向下翻转文本字符，如图 9.2.30 所示。

图 9.2.30 镜像文本效果

9.2.5 打散文本

CorelDRAW X4 将适合路径的文本与路径视为一个对象。如果不需要使文本成为路径的一部分，也可以将文本与路径打散，且打散后的文本将保持它所适合于路径时的形状。

使用挑选工具选择路径和适合的文本，选择菜单栏中的排列(A)→打散在一路径上的文本(B)命令，即可打散文本与路径，打散后就可以使用挑选工具将文本移开，如图 9.2.31 所示。

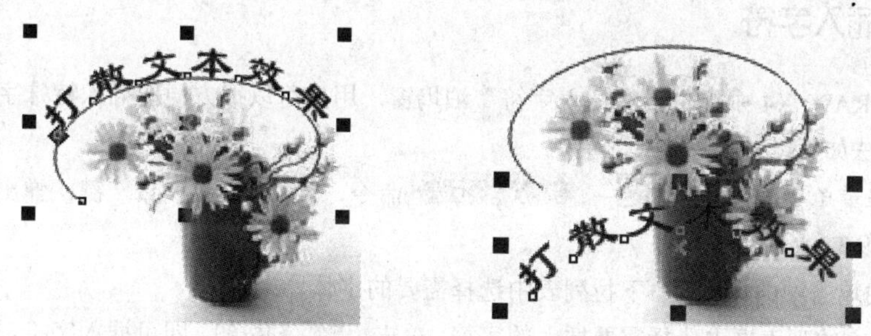

图 9.2.31 将文本与路径打散

9.2.6 矫正文本

矫正文本功能与对齐基线功能相似，可以使错乱的文本排列得更整齐。使用挑选工具选择错乱的文本，然后选择菜单栏中的文本(T)→矫正文本(S)命令，可以使该文本变整齐，如图 9.2.32 所示。

图 9.2.32 矫正文本效果

9.2.7 对齐基线

使用对齐基线功能可以将位置偏移基线的字符垂直对齐文本基线。如果要使填入路径的文本对齐基线，可先将文本与路径打散，再使用挑选工具选择文本，然后选择菜单栏中的 文本(T) → Aa 对齐基线(A) 命令，效果如图 9.2.33 所示。

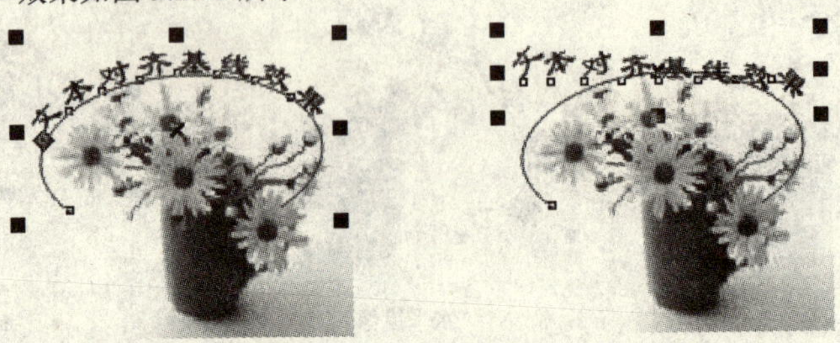

图 9.2.33 对齐基线效果

9.3 文本的特殊编辑

在 CorelDRAW X4 中，可以对美术字文本与段落文本进行特殊的编辑，如使段落文本绕图排列以及使段落文本适合框架等。

9.3.1 插入字符

在 CorelDRAW X4 中提供了“插入字符”泊坞窗，用户可以很方便地插入特殊字符。插入字符的具体操作方法如下：

（1）选择菜单栏中的 文本(X) → 插入符号字符(H) 命令，或按“Ctrl+F11”键，弹出“插入字符”泊坞窗，如图 9.3.1 所示。

（2）在泊坞窗中的 字体(F): 下拉列表中选择需要的字体。

（3）在下方的列表框中选择需要插入的字符，单击 插入(I) 按钮，即可插入字符，效果如图 9.3.2 所示。

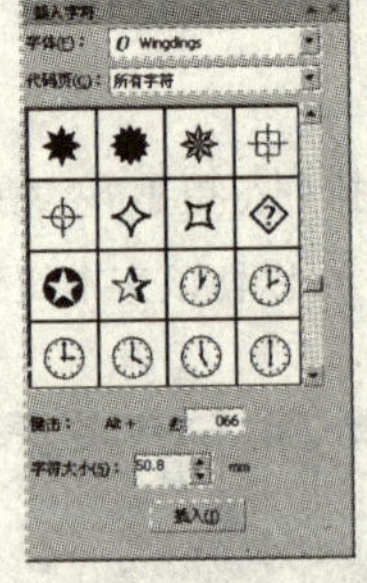

图 9.3.1 “插入字符”泊坞窗

图 9.3.2 插入字符效果

9.3.2 文本绕图

文本绕图可以使段落文本围绕图形对象的外框进行排列，此样式常见于杂志与报刊。具体的操作方法如下：

（1）单击工具箱中的“文本工具”按钮字，创建段落文本。

（2）导入一幅位图图像或创建一个图形对象。

（3）确定位图图像或图形对象为选中状态，单击属性栏中的“段落文本换行”按钮，弹出如图 9.3.3 所示的面板。

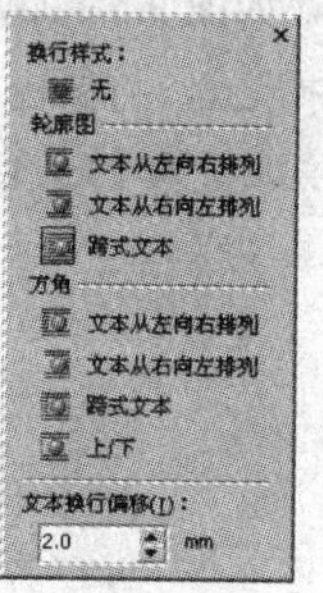

图 9.3.3　段落文本换行面板

（4）在该面板中的轮廓图选项区中可以设置使段落文本环绕图形的轮廓进行换行，效果如图 9.3.4 所示。

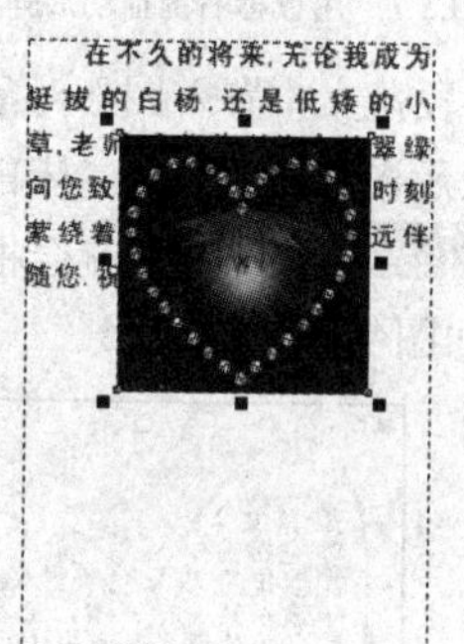

图 9.3.4　段落文本环绕图形轮廓换行

（5）在该面板中的方角选项区中可以设置总以方形的形式环绕图形进行换行，换行时不受图形轮廓的影响，如图 9.3.5 所示。

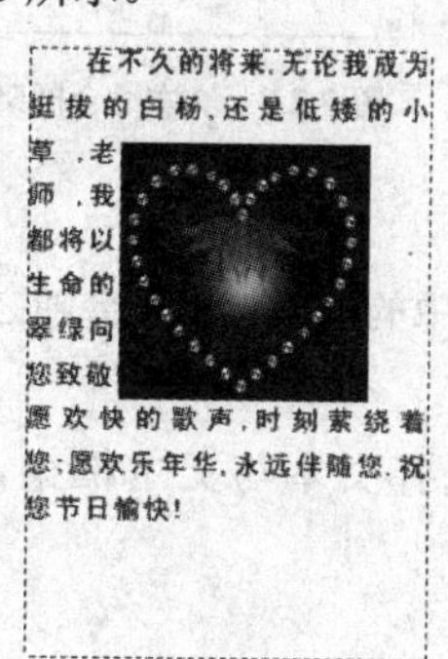

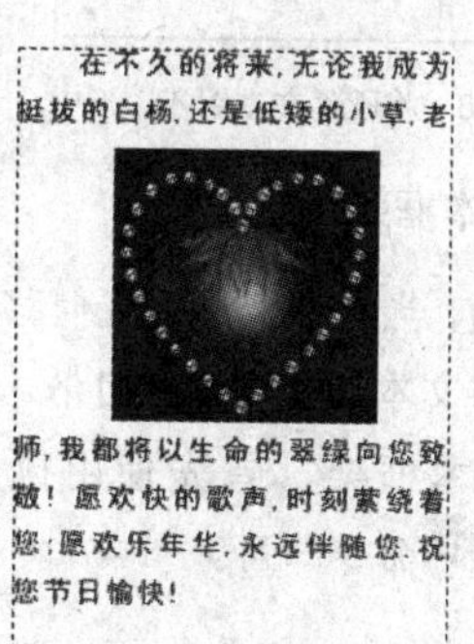

图 9.3.5　段落文本环绕图形方形换行

9.3.3　使文本适合框架

文本适合框架就是将段落文本置入矢量图形中，段落文本中的文字可随图形对象的形状自动调整段落文字的多少。

1. 文本适合框架

使文本适合框架的具体操作方法如下：

（1）使用手绘工具或基本绘图工具在绘图区中拖动鼠标绘制任意形状的封闭图形对象，然后使用文本工具在绘图区中输入一段段落文本，如图 9.3.6 示。

（2）单击工具箱中的“挑选工具”按钮，将鼠标指针移至段落文本上，按住鼠标右键拖动文本至图形对象上，松开鼠标，可弹出快捷菜单，如图 9.3.7 所示。

图 9.3.6　绘制图形并输入文本

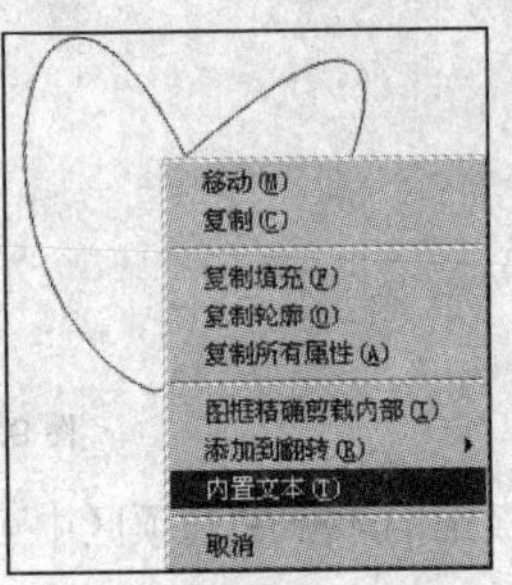

图 9.3.7　用鼠标右键拖动后弹出的快捷菜单

（3）从该菜单中选择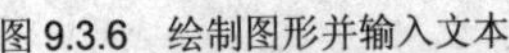命令，即可将段落文本置入图形对象中，如图 9.3.8 所示。

（4）从图中可以看到文本框底部出现符号，表示图形对象较小，未能显示出所有文字。此时选择菜单栏中的 文本(X) → 段落文本框(X) → 使文本适合框架(I) 命令，系统就会根据文本框的大小自动调整字体大小，以使整个段落文本呈现在图形对象中，如图 9.3.9 所示。

图 9.3.8　将段落文本置入图形中

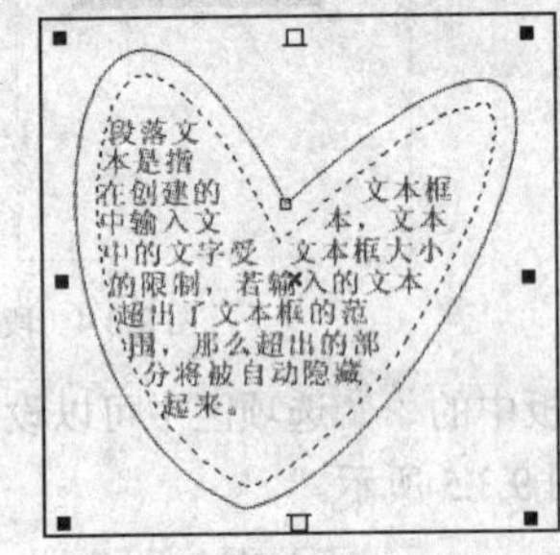

图 9.3.9　文本适合框架效果

2. 打散文本与文本框架

将文本置入框架后，当对框架进行任何移动时，其中的段落文本也会随之移动，如果不希望文本随框架移动，则必须将文本与文本框架打散。

要打散文本与文本框架，首先使用挑选工具选择文本与文本框架，然后选择 排列(A) → 打散路径内的段落文本(B) 命令即可。

9.3.4　添加文本封套

在 CorelDRAW X4 中，若想任意改变美术字或段落文本的大小和形状，最好使用文本封套。添加文本封套的具体操作方法如下：

（1）单击工具箱中的“文本工具”按钮，在绘图页面中输入段落文本。

（2）选择菜单栏中的 窗口(W) → 泊坞窗(D) → 封套(E) 命令，或按“Ctrl+F7”键，弹出“封套”泊坞窗，如图 9.3.10 所示。

（3）若要使用系统内置的封套效果，单击 添加预设 按钮，可以从封套样式列表中选择所需的封套样式。

（4）单击 应用 按钮，即可将封套样式应用到所选择的文本框中，使用挑选工具拖曳文本框中的节点，即可改变封套文本框的形状，如图 9.3.11 所示。

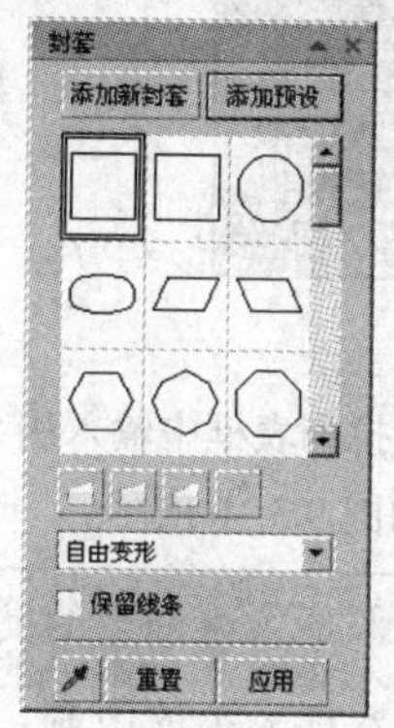

图 9.3.10　“封套“泊坞窗

图 9.3.11　添加封套效果

（5）若要自定义封套，可选择段落文本，然后单击“封套”泊坞窗中的 添加新封套 按钮，文本框轮廓将变成蓝色的虚线，并显示 8 个控制点，如图 9.3.12 所示。

（6）单击“封套”泊坞窗中的“双弧”按钮，将鼠标指针移至文本框的节点上，当鼠标指针呈形状时，按住鼠标左键并向上拖动鼠标，即可改变封套的形状，如图 9.3.13 所示。

图 9.3.12　添加封套

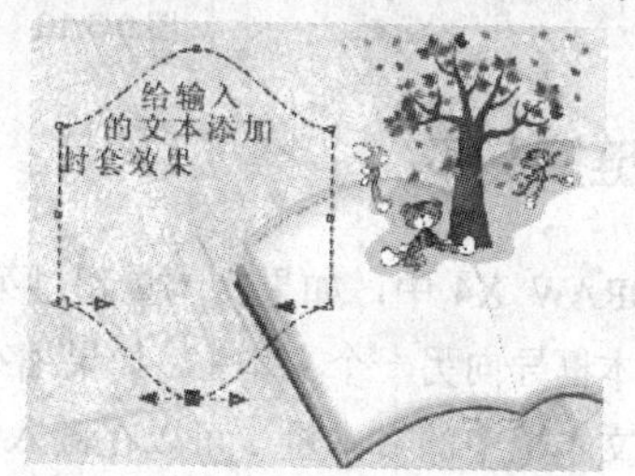

图 9.3.13　改变封套形状

9.3.5　查找和替换文本

选择菜单栏中的 编辑(E) → 查找和替换(F) 命令，弹出其子菜单，通过选择其中的 查找文本(F)… 与 替换文本(A)… 命令，可以对文本进行查找和替换操作。

1. 查找文本

选择菜单栏中的 编辑(E) → 查找和替换(F) → 查找文本(F)… 命令，弹出“查找下一个”对话框，如图 9.3.14 所示。

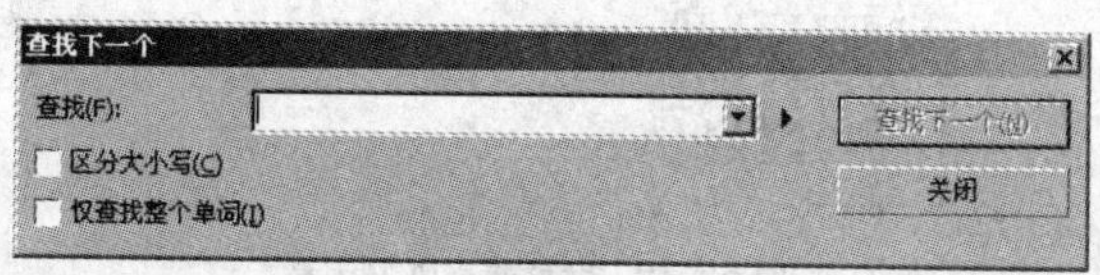

图 9.3.14　“查找下一个”对话框

在查找(F):输入框中输入要查找的文本，选中☑区分大小写(C)复选框，单击查找下一个(N)按钮，即可执行查找命令，单击关闭按钮，将显示出查找的结果。

2. 替换文本

选择菜单栏中的编辑(E)→查找和替换(F)→替换文本(A)…命令，弹出“替换文本”对话框，如图9.3.15所示。

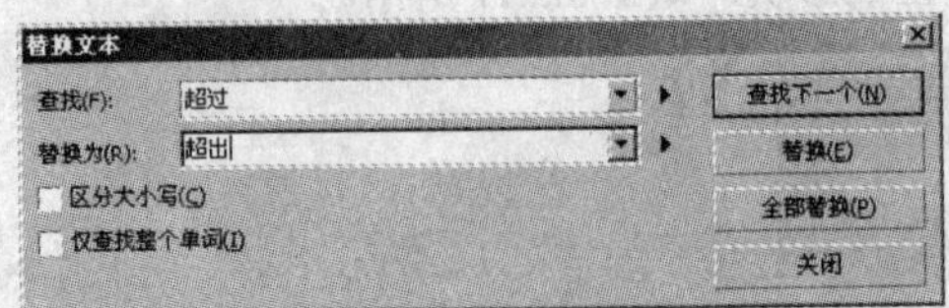

图 9.3.15 “替换文本”对话框

在查找(F):下拉列表框中输入要查找的文本，在替换为(R):下拉列表框中输入用来替换的文本，单击替换(E)或全部替换(P)按钮，即可显示替换的结果，如图9.3.16所示。

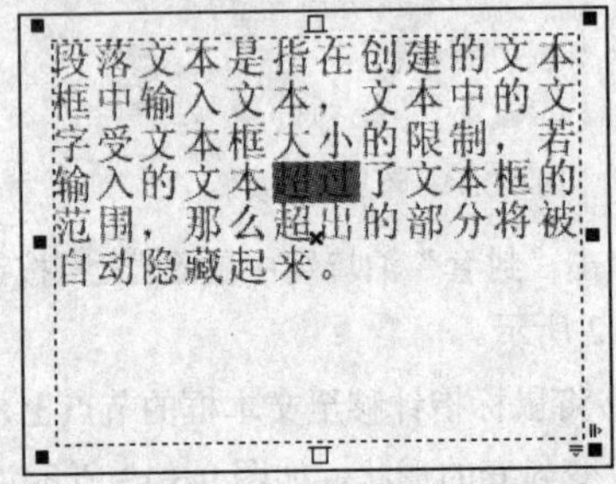

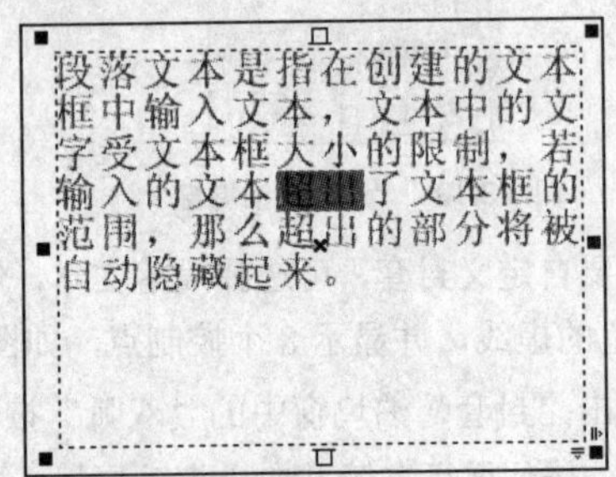

图 9.3.16 查找和替换文本效果

9.3.6 链接文本

在 CorelDRAW X4 中，如果文本量超过第一个文本框的大小，则在链接段落文本框时，会将文本流从一个文本框导向另一个文本框。如果缩小或扩大链接的段落文本框或改变文本的大小，则会自动调整下一个文本框中的文本量。可以在键入文本之前或之后链接段落文本框。

链接段落文本框之后，可以重新指定文本流从一个对象或文本框到另一个对象或文本框的方向。选择文本框或对象时，蓝色箭头指示文本流的方向。可以隐藏或显示这些箭头。

1. 链接的使用

单击工具箱中的“挑选工具”按钮，选择两个段落文本，然后选择菜单栏中的文本(X)→段落文本框(X)→链接(L)命令，即可链接两个段落文本，如图9.3.17所示。

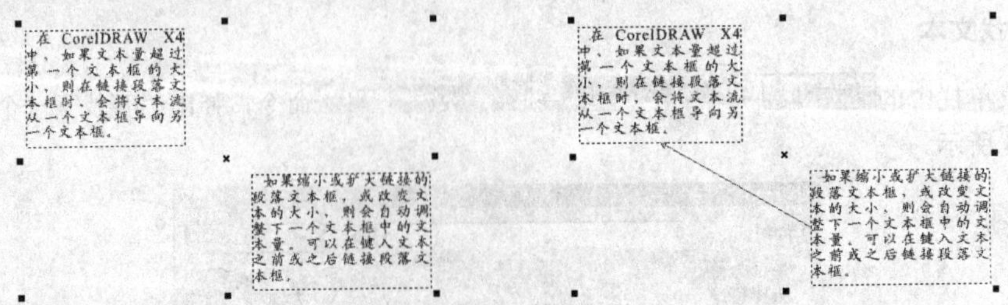

图 9.3.17 链接两个段落文本

如果要取消链接，可先使用挑选工具选择链接的文本，然后选择菜单栏中的 文本(X) → 段落文本框(X) → 断开链接(U) 命令，即可解除文本之间的链接。

2. 将段落文本链接到对象上

在 CorelDRAW X4 中，也可将段落文本链接到图形对象上，其方法很简单，只需将鼠标指针移至段落文本框的□或□符号上，当指针变为↕形状时，单击鼠标左键，此时指针变为形状，移动指针至要链接的图形对象上，当指针显示为➡形状时，单击鼠标左键，即可将段落文本链接到对象上，如图 9.3.18 所示。

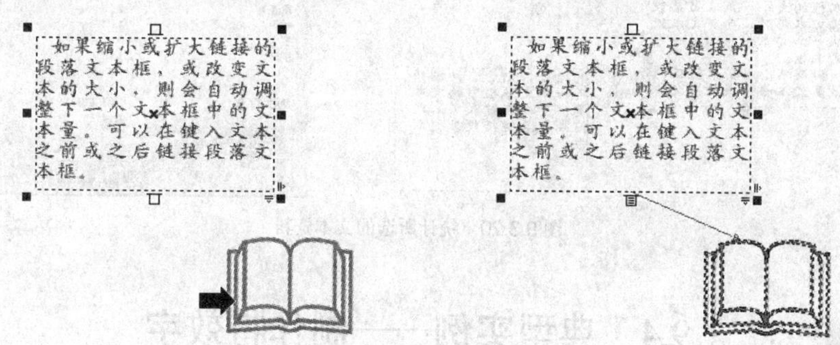

图 9.3.18 将段落文本链接到对象上

3. 链接不同页面上的段落文本

使用形状工具在当前页面中选择段落文本，并将鼠标指针移至文本框的□或□符号上，当指针显示为↕形状时，单击鼠标左键，此时指针变为形状，然后移动鼠标指针至另一页面的段落文本框上，当指针显示为➡形状时，单击鼠标左键，此时页面可显示出一条蓝色虚线，并显示链接的页面，表示已将同一文档中不同页面上的文本链接，如图 9.3.19 所示。

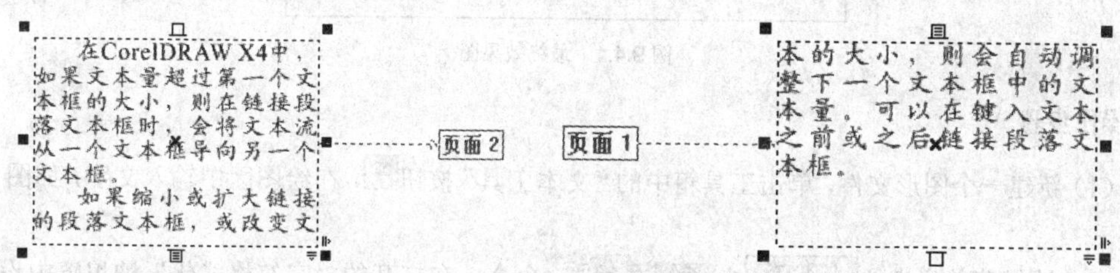

图 9.3.19 链接不同页面上的段落文本

注意：在链接过程中不能链接美术字，但可以将段落文本链接到开放对象或闭合对象。将段落文本链接到开放对象时，文本将沿着线条的路径排列。

9.3.7 使文本与 Web 兼容

选择菜单栏中的 文本(T) → 生成 Web 兼容的文本(M) 命令，可以将段落文字转换成网页兼容的文本，这样可在进行“Internet 发行”的过程中保留该文本的文字状态，并直接在一般的网页浏览程序中进行编辑。如果文本未经过该命令处理，在进行“Internet 发行”的过程中将会被转换为位图，因而无法在一般网页浏览程序中进行编辑。

9.3.8 文本统计

选择菜单栏中的 文本(T) → 文本统计信息(C)… 命令，弹出“统计”对话框，在此对话框中显示出了所选文本或整个文档中文本的统计资料，包括文档的段落数、字符数和使用的字体，如图 9.3.20 所示。

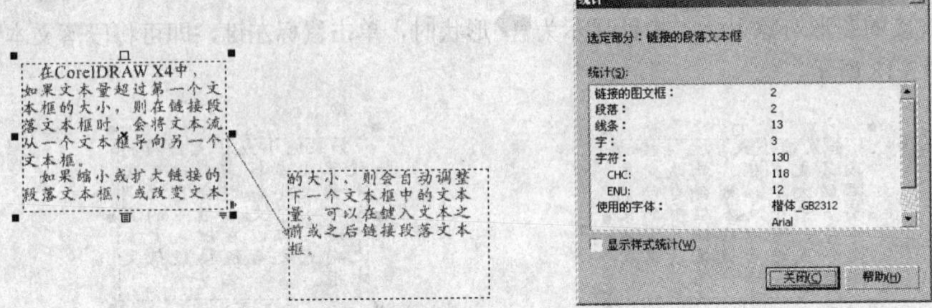

图 9.3.20 统计所选的文本资料

9.4 典型实例——制作特效字

本节综合运用前面所学的知识制作特效字，最终效果如图 9.4.1 所示。

图 9.4.1 最终效果图

操作步骤

(1) 新建一个图形文件，单击工具箱中的“文本工具”按钮，在绘图区中输入文字，如图 9.4.2 所示。

(2) 选择菜单栏中的 文本(T) → 字符格式化(F) 命令，在打开的“字符格式化”泊坞窗中设置文本的字体为“华文彩云”，字号为“72”，效果如图 9.4.3 所示。

图 9.4.2 输入文字

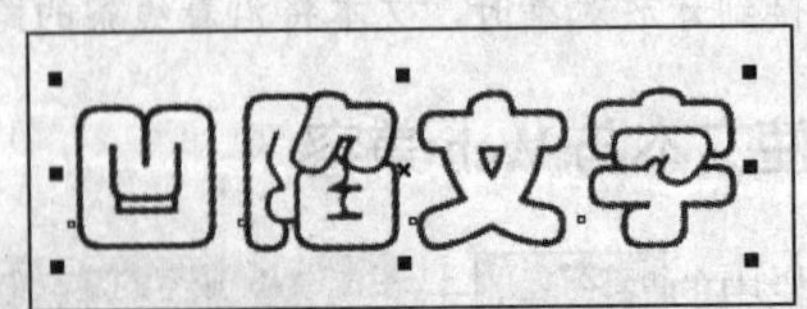

图 9.4.3 改变文字属性效果

(3) 使用挑选工具选中文字，单击工具箱中的 渐变填充… 按钮，弹出“渐变填充”对话框，设置其对话框参数如图 9.4.4 所示。

（4）设置好参数后，单击 确定 按钮，效果如图 9.4.5 所示。

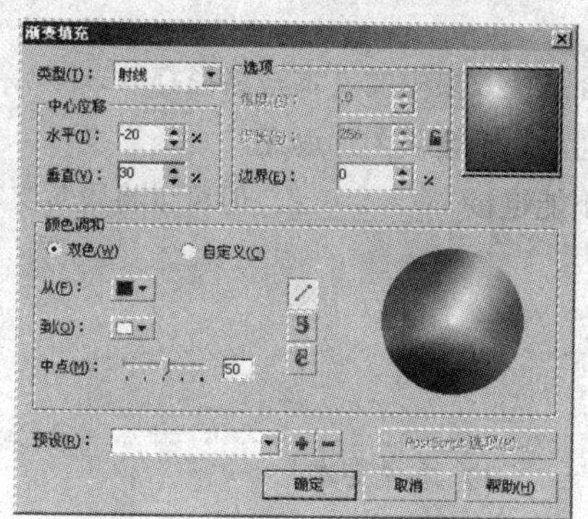

图 9.4.4　“渐变填充”对话框

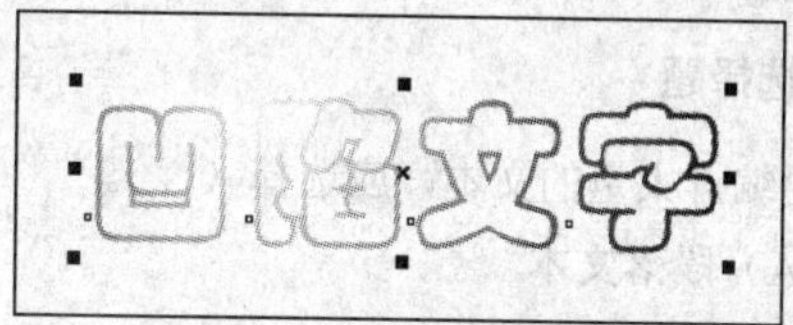

图 9.4.5　应用渐变填充效果

（5）单击工具箱中的“交互式轮廓图工具”按钮，设置其属性栏参数如图 9.4.6 所示。

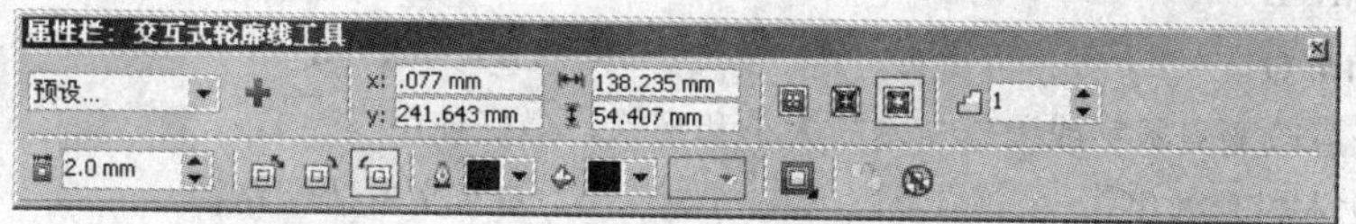

图 9.4.6　“交互式轮廓图工具”属性栏

（6）设置好参数后，按住鼠标左键向外拖曳鼠标，效果如图 9.4.7 所示。

（7）选择菜单栏中的 排列(A) → 打散轮廓图群组(B) 命令，可打散轮廓图与对象，使用挑选工具选择后面的文本对象，将其排放到前面，并与填充渐变后的文本对象组合，效果如图 9.4.8 所示。

图 9.4.7　应用交互式轮廓图效果

图 9.4.8　打散并组合对象效果

（8）使用挑选工具选中文本，对组合后的文本进行底纹填充，最终效果如图 9.4.1 所示。

本 章 小 结

本章主要介绍了 CorelDRAW X4 中文本的创建与编辑，包括创建文本、编辑文本、文本的特殊编辑等内容。通过本章的学习，可使读者熟练掌握文本的创建与编辑技巧，并能灵活运用文本适合路径功能与文本的绕图功能制作出生动的版面效果。

过 关 练 习

一、填空题

1. 在 CorelDRAW X4 中，美术字文本与段落文本之间可以相互__________。
2. 文本的间距包括__________间距、__________间距与__________间距。

3．使用__________功能，可以将美术字文本沿着指定的对象（如曲线、椭圆、矩形以及多边形等）排列。

4．使用__________命令，可以将创建的文本适合路径效果中的文本与路径打散。

5．__________是指图文混排时文字围绕图形排列，而不会被图片遮盖。

6．在 CorelDRAW X4 中，在链接文本的过程中不能链接__________，但可以将段落文本链接到__________对象或__________对象。

二、选择题

1．要编排大量的文本，应选择（ ）。

（A）段落文本 （B）路径文本

（C）美术字文本 （D）宋体

2．按（ ）键可以快速地将美术字转换为曲线。

（A）Ctrl+B （B）Ctrl+O

（C）Ctrl+Q （D）Ctrl+F8

3．若想任意改变美术字或段落文本的大小和形状，最好使用（ ）。

（A）文本封套效果 （B）文本适配路径

（C）文本环绕图形外框 （D）格式化文本

4．使用（ ）功能可以使段落文本围绕图形对象的外框进行排列，此样式常见于杂志与报刊。

（A）精确剪裁 （B）文本适合框架

（C）文本绕图 （D）文本适合路径

三、简答题

1．如何为段落文本添加项目符号？

2．如何创建文本适合框架效果？

3．如何对创建的两个段落文本进行链接？

四、上机操作题

1．练习使用本章所学的知识，在新建图像中输入段落文本，然后对其进行各种格式化设置。

2．在新建图像中输入一段文字，然后在输入的文本中插入符号字符，并导入一幅图片设置文本绕图排列。

第10章 位图的使用

章前导航

在 CorelDRAW X4 中不但可以绘制和处理矢量图形，还可以对位图进行一些简单的处理与编辑，合理地处理与编辑位图可使其更好地配合矢量图形，从而制作出令人满意的作品。本章主要介绍处理与编辑位图的方法与技巧。

本章要点

- 导入与转换位图
- 编辑位图
- 调整与变换位图的颜色
- 位图的滤镜特效

10.1 导入与转换位图

要在 CorelDRAW X4 中编辑一幅位图，必须先导入位图，或将矢量图转换为位图。使用 CorelDRAW X4 提供的导入功能与位图转换功能可以轻松地完成位图的导入与转换。

10.1.1 位图的导入

在导入位图时，允许对位图进行一些调整，例如对位图进行裁剪、重新取样等操作。

选择菜单栏中的 文件(F) → 导入(I)... 命令，或在工具栏中单击“导入”按钮，弹出“导入”对话框。在该对话框中的 查找范围(I): 下拉列表中选择导入位图的范围；在 文件类型(T) 下拉列表中选择导入位图的类型；选中 ☑ 预览(P) 复选框，当选中需导入的位图时，在预览框中将显示位图的预览效果，如图 10.1.1 所示。

图 10.1.1 “导入”对话框

单击 导入 按钮，在绘图区中单击并拖动鼠标，可直接将所选的位图对象导入到绘图区中。如果只需要位图中的某一区域，可在导入时对位图进行裁剪或重新取样。先在“导入”对话框中的 全图像 下拉列表中选择要执行的操作，这里选择 裁剪 选项，再单击 导入 按钮，可弹出“裁剪图像”对话框，在此对话框中有一个由裁切框包围的图像缩览图，通过拖动裁切框，可以实现图像的裁剪，如图 10.1.2 所示。

图 10.1.2 “裁剪图像”对话框

如果要精确裁剪图像，可在“裁剪图像”对话框中的上(T)、宽度(W)：、左(L)：和高度(E)：微调框中输入具体的数值，单击确定按钮，即可将裁剪后的位图导入到绘图区中。

10.1.2　位图的转换

位图所描述的图像细节颜色比较丰富，图像看起来比较清晰。因此，要对矢量图进行一些细节修改，必须先将其转换为位图。转换为位图后，可应用各种不同的效果给位图设置独特的外观。

将矢量图转换为位图的具体操作方法如下：

（1）使用挑选工具选择需要转换的矢量图。

（2）选择菜单栏中的位图(B)→转换为位图(_)…命令，弹出“转换为位图”对话框。

1）在颜色模式(C)：右侧的CMYK 颜色（32 位）下拉列表中，可选择矢量图转换成位图后的颜色模式。

2）选中应用 ICC 预置文件(I)复选框，在矢量图转换为位图时将使用 ICC 色彩描述文件进行色彩的转换。

3）在分辨率(E)：下拉列表中可以选择矢量图转换为位图后的分辨率，也可在下列列表框中直接输入具体的分辨率数值。转换为位图时分辨率越高，所包含的像素越多，位图对象的信息量就越大，文件也就越大。

4）选中光滑处理(A)复选框，可以在转换图形的过程中消除锯齿，使边缘更平滑。

5）选中透明背景(T)复选框，可以使转换后的位图背景变为透明。

（3）单击确定按钮，可将矢量图转换为位图，如图 10.1.3 所示，转换后就可以对位图进行各种调整了。

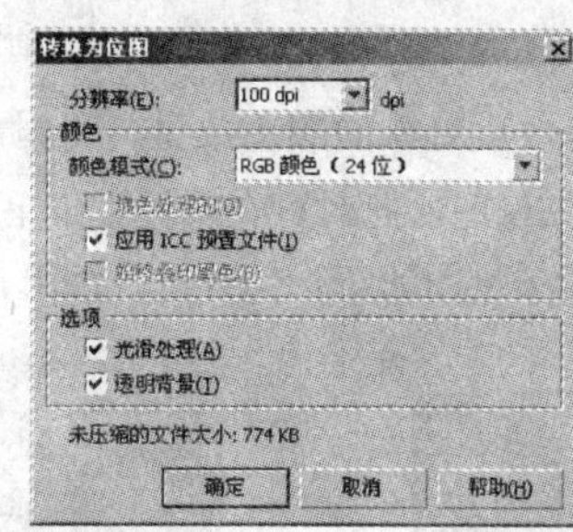

图 10.1.3　转换矢量图为位图

10.2　编 辑 位 图

在 CorelDRAW X4 中，除了可以绘制与编辑图形对象外，还可以直接对导入的位图进行各种编辑，如描摹位图、重新取样以及链接位图等。

10.2.1　描摹位图

在 CorelDRAW 中可以将位图矢量图化，例如照片或扫描的图像，都可将它们转换为可编辑、可缩放的矢量图形。从而，可以很轻松地将矢量图形融入图形设计中，还可以在 PowerTRACE 中描摹位图，可以在其中预览和调整描摹结果。

选择菜单栏中的 位图(B) → 描摹位图(T) 命令，可弹出其子菜单，如图 10.2.1 所示。

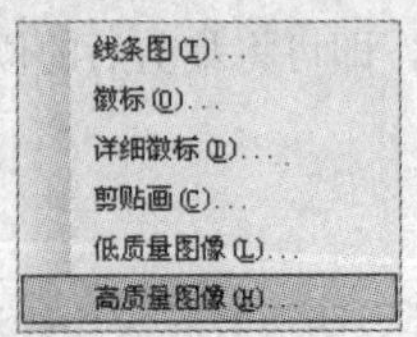

图 10.2.1　描摹位图子菜单

从中选择相应的命令，可以对位图进行描摹，具体的操作方法如下：

（1）选择需要转换的位图对象。

（2）选择菜单栏中的 位图(B) → 描摹位图(T) → 高质量图像(H)... 命令，弹出 PowerTRACE 对话框，如图 10.2.2 所示。

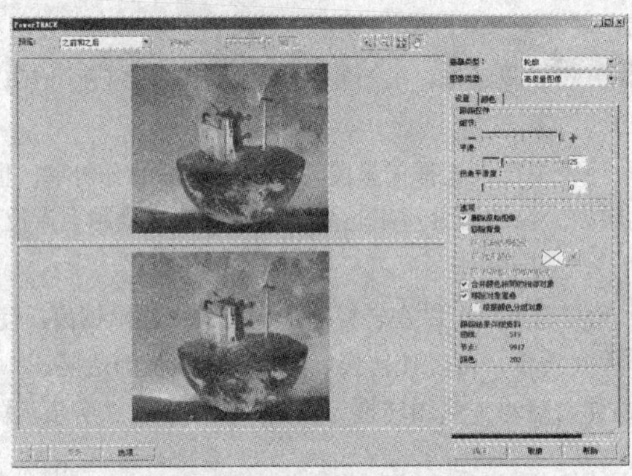

图 10.2.2　“PowerTRACE”对话框

（3）在此对话框中可以设置转换后对象的颜色数量、平滑度以及细节等。设置完成后，单击 确定 按钮，即可将位图转换为矢量图，此时可在属性栏中单击“取消群组”按钮，取消对象的群组，可使用挑选工具选择转换后矢量图的每一部分进行编辑，如图 10.2.3 所示。

图 10.2.3　描摹位图效果

10.2.2　位图颜色遮罩

在处理位图时，可以隐藏或显示位图中指定的颜色，也可以改变位图的外观，从而产生一些特殊的效果。

使用挑选工具选择位图，然后选择菜单栏中的 位图(B) → 位图颜色遮罩(M) 命令，可打开“位图颜色遮罩”泊坞窗，如图 10.2.4 所示。

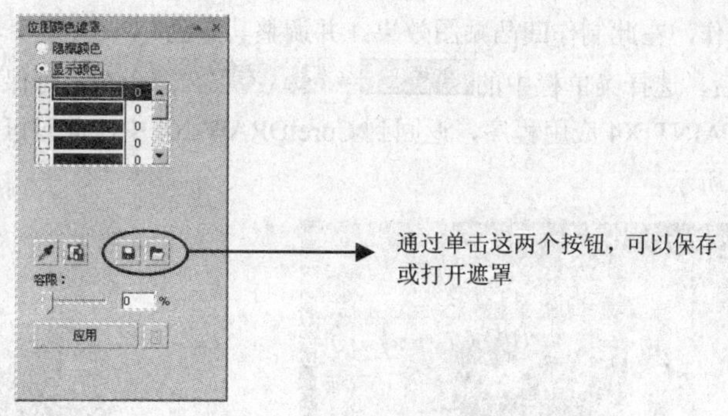

图 10.2.4　“位图颜色遮罩”泊坞窗

在此泊坞窗中选中 隐藏颜色 单选按钮，单击“颜色选择”按钮，在图像上吸取要隐藏的颜色；也可以单击“编辑颜色”按钮，从弹出的“选择颜色”对话框中选择要隐藏的颜色。

通过设置 容限: 输入框中的数值，可调整所选位图颜色的敏感度。

单击 应用 按钮，所选位图即可显示颜色遮罩效果，如图 10.2.5 所示。

图 10.2.5　应用颜色遮罩的隐藏颜色前后效果对比

在“位图颜色遮罩”泊坞窗中，选中 显示颜色 单选按钮，然后选择需要显示的颜色并设置 容限: 数值，单击 应用 按钮，图像将只显示所选的颜色，如图 10.2.6 所示。

图 10.2.6　应用颜色遮罩的显示颜色前后效果对比

10.2.3　编辑位图

在 CorelDRAW X4 中提供了附加程序 Corel PHOTO-PAINT X4，利用它可以对位图进行编辑。

编辑位图的具体操作方法如下：

（1）使用挑选工具在绘图区中选择位图对象。

（2）选择菜单栏中的 位图(B) → 编辑位图(E)... 命令，可启动附加程序 Corel PHOTO-PAINT X4，如图 10.2.7 所示。

（3）在 Corel PHOTO-PAINT X4 应用程序中选择适当的绘图工具，在图像中添加一些特殊效果或进行其他的编辑工作，在此制作凹凸贴图效果，并调整其颜色。

（4）编辑完成后，选择菜单栏中的 文件(F) → 保存(S)… 命令，可保存编辑后的效果，然后关闭 Corel PHOTO-PAINT X4 应用程序，返回到 CorelDRAW X4 中，此时可看到对位图对象编辑后的效果，如图 10.2.8 所示。

图 10.2.7　Corel PHOTO-PAINT X4 应用程序窗口

图 10.2.8　编辑的位图效果

提示： 使用挑选工具在绘图区中选择位图对象后，在属性栏中单击 编辑位图(E)... 按钮，也可启动 Corel PHOTO-PAINT X4 应用程序。

10.2.4　重新取样

重新取样位图是指改变位图的分辨率和实际大小。重新取样位图有两种方式：一种是导入前重新取样位图；另一种是导入后重新取样位图。

1．导入前重新取样位图

（1）选择 文件(F) → 导入(I)… 命令，弹出“导入”对话框，选择需导入的位图。

（2）在“导入”对话框中单击 全图像 右侧的下拉按钮，从弹出的下拉列表中选择 重新取样 选项。

（3）单击 导入 按钮，弹出如图 10.2.9 所示的“重新取样图像”对话框。

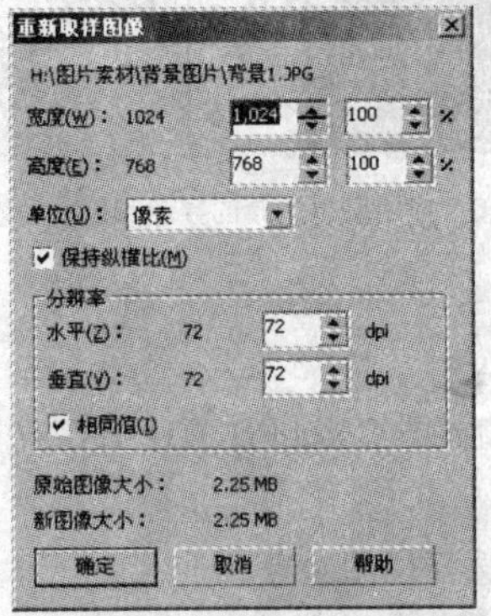

图 10.2.9　“重新取样图像”对话框

（4）在该对话框中设置各个参数，设置完成后，单击 确定 按钮，完成所选位图的重新取样。

2．导入后重新取样位图

（1）导入一幅需重新取样的位图。

（2）单击其属性栏中的“重取样位图”按钮，弹出如图 10.2.10 所示的“重新取样”对话框。

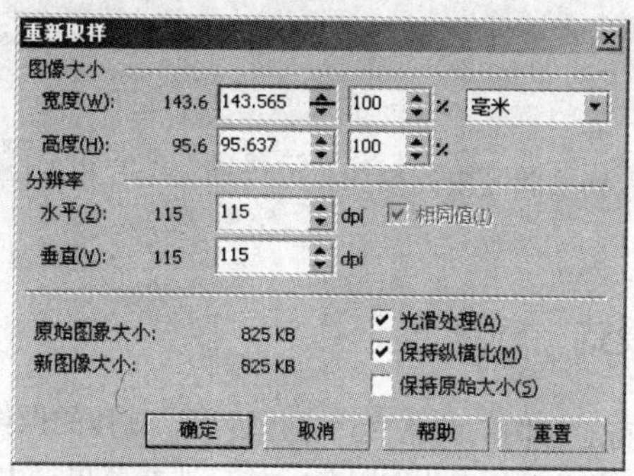

图 10.2.10　“重新取样”对话框

（3）设置该对话框中的各个参数。

（4）设置完成后，单击 确定 按钮，完成所选位图的重新取样。

10.2.5　链接位图

在 CorelDRAW X4 中，对输入的位图进行链接，可以减少文件占用的空间，从而提高工作效率。

1．外部链接位图

进行外部链接位图的具体操作步骤如下：

（1）选择 文件(F) → 导入(I)… 命令，弹出“导入”对话框，选择需导入的图像，并选中对话框中的 外部链接位图(E) 复选框，如图 9.1.14 所示。

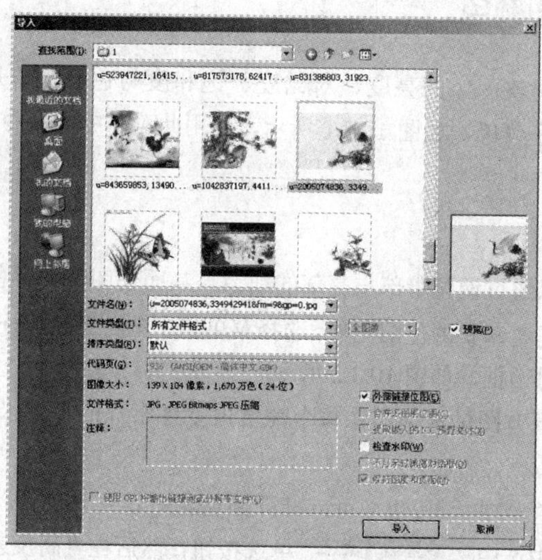

图 9.1.14　“导入”对话框

（2）单击 导入 按钮，可将选中的图像以链接的形式导入绘图区。

2．从链接更新

对于以外部链接的方式导入绘图区的位图图片，若要改变其外观，就必须在源文件中进行更改，若用户将链接的源文件进行了修改，可选择位图(B)→自链接更新(U)命令，更新链接的位图，这时位图将以高分辨率的形式显示出来。

3．取消链接

对于以外部链接方式导入到绘图区中的位图，可选择菜单栏中的位图(B)→中断链接(K)命令，解除位图之间的链接。

10.2.6 转换位图模式

在 CorelDRAW X4 中，可对位图的颜色模式进行转换，具体的操作方法如下：

（1）使用挑选工具在绘图区中选择位图对象，然后选择菜单栏中的位图(B)→模式(D)命令，弹出其子菜单，如图 10.2.12 所示。

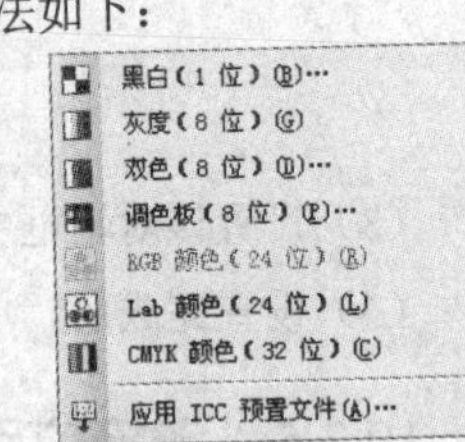

图 10.2.12　模式子菜单

（2）从弹出的子菜单中可以看到“Lab 模式（24 位）”显示为灰色，表示当前所选位图的色彩模式为 Lab 模式。如果要将位图的色彩模式转换为 RGB 模式，只需要将鼠标移至 RGB 颜色（24 位）(R)命令上单击，即可将 Lab 模式转换为 RGB 模式。

10.3　调整与变换位图的颜色

在 CorelDRAW X4 中，不仅可以利用色调调整功能对位图的颜色进行特殊的处理，而且还可以利用变换功能变换位图的颜色。

10.3.1　调整位图颜色

调整位图颜色包括调整图像的亮度、对比度、饱和度与色泽等。选择菜单栏中的效果(C)→调整(A)命令，可弹出其子菜单，如图 10.3.1 所示，使用此菜单中的命令可直接对图像的颜色进行调整，从而改善位图的质量。

1．高反差

使用高反差命令可以通过调整暗部与亮部的细节，从而使图像的颜色达到平衡的效果。

使用挑选工具选择需要调整的位图图像，选择菜单栏中的效果(C)→调整(A)→高反差(C)...命令，可弹出“高反差”对话框，如图 10.3.2 所示。

此对话框中右侧的直方图是根据图像每个亮度值处像素点的多少来划分的，最黑的像素点在左边，最亮的像素点在右边。

单击对话框左上角的按钮或按钮，可以打开预览窗口。

在滴管取样选项区中选中设置输入值(I)单选按钮，然后在“高反差”对话框左上角单击“黑色滴管”按钮，再在图像中的某区域单击，可设置导入图像的最暗值；单击“白色滴管”按钮，再在图像中的某区域单击，可设置导入图像的最亮值。选中设置输出值(O)单选按钮，同样可设置导出图像时的最暗值与最亮值。

图 10.3.1 调整子菜单

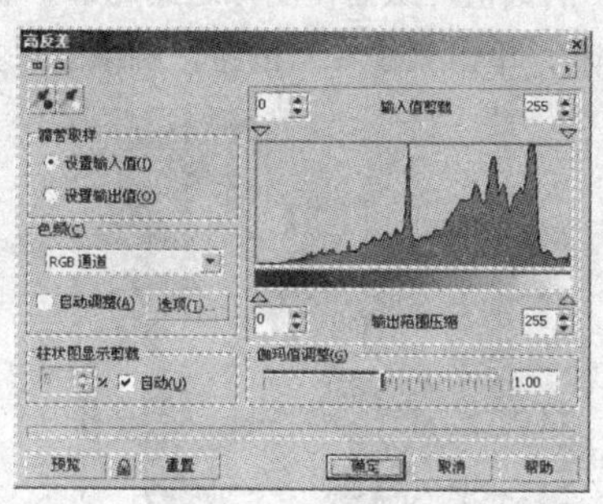

图 10.3.2 “高反差”对话框

单击RGB 通道下拉列表框，可从弹出的下拉列表中选择一种颜色通道。

单击选项(T)...按钮，弹出“自动调整范围”对话框，可在黑色限定(B):与白色限定(W):微调框中输入数值，设置黑色与白色的比例值。

在输入值剪裁左侧的微调框中输入的数值越大，图像越暗；在其右侧的微调框中输入的数值越小，图像越亮。

在输出范围压缩两侧的微调框中输入数值，都可改变图像的灰度，也可用滴管工具从选择的图像中吸取颜色来改变图像的灰度。

在伽玛值调整(G)输入框中输入数值，可设置图像的伽玛值。通过改变伽玛值的大小，可改变图像中的明暗细节部分。

设置好参数后，单击确定按钮，图像效果如图 10.3.3 所示。

图 10.3.3 调整高反差前后效果对比

2．局部平衡

使用局部平衡命令可以使图像边缘的部分颜色平衡。

使用挑选工具选中位图图像，选择菜单栏中的效果(C)→调整(A)→局部平衡(O)…命令，弹出“局部平衡”对话框，如图 10.3.4 所示。

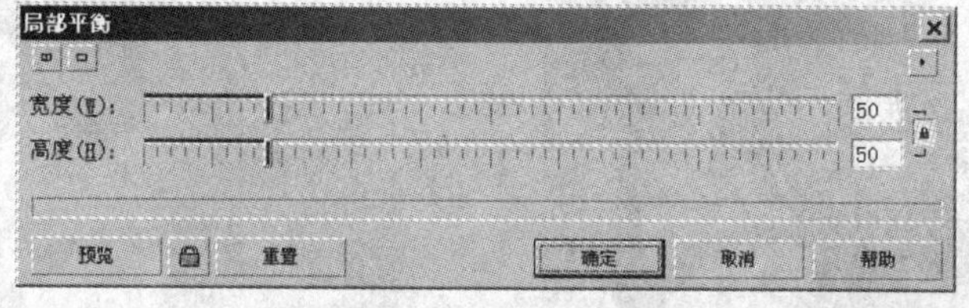

图 10.3.4 “局部平衡”对话框

单击宽度(W):与高度(H):输入框之间的按钮，使其呈现（即解除锁定）状态，可以随意调整宽度(W):与高度(H):的数值，从而使图像达到局部平衡效果。

设置好参数后，单击确定按钮，图像效果如图 10.3.5 所示。

图 10.3.5 调整局部平衡前后效果对比

3．取样/目标平衡

使用取样/目标平衡命令可以将所选的目标色应用于从图像中吸取的每一个样本色，从而使样本色与目标色达到平衡。

使用挑选工具选择需要调整的图像，选择菜单栏中的效果(C)→调整(A)→取样/目标平衡(M)…命令，弹出“样本/目标平衡”对话框，如图 10.3.6 所示。

在通道(C):右侧单击RGB 通道下拉列表框，可从弹出的下拉列表中选择一种颜色类型，有 RGB 通道、红色通道、蓝色通道和绿色通道 4 种。

利用“暗部”按钮、“中间”按钮和“亮部”按钮，或在图片中吸取样本颜色的暗部、中间与亮部的样本颜色，并单击目标按钮下的颜色条，可在弹出的“选择颜色”对话框中选择目标色的暗部、中间和亮部的颜色，如图 10.3.7 所示。

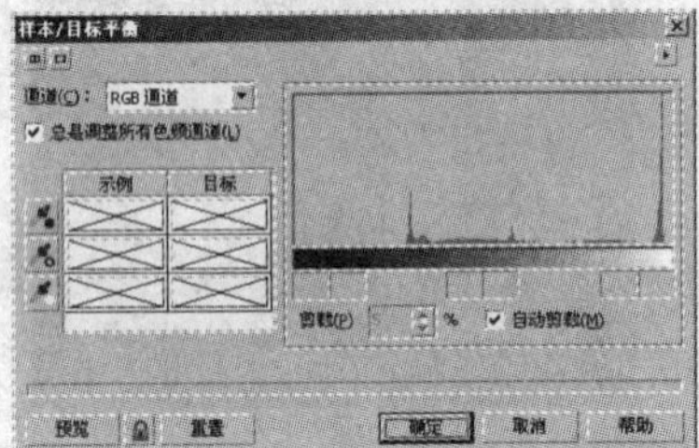

图 10.3.6 “样本/目标平衡”对话框

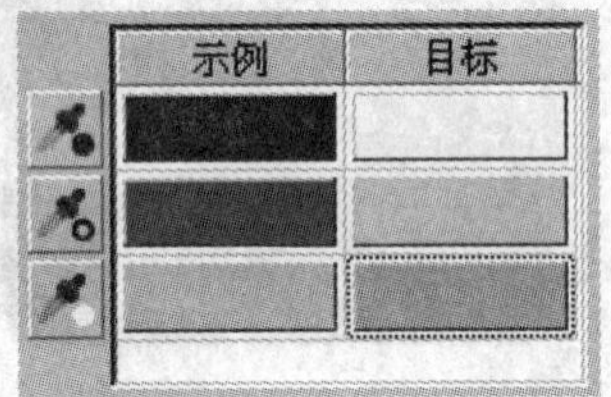

图 10.3.7 选择的颜色

在默认状态下，自动剪裁(M)复选框处于选中状态，如果需要自定义修剪的方式，可取消选中此复选框，并在剪裁(P):微调框中输入需要的数值。

设置好参数后，单击确定按钮，图像效果如图 10.3.8 所示。

图 10.3.8 调整样本/目标平衡前后效果对比

4．调和曲线

使用调和曲线命令可以改变图像色彩的色调。

使用挑选工具选择需要调整的图像，选择菜单栏中的效果(C)→调整(A)→调合曲线(T)…命令，弹出“调和曲线”对话框，如图 10.3.9 所示。

单击活动色频(C):右侧的RGB下拉列表框，可从弹出的下拉列表中选择所需的颜色通道。

在曲线选项选项区中提供了 4 种曲线样式，在样式:右侧的下列列表中选择曲线，即可对平滑曲线进行调节。

在“调和曲线”对话框中单击或按钮，可以将曲线以设定的方式进行旋转；单击平滑(M)按钮，可以使曲线更平滑；单击设置(S)...按钮，弹出“自动调整范围”对话框，如图 10.3.10 所示，通过设置黑色限定(B):和白色限定(W):微调框中的数值，可调节图像的边界颜色。

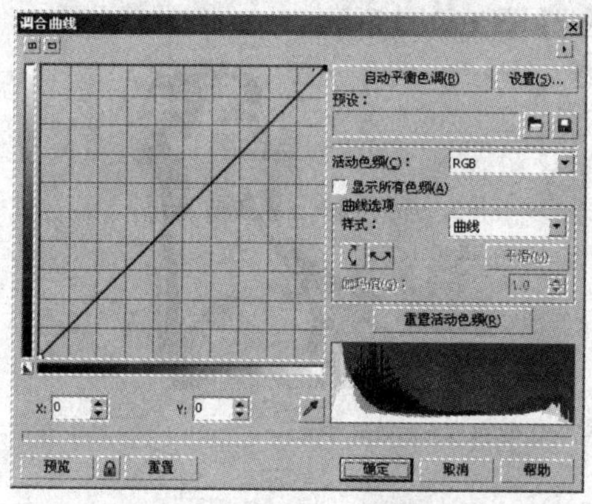

图 10.3.9　“调和曲线”对话框

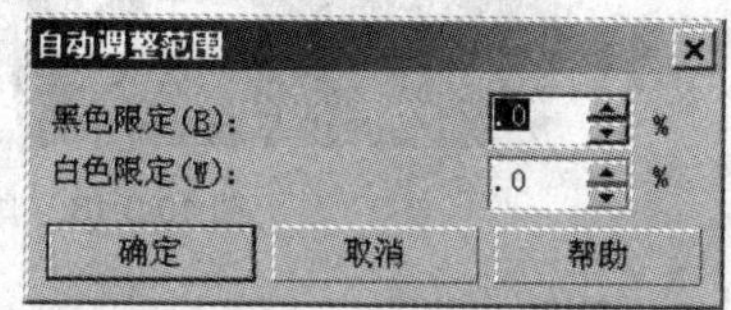

图 10.3.10　“自动调整范围”对话框

在“调和曲线”对话框中单击按钮，可从弹出的“装入色调曲线文件”对话框中选择已有的色调曲线；单击按钮，可弹出“保存色调曲线文件”对话框，通过此对话框可以保存设置好的色调曲线，以备使用。

设置好参数后，单击确定按钮，图像效果如图 10.3.11 所示。

图 10.3.11　调整调和曲线前后效果对比

5．亮度/对比度/强度

使用亮度/对比度/强度命令可以调整图像的亮度、对比度与强度。

使用挑选工具选择需要调整的图像，选择菜单栏中的效果(C)→调整(A)→亮度/对比度/强度(I)命令，弹出“亮度/对比度/强度”对话框，如图 10.3.12 所示。

在亮度(B):输入框中输入数值，可改变图像的亮度，也可直接拖动滑块进行调整，其取值范围为-100～100。

图 10.3.12 “亮度/对比度/强度”对话框

在对比度(C):输入框中输入数值，可调整图像中最深或最浅像素之间的差异。

在强度(I):输入框中输入数值，可加强图像中浅色区域的亮度。

设置好参数后，单击确定按钮，图像效果如图 10.3.13 所示。

图 10.3.13 调整亮度/对比度/强度前后效果对比

6．颜色平衡

使用颜色平衡命令可以调整图像的色彩，从而使其达到平衡的效果。

使用挑选工具选择需要调整的图像，选择菜单栏中的效果(C)→调整(A)→颜色平衡(L)命令，弹出“颜色平衡”对话框，如图 10.3.14 所示。

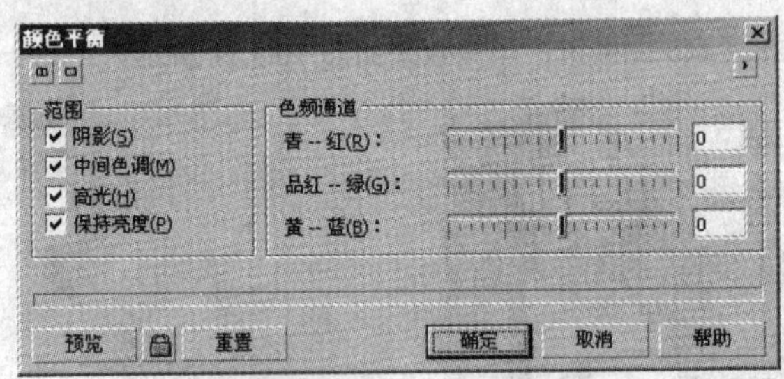

图 10.3.14 “颜色平衡”对话框

在范围选项区中可以选择图像的调整范围。选中☑阴影(S)复选框，可以为图像对象添加其他颜色的阴影效果；选中☑中间色调(M)复选框，可以对图像的中间色调应用颜色校正；选中☑高光(H)复选框，可以在图像的突出部分应用颜色校正；选中☑保持亮度(P)复选框，可以在应用颜色校正时继续保持对象的亮度不受影响。

在色频通道选项中的青 -- 红(R):、品红 -- 绿(G):、黄 -- 蓝(B):输入框中输入相应的数值，可对颜色的变化进行调整。

设置好参数后，单击确定按钮，图像效果如图 10.3.15 所示。

图 10.3.15　调整颜色平衡前后效果对比

7. 伽玛值

使用伽玛值命令可以使图像中所有的色调都向中间色调偏移。

选中需要调整的图像，选择菜单栏中的 效果(C) → 调整(A) → 伽玛值(G) 命令，弹出“伽玛值”对话框，如图 10.3.16 所示。

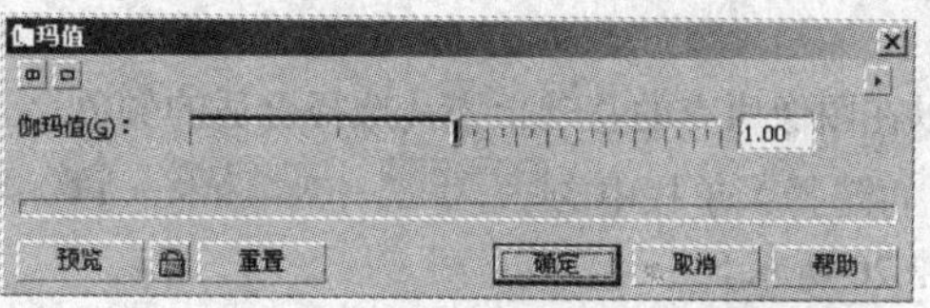

图 10.3.16　“伽玛值”对话框

通过调整 伽玛值(G)： 输入框中的数值，可以使所有的色调都向中间色调偏移。

设置好参数后，单击 确定 按钮，图像效果如图 10.3.17 所示。

图 10.3.17　调整伽玛值前后效果对比

8. 色度/饱和度/亮度

使用色度/饱和度/亮度命令可以调整图像的色调、饱和度或光度。

选中需要调整的图像，选择菜单栏中的 效果(C) → 调整(A) → 色度/饱和度/亮度(S)… 命令，弹出“色度/饱和度/亮度”对话框，如图 10.3.18 所示。

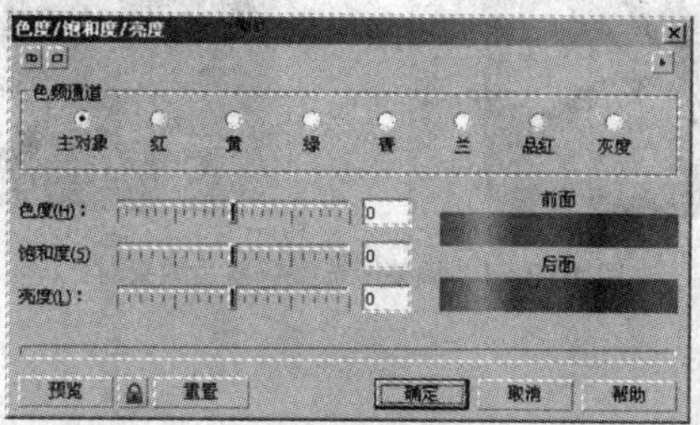

图 10.3.18　“色度/饱和度/亮度”对话框

在色频通道选项区中，可以任意选择一种色彩作为调整的对象，当选中主对象上面的单选按钮时，即可设置图像的总体效果，然后在色度(H)：、饱和度(S)和亮度(L)：输入框中输入数值，分别进行颜色的调整。

设置好参数后，单击确定按钮，图像效果如图 10.3.19 所示。

图 10.3.19 调整色度/饱和度/亮度前后效果对比

9．所选颜色

使用所选颜色命令可以在图像原有的基础上为其选择合适的颜色。

选中需要调整的图像，再选择菜单栏中的效果(C)→调整(A)→所选颜色(V)…命令，弹出“所选颜色”对话框，如图 10.3.20 所示。

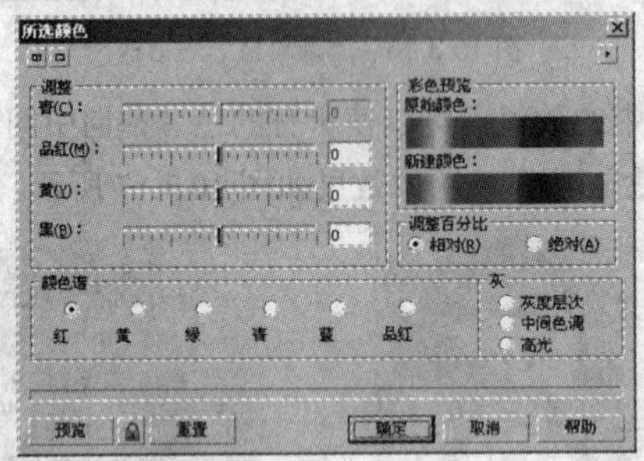

图 10.3.20 “所选颜色”对话框

在调整选项区中调整各颜色的数值，可以改变图像中的颜色。

在颜色谱选项区中，可以选择一种适当的颜色光谱，或在灰选项区中，选择一种色调范围。

在调整百分比选项区中，用户可以选择调整方式，包括相对与绝对两种。

设置好参数后，单击确定按钮，图像效果如图 10.3.21 所示。

图 10.3.21 调整所选颜色前后效果对比

10．替换颜色

使用替换颜色命令可以将图像中原有的颜色替换为新的颜色。

使用挑选工具选择图像，然后选择菜单栏中的 效果(C) → 调整(A) → 替换颜色(R)… 命令，弹出“替换颜色”对话框，如图 10.3.22 所示。

图 10.3.22　“替换颜色”对话框

单击 原颜色(O): 右侧的 下拉按钮，可从打开的调色板中选择一种需要替换的颜色。

单击 新建颜色(N): 右侧的 下拉按钮，可从打开的调色板中选择一种用来替换的颜色。

在 颜色差异 选项区中，设置 色度(H): 、 饱和度(S): 和 亮度(L): 输入框中的数值，可以调整新颜色的色度、饱和度与亮度。

在 范围(R): 输入框中输入数值，可设置应用的范围。

在 选项: 选项区中，选中 忽略灰度(G) 复选框，可忽略图像中的灰度；选中 单目标颜色(D) 复选框，可使图像中的新颜色发亮。

设置好参数后，单击 确定 按钮，图像效果如图 10.3.23 所示。

图 10.3.23　调整替换颜色前后效果对比

11．取消饱和

取消饱和命令可以将图像中所有颜色的饱和度值降低为 0，即去除图像中的所有彩色成分，这样可以不改变图像色彩模式而将彩色图像变为灰度图像来显示。

选择菜单栏中的 效果(C) → 调整(A) → 取消饱和(D) 命令，可以消除所选图像的颜色，使图像呈灰度显示，效果如图 10.3.24 所示。

图 10.3.24　取消饱和前后效果对比

12．通道混合器

使用通道混合器命令，并通过调整所选通道的颜色值，可以改变图像的色彩。

选中需要调整的图像，选择菜单栏中的效果(C)→调整(A)→通道混合器(N)…命令，弹出“通道混合器”对话框，如图 10.3.25 所示。

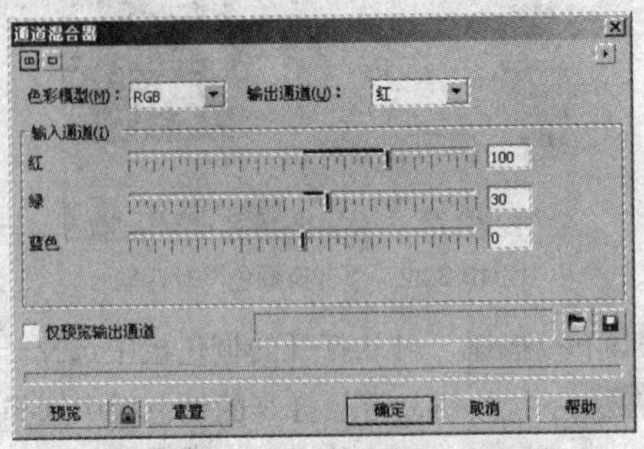

图 10.3.25 “通道混合器”对话框

单击色彩模型(M)：右侧的RGB下拉列表框，可从弹出的下拉列表中选择一种颜色模式，并在输出通道(U)：右侧的红下拉列表中选择所需的通道。

在输入通道(I)选项区中的红、绿和蓝色输入框中输入数值，可对其颜色进行相应的调整。

设置好参数后，单击确定按钮，图像效果如图 10.3.26 所示。

图 10.3.26 调整通道混合器前后效果对比

10.3.2 变换位图颜色

选择菜单栏中的效果(C)→变换(N)命令，将弹出其子菜单，如图 10.3.27 所示，通过选择此菜单中相应的命令可以将图像变换为另一种效果。

1．去交错

使用去交错命令可以将图像中不清楚的颜色以扫描的形式移开。

使用挑选工具选择需要变换的图像，选择菜单栏中的效果(C)→变换(N)→去交错(D)…命令，弹出“去交错”对话框，如图 10.3.28 所示。

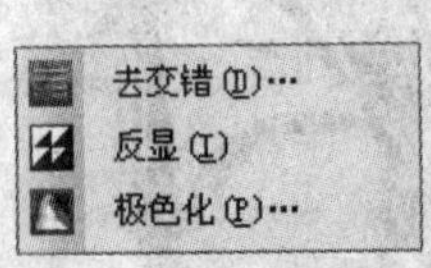

图 10.3.27 变换子菜单

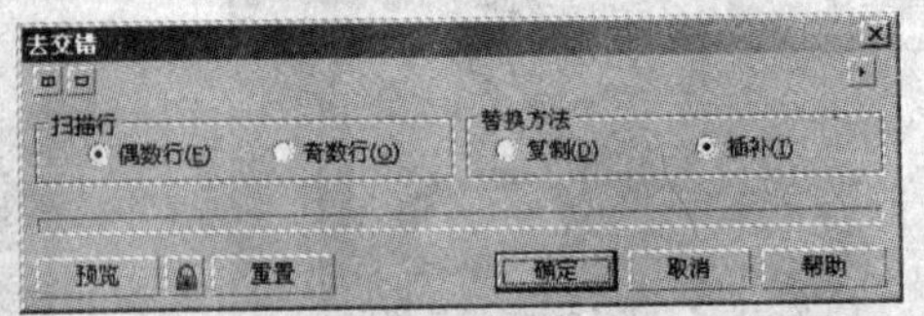

图 10.3.28 “去交错”对话框

在扫描行选项区中，通过选中⊙偶数行(E)或⊙奇数行(O)单选按钮，可扫描偶数行或奇数行的颜色。

在替换方法选项区中，通过选中⊙复制(D)或⊙插补(I)单选按钮，可将移动的颜色复位。

设置好参数后，单击确定按钮，图像效果如图 10.3.29 所示。

图 10.3.29　应用去交错前后效果对比

2．反显

使用反显命令可以使所选图像的颜色反相显示。

使用挑选工具选择需要变换的图像，选择菜单栏中的效果(C)→变换(N)→反显(I)命令，图像效果如图 10.3.30 所示。

图 10.3.30　应用反显前后效果对比

3．极色化

使用极色化命令可以使所选图像中的颜色数量减少。

使用挑选工具选择需要变换的图像，选择菜单栏中的效果(C)→变换(N)→极色化(P)…命令，弹出"极色化"对话框，如图 10.3.31 所示。

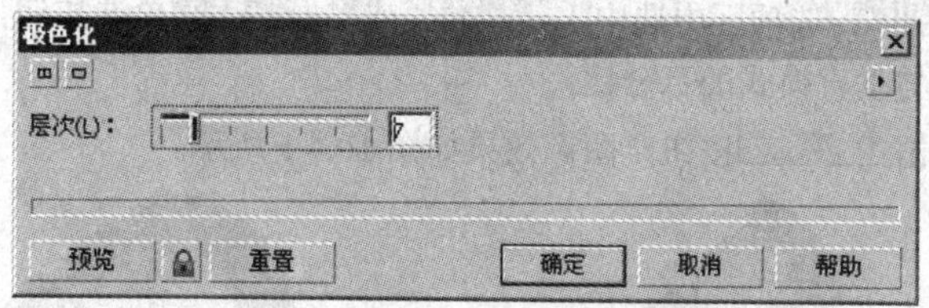

图 10.3.31　"极色化"对话框

在层次(L):输入框中输入数值，可设置图像的极色化效果，数值越小，极色化效果越明显；数值越大，极色化效果越不明显。

设置好参数后，单击确定按钮，图像效果如图 10.3.32 所示。

图 10.3.32　应用极色化前后效果对比

10.4　位图的滤镜特效

在 CorelDRAW X4 中提供了多种不同特性的滤镜，如卷页、浮雕、模糊、风、旋涡和虚光等，使用好位图的滤镜可以在作品中创作出多种特殊的效果。

虽然滤镜的种类很多，但添加滤镜效果的操作却非常相似，一般都可以按照以下步骤来进行。

（1）选中需要添加滤镜效果的位图图像，然后选择 位图(B) 菜单，从相应滤镜的子菜单中选择滤镜命令，即可弹出相应的滤镜选项设置对话框。

（2）在滤镜选项设置对话框中设置相关的选项参数后，单击 确定 按钮，即可将选择的滤镜效果应用到位图对象中。

（3）在每一个滤镜对话框的顶部都有 和 两个“预览窗口切换”按钮，用于在对话框中打开和关闭预览窗口，以及切换双预览窗口或单预览窗口。

（4）在每一个滤镜对话框的底部都有一个 预览 按钮，单击该按钮，即可在预览窗口中预览到添加滤镜后的效果。在双预览窗口中，还可以对原始效果和添加的滤镜效果进行观察比较。

10.4.1　三维效果

三维效果滤镜中包含了三维旋转、柱面、浮雕、卷页透视等 7 种三维效果，通过使用这些滤镜可以对位图进行三维效果设置。

1．柱面

使用柱面滤镜可以使位图在水平与垂直的柱面产生映射的效果。

选中位图后，选择菜单栏中的 位图(B) → 三维效果(3) → 柱面(L)... 命令，弹出“柱面”对话框，在其对话框中的 柱面模式 选项区中选中 水平(H) 或 垂直(V) 单选按钮，并在 百分比(P): 输入框中输入数值，调整水平与垂直模式的百分比。

设置好参数后，单击 确定 按钮，图像效果如图 10.4.1 所示。

图 10.4.1　应用柱面滤镜前后效果对比

2．浮雕

使用浮雕滤镜可以调整深度与光线的方向，从而在平面图像上建立一种三维浮雕效果。

选中位图后，选择菜单栏中的位图(B)→三維效果(3)→浮雕(E)…命令，弹出“浮雕”对话框，在其对话框中的深度(D):输入框中可设置浮雕效果的深浅度；在层次(L):输入框中可设置浮雕效果的明显程度；在方向(C):微调框中可设置浮雕效果的角度。在浮雕色选项区中可以选择一种颜色作为创建浮雕效果的背景颜色。

设置好参数后，单击确定按钮，图像效果如图 10.4.2 所示。

图 10.4.2　应用浮雕滤镜前后效果对比

3．卷页

使用卷页滤镜可以从图像的 4 个角的任意一角开始，将位图像纸一样卷起。

选中位图后，选择菜单栏中的位图(B)→三維效果(3)→卷页(A)…命令，弹出“卷页”对话框，在其对话框中提供了 4 种卷页的类型，从中选择一种卷页类型，然后在定向选项区中选择卷页的方向；在纸张选项区中选择卷页部分是否透明；在颜色选项区中设置卷页部分的颜色与背景颜色；在宽度%(W):与高度%(I):输入框中输入数值，可设置卷页的宽度与高度，还可以通过调节滑块来改变数值。

设置好参数后，单击确定按钮，图像效果如图 10.4.3 所示。

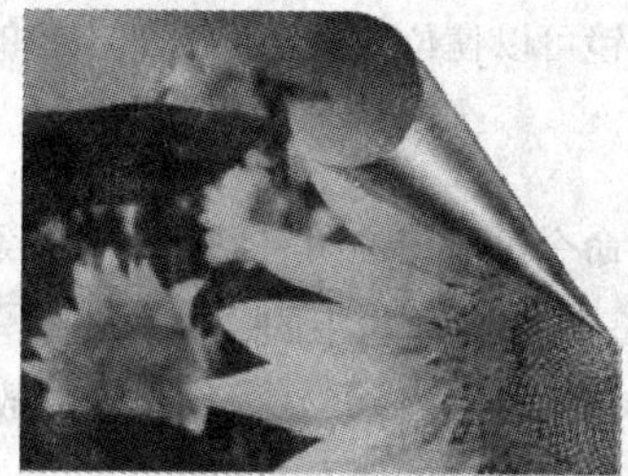

图 10.4.3　应用卷页滤镜前后效果对比

4．挤远与挤近

使用挤远与挤近滤镜，可通过调整对话框中的数值使位图扭曲。

选中位图后，选择菜单栏中的位图(B)→三維效果(3)→挤远/挤近(P)…命令，弹出“挤远/挤近”对话框，在其对话框中的挤远/挤近(P):输入框中输入数值，可以改变位图的挤远或挤近程度，正值表示挤远；负值表示挤近。单击对话框中的按钮，然后在位图上单击，可以设置挤远或挤近时的中心位置。

设置好参数后，单击确定按钮，图像效果如图 10.4.4 所示。

图 10.4.4　使用挤远/挤近滤镜前后效果对比

5．透视

使用透视滤镜可以调整图像 4 角的控制点，将三维透视效果应用于位图上。

选中位图后，选择菜单栏中的 位图(B) → 三维效果(3) → 透视(R)… 命令，弹出“透视”对话框，在其对话框中的 类型 选项区中有两种透视模式，分别是 透视(P) 与 切变(S)。选中 透视(P) 单选按钮，然后在对话框左侧的调整窗口中用鼠标拖动其控制点，可以改变图像中透视点的位置。

设置好参数后，单击 确定 按钮，图像效果如图 10.4.5 所示。

图 10.4.5　应用透视滤镜前后效果对比

10.4.2　艺术笔触

艺术笔触滤镜中包含了炭笔画、单色蜡笔画、蜡笔画、素描、水彩、波纹纸画等 14 种艺术效果。通过使用这些滤镜可以使位图显示出自然描绘的效果。

1．炭笔画

使用炭笔画命令可以使位图对象产生一种素描效果。

选中位图后，选择菜单栏中的 位图(B) → 艺术笔触(A) → 炭笔画(C)… 命令，弹出“炭笔画”对话框，在其对话框中的 大小(S): 输入框中输入数值，可以设置素描的像素大小；在 边缘(E): 输入框中输入数值，可以设置素描的像素黑白度。

设置好参数后，单击 确定 按钮，图像效果如图 10.4.6 所示。

图 10.4.6　应用炭笔画滤镜前后效果对比

2．蜡笔画

使用蜡笔画滤镜可以使位图产生蜡笔绘画的效果。

选中位图后，选择菜单栏中的 位图(B) → 艺术笔触(A) → 蜡笔画(R)… 命令，弹出“蜡笔画”对话框，在其对话框中的 大小(S): 输入框中输入数值，可设置像素散开的稠密程度，也就是图像的粗糙程度；在 轮廓(L): 输入框中输入数值，可设置图像轮廓显示的轻重程度。

设置好参数后，单击 确定 按钮，图像效果如图 10.4.7 所示。

图 10.4.7　应用蜡笔画滤镜前后效果对比

3．素描

使用素描滤镜可以使图像产生类似于铅笔素描的效果。

选中位图后，选择菜单栏中的 位图(B) → 艺术笔触(A) → 素描(K)… 命令，弹出“素描”对话框，在其对话框中的 铅笔类型 选项区中选择一种铅笔类型，即 碳色(G) 或 颜色(C)；在 样式(S): 输入框中输入数值，可设置图像的平滑度；在 笔芯(L): 输入框中输入数值，可设置使用的铅笔类型；在 轮廓(O): 输入框中输入数值，可设置图像的轮廓线宽度。

设置好参数后，单击 确定 按钮，图像效果如图 10.4.8 所示。

图 10.4.8　应用素描滤镜前后效果对比

4．单色蜡笔画

使用单色蜡笔画滤镜可以使图像产生不同的纹理效果。

选中位图后，选择菜单栏中的 位图(B) → 艺术笔触(A) → 单色蜡笔画(O)… 命令，弹出“单色蜡笔画”对话框，在其对话框中的 单色 选项区中，可以选择一种或多种蜡笔颜色，并单击 纸张颜色(C): 右侧的 下拉按钮，在弹出的调色板中选择一种蜡笔颜色。

在 压力(P): 输入框中输入数值，可设置绘制所选图像效果时的颜色轻重；在 底纹(T): 输入框中输入数值，可设置纹理质地的粗糙程度，数值越大质地越粗糙。

设置好参数后，单击 确定 按钮，图像效果如图 10.4.9 所示。

图 10.4.9　应用单色蜡笔画滤镜前后效果对比

5．水彩画

使用水彩画滤镜可以使图像产生类似于水彩画的效果。

选中位图后，选择菜单栏中的 位图(B) → 艺术笔触(A) → 水彩画(W)… 命令，弹出“水彩画”对话框，在其对话框中调整 画刷大小(S): 输入框中的数值，可设置画笔笔头大小；调整 粒状(G): 输入框中的数值，可设置图像的粗糙程度；调整 水量(W): 输入框中的数值，可设置水彩的湿润程度；调整 出血(B): 输入框中的数值，可设置色彩显示的明显程度；调整 亮度(R): 输入框中的数值，可设置图像的亮度。

设置好参数后，单击 确定 按钮，图像效果如图 10.4.10 所示。

图 10.4.10　应用水彩画滤镜前后效果对比

10.4.3　轮廓图

选择菜单栏中的 位图(B) → 轮廓图(O) 命令，弹出其子菜单，如图 10.4.11 所示，通过使用此菜单中的命令，可以轻松地检测和强调位图图像的轮廓。

边缘检测(E)…
查找边缘(F)…
描摹轮廓(T)…

图 10.4.11　轮廓图子菜单

1．边缘检测

使用边缘检测滤镜可以在图像中加入不同的边缘效果。

选中位图后，选择菜单栏中的 位图(B) → 轮廓图(O) → 边缘检测(E)… 命令，弹出“边缘检测”对话框，在其对话框中的 背景色 选项区中选择一种颜色作为背景色，并在 灵敏度(S): 输入框中输入数值，设置图像边缘的清晰程度。

设置好参数后，单击确定按钮，图像效果如图 10.4.12 所示。

图 10.4.12　应用边缘检测滤镜前后效果对比

2．查找边缘

使用查找边缘滤镜可以使图像的边缘轮廓高亮显示。

选中位图后，选择菜单栏中的位图(B)→轮廓图(O)→查找边缘(F)…命令，弹出“查找边缘”对话框，在其对话框中的边缘类型:选项区中选择一种边缘类型，并在层次(L):输入框中输入数值，设置边缘亮度。

设置好参数后，单击确定按钮，图像效果如图 10.4.13 所示。

图 10.4.13　应用查找边缘滤镜前后效果对比

10.4.4　颜色转换

使用颜色转换滤镜可以使位图总体效果发生较大的改变，形成具有某种特殊效果的艺术图像。选择菜单栏中的位图(B)→颜色转换(L)命令，弹出其子菜单，如图 10.4.14 所示。

位平面(B)…
半色调(H)…
梦幻色调(P)…
曝光(S)…

图 10.4.14　颜色转换子菜单

1．位平面

使用位平面滤镜可以将位图转换成由许多颜色小块组成的图像，每一个颜色小块都是由 3 种颜色组成的，3 种颜色分别是红、绿、蓝。

选中位图后，选择菜单栏中的位图(B)→颜色转换(L)→位平面(B)…命令，弹出“位平面”对话框。在红(R):、绿(G):、蓝(B):输入框中输入数值，可以改变图像的颜色。选中应用于所有位面(A)复选框，3 种颜色参数同步变化；取消选中此复选框，则可以单独调节各个颜色的参数。

设置好参数后，单击确定按钮，图像效果如图 10.4.15 所示。

图 10.4.15　应用位平面滤镜前后效果对比

2．曝光

使用曝光滤镜可以将位图颜色转换成如同摄影负片的颜色。

选中位图后，选择菜单栏中的位图(B)→颜色转换(L)→曝光(S)…命令，弹出“曝光”对话框。在其对话框中调整层次(L):输入框中的数值，可改变图像底片的曝光程度。

设置好参数后，单击确定按钮，图像效果如图 10.4.16 所示。

图 10.4.16　应用曝光滤镜前后效果对比

10.4.5　模糊

模糊滤镜组中包含了 9 种模糊效果，通过使用这些滤镜可以使图像产生不同程度模糊的效果。

1．高斯式模糊

高斯式模糊滤镜可以使位图按照高斯分配产生朦胧的效果。

选中位图后，选择菜单栏中的位图(B)→模糊(B)→高斯式模糊(G)…命令，弹出“高斯式模糊”对话框，在其对话框中调整对话框中半径(R):数值，可使图像产生薄雾效果。

设置好参数后，单击确定按钮，图像效果如图 10.4.17 所示。

图 10.4.17　应用高斯式模糊滤镜前后效果对比

2．动态模糊

动态模糊滤镜可以使图像产生动态的模糊效果。

选中位图后，选择菜单栏中的位图(B)→模糊(B)→动态模糊(M)…命令，弹出“动态模糊”对话框，在其对话框中的方向(C):微调框中输入数值，可以设置位图动态模糊的角度；在图像外围取样选项区中可以选择图像的取样模式。

设置好参数后，单击确定按钮，图像效果如图 10.4.18 所示。

图 10.4.18　应用动态模糊滤镜前后效果对比

3．缩放模糊

缩放滤镜可以使位图图像从外向中心产生模糊效果。

选中位图后，选择菜单栏中的位图(B)→模糊(B)→缩放(Z)…命令，弹出“缩放”对话框，在其对话框中单击按钮，在原图像上单击可确定缩放中心位置；调整数量(A):输入框中的数值，可设置缩放的明显程度，此时可使图像以缩放中心向外发散，产生模糊效果。

设置好参数后，单击确定按钮，图像效果如图 10.4.19 所示。

图 10.4.19　应用缩放模糊滤镜前后效果对比

4．放射式模糊

使用放射式模糊滤镜可以使图像产生由中心向边缘放射的模糊效果。

选中位图后，选择菜单栏中的位图(B)→模糊(B)→放射式模糊(R)…命令，弹出“放射状模糊”对话框，在其对话框中单击按钮，在原图像上单击可确定放射中心的位置；调节数量(A):输入框中的数值，可设置放射模糊的数量以及产生的模糊效果。

设置好参数后，单击确定按钮，图像效果如图 10.4.20 所示。

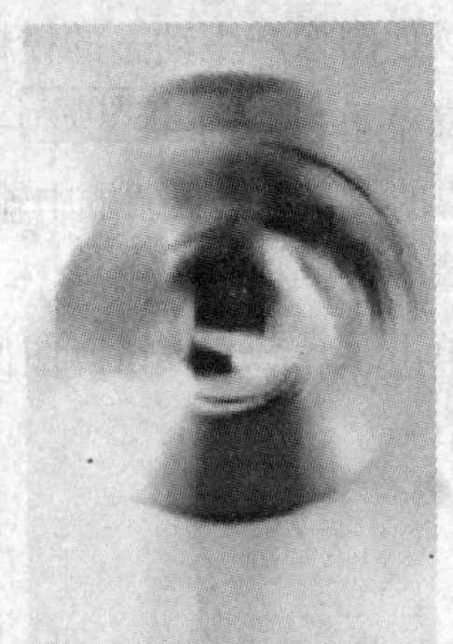

图 10.4.20　应用放射式模糊滤镜前后效果对比

10.4.6　扭曲

扭曲滤镜提供了 10 种扭曲效果，使用这些滤镜可以为位图图像添加各种扭曲变形效果。

1．块状

使用块状滤镜可以使位图对象产生由若干块拼合而成的图像效果。

选中位图后，选择菜单栏中的位图(B)→扭曲(D)→块状(B)…命令，弹出“块状”对话框，在其对话框中的未定义区域下拉列表中可以选择图像扭曲时空白区的填充色类型；在块宽度(W):与块高度(T):输入框中输入数值，可设置每一个扭曲块的宽度和高度；调整最大偏移(%)(M):输入框中的数值，可设置扭曲块的偏移程度。

设置好参数后，单击确定按钮，图像效果如图 10.4.21 所示。

图 10.4.21　应用块状滤镜前后效果对比

2．平铺

使用平铺滤镜可以产生多个图像的平铺效果。

选中位图后，选择菜单栏中的位图(B)→扭曲(D)→平铺(T)…命令，弹出“平铺”对话框，在其对话框中调整水平平铺(H):与垂直平铺(V):输入框中的数值，可设置图像在水平方向与垂直方向上的平铺数量；调整重叠(O)(%):输入框中的数值，可设置图像水平与垂直相重叠的数量。

设置好参数后，单击确定按钮，图像效果如图 10.4.22 所示。

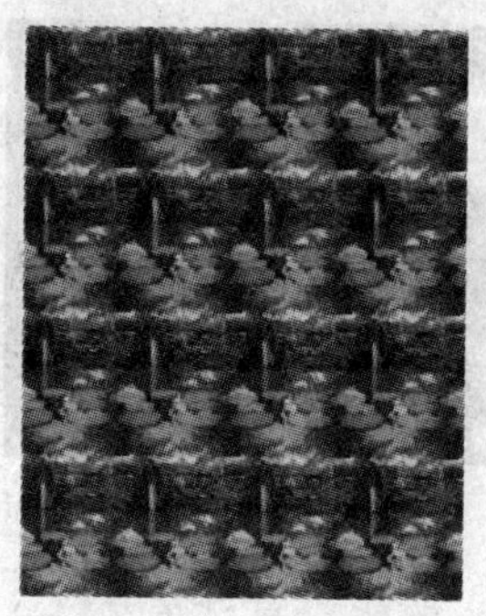

图 10.4.22　应用平铺滤镜前后效果对比

3．风吹效果

使用风吹效果滤镜可以使图像产生不同程度的风化效果。

选中位图后，选择菜单栏中的 位图(B) → 扭曲(D) → 风吹效果(W)… 命令，弹出“风吹效果”对话框，在其对话框中调整 浓度(S): 输入框中的数值，可设置风化效果的强弱；在 不透明(O): 输入框中输入数值，可设置风化的不透明度；在 角度(A): 微调框中输入数值，可设置风吹的角度。

设置好参数后，单击 确定 按钮，图像效果如图 10.4.23 所示。

图 10.4.23　应用风吹效果滤镜前后效果对比

10.4.7　创造性

运用创造性命令，可以对图像应用不同的底纹和形状。创造性效果是中文版 CorelDRAW X4 中变化显著的特殊效果，共包括 14 种效果，即模仿工艺品、纺织物的表面效果，生成马赛克、碎块的效果，生成透过不同玻璃看到的效果，模拟雪、雾等气象效果，下面介绍其中最常用的几种。

1．工艺

使用工艺滤镜可以产生使用工艺材料对图像进行转化的效果。

选中位图后，选择菜单栏中的 位图(B) → 创造性(V) → 工艺(C)… 命令，弹出“工艺”对话框。在其对话框中的 样式(S): 下拉列表中可以选择一种工艺样式；在 大小(Z): 输入框中输入数值，可设置所选工艺样式的大小；在 完成(C): 输入框中输入数值，可以设置应用工艺样式的范围；调整 亮度(B): 输入框中的数值，可设置所选工艺样式的亮度；调整 旋转(R): 微调框中的数值，可设置所选工艺样式的旋转角度。

设置好参数后，单击 确定 按钮，图像效果如图 10.4.24 所示。

图 10.4.24 应用工艺滤镜前后效果对比

2．框架

框架滤镜可以在位图对象周围添加一个框架，使其产生照片框架的效果。

选中位图后，选择菜单栏中的位图(B)→创造性(V)→框架(R)…命令，弹出“框架”对话框，如图 10.4.25 所示。

在此对话框中单击框架样式右侧的下拉按钮，可从弹出的预设框架样式中选择一种框架。如果要对所选的框架进行修改与编辑，可以在此对话框中打开修改选项卡，此时“框架”对话框如图 10.4.26 所示。

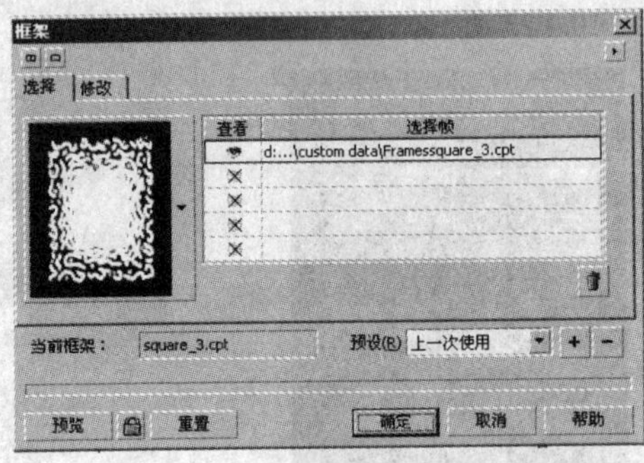

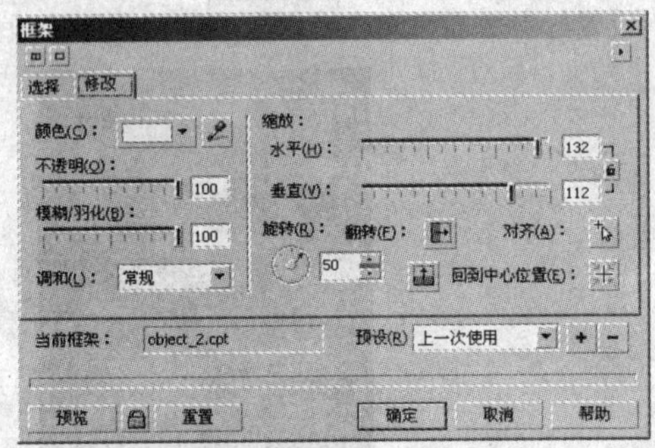

图 10.4.25 “框架”对话框　　图 10.4.26 “修改”选项卡

单击颜色(C)：右侧的下拉按钮，可从打开的调色板中为所选的框架设置一种颜色。

在不透明(O)：输入框中输入数值，可设置框架的不透明度；在模糊/羽化(B)：输入框中输入数值，可设置边框的模糊程度；在缩放：选项区中可设置框架的应用范围；在旋转(R)：微调框中输入数值，可设置框架的旋转角度；在翻转(F)：选项区中单击按钮，可以将所选框架水平翻转；单击按钮，可以将框架垂直翻转。

单击按钮，然后在原图像上单击，可以设置框架在位图上的中心点；单击按钮，可以将框架的中心点恢复到原位。在调和(L)：下拉列表中可以选择一种调和模式，以调和框架的不同效果。

设置好参数后，单击确定按钮，图像效果如图 10.4.27 所示。

图 10.4.27 应用框架滤镜前后效果对比

3．天气

天气滤镜可以模拟各种气候特征，使图像显示为在不同天气下观测的效果。

选中位图后，选择菜单栏中的 位图(B) → 创造性(V) → 天气(W)… 命令，弹出"天气"对话框。在其对话框中的 预报 选项区中可以选择一种天气类型；调节 浓度(T): 输入框中的数值，可设置下雨（雪、雾）的程度；在 大小(Z): 输入框中输入数值，可设置雨（雪、雾）的大小。

设置好参数后，单击 确定 按钮，图像效果如图 10.4.28 所示。

图 10.4.28　应用天气滤镜前后效果对比

10.4.8　杂点

选择菜单栏中的 位图(B) → 杂点(N) 命令，弹出其子菜单，如图 10.4.29 所示，使用此菜单中的命令可以为图像进行各种与杂点相关操作。

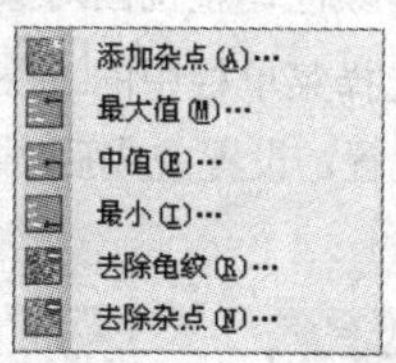

图 10.4.29　杂点子菜单

1．添加杂点

使用添加杂点滤镜可以在图像中增加杂点，为单一色彩或过分混杂的图像制作一种粒状的效果。

选中位图后，选择菜单栏中的 位图(B) → 杂点(N) → 添加杂点(A)… 命令，弹出"添加杂色"对话框。在 杂点类型 选项区中可选择一种杂点类型；在 层次(L): 输入框中输入数值，可设置杂点的强度和颜色范围；调整 密度(D): 输入框中的数值，可设置杂点的密度；在 颜色模式 选项区中可选择一种添加到位图上的杂点颜色模式。

设置好参数后，单击 确定 按钮，图像效果如图 10.4.30 所示。

图 10.4.30　应用添加杂点滤镜前后效果对比

2．去除杂点

使用去除杂点滤镜可以自动设置位图中杂点的数量，也可以通过调节阈值来设置位图对象中的杂点数量。

使用挑选工具选中一幅位图图像，选择菜单栏中的 位图(B) → 杂点(N) → 去除杂点(N)… 命令，弹出“去除杂点”对话框，通过调节 阈值(T): 输入框中的数值，可以设置图像中杂点的数量，选中 自动(A) 复选框，自动清除所有杂点。

设置好参数后，单击 确定 按钮，图像效果如图 10.4.31 所示。

图 10.4.31 应用去除杂点滤镜前后效果对比

3．最大值

使用最大值命令可根据图像的最大值颜色调整位图对象的颜色，从而去除杂点。

使用挑选工具选中一幅位图图像，选择菜单栏中的 位图(B) → 杂点(N) → 最大值(M)… 命令，在弹出的“最大值”对话框中进行各项设置，设置完成后，单击 确定 按钮，图像效果如图 10.4.32 所示。

图 10.4.32 应用最大值滤镜前后效果对比

10.4.9 鲜明化

鲜明化效果通过提高与邻近像素的对比度来强化图像的边缘。选择菜单栏中的 位图(B) → 鲜明化(S) 命令，弹出其子菜单，如图 10.4.33 所示，通过使用此菜单中的命令，可以使图像的色彩更加鲜明，边缘更加突出。

适应非鲜明化(A)…
定向柔化(D)…
高通滤波器(H)…
鲜明化(S)…
非鲜明化遮罩(U)…

图 10.4.33 鲜明化子菜单

1．适应非鲜明化

使用适应非鲜明化滤镜可以使图像边缘的颜色更加鲜明。

使用挑选工具选中一幅位图图像，选择菜单栏中的 位图(B) → 鲜明化(S) → 适应非鲜明化(A)… 命令，弹出“适应非鲜明化”对话框。在对话框中的 百分比(P): 输入框中输入数值或拖动滑块，可设置图像边缘的鲜明化程度，使图像边缘的颜色更加鲜明。

设置好参数后，单击 确定 按钮，图像效果如图 10.4.34 所示。

图 10.4.34　应用适应非鲜明化滤镜前后效果对比

2．非鲜明化遮罩

非鲜明化遮罩滤镜可以强调位图对象边缘的细节，并使非锐化平滑的区域变得明显。

使用挑选工具选中一幅位图图像，选择菜单栏中的 位图(B) → 鲜明化(S) → 非鲜明化遮罩(U)… 命令，在弹出的“非鲜明化遮罩”对话框中设置相应的参数，可强调图像边缘的细节，使图像中非鲜明化的区域变得明显。

设置好参数后，单击 确定 按钮，图像效果如图 10.4.35 所示。

图 10.4.35　应用非鲜明化遮罩滤镜前后效果对比

3．高通滤波器

使用高通滤波器滤镜可以为位图图像设置灰度效果，从而消除图像中的细节部分。

使用挑选工具选中一幅位图图像，选择菜单栏中的 位图(B) → 鲜明化(S) → 高通滤波器(H)… 命令，弹出“高通滤波器”对话框。在该对话框中拖曳 百分比(P): 滑块，可调整高通滤波器的效果；拖曳 半径(R): 滑块，可调整颜色渗出的距离。

设置好参数后，单击 确定 按钮，图像效果如图 10.4.36 所示。

图 10.4.36　应用高通滤波器滤镜前后效果对比

10.5　典型实例——制作彩色玻璃效果

本节综合运用前面所学的知识制作彩色玻璃效果，最终效果如图 10.5.1 所示。

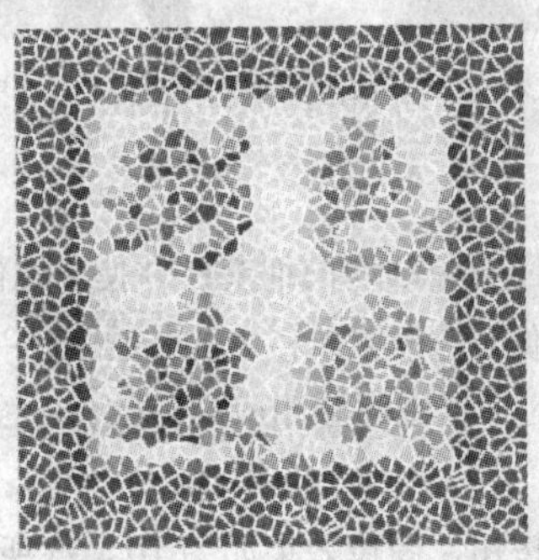

图 10.5.1　最终效果图

操作步骤

（1）新建一个图形文件，单击工具箱中的“矩形工具”按钮，按住“Ctrl”键，在绘图区中绘制一个颜色为秋菊红色的正方形，效果如图 10.5.2 所示。

（2）单击工具箱中的“挑选工具”按钮，按住“Shift”键，向内侧拖曳图形对象右上角的控制点，将图形成比例缩小至适当大小后，单击鼠标右键，复制一个新图形，并将其填充为藤灰色，效果如图 10.5.3 所示。

图 10.5.2　绘制并填充正方形

图 10.5.3　复制并填充正方形

（3）重复步骤（2）的操作，在最内侧绘制一个正方形，并将其填充为淡黄色，效果如图 10.5.4 所示。

（4）单击工具箱中的“文本工具”按钮字，在最内侧的正方形上输入文本“彩色玻璃”，效果如图 10.5.5 所示。

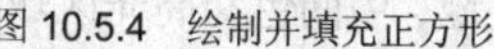

图 10.5.4　绘制并填充正方形

图 10.5.5　输入文本

（5）单击工具箱中的“形状工具”按钮，单击“彩”字的空心节点将其选取，更改其颜色为绿色，效果如图 10.5.6 所示。

（6）重复步骤（5）的操作，更改其他字的颜色，效果如图 10.5.7 所示。

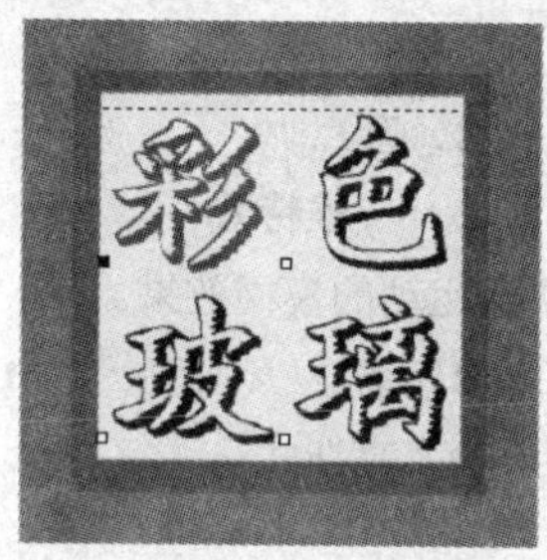

图 10.5.6　更改文本颜色 1

图 10.5.7　更改文本颜色 2

（7）使用挑选工具框选所有图形对象，选择菜单栏中的 位图(B) → 转换为位图(_)… 命令，弹出“转换为位图”对话框，如图 10.5.8 所示。设置好参数后，单击 确定 按钮。

（8）选择菜单栏中的 位图(B) → 创造性(V) → 彩色玻璃(T)… 命令，弹出“彩色玻璃”对话框，设置其对话框参数如图 10.5.9 所示。

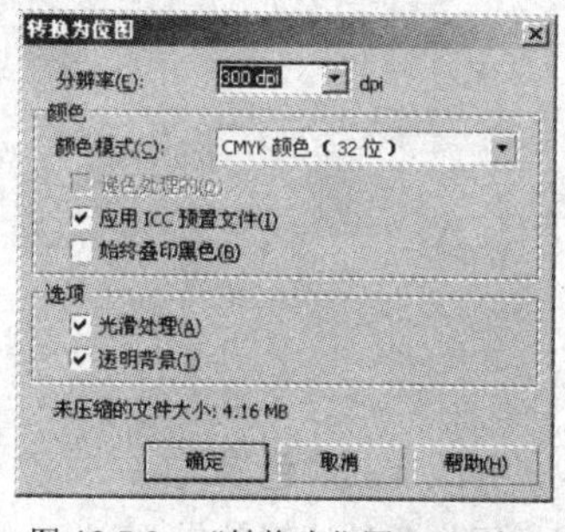

图 10.5.8　“转换为位图”对话框

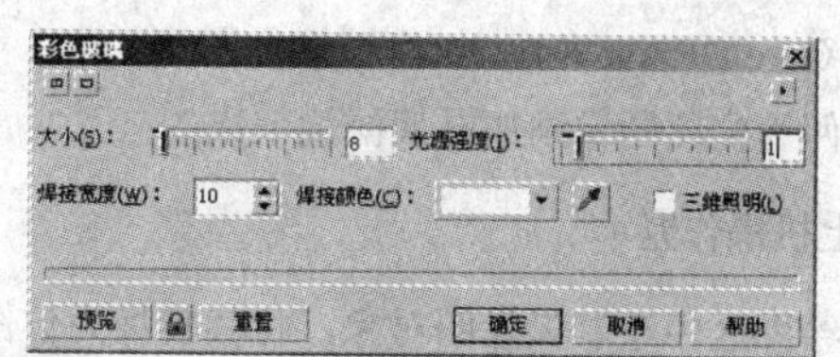

图 10.5.9　“彩色玻璃”对话框

（9）设置好参数后，单击 确定 按钮，最终效果如图 10.5.1 所示。

本 章 小 结

本章主要介绍了位图的使用，包括导入与转换位图、编辑位图、调整与变换位图的颜色以及位图的滤镜特效等内容。通过本章的学习，可使读者在不断的实践中掌握位图的编辑功能，并能制作出各种特殊效果的位图。

过关练习

一、填空题

1. 若要使转换后的位图应用各种位图效果，在转换时，必须将颜色设置在__________位以上。

2. 使用__________命令可以重新改变图像的属性，即重新设置位图的尺寸大小和分辨率。

3. 使用__________命令可以调整位图图像的阴影区域、中间色和高光区域，也可对图像的亮度、对比度以及强度进行调整，从而使图像的颜色达到平衡的效果。

4. 使用__________滤镜，可以找到图像中各对象的边缘，将其转换为柔和或者尖锐的曲线。

二、选择题

1. 风吹效果命令是（　）子菜单中的命令之一。

（A）模糊　　（B）杂点

（C）扭曲　　（D）三维特效

2. 使用（　）模糊命令可以使位图对象产生一种快速运动的模糊效果。

（A）放射式　　（B）缩放

（C）动感　　（D）高斯式

3. 框架命令是（　）子菜单中的命令之一。

（A）模糊　　（B）创造性

（C）轮廓图　　（D）三维特效

4. 使用（　）命令可以为位图图像设置灰度效果，从而消除图像中的细节部分。

（A）高通滤波器　　（B）高斯式

（C）动感　　（D）放射式

三、简答题

1. 如何将矢量图转换为位图图像？

2. 在 CorelDRAW X4 中如何链接位图？

3. 如何为位图图像添加框架滤镜效果？

四、上机操作题

1. 在绘图区中绘制矢量图对象，将其转换为位图图像，并改变其颜色模式。

2. 导入一幅位图图像，利用本章所学的滤镜知识为图像添加各种滤镜效果。

第11章 文件的输入与输出

章前导航

在使用 CorelDRAW X4 软件处理图形对象的过程中，可利用不同的途径来获取图像资料。绘制完作品后，最后的工作就是打印作品，本章主要介绍有关文件的输入与输出的知识。

本章要点

- 输入图像
- 打印设置
- 打印预览
- 打印文档
- 商业印刷

11.1 输入图像

在 CorelDRAW X4 中，可以通过扫描仪、数码相机或素材光盘等途径，将需要的图像资料输入到计算机中。

1. 使用扫描仪

扫描仪可以将需要的照片和图像扫描后输入到计算机中，在安装扫描仪后，在 CorelDRAW X4 中选择菜单栏中的 文件(F) → 获取图像(Q) → 选择来源(S)… 命令，在弹出的对话框中设置相应的参数，即可将扫描的图像输入到计算机中。

2. 使用数码相机

数码相机是一种获取数字化图像的设备，要将数码相机中的图像输入到计算机中，首先要安装数码相机的驱动程序，并用数据线将数码相机与计算机连接。连接好后，选择菜单栏中的 文件(F) → 获取图像(Q) → 获取(A)… 命令，在弹出的对话框中找到数码相机所在的文件夹路径即可输入图像。

3. 使用素材光盘

目前，在市场上有许多专业的素材光盘供应，为图形图像设计者提供了丰富的图像素材，使用这些素材可以设计出许多优秀的作品。

4. 使用其他方法

用户还可以从因特网上下载需要的图像素材，或使用截图软件从计算机屏幕以及电影图像上直接截取需要的图像素材。

11.2 打印设置

所谓打印设置就是对打印机的型号以及其他各种打印事项进行设置。

1. 设置打印机属性

在“打印”对话框中可以选择适当的打印机，也可观察打印机的状态、类型与端口位置。

如果需要打印的图形不能按照系统默认的设置来进行打印，那么就必须通过“打印机属性”对话框进行设置。打印机的设置与具体的打印机有关。

2. 设置纸张选项

选择菜单栏中的 文件(F) → 打印设置(U)… 命令，弹出“打印设置”对话框，如图 11.2.1 所示。

在此对话框中显示了打印机的相关信息，如打印机的名称、状态与类型等。单击 属性(P) 按钮，默认状态下，可弹出如图 11.2.2 所示的对话框。

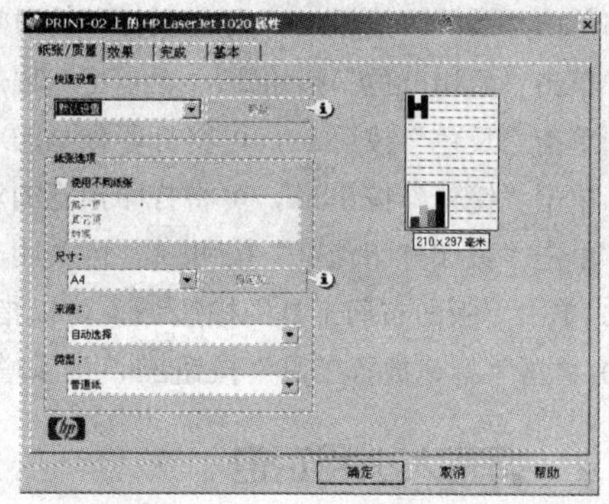

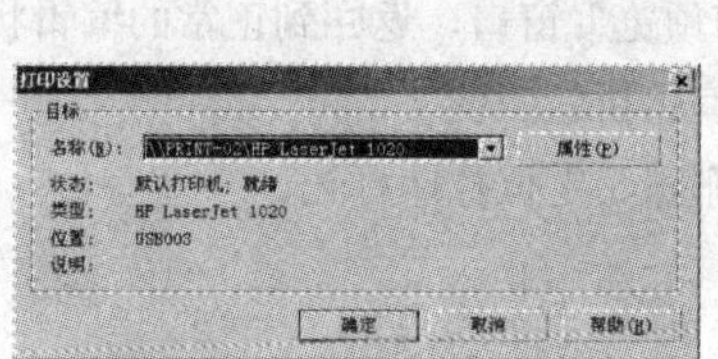

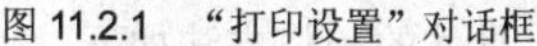

图 11.2.1　“打印设置”对话框

图 11.2.2　设置打印机属性

在该对话框的纸张选项选项区中包含着用来设置打印机纸张属性的相关选项，如纸张尺寸、纸张来源与纸张类型，用户可根据实际进行设置。

11.3　打 印 预 览

用户可以使用全屏预览作品被送到打印设备以后的确切外观。打印预览显示图像在打印纸上的位置与大小。

11.3.1　预览打印作品

预览打印作品的具体操作方法如下：

（1）选择菜单栏中的 文件(F) → 打印预览(R)… 命令，进入打印预览模式，如图 11.3.1 所示。

（2）单击“打印样式另存为”按钮，可将当前预览框中的打印对象另存为一个新的打印类型。

（3）单击“打印选项”按钮，可弹出“打印选项”对话框，在此对话框中可具体设置打印的相关事项。

（4）单击 到页面 下拉列表框，弹出其下拉列表，如图 11.3.2 所示，从中可以选择不同的缩放比例来预览对象。

图 11.3.1　“打印预览”窗口

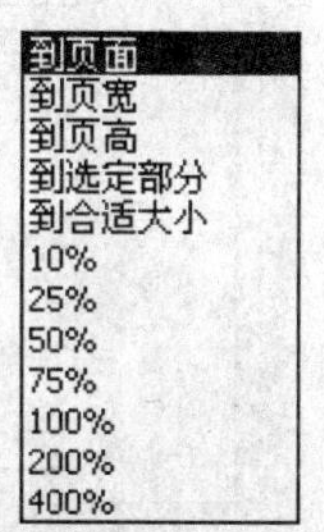

图 11.3.2　缩放下拉列表

（5）单击“满屏”按钮，可将要打印的对象满屏预览。

（6）单击“启用分色”按钮，表示将一幅作品分成四色打印。

（7）单击“反色”按钮，可将打印预览的对象以底片的效果打印。

（8）单击“镜像”按钮，可将打印预览的对象镜像打印出来。

（9）单击“关闭打印预览”按钮，可关闭“打印预览”窗口，返回到正常的编辑状态。

（10）单击“版面布局工具”按钮，可以指定和编辑拼版版面。

（11）单击“标记放置工具”按钮，可以增加、删除、定位打印标记。

11.3.2 调整大小和定位

在“打印预览”窗口中，可以手动调整打印对象的大小，具体的操作方法如下：

（1）单击“打印预览”窗口左侧工具箱中的“挑选工具”按钮选择图形，此时图像上可出现8个控制点（此时所选的是整个页面中的内容）。

（2）将鼠标光标移到控制点处时，鼠标光标变为双箭头形状，此时按住鼠标左键并拖动，即可调整所选图形的大小。

（3）如果将鼠标光标移至图形上按住鼠标左键并拖动，可改变图形在打印页面中的位置。

（4）当绘图页面中含有位图对象时，更改图像大小时要注意，如果放大图像，则位图可能会呈现出锯齿状。

提示：在“打印预览”窗口中调整打印对象的大小，不会改变原始图像的大小及图像所在的位置。

11.3.3 自定义打印预览

更改预览图像的质量，可以加快打印预览的重绘速度，还可以指定预览的图像是彩色图像还是灰度图像。

自定义打印预览的具体操作方法如下：

（1）在“打印预览”窗口中，选择菜单栏中的 查看(V) → 显示图像(I) 命令，此时图像由一个框表示，如图 11.3.3 所示。

（2）选择菜单栏中的 查看(V) → 颜色预览(C) 命令，弹出其子菜单，如图 11.3.4 所示，从中选择相应的命令可改变对象的显示颜色。

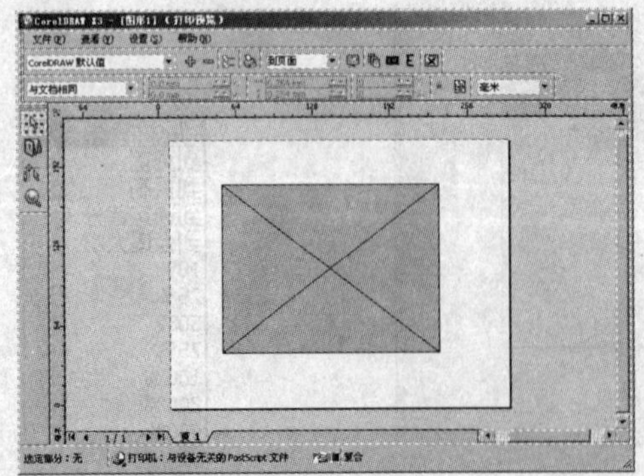

图 11.3.3　图像显示为灰色

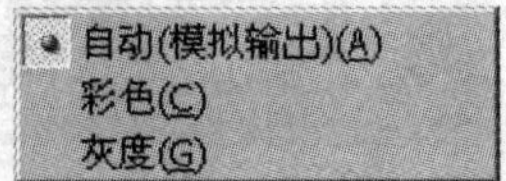

图 11.3.4　颜色预览子菜单

1）选择 彩色(C) 命令，图像即显示为彩色。

2）选择 灰度(G) 命令，图像即显示为灰度。默认选择 自动（模拟输出）(A) 选项，它可根据所用打印机的不同而显示为灰度或彩色图像。

11.4　打印文档

当设置好打印机属性，并且预览图像效果满意后，就可以打印作品了。打印到纸张或底片上后，便可进行印刷。如果打印的是一般的图像，直接单击工具栏中的“打印”按钮即可。但如果需要打印多页文档或打印文档指定部分时，就要更多地设置打印选项。

11.4.1　拼版

拼版样式决定了如何将打印作品的各页放置到打印页面中。例如，要将制作的侧折页输出到打印机，以适合折叠需要时，就要用到拼版。具体的操作步骤如下：

（1）在 CorelDRAW X4 中打开一个需要打印的文件（文件为自定义大小、横向，而当前打印纸为 A4，方向为竖向）。

（2）选择菜单栏中的 文件(F) → 打印预览(R)... 命令，如果此时打印机的打印方向是纵向的，则会显示一个提示框，单击 否(N) 按钮，即可自动调整打印纸的方向；单击 是(Y) 按钮，即可手动调整打印纸的方向。

（3）在此，单击 是(Y) 按钮，在打印预览窗口中单击“版面布局工具”按钮，在其属性栏中的 与文档相同（全页面） 下拉列表中选择 侧折卡 选项，即可在预览窗口中显示出侧拆卡的预览效果，如图 11.4.1 所示。

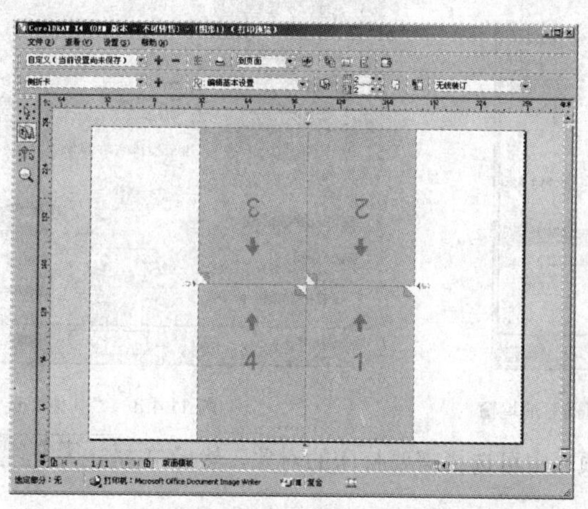

图 11.4.1　预览侧折卡的拼版效果

（4）在属性栏中单击“模板/文档预览”按钮，可以在看到模板的同时观察图形的位置及打印方向。

11.4.2　指定打印内容

在 CorelDRAW X4 中也可以对指定的页面、指定的某个对象或某个图层进行打印，此时在对象管理器中选择可打印图标即可，也可指定打印的数量以及是否将副本排序。排序对于打印多页文档是非常有用的。

1．打印指定的图层

如果创建的图像具有多个图层，而有时候需要打印的只是单独的图层，可通过对象管理器来打印指定的图层。具体操作方法如下：

（1）打开一幅包含多个图层的对象。

（2）选择菜单栏中的 窗口(W) → 泊坞窗(D) → 对象管理器(N) 命令，可弹出 对象管理器(N) 泊坞窗，如图 11.4.2 所示。

（3）在该泊坞窗中单击"显示对象属性"按钮与"跨图层编辑"按钮，可显示出该图形对象中所包含的每一个图层。

（4）选择要打印的图层，然后在泊坞窗中单击打印机图标，使其高亮显示，表示选定打印。

（5）单击工具栏中的"打印"按钮，可弹出"打印"对话框，打开 常规 选项卡，选中 选定内容(S) 单选按钮，再单击 打印 按钮，即可打印所选的图层。

2．指定打印对象的类型

在 CorelDRAW X4 中，不但可以指定打印图形中的单独图层（在对象管理器中设置），还可以指定打印对象的类型，例如可以选择只打印矢量图或文本等。具体的操作方法如下：

（1）在"打印预览"窗口中单击属性栏中的"打印选项"按钮，可弹出"打印选项"对话框，此对话框中的设置与"打印"对话框完全相同。

（2）打开 其它 选项卡，可显示出此选项的参数，如图 11.4.3 所示。

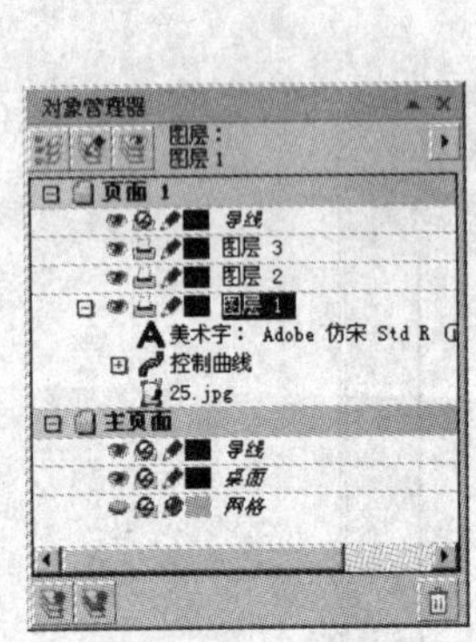

图 11.4.2 "对象管理器"泊坞窗

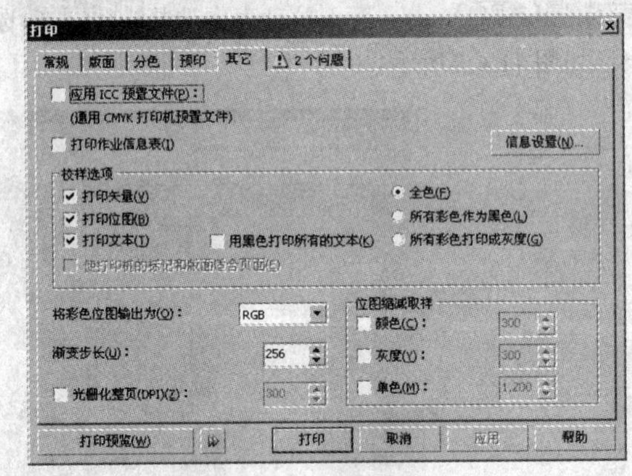

图 11.4.3 "其他"选项卡

（3）在 校样选项 选项区中可选择需要打印的对象，然后单击 打印 按钮，即可按所选的类型进行打印。

11.4.3 打印大幅文件

如果要打印的作品比打印纸大，可以把它"平铺"到几张纸上，然后把各个分离的页面组合在一起，以构成完整的图像作品。具体操作步骤如下：

（1）选择菜单栏中的 文件(F) → 打印(P)… 命令，弹出"打印"对话框，在此对话框中打开版面选项卡，如图 11.4.4 所示。

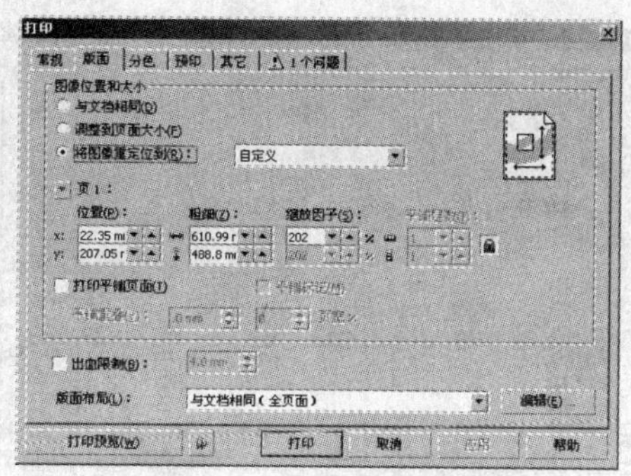

图 11.4.4　“版面”选项卡

（2）选中 ☑ 打印平铺页面(T) 复选框，在 平铺重叠(V): 输入框中可输入数值或页面大小的百分比，并指定平铺纸张的重叠程度。

（3）单击 打印 按钮，可开始打印，也可单击 打印预览(W) 按钮，进入打印预览窗口查看效果。在预览窗口中将鼠标光标移向页面，可观察打印作品的重叠部分及所需要使用的纸张数目。

11.4.4　打印多个副本文件

打印多个副本文件的具体操作步骤如下：

（1）选择菜单栏中的 文件(F) → 打印预览(R)… 命令，进入“打印预览”窗口，在工具箱中单击“版面布局工具”按钮，此时属性栏如图 11.4.5 所示。

（2）在属性栏中的 编辑页面位置 下拉列表中可选择 编辑基本设置 选项，然后在属性栏中的交叉/向下页数输入框中输入数值，可设置页面格式的每个拼版，如图 11.4.6 所示。

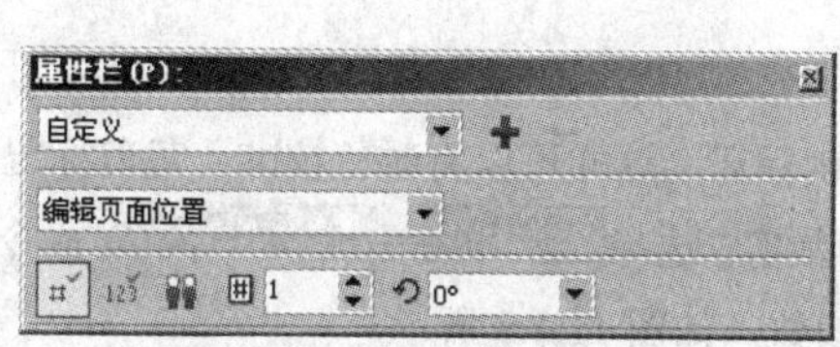

图 11.4.5　“版面布局工具”属性栏

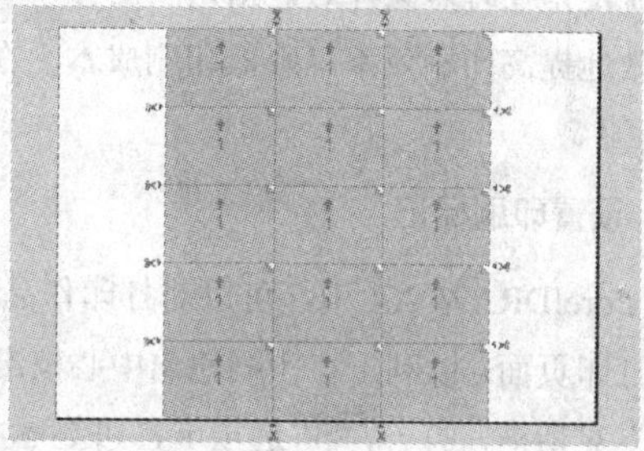

图 11.4.6　设置页面格式

（3）在“打印预览”窗口中单击“打印”按钮，可将设置页面格式后所有放置在绘图页面中的版面依次打印到一张纸上。

11.4.5　分色打印

分色打印主要用于专业的出版印刷，如果给输出中心或印刷机构提交了彩色作品，那么就需要创建分色片。分色片是通过将图像中的各颜色分离成印刷色或专色来创建的，再用每一种颜色的分色片来制作一张胶片，又在每一张胶片上使用一种颜色的油墨，这样才能最终印刷成彩色作品。

彩色作品可以分离为印刷四色分色片，即 CMYK。分离四色分色片的具体操作方法如下：

（1）选择菜单栏中的 文件(F) → 打印(P)… 命令，弹出“打印”对话框，打开 分色 选项卡，可显示出相应的参数，如图 11.4.7 所示。

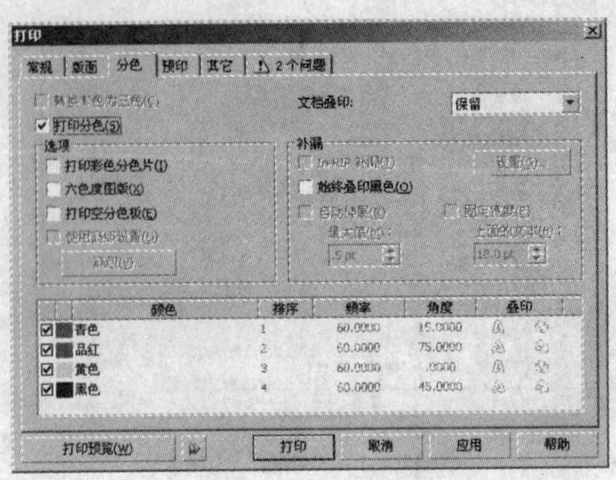

图 11.4.7 “分色”选项卡

（2）选中打印分色(S)复选框，单击应用按钮，即可把作品分为青色、洋红色、黄色与黑色分色片。也可单击打印预览(W)按钮，在“打印预览”窗口中查看分色片。

当打印作品中包含有专色时，选中打印分色(S)复选框，可为每一个专色创建一个分色片。如果使用的专色大于 4 个，可以将它们转换为印刷色，以节约印刷成本。

11.4.6 设置印刷标记

在 CorelDRAW X4 中，可以对打印作品设置印刷标记，这样可以将颜色校准、裁剪标记等信息输送到打印页面，以利于在印刷输出中心校准颜色和裁剪。

1. 设置出血限制

出血是指在打印文件时，指定多出打印页面的部分。这样设置可以在裁剪时不会出现缺印现象，可以有效地提高印刷效率，降低印刷成本。在“版面”选项卡中选中出血限制(B):复选框，设置出血量。

2. 设置印刷标记

在 CorelDRAW X4 中，可以对打印作品设置印刷标记，这样可以将颜色校准、裁剪标记等信息输送到打印页面，以利于在印刷输出中心校准颜色和裁剪。选择文件(F)→打印(P)…命令，弹出“打印”对话框，打开预印选项卡，可显示相应的参数，如图 11.4.8 所示。

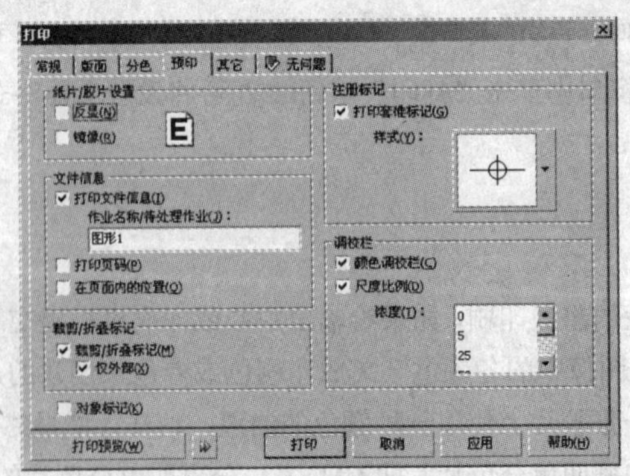

图 11.4.8 “预印”选项卡

在纸片/胶片设置选项区中，可指定以负片形式打印以及设置胶片的感光面是否向下。

在文件信息选项区中，可在打印作品底部设置打印文件名、当前日期、时间以及应用的平铺纸张数与页码。

在裁剪/折叠标记选项区中，选中☑裁剪/折叠标记(M)复选框，可以将裁剪和折叠页面的标记打印出来；选中☑仅外部(X)复选框，在打印时只打印图像外部的裁剪/折叠标记。

在注册标记选项区中，可以设置在每一张工作表上打印出套准标记，这些标记可用做对齐分色片的指引标记。

在调校栏选项区中，选中☑颜色调校栏(C)复选框，将在作品旁边打印出包含 6 种基本颜色的颜色条（红、绿、蓝、青、品红、黄），这些颜色条用于校准打印输出的质量；选中☑尺度比例(D)复选框，可以在每个分色工作表上打印密度计刻度，它允许称为密度计的工具来检查输出内容的精确性和一致性。

单击打印预览(W)按钮，即可在绘图区看到以上的设置效果。

11.5 商 业 印 刷

在完成一幅作品并设置好各选项后，在进行商业印刷或交付彩色输出中心时，需要把作品印刷的各项设置让商业印刷机构的人员了解清楚，以便让他们做出最后的鉴定，并估计存在的问题。

11.5.1 准备印刷作品

商业印刷机构需要用户提供 PRN，CDR，EPS 文件，存储到文件时应该注意这一点。同时，要提供一份最后的文件信息给商业印刷机构。

1. PRN 文件

如果能全权控制印前的设置，可以把打印作品存储为 PRN 文件，商业打印机构直接把这种打印文件传送到输出设备上。将打印作品存储为 PRN 文件时，还要附带一张工作表，表中标出所有指定的印前设置。

2. CDR 文件

如果没有时间或不知道如何准备打印文件，可以把打印作品存储为 CDR 文件，只要商业打印机构配有 CorelDRAW 软件，就可以进行印前设置。

3. EPS 文件

有些商业打印机构能够接收 EPS 文件（如同从 CorelDRAW X4 中导出一样），输出中心可以把这类文件导入其他应用程序，然后进行调整并最后印刷。

使用彩色输出中心向导，可以指导用户为彩色输出中心准备文件。如果商业印刷机构的彩色输出中心提供了输出中心预置文件，则应用该向导会非常有效。预置文件是使用为输出中心预置文件的向导创建的。

选择菜单栏中的文件(F)→为彩色输出中心做准备(R)…命令，可弹出配备"彩色输出中心"向导提示框，如图 11.5.1 所示，按照向导的提示，可以一步步地完成印刷文件的准备工作。

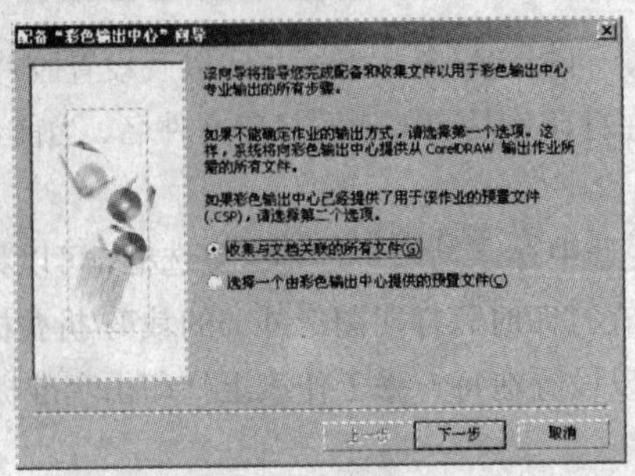

图 11.5.1　提示框

11.5.2　打印到文件

如果需要将 PRN 文件提交到商业输出中心，以便在大型照排机上输出，就需要把作品打印到文件。当要打印到文件时，需要考虑以下几点：

（1）打印作品的页面（如文档制成的胶片）应当比文档的页面（即文档自身）大，这样才能容纳打印机的标记。

（2）照排机在胶片上产生图像，这时胶片通常是负片，所以在打印到文件时可以设置打印作品产生负片。

（3）如果使用 PostScript 设备打印，那么可以使用 JPEG 格式来压缩位图，以减小打印作品。

打印到文件的具体操作方法如下：

（1）选择菜单栏中的 文件(F) → 打印(P)… 命令，弹出“打印”对话框，如图 11.5.2 所示。

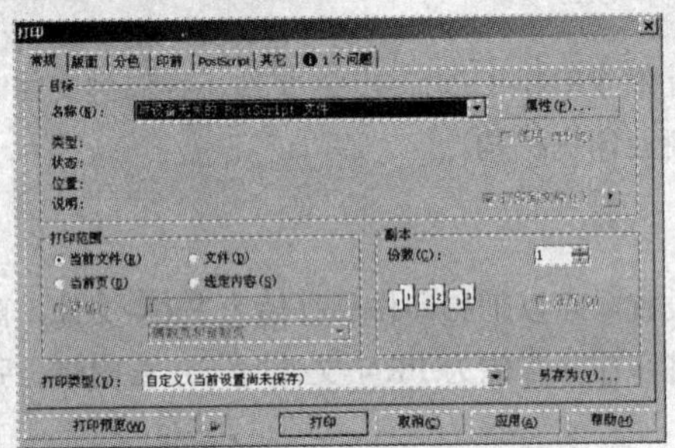

图 11.5.2　“打印”对话框

（2）选中 ☑ 打印到文件(L) 复选框，单击 打印 按钮，弹出“打印到文件”对话框，如图 11.5.3 所示。

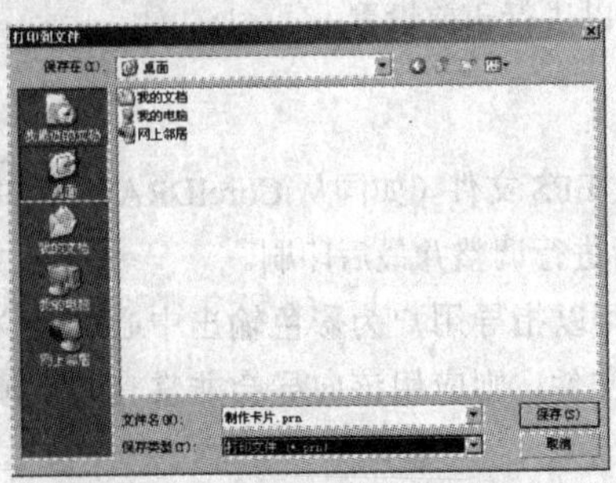

图 11.5.3　“打印到文件”对话框

在 文件名(N): 下拉列表框中可输入文件的名称，相应的扩展名为.PRN。

11.6　典型实例——拼版打印作品

本节综合运用前面所学的知识拼版打印作品，最终效果如图 11.6.1 所示。

图 11.6.1　最终效果图

操作步骤

（1）新建一个图像文件，按“Ctrl+I”键，在绘图区中导入一个图像文件。

（2）选择 文件(F) → 打印设置(U)... 命令，弹出“打印设置”对话框，从中选择需要的打印机，如图 11.6.2 所示。

（3）在“打印设置”对话框中单击 属性(P) 按钮，在弹出的对话框中设置纸张大小和打印的页数，如图 11.6.3 所示。

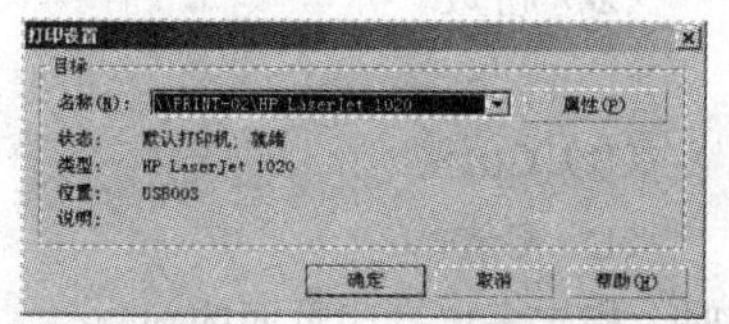

图 11.6.2　“打印设置”对话框

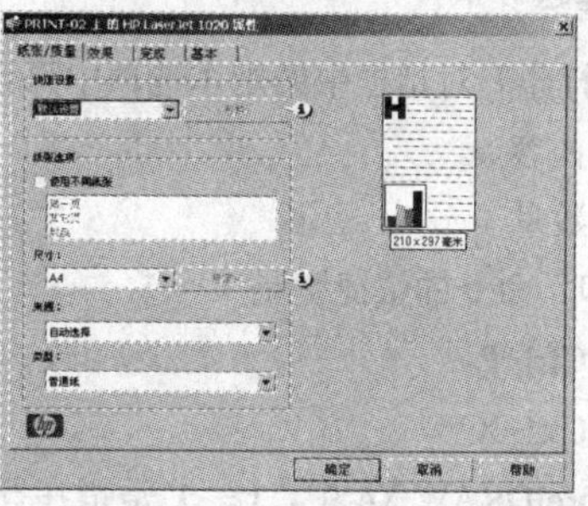

图 11.6.3　“打印机属性”对话框

（4）选择 文件(F) → 打印预览(R)... 命令，打开“打印预览”窗口，如图 11.6.4 所示。

（5）在“打印预览”窗口中对打印参数进行设置，如图 11.6.5 所示。

图 11.6.4　“打印预览”窗口

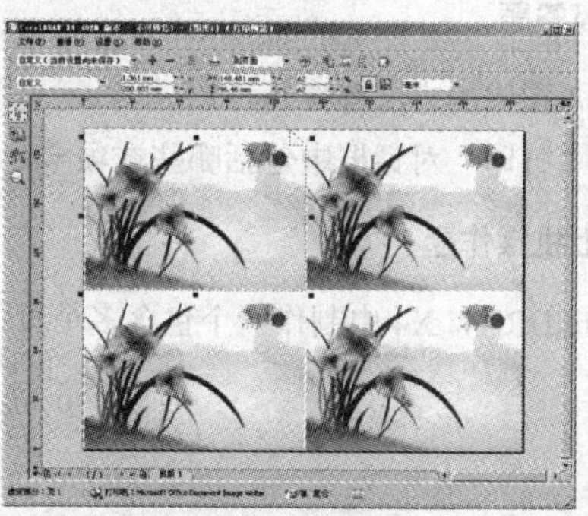

图 11.6.5　设置打印参数

（6）调整完成后，选择 文件(F) → 现在打印该页(T) 命令，可直接打印该页，最终效果如图 11.6.1 所示。

本章小结

本章主要介绍了文件的输入与输出，包括输入图像、打印设置、打印预览、打印文档以及商业印刷等知识。通过本章的学习，可使读者熟练掌握文件的输入与输出的方法与技巧，并能灵活运用这些知识对绘制好的作品进行打印。

过关练习

一、填空题

1．在 CorelDRAW X4 中设计制作好作品后，在进行打印之前，首先要进行_________，以定义纸张的大小、类型和模式等。

2．彩色作品可以分离为印刷四色，即_________、_________、_________和_________。

3．在进行打印作品之前，_________是十分重要的。

4．在“打印预览”窗口中单击按钮，可将打印的对象进行_________。

二、选择题

1．在“打印”对话框中的副本选项中可设置打印的（ ）。

（A）内容 （B）个数

（C）数量 （D）份数

2．“打印”命令的快捷键是（ ）。

（A）Ctrl+P （B）Ctrl+C

（C）Ctrl+X （D）Ctrl+V

3．在 CorelDRAW X4 中，（ ）是指在打印文件时，指定多出打印页面的部分。

（A）版面 （B）出血

（C）拼版 （D）印刷标记

三、简答题

1．输入图像的方法有哪几种？

2．在“打印”对话框中包括哪些选项卡，其功能分别是什么？

四、上机操作题

在 CorelDRAW X4 中制作一个包含多个页面的文档，练习对其进行打印预览并打印。

第12章 综合实例应用

章前导航

为了更好地了解并掌握 CorelDRAW X4 软件的使用方法，本章准备了一些具有代表性的实例。所举实例由浅入深地贯穿本书的知识点，使读者通过本章实例的学习，能够熟练掌握该软件的强大功能。

本章要点

- 标志设计
- 台历设计
- 名片设计
- 户外广告设计
- 封面设计

综合实例 1　标 志 设 计

实例内容

本例主要利用前面所学的知识设计标志，最终效果如图 12.1.1 所示。

图 12.1.1　最终效果图

设计思路

在绘制的过程中，使读者掌握矩形工具、椭圆形工具、文本工具、形状工具、贝塞尔工具、钢笔工具、轮廓笔工具、交互式变形工具以及交互式调合工具的使用方法与技巧。

操作步骤

（1）启动 CorelDRAW X4 应用程序，选择菜单栏中的 文件(F) → 新建(N) 命令，再选择菜单栏中的 版面(L) → 页面设置(P)… 命令，弹出“选项”对话框，设置其参数如图 12.1.2 所示，设置完成后，单击 确定 按钮。

（2）单击工具箱中的“椭圆形工具”按钮，按住“Ctrl”键，用鼠标在页面中心绘制一个直径为“45 mm”的圆，如图 12.1.3 所示。

（3）选中圆，在按住“Shift”键的同时用鼠标向中心缩小并单击右键，复制出新的圆，再用同样的方法向中心缩小，继续复制一个圆，如图 12.1.4 所示。

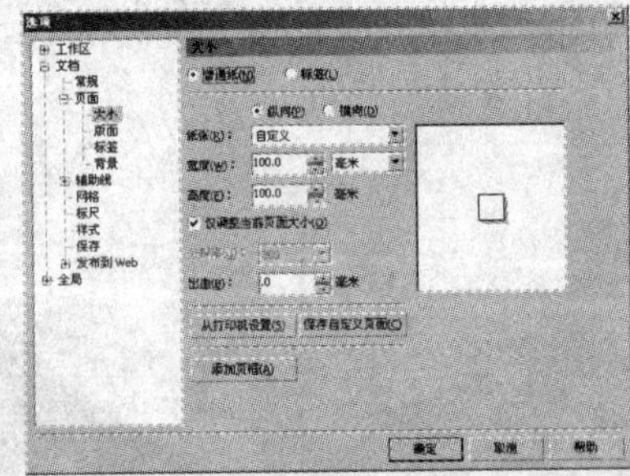

图 12.1.2　“选项”对话框

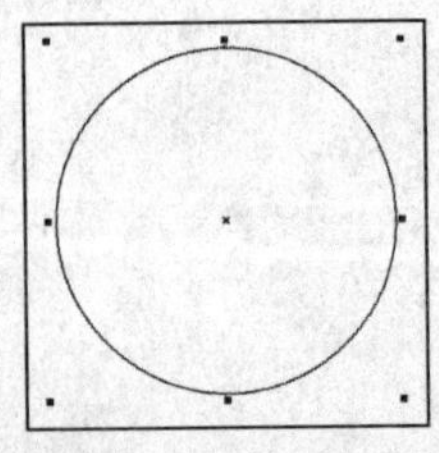

图 12.1.3　绘制圆

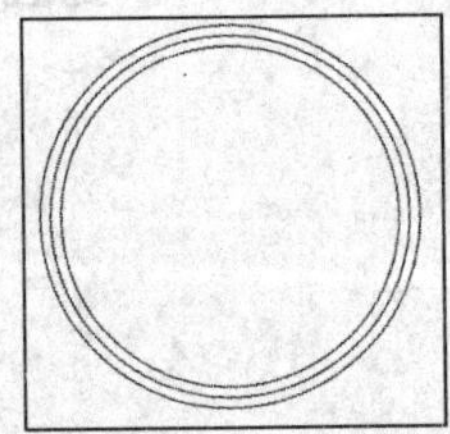

图 12.1.4　复制圆

（4）选中最外面的圆，单击工具箱中的“标准填充工具”按钮，在弹出的“均匀填充”对话框中将颜色参数设置为（C：22，M：100，Y：97，K：0），填充色为深红色，然后用鼠标右键单击

调色板中的“无外框”图标☒去掉外框；将中间的圆填充为白色，去掉外框。

（5）单击工具箱中的“渐变填充对话框”按钮，弹出“渐变填充”对话框，设置其对话框参数如图 12.1.5 所示。然后用鼠标右键单击调色板中的“无外框”图标☒去掉外框，单击 确定 按钮，得到如图 12.1.6 所示的效果。

（6）单击工具箱中的“椭圆形工具”按钮，在圆中心绘制两个椭圆作为经线，效果如图 12.1.7 所示。

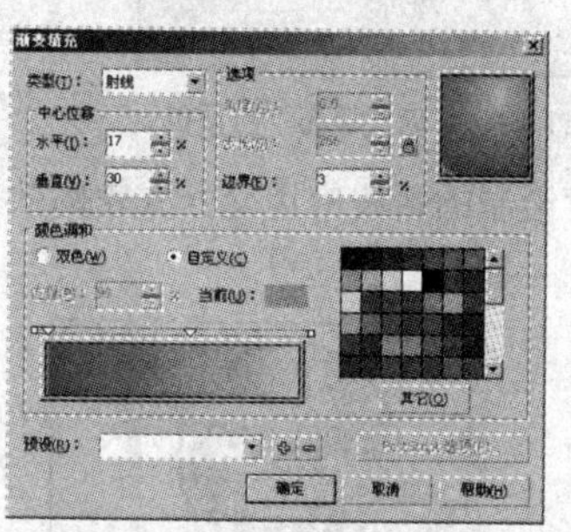

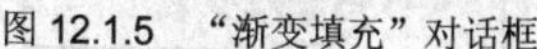

图 12.1.5　“渐变填充”对话框

图 12.1.6　填充效果

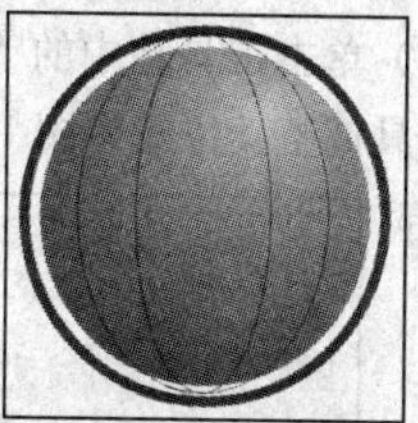

图 12.1.7　绘制椭圆

（7）单击工具箱中的“贝塞尔工具”按钮，在页面中绘制几条纬线，并使用形状工具调整其节点，效果如图 12.1.8 所示。

（8）选中所有经纬线，单击鼠标右键，在弹出的快捷菜单中选择 群组(G) 命令，将图形群组成一个整体。

（9）选中最里面的圆，选择 窗口(W) → 泊坞窗(D) → 造形(P) 命令，打开“造形”泊坞窗，设置其泊坞窗参数如图 12.1.9 所示。

（10）设置完成后，单击 相交 按钮，此时鼠标光标变成，在经纬线上单击鼠标左键，效果如图 12.1.10 所示。

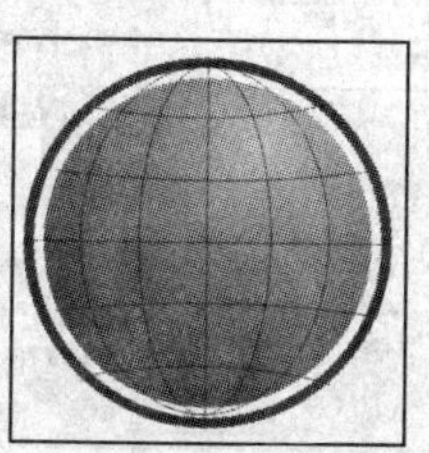

图 12.1.8　绘制纬线

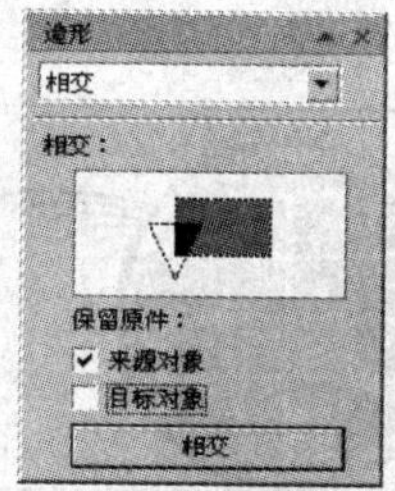

图 12.1.9　“造形”泊坞窗

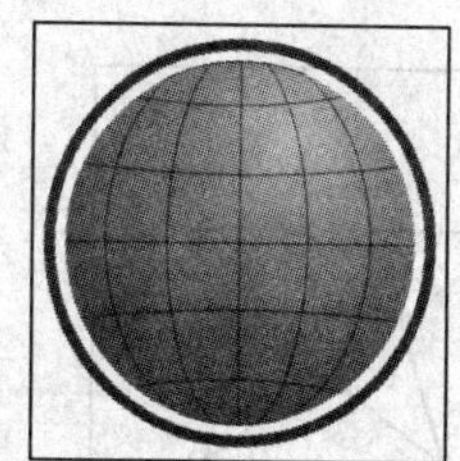

图 12.1.10　经纬线相交后的效果

（11）选中相交后的经纬线，单击工具箱中的“轮廓工具”按钮，弹出“轮廓笔”对话框，设置其对话框参数如图 12.1.11 所示，设置完成后，单击 确定 按钮。

（12）单击工具箱中的“贝塞尔工具”按钮，在页面中绘制一个弧形，并使用形状工具调整其形状。

（13）选中弧形，单击工具箱中的“渐变填充对话框”按钮，弹出“渐变填充”对话框，设置其对话框参数如图 12.1.12 所示。

（14）设置完成后，单击 确定 按钮，然后用鼠标右键单击调色板中的“无外框”图标☒去掉外框，效果如图 12.1.13 所示。

（15）选中弧形，调整其大小和位置，按“Shift+Page Down”键，将它移动到圆的后面，如图 12.1.14 所示。

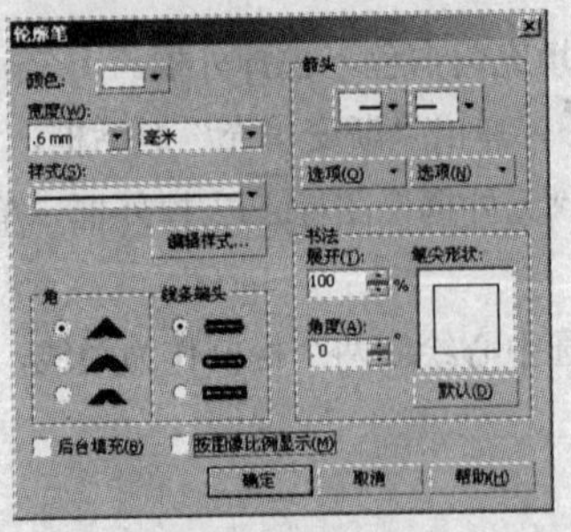
图 12.1.11 “轮廓笔”对话框 1

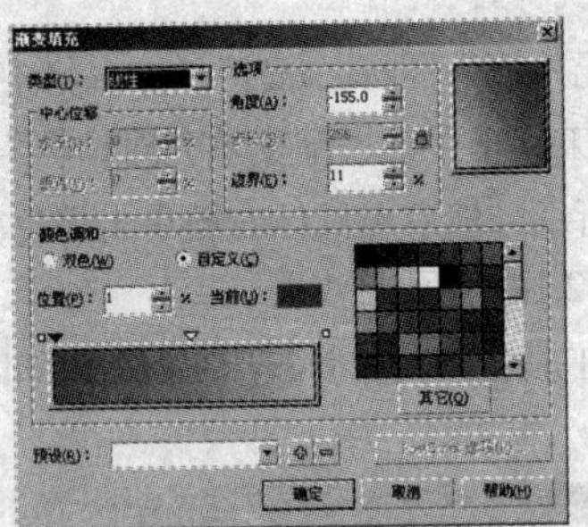
图 12.1.12 “渐变填充”对话框

（16）单击工具箱中的“交互式轮廓工具”按钮，对绘制的弧线应用交互式轮廓效果，并使用挑选工具调整其位置如图 12.1.15 所示。

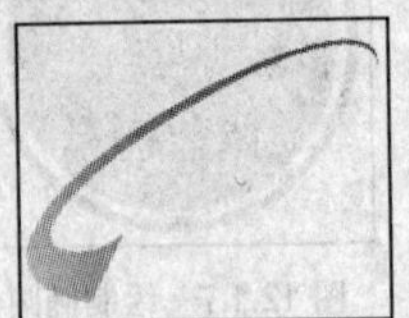
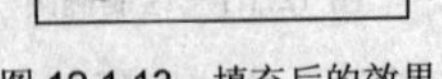
图 12.1.13 填充后的效果

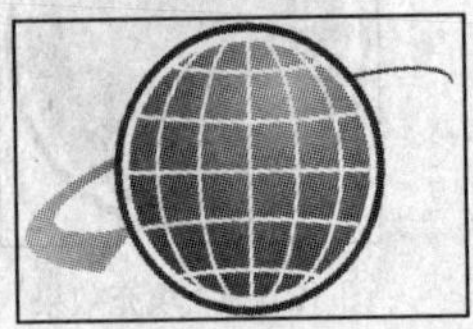
图 12.1.14 调整弧形的位置

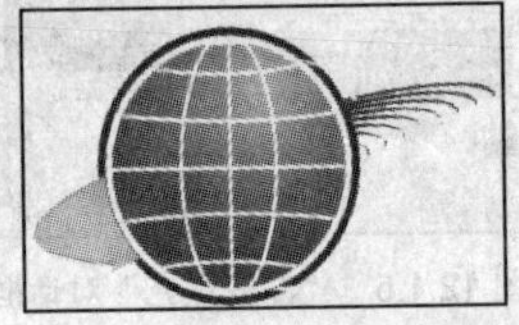
图 12.1.15 应用交互式轮廓效果

（17）单击工具箱中的“多边形工具”按钮，在绘图区中绘制一个如图 12.1.16 所示的图形。

（18）选中绘制的五角星，在“变换”泊坞窗中将绘制的五角星水平倾斜“－15°”。

（19）单击调色板中的白色色块，将绘制的五角星填充为白色，然后用鼠标右键单击调色板中的“无外框”图标去掉外框，使用挑选工具将其移动到如图 12.1.17 所示的位置。

（20）选中五角星，重复步骤（16）的操作，对其应用交互式轮廓效果，设置其“轮廓笔”对话框参数如图 12.1.18 所示，设置完成后，单击 确定 按钮。

图 12.1.16 绘制五角星

图 12.1.17 填充五角星

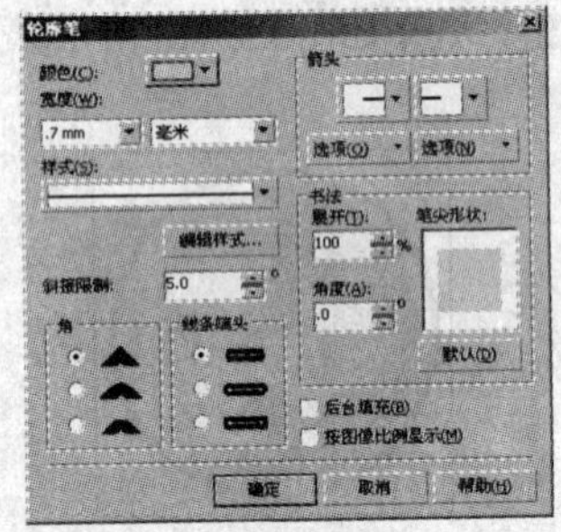
图 12.1.18 “轮廓笔”对话框 2

（21）选择 排列(A) → 打散轮廓图群组(B) 命令，将轮廓线打散，单击调色板中的红色色块，将应用交互式轮廓效果的五角星填充为红色，最终效果如图 12.1.1 所示。

综合实例 2 台 历 设 计

实例内容

本例主要利用前面所学的知识设计台历，最终效果如图 12.2.1 所示。

图 12.2.1　最终效果图

设计思路

在设计过程中，使读者掌握矩形工具、交互式阴影工具、交互式调和工具、轮廓工具、文本工具、框架滤镜以及对齐命令等的使用方法与技巧。

操作步骤

（1）启动 CorelDRAW X4 应用程序，新建一个图形文件，单击工具箱中的“矩形工具”按钮，在绘图页面中拖动鼠标绘制矩形，并将其填充为白色。

（2）按“Ctrl+I”键，在绘制的矩形上方导入一幅位图图像，如图 12.2.2 所示。

（3）选择菜单栏中的 位图(B) → 创造性(V) → 框架(R)… 命令，弹出“框架”对话框，对导入的位图图像添加框架滤镜，效果如图 12.2.3 所示。

图 12.2.2　导入图像

图 12.2.3　应用框架滤镜效果

（4）单击工具箱中的“矩形工具”按钮，在绘图页面中绘制矩形，并将其填充为淡灰色，如图 12.2.4 所示。

（5）使用椭圆工具在绘图区中绘制椭圆对象，再使用矩形工具在椭圆对象左侧绘制矩形对象，然后选择 排列(A) → 造形(P) → 造形(P) 命令，打开“造形”泊坞窗，在其下拉列表中选择 修剪 选项，单击 修剪 按钮，在椭圆对象上单击，即可用矩形对象修剪椭圆对象，效果如图 12.2.5 所示。

（6）单击工具箱中的“形状工具”按钮，选择修剪后对象上的节点，并在属性栏中单击“断开曲线”按钮，然后在分离的曲线节点上双击，可拆分分离后的曲线，使修剪后的椭圆变为如图

12.2.6 所示的形状。

图 12.2.4　绘制矩形并填充

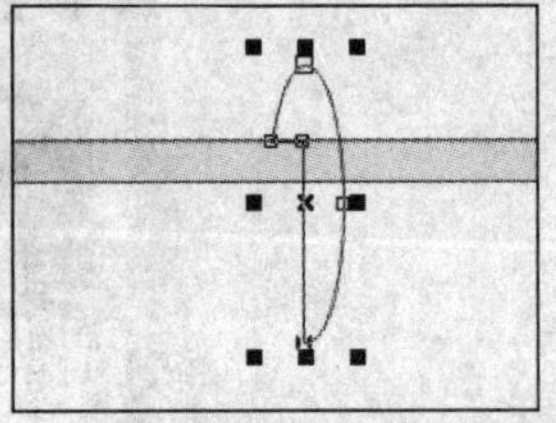

图 12.2.5　修剪对象

（7）在其属性栏中调整曲线的宽度为“1.4 mm”，再将其复制并水平向右移动，效果如图 12.2.7 所示。

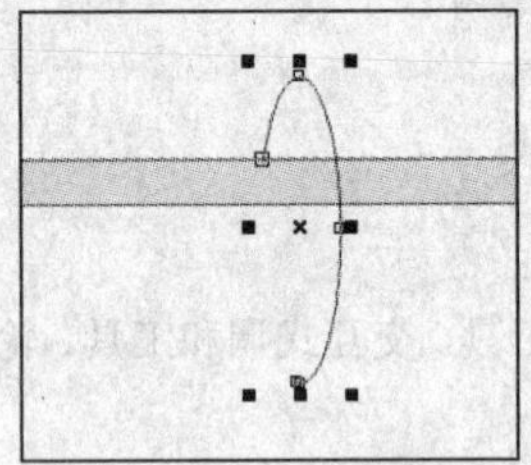

图 12.2.6　使用形状工具调整形状

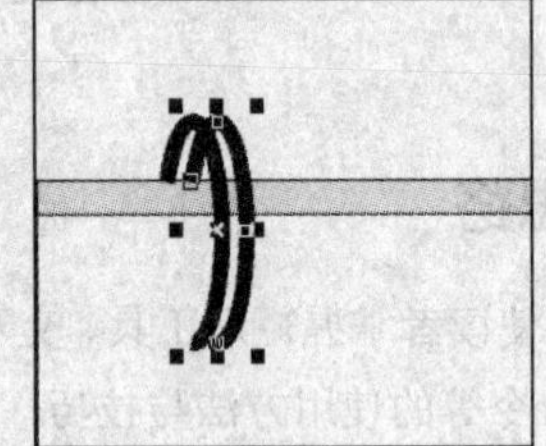

图 12.2.7　复制对象并移动

（8）单击工具箱中的“矩形工具”按钮，在绘图页面中的线条对象下方绘制一个正方形，并将其填充为黑色。

（9）使用挑选工具框选正方形与两个线条对象，按“Ctrl+G”键，对其进行群组，然后将其水平向右复制，如图 12.2.8 所示。

（10）单击工具箱中的“交互式调和工具”按钮，在群组的对象与复制的群组对象之间创建交互式调和效果，如图 12.2.9 所示。

图 12.2.8　复制并移动图形对象

图 12.2.9　创建交互式调和效果

（11）单击工具箱中的“文本工具”按钮，在绘图页面中输入数字，如图 12.2.10 所示。

（12）将鼠标光标依次移至（1 到 6，8 到 13，15 到 20，22 到 27，29 到 30）之前，通过按键盘上的空格键，将数字调整至如图 12.2.11 所示的状态。

123456
78910111213
14151617181920
21222324252627
282930

图 12.2.10　输入数字

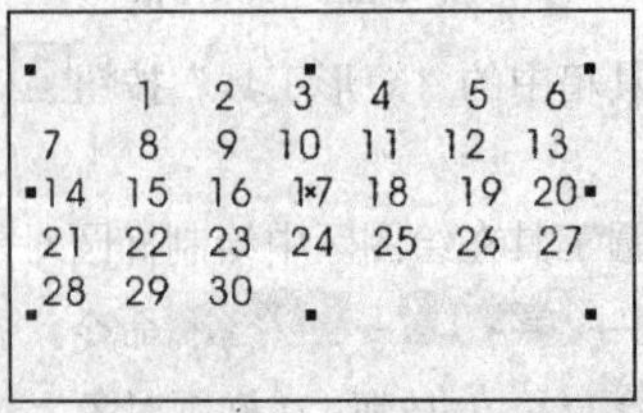

1 2 3 4 5 6
7 8 9 10 11 12 13
14 15 16 17 18 19 20
21 22 23 24 25 26 27
28 29 30

图 12.2.11　调整数字

（13）单击工具箱中的“形状工具”按钮，选择调整后的数字，将鼠标光标移至左下方的图标上，按住鼠标左键向下拖动，可调整数字的行间距，效果如图 12.2.12 所示。

（14）选择菜单栏中的 排列(A) → 打散(B) 命令，将数字打散，效果如图 12.2.13 所示。

图 12.2.12　调整数字的行间距　　　图 12.2.13　拆分数字

（15）重复步骤（14）的操作，将数字再次打散，效果如图 12.2.14 所示。

（16）分别选择第 2 行、第 3 行、第 4 行与第 5 行的数字，按“Ctrl+K”键将其拆分，使每一个数字为一个单独的对象。

（17）使用挑选工具框选第 1 列数字，然后选择菜单栏中的 排列(A) → 对齐和分布(A) → 对齐和分布(A)… 命令，弹出“对齐与分布”对话框，设置其对话框参数如图 12.2.15 所示。单击 应用(A) 按钮，对齐后的效果如图 12.2.16 所示。

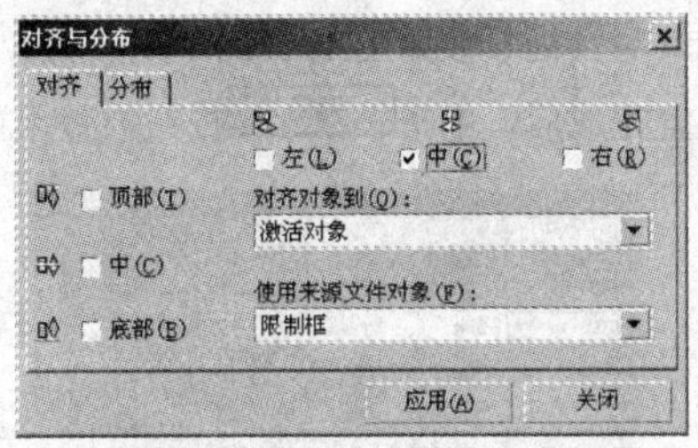

图 12.2.14　再次拆分数字　　　图 12.2.15　“对齐与分布”对话框

（18）重复步骤（17）的操作，分别将第 2 列、第 3 列、第 4 列、第 5 列、第 6 列、第 7 列的数字中心对齐，对齐后的效果如图 12.2.17 所示。

图 12.2.16　使所选的一列对象对齐　　　图 12.2.17　对齐其他列对象

（19）单击工具箱中的“文本工具”按钮，设置好字体与字号后，在绘图页面中分别输入如图 12.2.18 所示的文本。

（20）再使用文本工具在绘图页面中输入中文和英文的月份，效果如图 12.2.19 所示。

图 12.2.18　输入文本　　　图 12.2.19　输入月份

（21）使用文本工具在绘图页面中输入文本“2010”，并单击工具箱中的“交互式阴影工具”按钮，设置其属性参数如图 12.2.20 所示，添加交互式阴影的效果如图 12.2.21 所示。

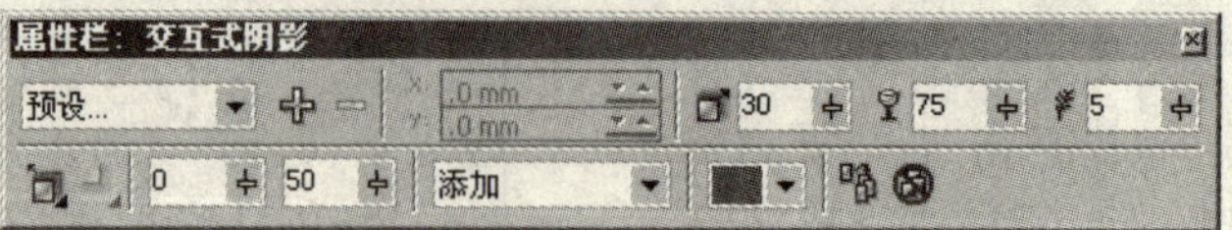

图 12.2.20 “交互式阴影工具”属性栏

（22）再使用文本工具在绘图页面中输入文本“农历庚寅属虎”，并设置其字体与字号，效果如图 12.2.22 所示。

图 12.2.21 输入文本并添加交互式阴影效果

图 12.2.22 输入文本

（23）使用挑选工具选中矩形对象，然后单击工具箱中的“轮廓工具”按钮，弹出“轮廓笔”对话框，设置其对话框参数如图 12.2.23 所示。

（24）设置完成后，单击确定按钮，效果如图 12.2.24 所示。

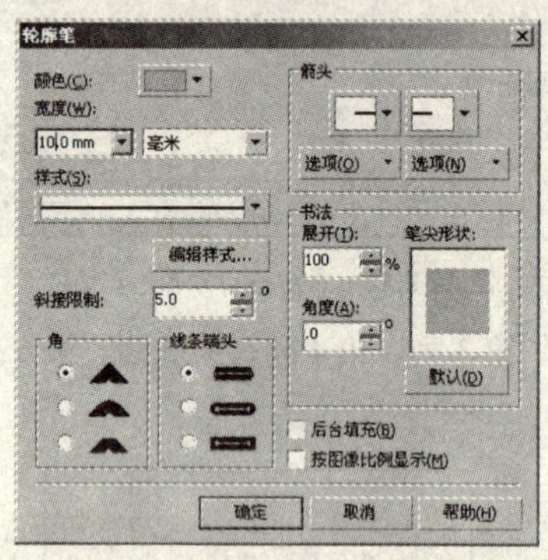

图 12.2.23 “轮廓笔”对话框

图 12.2.24 添加轮廓效果

（25）单击工具箱中的“多边形工具”按钮，在绘图页面中绘制一个三角形对象。

（26）单击工具箱中的“渐变填充对话框”按钮，弹出“渐变填充”对话框，设置其对话框参数如图 12.2.25 所示。

（27）设置好参数后，单击确定按钮，效果如图 12.2.26 所示。

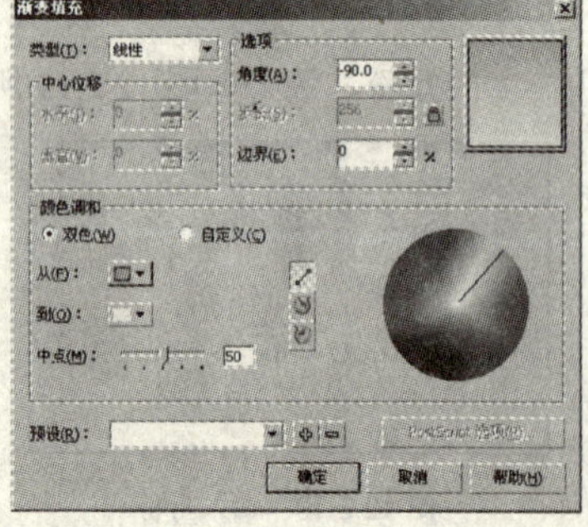

图 12.2.25 “渐变填充”对话框

图 12.2.26 渐变填充效果

（28）单击工具箱中的“钢笔工具”按钮，在三角形对象的下方绘制如图 12.2.27 所示的图形对象。

（29）重复步骤（28）的操作，在绘图页面中拖曳鼠标，绘制一个倒梯形，效果如图 12.2.28 所示。

图 12.2.27　使用钢笔工具绘制图形

图 12.2.28　使用钢笔工具绘制倒梯形

（30）选择菜单栏中的 编辑(E) → 复制属性自(M)… 命令，弹出“复制属性”对话框，设置其对话框参数如图 12.2.29 所示。

（31）设置完成后，单击 确定 按钮，此时鼠标光标变为➡形状，在填充渐变的三角形对象上单击，可将其填充色应用到所选的图形对象上。

（32）使用挑选工具依次选择三角形对象与使用钢笔工具绘制的两个图形对象，按“Ctrl+G”键将其群组，然后选择菜单栏中的 排列(A) → 顺序(O) → 到页面后面(B) 命令，可将其放置在所有图形的下方，并移至适当位置，效果如图 12.2.30 所示。

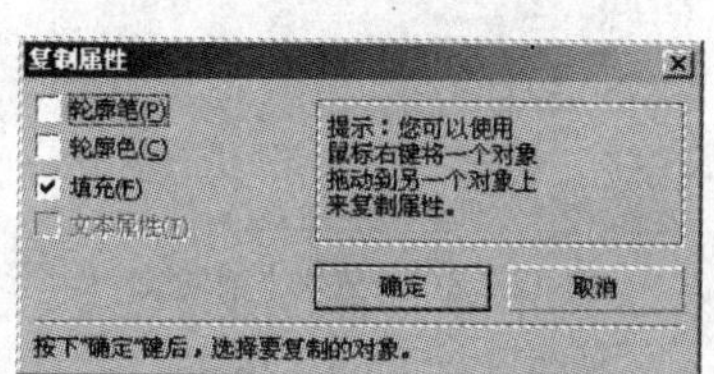

图 12.2.29　“复制属性”对话框

图 12.2.30　群组对象并调整其位置

（33）重复步骤（23）的操作，对群组后的图形对象添加轮廓效果，最终效果如图 12.2.1 所示。

综合实例 3　名 片 设 计

实例内容

本例主要利用前面所学的知识设计名片，最终效果如图 12.3.1 所示。

图 12.3.1　最终效果图

设计思路

在绘制的过程中，使读者掌握矩形工具、椭圆形工具、文本工具、形状工具、贝塞尔工具、钢笔工具、轮廓笔工具、交互式变形工具以及交互式调合工具的使用方法与技巧。

操作步骤

（1）启动 CorelDRAW X4 应用程序，选择菜单栏中的 文件(F) → 新建(N) 命令，再选择 版面(L) → 页面设置(P)… 命令，弹出“选项”对话框，设置其页面大小参数如图 12.3.2 所示。

（2）在弹出的“选项”对话框中选择 辅助线 → 垂直 选项，在其面板中输入“0”，然后单击 添加(A) 按钮，再在面板中输入“55”，单击 添加(A) 按钮。选择 水平 选项，设置其面板参数如图 12.3.3 所示。单击 确定 按钮，在页面中添加水平与垂直辅助线。

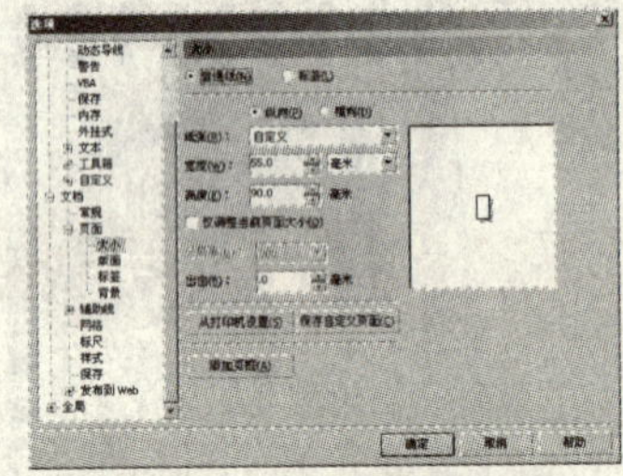

图 12.3.2　“选项”对话框

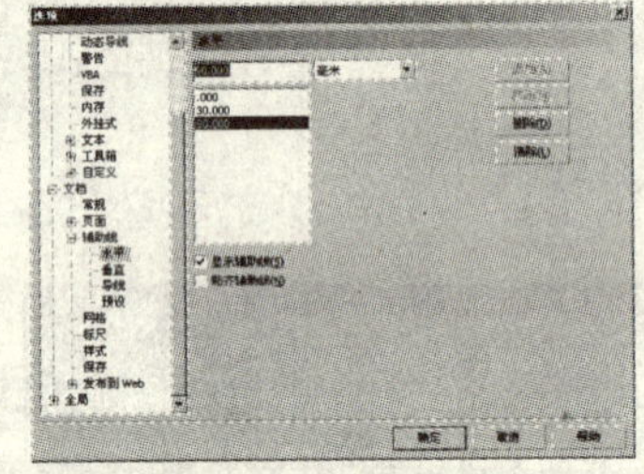

图 12.3.3　设置水平辅助线

（3）选择菜单栏中的 视图(V) → 贴齐辅助线(U) 命令，效果如图 12.3.4 所示。

（4）双击工具箱中的“矩形工具”按钮，绘制一个与页面大小相符的矩形对象，将其填充为霓虹紫色，并取消其轮廓，如图 12.3.5 所示。

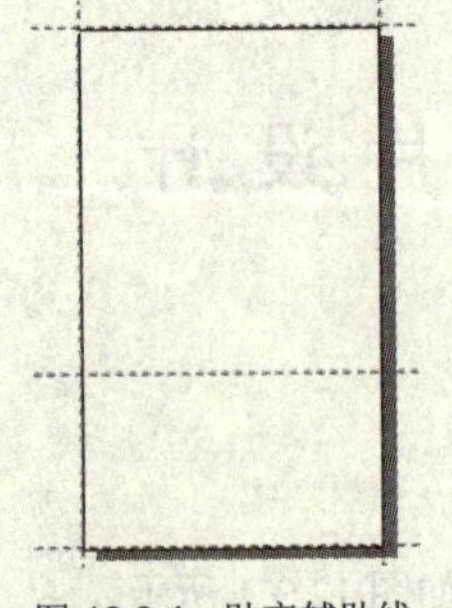

图 12.3.4　贴齐辅助线

图 12.3.5　绘制并填充矩形

（5）单击工具箱中的“矩形工具”按钮，在第 1，2 条水平辅助线之间绘制一个颜色为粉红色的矩形，并取消其轮廓，如图 12.3.6 所示。再使用矩形工具以第 2 条辅助线为中心绘制一个小矩形，并将其填充为淡黄色，如图 12.3.7 所示。

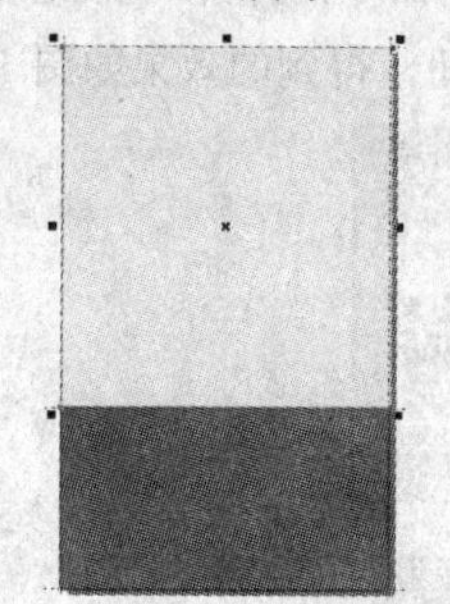

图 12.3.6　绘制矩形并填充

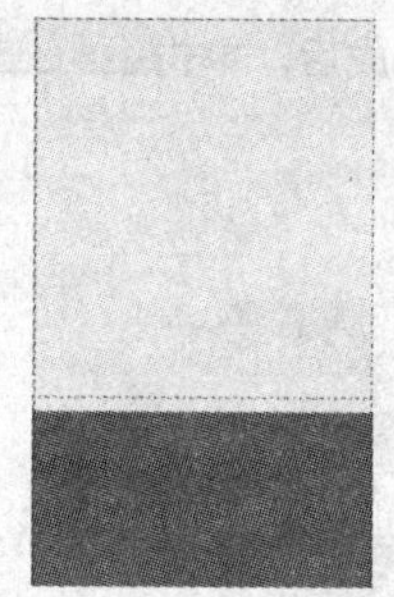

图 12.3.7　绘制小矩形并填充

（6）单击工具箱中的“椭圆形工具”按钮，在绘图区中绘制一个椭圆，然后按“+”键复制两个椭圆，分别设置其属性栏参数如图 12.3.8 所示，得到的效果如图 12.3.9 所示。

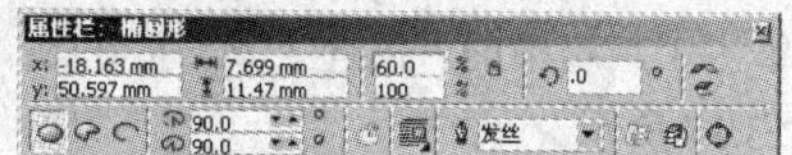

图 12.3.8　“椭圆形工具”属性栏

（7）按住“Shift”键，分别选中绘图区中的 3 个椭圆对象，单击工具箱中的“渐变填充对话框”按钮，弹出“渐变填充”对话框，设置其对话框参数如图 12.3.10 所示。

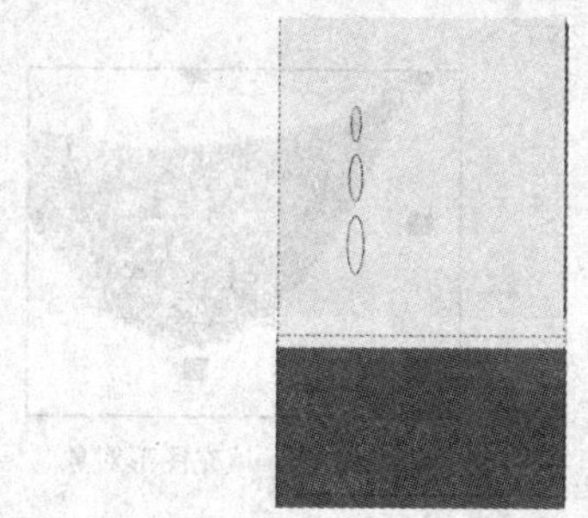

图 12.3.9　绘制并复制椭圆

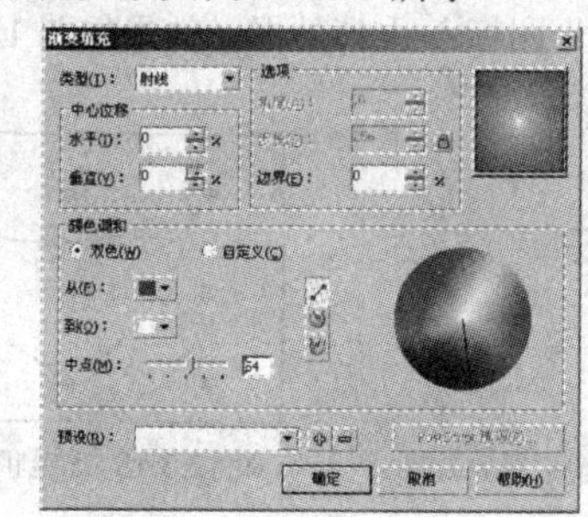

图 12.3.10　“渐变填充”对话框

（8）设置完成后，单击确定按钮，效果如图 12.3.11 所示。

（9）选择菜单栏中的排列(A)→变换(F)→旋转(R)命令，打开“变换”泊坞窗，设置参数如图 12.3.12 所示，设置完成后，单击应用到再制按钮 23 次，得到的效果如图 12.3.13 所示。

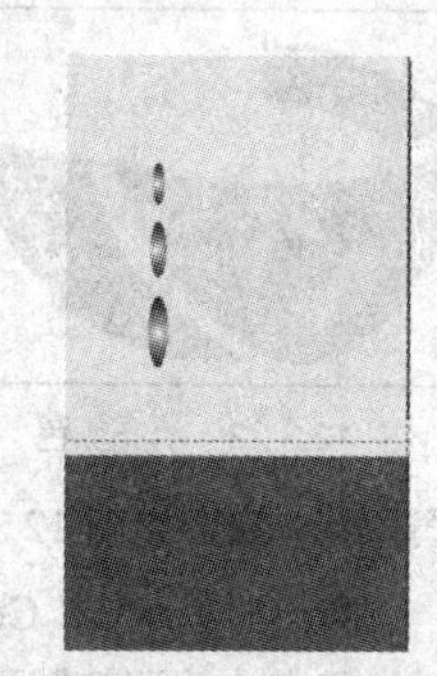

图 12.3.11　渐变填充效果

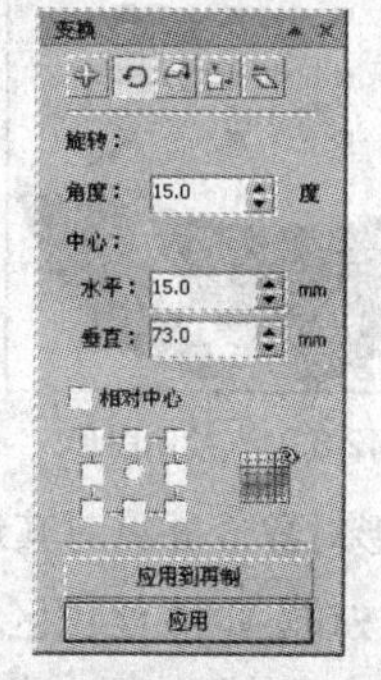

图 12.3.12　“变换”泊坞窗

图 12.3.13　应用变换效果

(10) 使用挑选工具选中全部再制后的图形对象，选择菜单栏中的 效果(C) → 添加透视(P) 命令，对变换后的图形对象添加透视效果，如图 12.3.14 所示。

(11) 选择菜单栏中的 排列(A) → 变换(F) → 倾斜(K) 命令，打开“变换”泊坞窗，设置其参数如图 12.3.15 所示，设置完成后，单击 应用 按钮，得到的效果如图 12.3.16 所示。

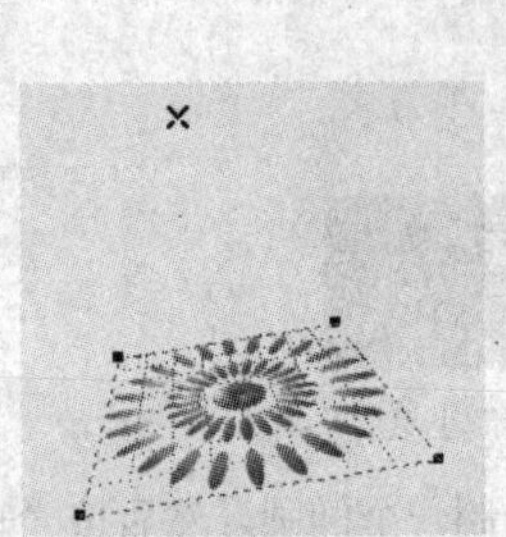
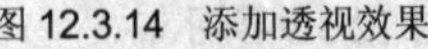

图 12.3.14　添加透视效果

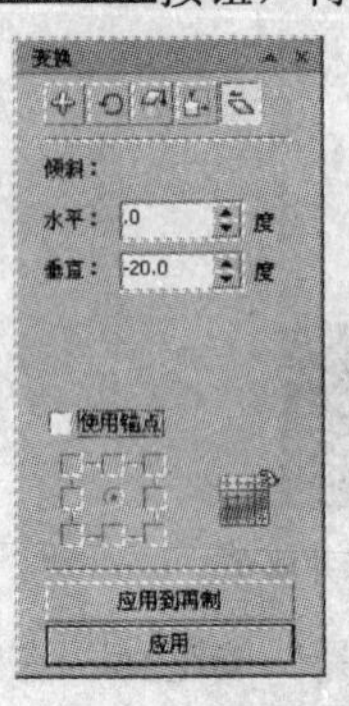

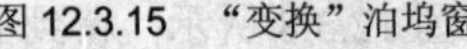

图 12.3.15　“变换”泊坞窗

图 12.3.16　应用变换效果

(12) 单击工具箱中的“挑选工具”按钮，选中不需要的图形对象，按“Delete”键进行删除，效果如图 12.3.17 所示。

(13) 使用挑选工具选中绘图区中的所有椭圆，按“Ctrl+G”键进行群组，然后单击工具箱中的“钢笔工具”按钮，在绘图区中的绘制如图 12.3.18 所示的图形。

(14) 使用鼠标左键单击调色板中的霓虹紫色块，将其填充为霓虹紫色，再用鼠标右键单击调色板中的“无外框”图标去掉外框，效果如图 12.3.19 所示。

图 12.3.17　删除图形对象效果

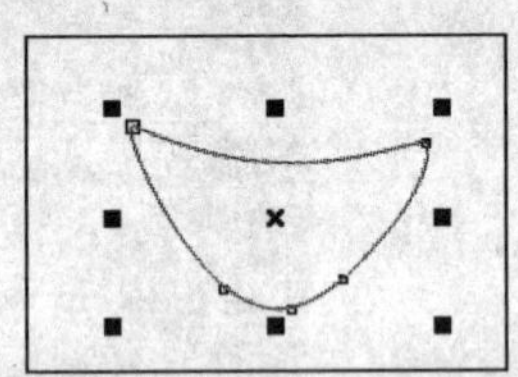

图 12.3.18　绘制图形对象

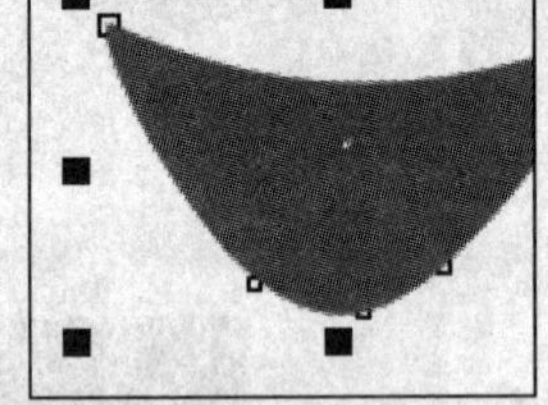

图 12.3.19　填充图形对象

(15) 重复步骤(13)，(14) 的操作，绘制一个图形对象，并将其填充相同的颜色，如图 12.3.20 所示。

(16) 使用相同的方法绘制一条如图 12.3.21 所示的曲线，并填充相同的颜色，效果如图 12.3.22 所示。

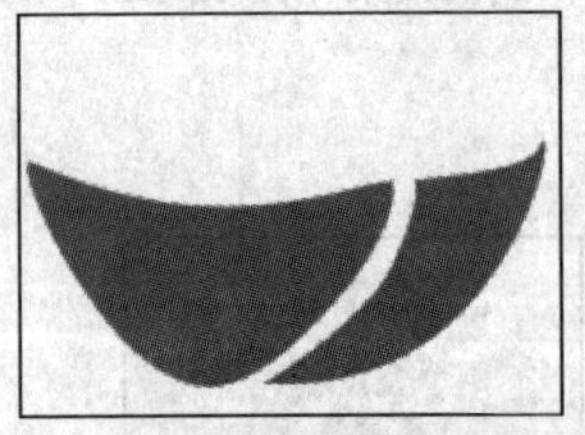

图 12.3.20　绘制并填充图形对象

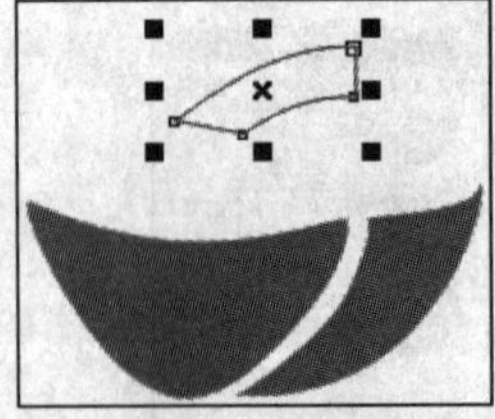

图 12.3.21　绘制图形

图 12.3.22　填充颜色

(17) 复制一个如图 12.3.22 所示的图形对象，并将对其进行水平翻转，效果如图 12.3.23 所示。

(18) 单击工具箱中的“椭圆形工具”按钮，在绘图区中绘制一个椭圆对象，按“Ctrl+Q”键，将椭圆转换为曲线，再单击工具箱中的“形状工具”按钮，在椭圆上添加节点，并调整图形形状，效果如图 12.3.24 所示。

（19）使用鼠标左键单击调色板中的霓虹紫色块■，将其填充为霓虹紫色，再用鼠标右键单击调色板中的“无外框”图标☒去掉外框。

（20）按“+”键复制两个椭圆对象，在其属性栏中“缩放因素”文本框中输入数值，设置两个椭圆的大小，并使用挑选工具将其拖曳至适当的位置，得到的效果如图 12.3.25 所示。

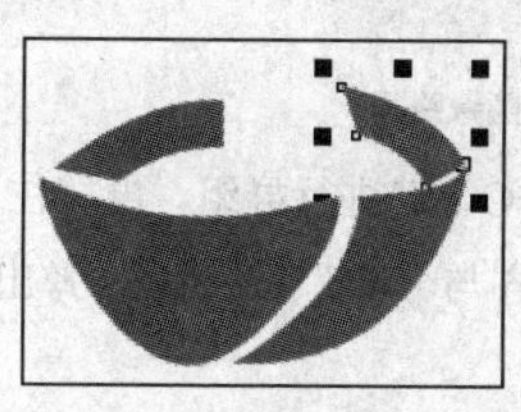

图 12.3.23　复制并翻转图形

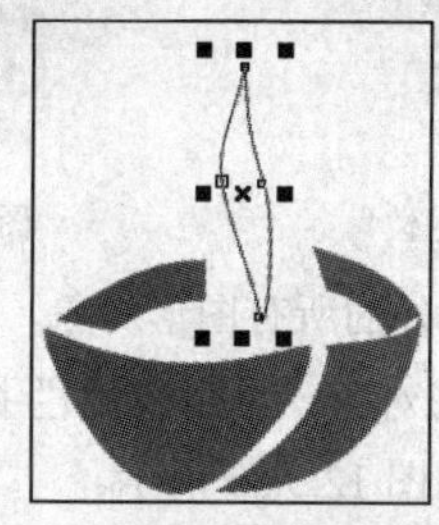

图 12.3.24　绘制并调整图形

图 12.3.25　复制并调整图形对象

（21）重复步骤（18）的操作，在绘图区中绘制一个图形对象，效果如图 12.3.26 所示。

（22）重复步骤（19）的操作，对绘制的图形进行填充，效果如图 12.3.27 所示。

（23）单击工具箱中的“挑选工具”按钮，选中绘制的所有图形对象，按“Ctrl+G”键进行群组，并将其拖曳到如图 12.3.28 所示的位置。

图 12.3.26　绘制图形

图 12.3.27　填充图形

图 12.3.28　移动图形位置

（24）单击工具箱中的“贝塞尔工具”按钮，在绘图区中绘制如图 12.3.29 所示的路径。

图 12.3.29　绘制路径

（25）单击工具箱中的“文本工具”按钮字，设置其属性栏参数如图 12.3.30 所示，设置其字体颜色为霓虹紫色。

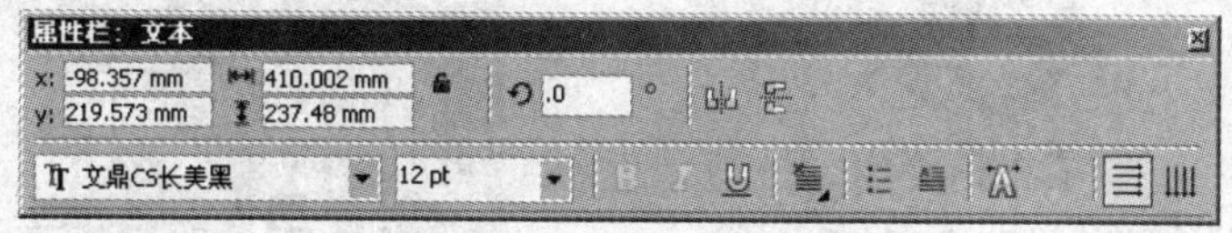

图 12.3.30　“文本工具”属性栏

（26）设置好参数后，在绘图区中输入文字“港湾茶秀”，然后选择菜单栏中的 文本(X) → 使文本适合路径(T) 命令，当光标变为箭头时在路径上单击鼠标左键，再使用形状工具调整其文字距离，效果如图 12.3.31 所示。

（27）选中绘图区中绘制的路径对象，使用鼠标右键单击调色板中的“无外框”图标☒去掉路径的颜色，效果如图 12.3.32 所示。

图 12.3.31　输入文本 1

图 12.3.32　隐藏路径

（28）使用挑选工具选中除矩形以外的所有图形对象，按“Ctrl+G”键进行群组，再按住“Shift”键，选中粉红色的矩形和群组后的图形对象，单击属性栏中的“对齐与分布”按钮，弹出“对齐与分布”对话框，设置其对话框参数如图 12.3.33 所示。

（29）设置完成后，单击应用按钮，效果如图 12.3.34 所示。

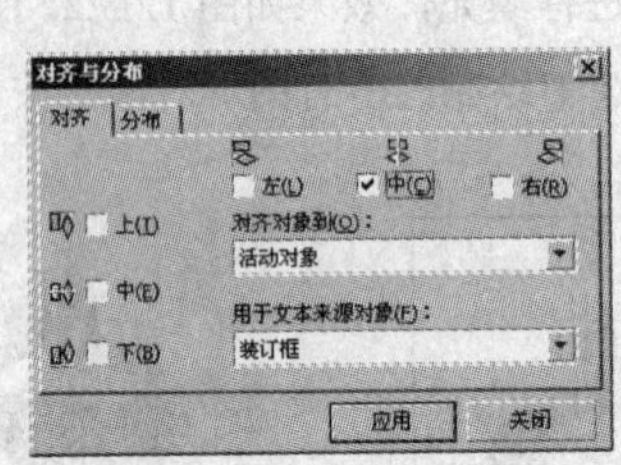

图 12.3.33　“对齐与分布”对话框

图 12.3.34　应用对齐与分布效果

（30）单击工具箱中的“文本工具”按钮，设置其属性栏参数如图 12.3.35 所示，设置其字体颜色为黑色。

图 12.3.35　“文本工具”属性栏

（31）设置好参数后，在绘图区中输入文字“西安港湾茶秀”，效果如图 12.3.36 所示。

（32）单击工具箱中的“轮廓工具”按钮，弹出“轮廓笔”对话框，设置其对话框参数如图 12.3.37 所示。

图 12.3.36　输入文本 2

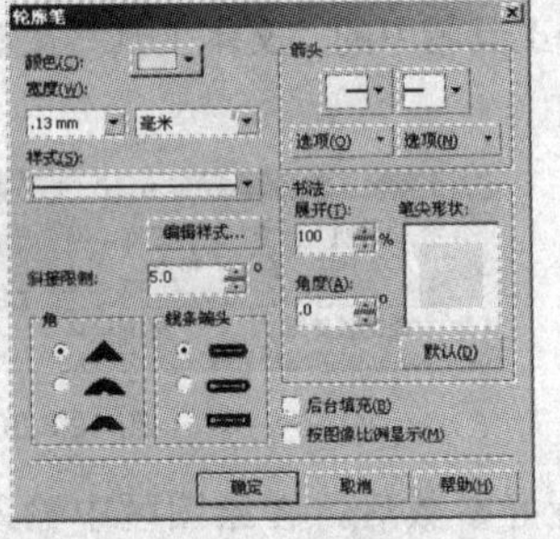

图 12.3.37　“轮廓笔”对话框

（33）设置完成后，单击确定按钮，效果如图 12.3.38 所示。

（34）单击“文本工具”属性栏中的“下画线”按钮，为文本添加下画线，效果如图 12.3.39

所示。

（35）单击工具箱中的“文本工具”按钮字，设置其字体为“Bookman Old Style”、字号为“6.7”，在绘图区中输入文本，效果如图12.3.40所示。

图12.3.38　为文本添加轮廓

图12.3.39　为文本添加下画线

图12.3.40　输入文本3

（36）单击工具箱中的“文本工具”按钮字，分别设置其属性栏参数如图12.3.41所示，设置其字体颜色为黑色，在绘图区中输入如图12.3.42所示的文本。

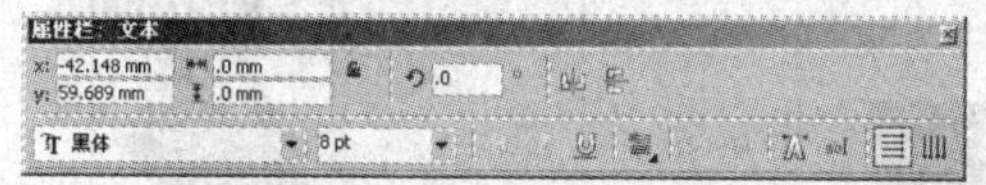

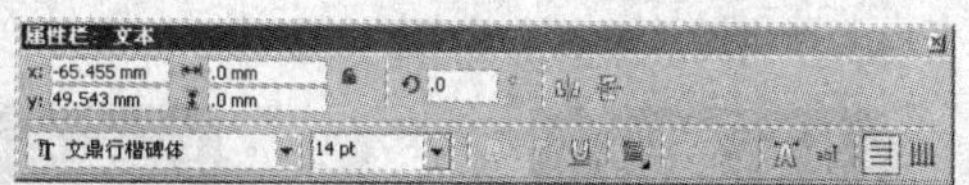

图12.3.41　“文本工具”属性栏

（37）单击工具箱中的“形状工具”按钮，选中输入的文本“总经理”，然后在其属性栏中的“垂直移动”微调框中输入数值“26”，效果如图12.3.43所示。

（38）使用文本工具在绘图区中输入手机号码信息，设置其字体为“黑体”、字号为“8”，字体颜色为黑色，效果如图12.3.44所示。

图12.3.42　输入文本4

图12.3.43　调整文本位置

图12.3.44　输入手机号码

（39）再使用文本工具在绘图区中输入如图12.3.45所示的其他文字信息，单击工具箱中的“挑选工具”按钮，按住“Shift”键的同时选中输入的所有文本信息，然后重复步骤（28），（29）的操作，对文本进行居中对齐。

（40）单击工具箱中的“椭圆形工具”按钮，在地址前绘制一个轮廓宽度为“2.3mm”、颜色为白色的圆形对象，如图12.3.46所示。

（41）按“Ctrl+D”键对其进行再制，并填充颜色为黄色，移至如图12.3.47所示的位置。

图12.3.45　输入其他文字信息

图12.3.46　绘制圆

图12.3.47　再制圆

（42）单击工具箱中的“交互式调和工具”按钮，设置其步长值为“4”，在白色对象上按住左键不放，并拖动至黄色圆形上，效果如图 12.3.48 所示。

（43）选择菜单栏中的 文本(X) → 插入符号字符(H) 命令，打开“插入字符”泊坞窗，选中需要的字符，将其拖曳到绘图区中，单击调色板中的白色方块，将其填充为白色，再用鼠标右键单击调色板中的“无外框”图标去掉外框，效果如图 12.3.49 所示。

（44）使用挑选工具框选所有图形对象，按“Ctrl+G”键将其群组，然后对其进行旋转并再制图像，效果如图 12.3.50 所示。

图 12.3.48　应用交互式调和效果

图 12.3.49　插入符号字符效果

图 12.3.50　旋转并再制图像效果

（45）按“Ctrl+I”键导入一个图像文件，将其置于再制图像的下方，最终效果如图 12.3.1 所示。

综合实例 4　户外广告设计

实例内容

本例主要利用前面所学的知识设计户外广告，最终效果如图 12.4.1 所示。

图 12.4.1　最终效果图

设计思路

在绘制的过程中，使读者掌握矩形工具、渐变填充工具、底纹填充工具、交互式透明工具、贝塞尔工具以及文本工具的使用方法与技巧。

操作步骤

（1）选择 文件(F) → 新建(N) 命令，再选择 版面(L) → 页面设置(P)... 命令，在弹出的对话框中设置纸张大小为 A4，摆放方式为横放。

（2）单击工具箱中的“矩形工具”按钮，绘制一个矩形，如图 12.4.2 所示。

（3）单击工具箱中的 底纹填充... 按钮，弹出“底纹填充”对话框，设置其对话框参数如图 12.4.3 所示。

图 12.4.2　绘制矩形

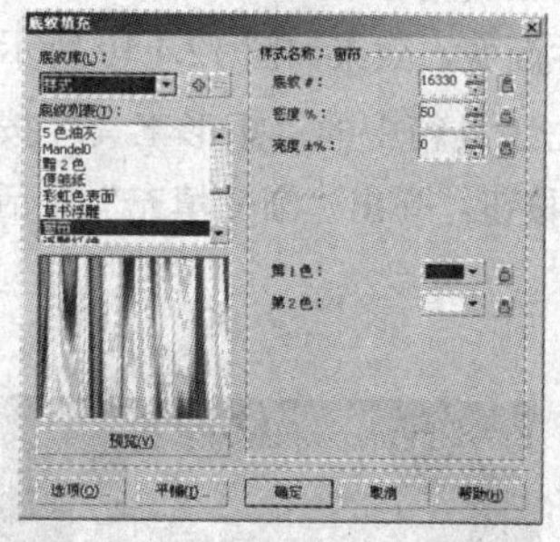

图 12.4.3　“底纹填充”对话框

（4）设置好参数后，单击 确定 按钮，效果如图 12.4.4 所示。

（5）按下“+”键复制一个矩形，单击工具箱中的 底纹填充... 按钮，弹出“底纹填充”对话框，设置其对话框参数如图 12.4.5 所示。

图 12.4.4　填充后的效果 1

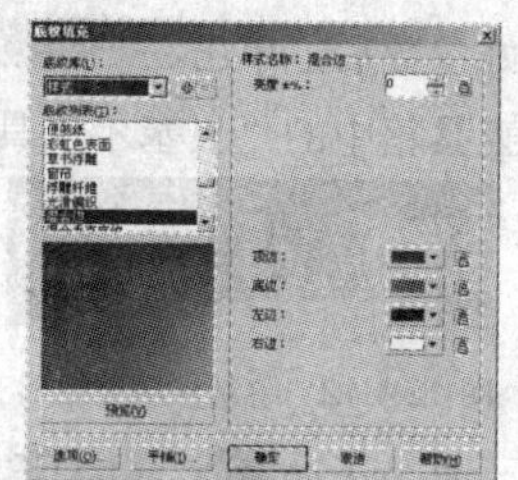

图 12.4.5　“底纹填充”对话框

（6）设置好参数后，单击 确定 按钮，效果如图 12.4.6 所示。

（7）单击工具箱中的“交互式透明工具”按钮，给图形添加透明效果如图 12.4.7 所示。

图 12.4.6　填充后的效果 2

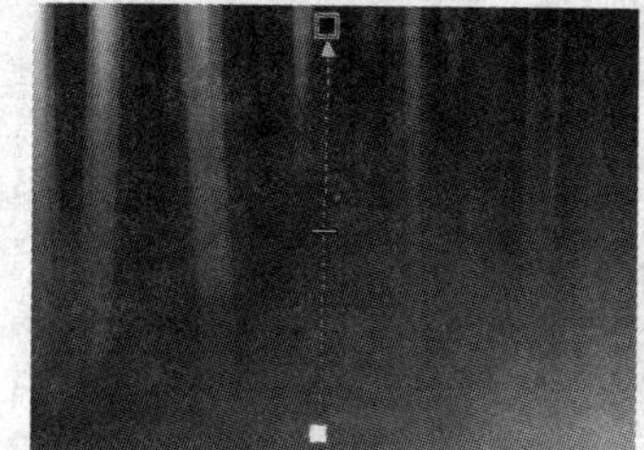

图 12.4.7　添加透明效果

（8）单击工具箱中的“矩形工具”按钮，绘制一个矩形，在其属性栏中设置矩形圆角滑度为“20”，效果如图 12.4.8 所示。

（9）按“Ctrl+Q”键将其转换为曲线，单击工具箱中的“形状工具”按钮，编辑节点，效果如图 12.4.9 所示。

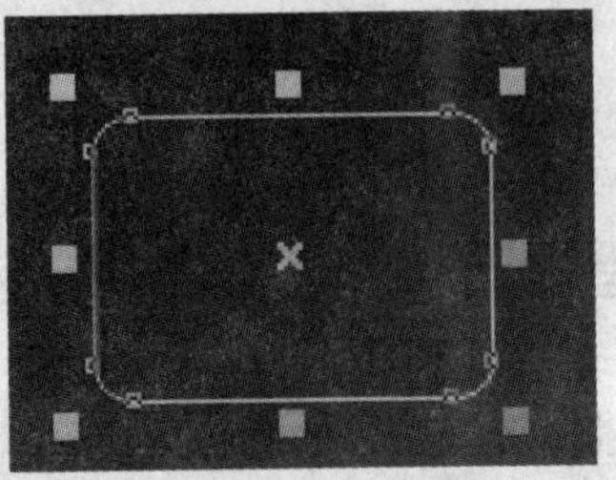
图 12.4.8 绘制圆角矩形

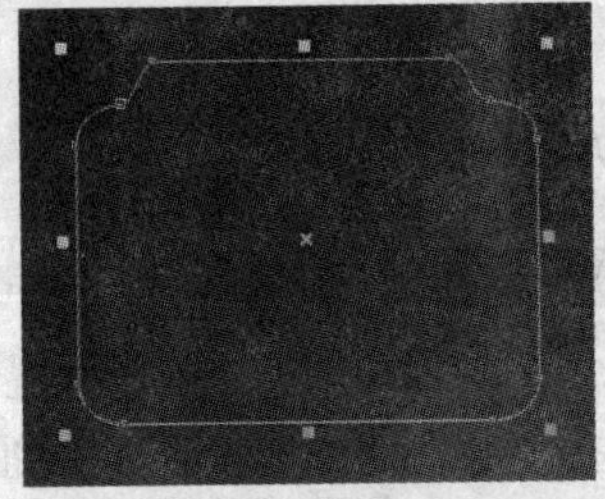
图 12.4.9 编辑后的图形效果

（10）单击工具箱中的“渐变填充...”按钮，在弹出的“渐变填充”对话框中设置填充色为浅蓝绿到粉色的线性渐变，效果如图 12.4.10 所示。

（11）单击工具箱中的“矩形工具”按钮，在其上方绘制一个矩形，然后单击工具箱中的“渐变填充...”按钮，弹出“渐变填充”对话框，设置其对话框参数如图 12.4.11 所示。

图 12.4.10 填充后的图形效果 1

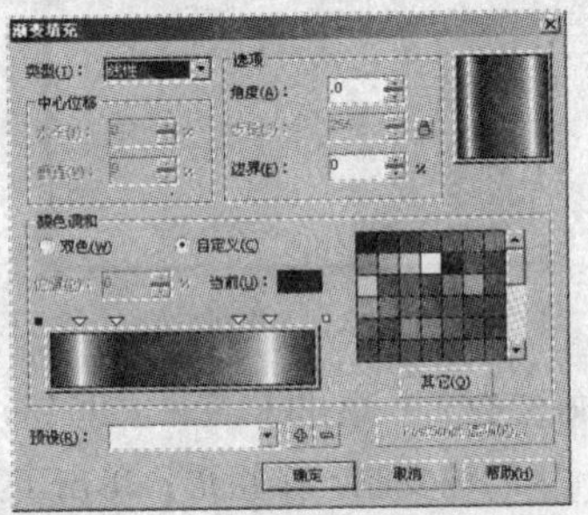
图 12.4.11 “渐变填充”对话框 1

（12）设置好参数后，单击“确定”按钮，效果如图 12.4.12 所示。

（13）单击工具箱中的“贝塞尔工具”按钮，绘制如图 12.4.13 所示的图形。

图 12.4.12 绘制并填充矩形

图 12.4.13 绘制图形

（14）单击工具箱中的“渐变填充...”按钮，弹出“渐变填充”对话框，设置其对话框参数如图 12.4.14 所示。

（15）设置好参数后，单击“确定”按钮，效果如图 12.4.15 所示。

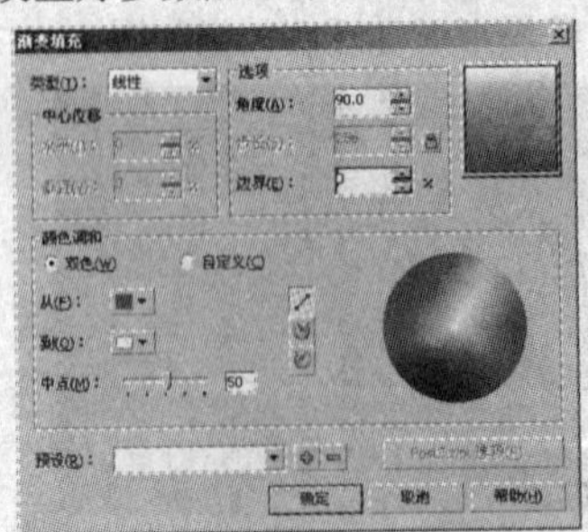
图 12.4.14 “渐变填充”对话框 2

图 12.4.15 填充后的图形效果 2

（16）单击工具箱中的“文本工具”按钮，设置好字体与字号后，在绘图区中输入文本，效果如图 12.4.16 所示。

（17）单击工具箱中的“钢笔工具”按钮，按住“Shift”键在文字下方绘制一条直线，效果

如图 12.4.17 所示。

（18）使用文本工具在直线下方输入其他文本信息，然后按住“Shift”键使用挑选工具选中步骤（8）～（17）中绘制的所有图像对象，对其进行群组，效果如图 12.4.18 所示。

图 12.4.16　输入的文字

图 12.4.17　绘制一条直线

图 12.4.18　输入其他文本信息

（19）复制群组后的图形对象，并将它适当缩小，将其渐变色更改为如图 12.4.19 所示的颜色。

（20）使用相同的绘制方法绘制另外两个化妆品瓶，并将它们摆放在合适的位置，效果如图 12.4.20 所示。

（21）将绘图区中绘制的所有化妆品瓶进行群组，然后选择 排列(A) → 变换(F) → 比例(S) 命令，打开“变换”泊坞窗，设置其参数如图 12.4.21 所示。设置好参数后，单击 应用到再制 按钮，垂直翻转再制的图形对象。

图 12.4.19　复制并编辑图形

图 12.4.20　绘制并移动图形

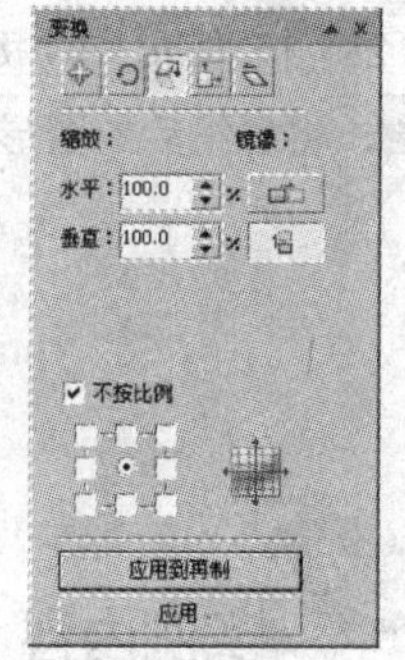

图 12.4.21　“变换”泊坞窗

（22）单击工具箱中的“交互式透明工具”按钮，在再制后的图形对象上从上向下拖曳鼠标添加透明效果，得到的效果如图 12.4.22 所示。

（23）将文字“美之颜”“meizhiyan”以及绘制的直线进行复制，将其放大并摆放在如图 12.4.23 所示的位置。

图 12.4.22　添加交互式透明效果

图 12.4.23　复制并移动文本

（24）选中绘图区中绘制的绿色和粉色的化妆品瓶，对其进行复制，适当缩小后将其移至如图 12.4.24 所示的位置。

（25）单击工具箱中的“文本工具”按钮，在其属性栏中设置好字体与字号后，在绘图区中输入文本“美白系列化妆品”，并将其内部填充为黄色，轮廓填充为白色，效果如图 12.4.25 所示。

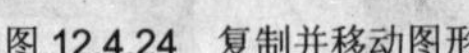

图 12.4.24 复制并移动图形

图 12.4.25 输入文本并填充

（26）单击属性栏中的“导入”按钮，导入两个图像文件，分布将其拖曳到如图 12.4.26 所示的位置。

（27）单击属性栏中的“导入”按钮，导入一个户外广告的背景图片，效果如图 12.4.27 所示。

图 12.4.26 导入的图片

图 12.4.27 导入背景图片

（28）按“Ctrl+A”键，将已绘制好的图形全部选中，并将其群组，单击工具箱中的“挑选工具”按钮，将群组后的图形对象拖曳到背景图片的适当位置，最终效果如图 12.4.1 所示。

综合实例 5 封 面 设 计

实例内容

本例主要利用前面所学的知识设计封面，最终效果如图 12.5.1 所示。

图 12.5.1 最终效果图

设计思路

在绘制的过程中，使读者掌握钢笔工具、文字工具、交互式透明工具、交互式轮廓图工具、变换命令以及手绘工具的使用方法与技巧。

操作步骤

（1）启动 CorelDRAW X4 应用程序，选择 文件(F) → 新建(N) 命令，再选择 版面(L) → 页面设置(P)... 命令，弹出“选项”对话框，设置其页面大小参数如图 12.5.2 所示。

（2）在弹出的“选项”对话框中选择 辅助线 → 水平 选项，在其面板中输入“0”，然后单击 添加(A) 按钮，再在面板中输入“260”，单击 添加(A) 按钮。选择 垂直 选项，设置其面板参数如图 12.5.3 所示。单击 确定 按钮，在页面中添加水平与垂直辅助线，如图 12.5.4 所示。

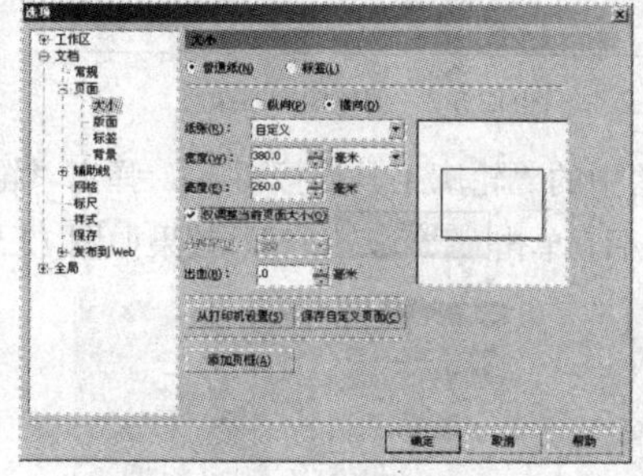

图 12.5.2　“选项”对话框

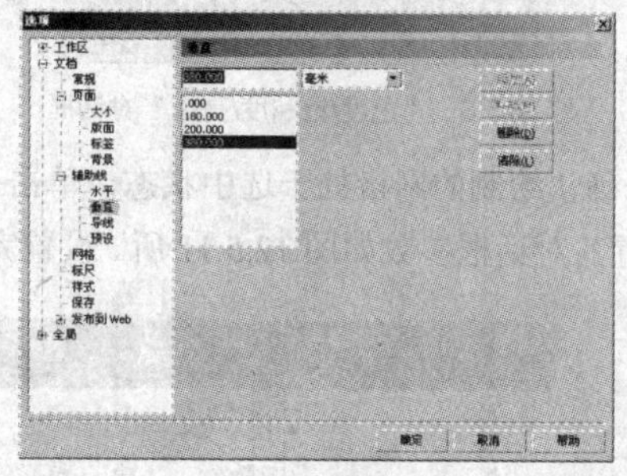

图 12.5.3　设置垂直辅助线

（3）单击工具箱中的“矩形工具”按钮，绘制 3 个贴齐辅助线的矩形，单击调色板中的白色方块，全部填充为白色，如图 12.5.5 所示。

图 12.5.4　添加辅助线

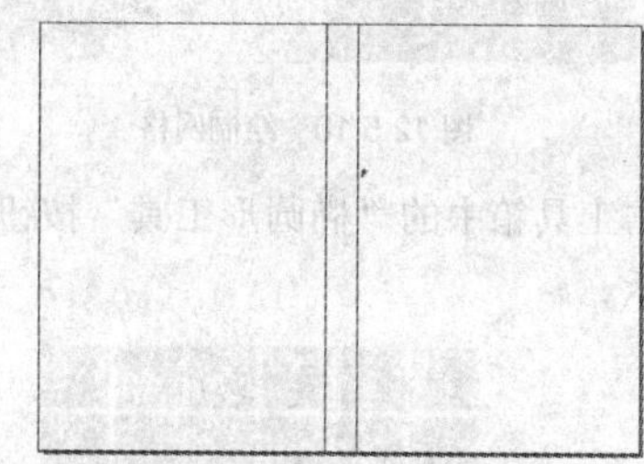

图 12.5.5　绘制并填充矩形 1

（4）单击工具箱中的“矩形工具”按钮，在页面中绘制一个矩形，单击调色板中的酒绿色方块，效果如图 12.5.6 所示。

（5）选择 文件(F) → 导入(I)… 命令，在弹出的“导入”对话框中选择需要的图片，单击 导入 按钮，将选择的图片导入，如图 12.5.7 所示。

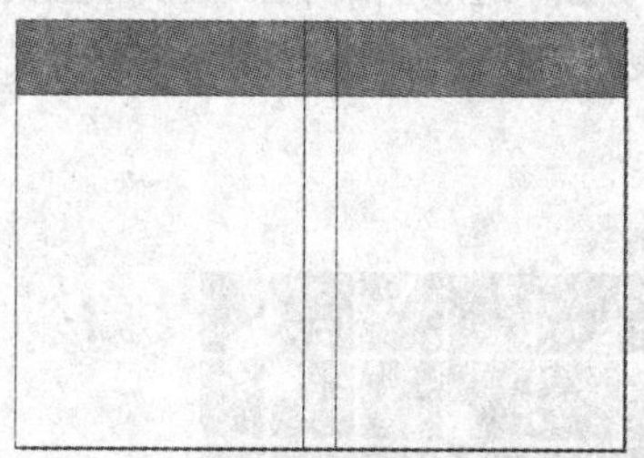

图 12.5.6　绘制并填充矩形 2

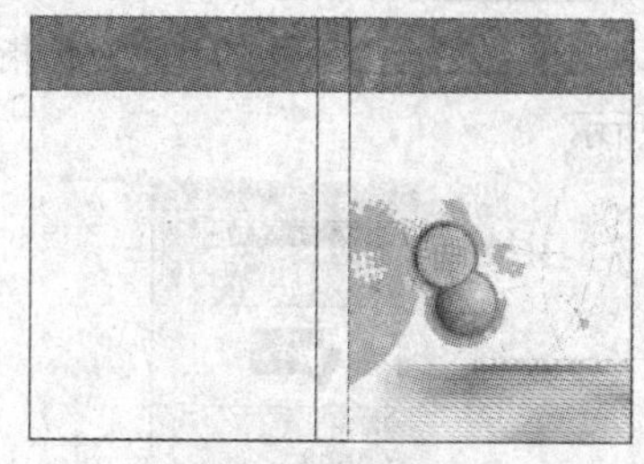

图 12.5.7　导入图片

（6）选择 效果(C) → 调整(A) → 色度/饱和度/亮度(S)… 命令，弹出“色度/饱和度/亮度”对话框，设置其对话框参数如图 12.5.8 所示。设置完成后，单击 确定 按钮，效果如图 12.5.9 所示。

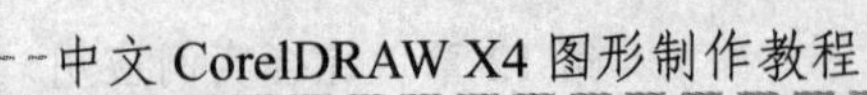

（7）单击工具箱中的“图纸工具”按钮，在页面中绘制6×4的网格，如图12.5.10所示。

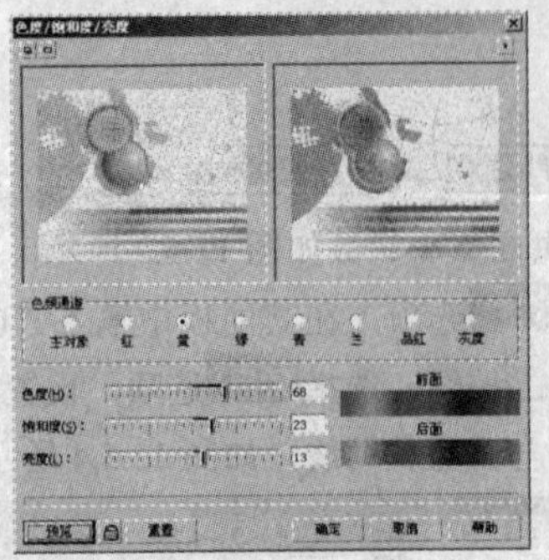

图12.5.8 “色度/饱和度/亮度”对话框

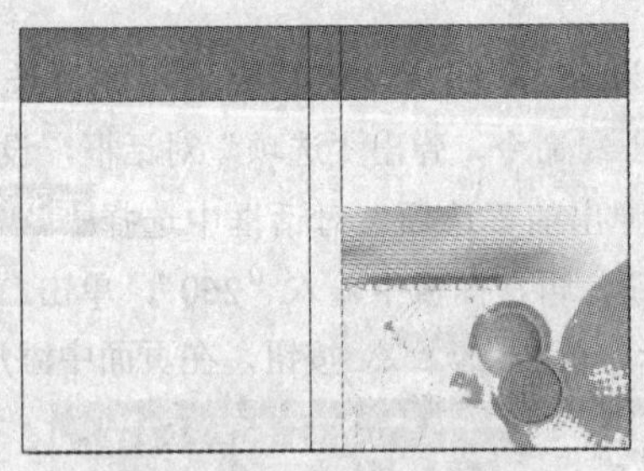

图12.5.9 调整图像效果

（8）确认绘制的网格处于选中状态，单击工具箱中的“轮廓工具”按钮，弹出“轮廓笔”对话框，设置其对话框参数如图12.5.11所。设置完参数后，单击 确定 按钮，效果如图12.5.12所示。

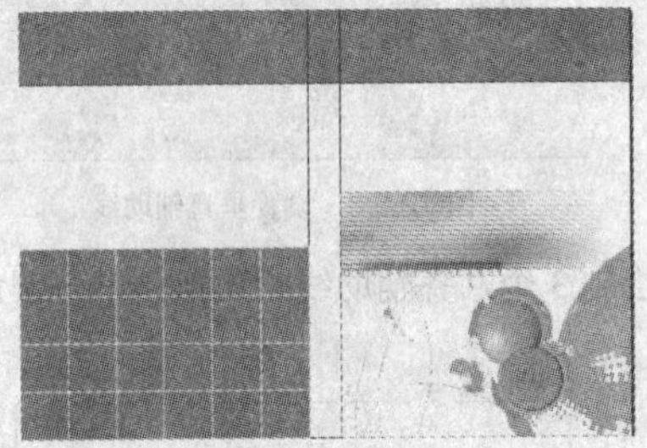

图12.5.10 绘制网格

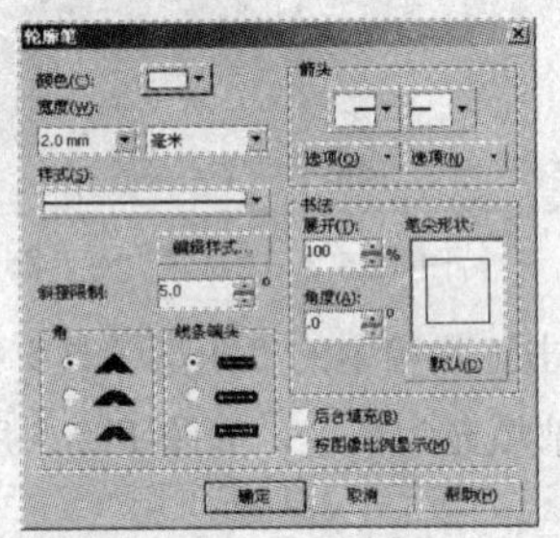

图12.5.11 “轮廓笔”对话框

（9）单击工具箱中的“椭圆形工具”按钮，按住“Ctrl”键在绘制的网格上绘制一个圆，如图12.5.13所示。

图12.5.12 设置轮廓笔效果

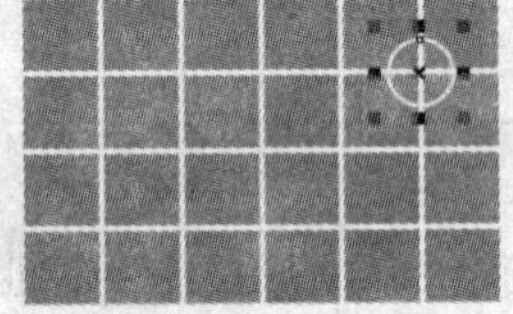

图12.5.13 绘制圆

（10）复制4个圆，使用挑选工具将其拖曳到合适的位置，然后选中绘制的网格取消群组。

（11）选择 窗口(W) → 泊坞窗(D) → 造形(P) 命令，弹出“造形”泊坞窗，在其下拉列表中选择“修剪”选项，单击 修剪 按钮，将鼠标指针拖曳到需要修剪的图形对象上单击鼠标左键，效果如图12.5.14所示。

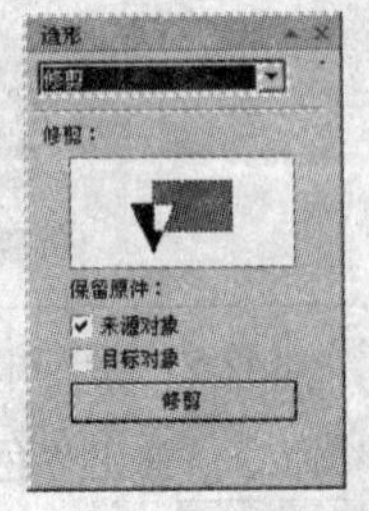

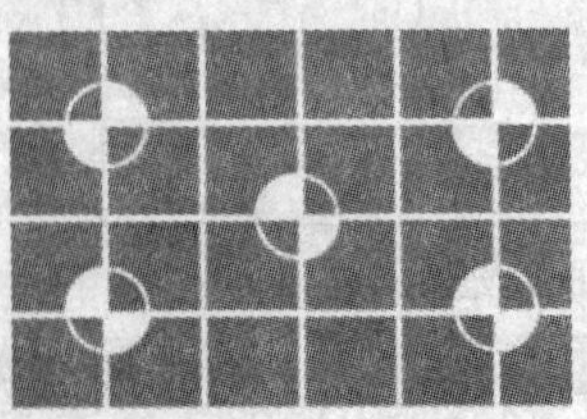

图12.5.14 绘制图形并修剪

（12）单击工具箱中的“渐变填充对话框”按钮，弹出“渐变填充”对话框，设置其对话框参数如图 12.5.15 所示。设置完成后，单击确定按钮，效果如图 12.5.16 所示。

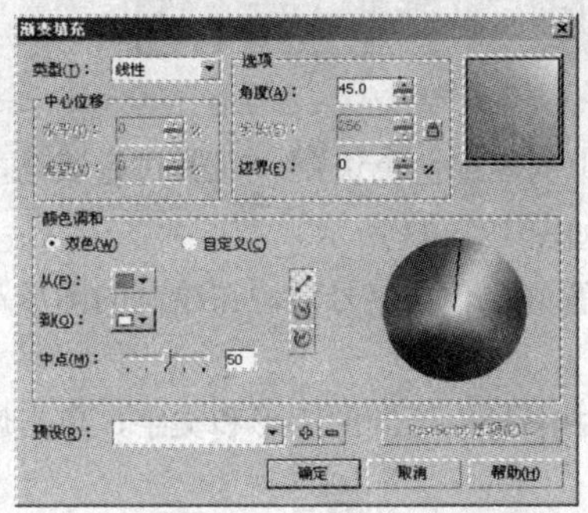

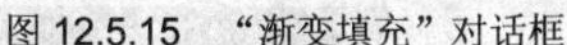

图 12.5.15　“渐变填充”对话框

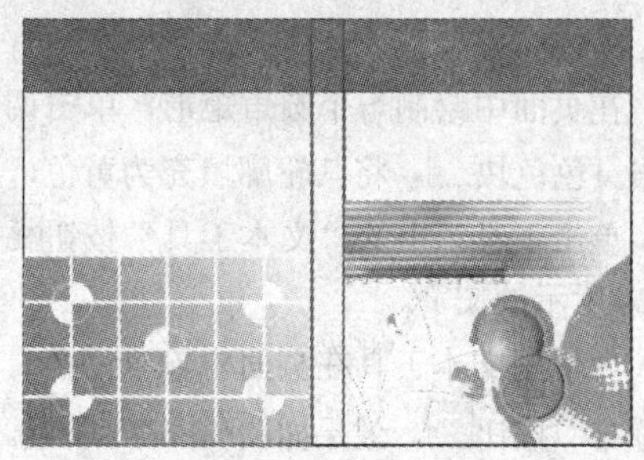

图 12.5.16　渐变填充效果

（13）单击工具箱中的“多边形工具”按钮，设置其边数为“4”，绘制两个菱形。

（14）重复步骤（8）的操作，对绘制的图形轮廓进行设置，效果如图 12.5.17 所示。

（15）重复步骤（11）的操作，对绘制的图形对象进行修剪，使用工具箱中的基本形状工具绘制如图 12.5.18 所示的图形对象。

（16）单击工具箱中的“交互式轮廓图工具”按钮，在绘制的图形中拖曳鼠标，绘制如图 11.5.19 所示的轮廓，并将其填充为黄色。

图 12.5.17　绘制并设置图形轮廓

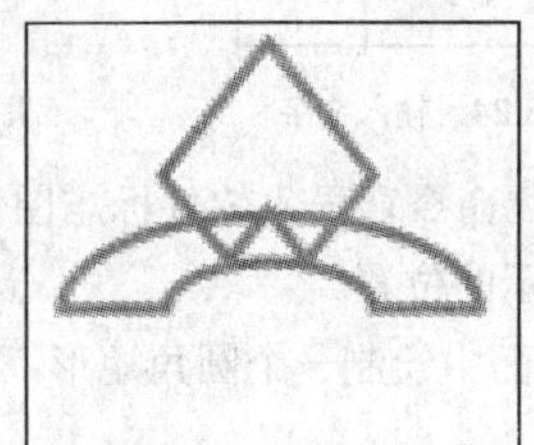

图 12.5.18　修剪并绘制图形

图 12.5.19　添加交互式轮廓图效果

（17）使用挑选工具将其拖曳至页面合适的位置，按“Ctrl+C”键对其进行复制，再按“Ctrl+V”键进行粘贴，并将复制的轮廓中心填充为黑色，效果如图 12.5.20 所示。

（18）单击工具箱中的“文本工具”按钮，在其属性栏中设置其字体为“宋体”、字号为“23”，然后在页面中输入如图 12.5.21 所示的文字。

图 12.5.20　复制并填充对象

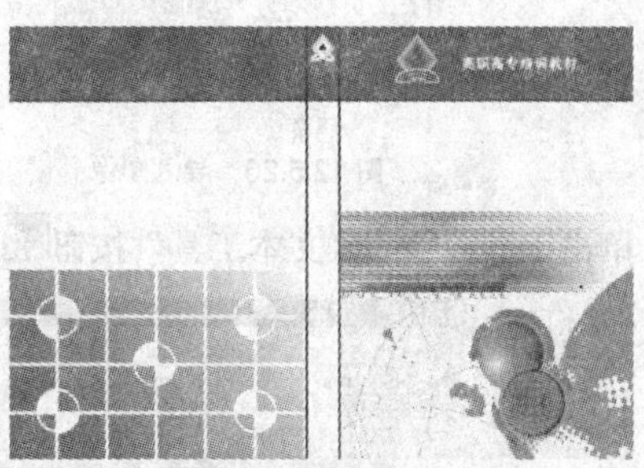

图 12.5.21　输入文字

（19）单击工具箱中的“矩形工具”按钮，设置其属性栏参数如图 12.5.22 所示。

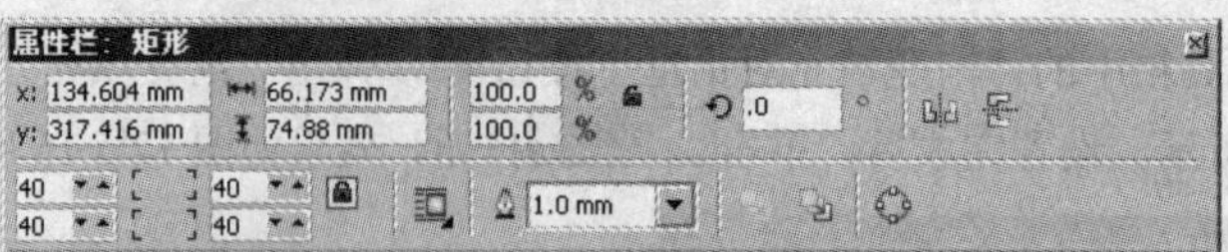

图 12.5.22 “矩形工具”属性栏

（20）在页面中绘制一个圆角矩形，单击调色板中的酒绿色色块，对其进行填充，再使用鼠标右键单击黄色色块，将其轮廓填充为黄色，效果如图 12.5.23 所示。

（21）单击工具箱中的“文本工具”按钮，设置好字体与字号后，在绘制的图形对象上输入如图 12.5.24 所示的文字。

（22）再使用文本工具在页面中输入书名，并选中书脊中绘制的矩形和文字，单击属性栏中的“对齐和分布”按钮，效果如图 12.5.25 所示。

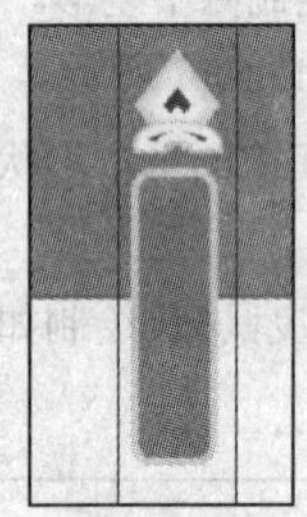

图 12.5.23 绘制并填充圆角矩形

图 12.5.24 输入文字

图 12.5.25 对齐与分布效果

（23）选择 文件(F) → 导入(I)… 命令，导入软件标志图像和出版社的名称以及标志图像，使用挑选工具将其拖曳到如图 12.5.26 所示的位置。

（24）重复步骤（19）的操作，在页面中绘制一个圆角矩形，并将其轮廓填充为绿色，效果如图 12.5.27 所示。

图 12.5.26 导入图像

图 12.5.27 绘制圆角矩形

（25）单击工具箱中的“文本工具”按钮，设置其属性栏参数如图 12.5.28 所示。

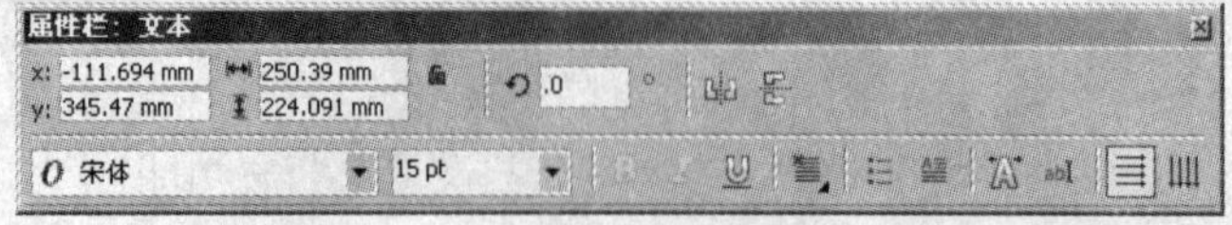

图 12.5.28 “文本工具”属性栏

（26）设置好参数后，在页面中输入如图 12.5.29 所示的文字。

（27）单击工具箱中的“渐变填充对话框”按钮，弹出“渐变填充”对话框，设置其对话框参数如图 12.5.30 所示。设置完成后，单击确定按钮，效果如图 12.5.31 所示。

图 12.5.29　输入文字

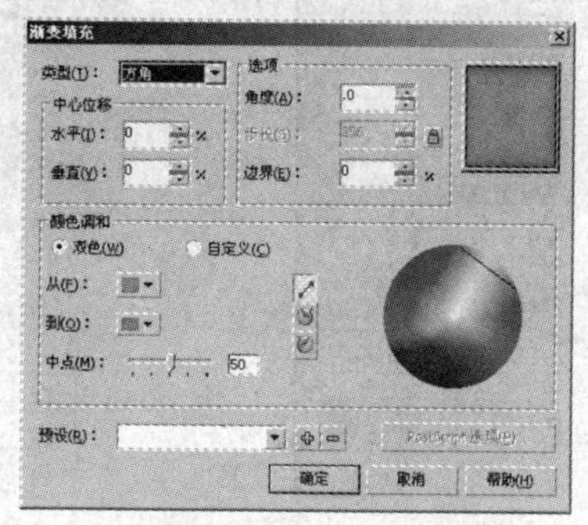

图 12.5.30　“渐变填充”对话框

（28）再使用文字工具在页面中输入“综合教程”，单击调色板中的酒绿色色块，对文字的颜色进行填充，再使用鼠标右键单击黄色色块，将文字的轮廓填充为黄色，效果如图 12.5.32 所示。

图 12.5.31　应用渐变填充效果

图 12.5.32　输入并填充文字

（29）使用文本工具在页面中输入编者姓名，效果如图 12.5.33 所示。

（30）单击工具箱中的“文本工具”按钮字，当鼠标变为字形状时，在页面中拖曳出一个段落文本框，输入文本，如图 12.5.34 所示。

图 12.5.33　输入编者姓名

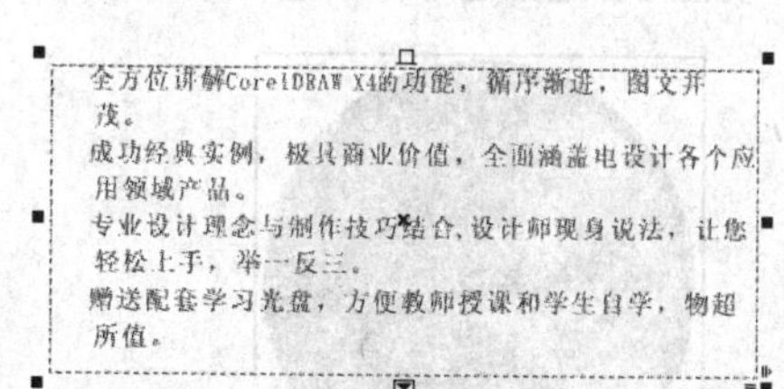

图 12.5.34　输入段落文本

（31）选中文本框，选择文本(X)→段落格式化(P)命令，弹出“段落格式化”泊坞窗，设置其参数如图 12.5.35 所示。

（32）选择文本(X)→项目符号(U)命令，弹出“项目符号”对话框，设置其参数如图 12.5.36 所示。

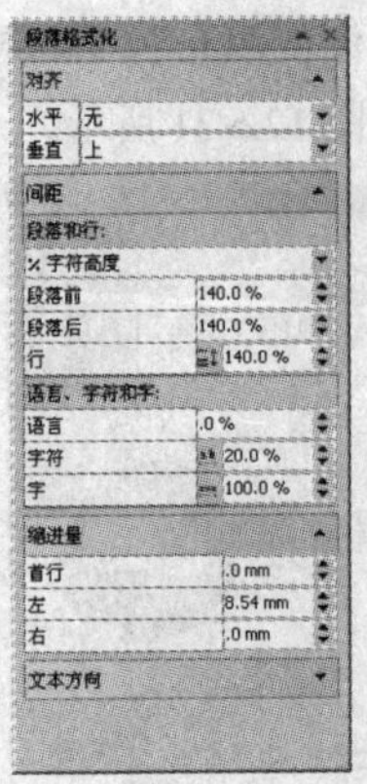

图 12.5.35 “段落格式化”泊坞窗

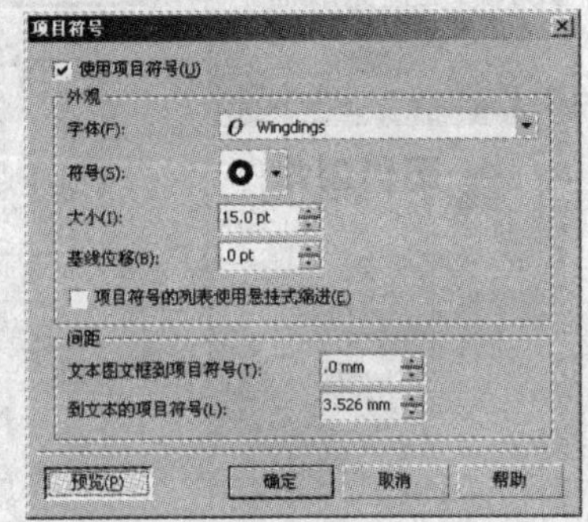

图 12.5.36 “项目符号”对话框

（33）设置完成后，单击确定按钮，效果如图 12.5.37 所示。

（34）单击工具箱中的“椭圆形工具”按钮，按住“Ctrl”键在页面中绘制一个圆。

（35）选中圆，单击工具箱中的“轮廓工具”按钮，在弹出的“轮廓笔”对话框中选择轮廓线的颜色为“黑色”，设置轮廓笔的宽度为“0.2 mm”，单击确定按钮。

（36）单击工具箱中的“渐变填充对话框”按钮，弹出“渐变填充”对话框，设置其对话框参数如图 12.4.38 所示。设置完成后，单击确定按钮，效果如图 12.4.39 所示。

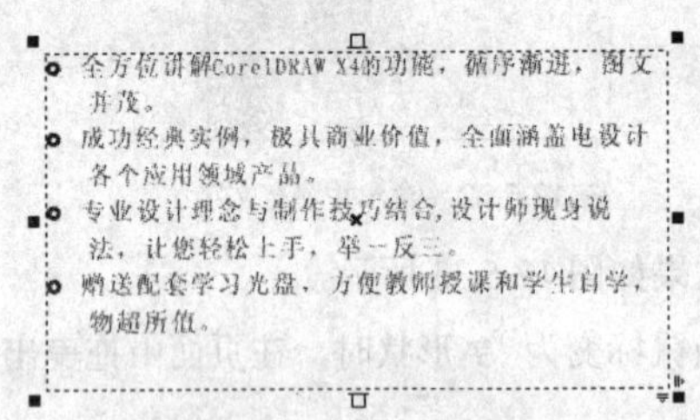

图 12.5.37 调整文本格式

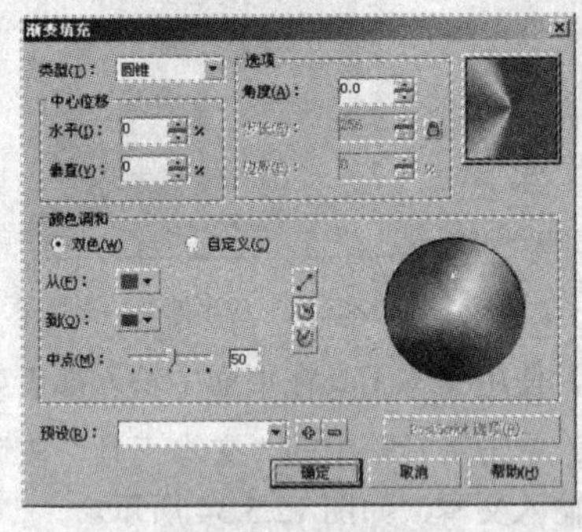

图 12.5.38 “渐变填充”对话框

（37）单击工具箱中的“椭圆形工具”按钮，按住“Ctrl”键，在如图 12.5.39 所示的圆中心，再绘制 3 个圆，设置轮廓笔颜色为“黑色”，将最里面的圆填充为“白色”，效果如图 12.5.40 所示。

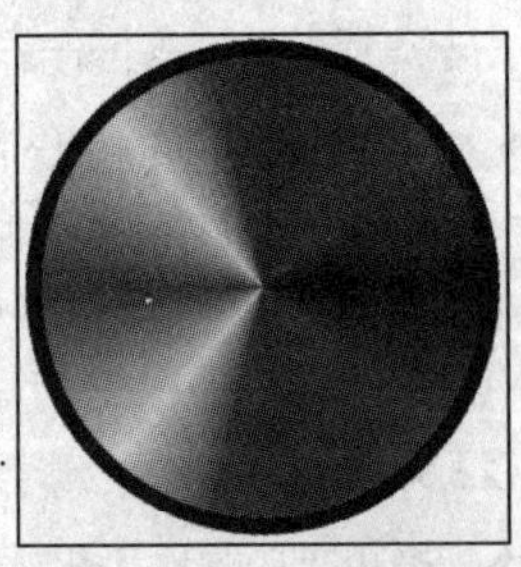

图 12.5.39 渐变填充效果

图 12.5.40 填充并设置圆轮廓

（38）单击工具箱中的“文本工具”按钮字，设置其属性栏参数如图 12.5.41 所示。设置完成后，在页面中输入文本“光盘+手册”，单击调色板中的黑色色块，将其填充为黑色，如图 12.5.42 所示。

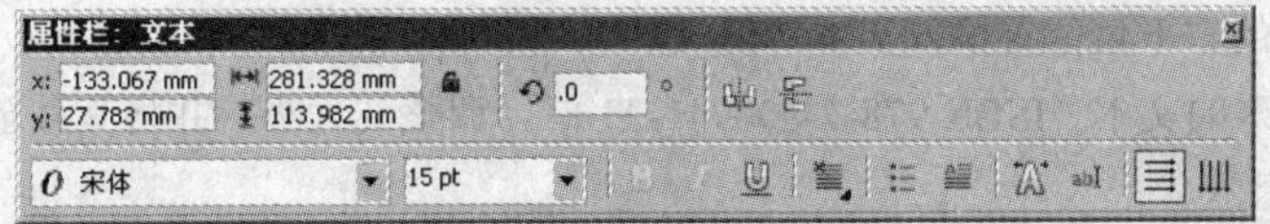

图 12.5.41　“文本工具”属性栏

(39) 重复步骤 (19) 的操作，在绘图页面中绘制一个圆角矩形，并将其轮廓填充为绿色，效果如图 12.5.43 所示。

图 12.5.42　输入“光盘+手册”

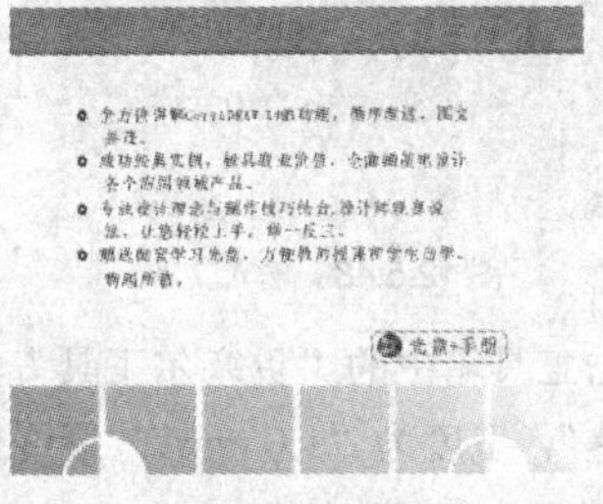

图 12.5.43　绘制圆角矩形

(40) 单击工具箱中的“文本工具”按钮字，在页面中输入责任编辑和封面设计的信息，效果如图 12.5.44 所示。

(41) 选择 编辑(E) → 插入条形码(B)… 命令，弹出“条形向导”对话框，设置其对话框参数如图 12.5.45 所示。

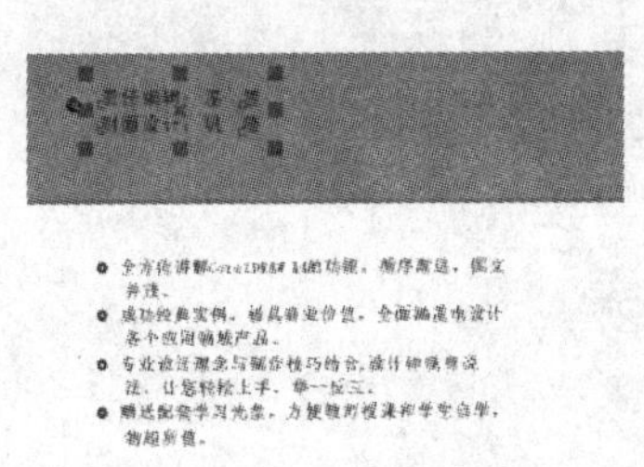

图 12.5.44　输入责任编辑及封面设计信息

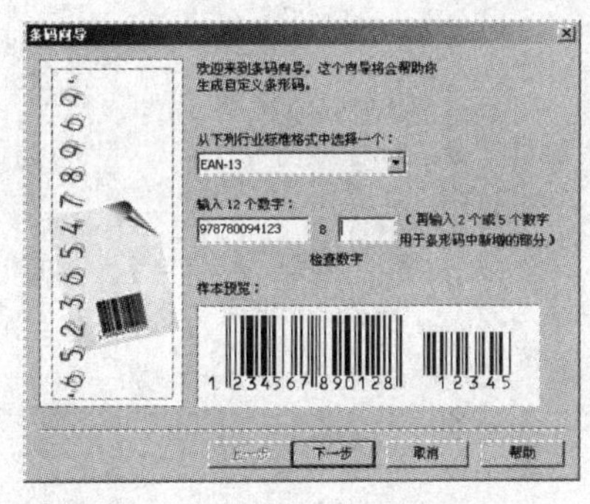

图 12.5.45　“条形向导”对话框

(42) 在“条形向导”对话框中单击 下一步 按钮，设置打印分辨率、单位、条形码宽度、放大率等都为默认，再单击 下一步 按钮，设置附加文本以及条形码可读性等，如图 12.5.46 所示。

(43) 设置完成后，单击 完成 按钮，产生条形码，如图 12.5.47 所示。

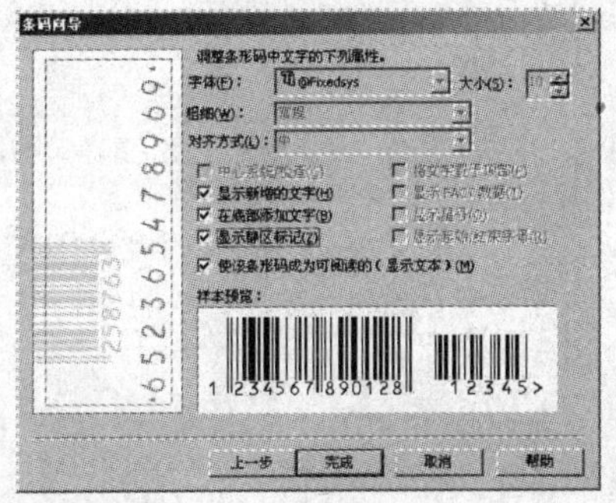

图 12.5.46　设置条形码属性

图 12.5.47　条形码效果

（44）在封底的右下角位置输入文本“ISBN 978-7-800941-23-8”以及定价，如图 12.5.48 所示。

（45）复制输入的文本“ISBN 978-7-800941-23-8”，调整其大小，并将其移至条形码的上方，效果如图 12.5.49 所示。

图 12.5.48　输入文本

图 12.5.49　复制并调整文本

（46）单击工具箱中的“贝塞尔工具”按钮，在书号与定价行间绘制一条直线，设置轮廓笔的颜色为“黑色”，宽度为“1.0 mm”，最终效果如图 12.5.1 所示。